Rudolf Treumann

Die Elemente

Feuer, Erde, Luft und Wasser
in Mythos und Wissenschaft

Mit 18 Schwarzweißabbildungen

W0056017

Deutscher Taschenbuch Verlag

Ungekürzte Ausgabe
Februar 1997
Deutscher Taschenbuch Verlag GmbH & Co. KG, München
© 1994 Carl Hanser Verlag, München, Wien
ISBN 3-446-17837-6
Umschlaggestaltung: Klaus Meyer, Antonia Berger
Umschlagfoto Vorderseite: v. o. n. u.: Abb. 1+ 2: Kaz Mori,
Eric Meola (© The Image Bank), Abb. 3: © Bavaria Bildagentur,
Abb. 4: © Bernhard Edmaier
Satz: Fotosatz Amann, Aichstetten
Druck und Bindung: C. H. Beck'sche Buchdruckerei, Nördlingen
Printed in Germany · ISBN 3-423-30583-5

Inhalt

I. Geschichte des Elementaren

II. Erde: Das Reich der Hera

III. Wasser: Poseidons Labyrinthe

IV. Atmosphäre: Der Schleier der Hera

V. Feuer: Das Innere der Hölle

VI. Äther: Die Leichtigkeit des Daseins

VII. Tohuwabohu: Das alte und das neue Chaos

VIII. Schluß

Prélude

Vom Fenster aus schien es, als böge der 2 CV lautlos ein in die letzte Kurve hier am Finistère, dem Ende der Welt, von wo aus die Barkasse zum Leuchtturm hinaus fahren sollte, als sich der Sturm von oben auf ihn warf, weich wie eine Katze auf ihr Opfer. Der Wagen schaukelte unter dem Anprall, als wollte er tanzen; und plötzlich griff sein Partner, der Wind, unter ihm durch, hob ihn an und drehte ihn in einer Pirouette um sich selbst. Dann nahm er ihn von hinten und stellte ihn auf die Vorderräder wie auf Hände. Der Wagen schlug ein Rad, setzte zum Sprung an, ein übermütiger Tänzer, und schwebte in weitem Spagat im Aufflammen des Himmels unter dem Licht seiner Scheinwerfer auf den sanften Armen des Sturms langsam über den Absturz.

Gleich darauf drehte der Wind und warf sich nun vom Meer gegen die Steilküste. Ragte vorher die Klippe hoch aus schwarz strudelndem Wasser, so sprang jetzt die brüllende Koboldhorde der Brandung, sich überschlagend vor Hast, an ihr herauf und spie ihren Geifer bis ins Dickicht des sich am Boden wälzenden Ginsters. Wasser und Himmel bildeten eine brodelnde Masse von Schaum, der in Klumpen auf und ab stieg, um sich erst kurz vor dem Lande in Wellen und Wolken zu trennen. Über dem Meer flatterten die weißen Laken der Blitze im Takt, den ihnen die Flaggenzeichen der Signalfeuer vorschrieben, die der Leuchtturm weit draußen schwenkte. Mit schwerem Sand gesättigte Böen durchsiebten die Außenblätter der Kohlköpfe auf den winzigen, durch niedrige Steinmauern nur ungenügend geschützten Feldern. Zwei kleine durchnäßte Rinder galoppierten in den Schutz einer Mauer. Der Sturm preßte ihnen den Schwanz zwischen die Hinterbeine. Durch Regen und aufgewirbelten Sand hindurch schienen sie Nachfahren der stummen, ungeschwänzten Schemen auf steinzeitlichen Höhlenzeichnungen.

Nicht weit entfernt von der Stelle, wo der Wagen im Meer verschwunden war, brach polternd ein Teil der Küste herunter. »Die Elemente sind los«, sagte die Frau, die durch die Scheibe geblickt hatte, ungerührt zu sich selbst und schlug das Kreuz. In solchen Sturmnächten war schon mancher Leuchtturmwärter wahnsinnig geworden, wenn die Wellen, Boten der Hölle, den Turm hinaufsprangen und die Orgelpfeife des Turms dröhnte wie die Posaune des Jüngsten Gerichts.

Tags darauf hatte der Wind sich gelegt. Unbeschädigt erhob sich weit draußen der Turm. Die Leute schichteten die von den Mauern gebrochenen Steine auf. Sie besahen sich das Stück abgerissene Küste und schüttelten bedächtig die Köpfe. Wenn der Staat nichts unternahm, würden sie in einigen Jahren diesen Streifen Land räumen müssen. Unschuldig rollte das Meer. Holz schwamm darauf, nichts sonst.

I. Geschichte des Elementaren

Der Geheimrat von Goethe stand, die Hände auf dem Rücken, am Fenster und blickte hinaus aufs Saaletal, aus dem die Frühnebel aufstiegen und über dem die Wolken in drei gut erkennbaren Schichtungen mit unterschiedlichen Geschwindigkeiten und in unterschiedlichen Richtungen hinzogen. In Erwartung des Diktats saß hinter ihm sein Sekretär Eckermann vor einigen leeren Blättern Papier. Der Geheimrat rührte sich nicht. In trauriger Stimmung war er vor wenigen Tagen nach Dornburg gekommen, nachdem er seinen Freund und Gönner, den Großherzog, beerdigt hatte und die Trauerrede – wer sonst hätte sie besser halten können als er – mit nur mühevoll beherrschter Stimme verlesen hatte. Nun, beim Anblick der Wolken, wurde er, was er tunlichst hatte vermeiden wollen, wieder an Karl-August erinnert. Hatte dieser ihn nicht vor Jahren auf den klugen Engländer Howard und seine Wolkenklassifikation aufmerksam gemacht, die Goethe wegen ihrer einleuchtenden Einfachheit so fasziniert hatte, daß er Howard in seinem Gedicht »Trilogie zu Howards Wolkenlehre« ein ewiges Denkmal gesetzt hatte, beständiger, als das Gedächtnis der meteorologischen Wissenschaft sein würde, die Howard nach Goethes Meinung außerordentlich befruchtet hatte? Aber Howard war eben doch nur ein kühler, nüchterner, zergliedernder wissenschaftlicher Kopf wie die meisten Engländer; die synthetische Ader ging ihm völlig ab, dachte Goethe, die konnte nur ein Dichter haben, der die Analyse wohl zu würdigen, aber die einzelnen Teile auch wieder zusammenzusetzen wußte.

»Eckermann«, sagte Goethe, »wir werden etwas zur Meteorologie notieren, für später. Schreiben Sie ...«

»Gewiß, Excellenz«, sagte Eckermann beflissen und beugte sich über das Papier.

»Notieren Sie unter der Überschrift: ›Versuch einer Witterungslehre‹, Abschnitt: ›Bändigen und Entlassen der Elemente‹. Auf den Beginn werde ich später noch zurückkommen. Und nun direkt:

›Es ist offenbar, daß das, was wir Elemente nennen, seinen eigenen wilden wüsten Gang zu nehmen immerhin den Trieb hat. Insofern sich nun der Mensch den Besitz der Erde ergriffen hat und ihn zu erhalten verpflichtet ist, muß er sich zum Widerstand bereiten und wachsam erhalten. Aber einzelne Vorsichtsmaßregeln sind keineswegs so wirksam, als wenn man dem Regellosen das Gesetz entgegenzustellen vermöchte, und hier hat uns die Natur aufs herrlichste vorgearbeitet, und zwar, indem sie ein gestaltetes Leben dem Gestaltlosen entgegenstellt.‹ Ab-

satz. ›*Die Elemente sind daher als kolossale Gegner zu betrachten, mit denen wir ewig zu kämpfen haben und sie nur durch die höchste Kraft des Geistes, durch Mut und List im einzelnen Fall bewältigen.‹ Absatz.* ›*Die Elemente sind die Willkür selbst zu nennen. Die Erde möchte sich des Wassers immerfort bemächtigen und es zur Solideszenz zwingen, als Erde, Fels oder Eis in ihren Umfang nötigen. Ebenso unruhig möchte das Wasser die Erde, die es ungern verließ, wieder in seinen Abgrund reißen. Die Luft, die uns freundlich umhüllen und beleben sollte, rast auf einmal als Sturm daher, uns niederzuschmettern und zu ersticken. Das Feuer ergreift unaufhaltsam, was von Brennbarem, Schmelzbarem zu erreichen ist. Diese Betrachtungen schlagen uns nieder, indem wir solche so oft bei großem, unersetzlichem Unheil anzustellen haben. Herz und Geist erheben sich dagegen, wenn man zu schauen kommt, was der Mensch seinerseits getan hat, sich zu waffnen, zu wehren, ja seinen Feind als Sklaven zu benutzen.‹ Haben Sie's, Eckermann?«*

»Gewiß doch, Excellenz! ... seinen Feind als Sklaven zu benutzen.«

»Gut dann, also schreiben Sie, und lassen Sie eine Zeile frei für spätere Nachträge: ›*Das Höchste jedoch, was in solchen Fällen dem Gedanken gelingt, ist: gewahr zu werden, was die Natur in sich selbst als Gesetz und Regel trägt, jenem ungezügelten, gesetzlosen Wesen zu imponieren. Wie viel ist nicht davon zu unserer Kenntnis gekommen!‹«*

Goethe drehte sich um und ging zu Eckermann, um ihm über die Schulter zu sehen. Er diktierte noch ein paar Tagebucheinträge, die ihm am frühen Morgen in den Sinn gekommen waren und sich auf das gegenwärtige Wetter bezogen. Danach diktierte er einen Brief an Zelter, den Komponisten, dem er gleichfalls ein paar Sätze über die beobachteten Wolkenformationen und den Barometerstand anfügte, um gleich darauf Eckermann fürs erste zu entlassen, doch nur, um sich selbst ans Pult zu stellen und die Anfangszeilen eines Gedichts zu notieren, das er, rhythmisch aufs Pult klopfend, mit feinem Lächeln voranbrachte:

> *»Früh, wenn Tal, Gebirg und Garten*
> *Nebelschleiern sich enthüllen*
> *und dem sehnlichsten Erwarten*
> *Blumenkelche bunt sich füllen«*

Er brach ab. Am Nachmittag würde er das Gedicht zu Ende haben, wenn Eckermann wiederkäme, dachte er und trat erneut ans Fenster, um in die Landschaft und das Wogen der Wolken hinauszublicken.

1. Einleitung

Kaum ein anderes Wort geht uns so leicht und in so vielen Zusammenhängen von den Lippen wie das des Elements. Im Alltagsverständnis, das sich in der Umgangssprache artikuliert, verbindet sich ihm der vage Gedanke von Einfachem. Man besucht die Elementarschule, beherzigt die elementarsten Regeln des Schreibens, des Redens, der Kunst, des Anstandes; man erlernt die Elemente des Rechnens, der Grammatik, des Zeichnens, eines Musikinstruments, des Programmierens, die elementaren Begriffe einer anderen Sprache usw. – das Elementare ist in unseren Sprachgebrauch als Ursprüngliches und Primitives, fast Minderwertiges eingeflossen und daraus nicht wegzudenken. Unreflektiert drückt es dem gängigen Gefühl entsprechend das aus, worüber nicht nachgedacht zu werden braucht, was allen bekannt, jedem ohne Anstrengung einsichtig ist, darum auch nicht erörtert werden muß. Als umgangssprachlicher Terminus steht es zum Gebrauch bereit und ist in aller Munde, wird zum sprachlichen Instrument, das auf alles paßt, sei es zur näheren Bestimmung oder einfach als Ausruf der Entrüstung – »Aber das ist doch elementar!« –, der ins Unrecht setzt und im selben Atemzuge suggeriert, wie mühelos die betreffenden Kenntnisse erworben werden können als das nun wirklich einfachste Denkbare und denkbar Einfachste.

Die Naturwissenschaft gibt keine Definition dessen, was elementar ist. Die einzige Bestimmung, die sich herauslesen läßt, ist die des Bausteinhaften, nicht mehr Zusammengesetzten. Der Zweck von Bausteinen wiederum beruht in ihrer Verwendbarkeit, ein Gebäude zu schaffen, das etwas enthalten, zu etwas dienen, etwas umrahmen und darstellen kann, kurz: das eine *Funktion* hat. Der Zweck der materiellen Elemente zielt auf den konsistenten Aufbau der Wissenschaft und des heutigen Weltbildes, das nach einhelliger Meinung ein wissenschaftliches ist. Einzig und allein zu diesem Zwecke greift Wissenschaft auf Elemente zurück. Sie sind ihr Vehikel, aber weil sie auch ihr Eckstein sind, dreht sich in den wahrhaft fundamentalen Wissenschaften alles um sie, kreist die Bemühung der Wissenschaft um ihre Beschreibung, ihre Freilegung, die sie Erkenntnis nennt. Das Gebäude der Wissenschaft bleibt inhaltslos, solange es nicht auf wohldefinierten Elementen ruht. Immer, wenn Wissenschaft sich als solche bezeichnen darf, hält sie einen Schatz ausgewählter Elemente bereit, mit denen sie jeden ihrer Sätze rechtfertigt. Die Elemente selbst bleiben außerhalb ihrer jeweiligen zeitgebundenen Anschauungen und sind als solche aus diesen weder ableitbar noch erklärbar. Ihre Auswahl unterliegt der herrschenden Anschauung. Waren das im vorigen Jahrhundert in Physik und Chemie die Atome, so sind es heute die Elementarteilchen. Darin liegt der Grund für die lange Kette von Metamorphosen, die die Elemente in der Geschichte der Wissenschaft durchgemacht, sich neu verpuppt und wieder gehäutet haben, um aus einer alten häßlichen Raupe den neuen schönen Schmetterling ausschlüpfen zu lassen, der eine Zeitlang umherflattert, ohne daß man ihn erhaschen kann, bis eine neue Erkenntnis seinen Herbst ankündigt und es wieder an der Zeit für ihn ist, sich in eine Raupe zu verwandeln und einer weiteren Metamorphose entgegenzusehen.

So steht uns also das Elementare in seinen zwei Spielarten, der trivialen, die jeder zu kennen glaubt, und der diffizilen und in ihrem Kern unbekannten der Wissenschaft gegenüber; sie haben miteinander wenig zu tun. Während die eine ausdrückt, was als selbstverständlich und nicht erörternswert scheint, nimmt die andere auf das Allerfundamentalste Bezug. Und doch enthalten beide Spielarten des Elementaren gemeinsame Elemente, die sich nicht nur auf das Buchstäbliche, den Terminus beschränken, sondern eher aus der Gleichartigkeit heraus die Verwendung desselben a posteriori rechtfertigen. Denn auch die tägliche Verwendung des Elementbegriffs beruft sich auf zwar Triviales, aber nicht Wegdenkbares, Fundamentales. Das Elementare der Wissenschaft seinerseits nimmt für sich trotz der formalen Schwierigkeit seiner Beschreibung eine unmittelbare Einsichtigkeit in Anspruch. Was elementar ist, bedarf keiner Erklärung. Seine Rechtfertigung ergibt sich aus der Behauptung, daß ohne das Elementare das Komplizierte, kurz die Welt, nicht wäre. So bleibt das, was wir als Element bezeichnen, für ein um kausales Verstehen ringendes Denken, das die bestehende Welt aus einigen wenigen Grundprinzipien erklären, womöglich ableiten will, stets ungreifbar, während es andererseits notwendig wird, Elemente zu definieren, die dieses Verstehen überhaupt erst ermöglichen.

Die Elemente haben eine lange, mit der menschlichen verknüpfte Geschichte. Sie leitet uns hinein in die Diskussion der philosophischen Betrachtung der für fundamental erachteten Elemente. Je nach dem generellen Weltbild einer Zeit, ihrer Bewertung des Denkvorgangs konnten verschiedene Philosophien der Elemente nebeneinanderher – oder auch nicht – existieren, den Diskurs führen, sich bekämpfen oder ausschließen. Diese Betrachtung muß als erstes die Herkunft des Begriffs des Elementaren klären. Sie muß sodann die Phänomenologie des Elementaren streifen, wie es uns begegnet und wie es dem menschlichen Denken begegnet ist.

2. Ursprünge

Zeit der Trance

Ohne die Denkkapazität und Empfindungsfähigkeit des Vorzeitmenschen abzuwerten (das wäre ein unverzeihlicher Fehler), liegt die Annahme nahe, sein Denken tief im Magischen, Protomythischen verwurzelt zu sehen. Solcherart Denken verlangt nicht nach Erklärung und Deutung; Kausalzusammenhänge in Ketten von Ursache und Wirkung sind ihm fremd. Dem protomythischen Menschen ist das Geschehen selbsterklärend und ganzheitlich: Die Phänomene ereignen sich unbeeinflußbar und unabwendbar, solange nicht Magie eingreift. Welt und Geschehen sind in sich geschlossen, ruhen selbstverständlich ineinander, was immer auch geschieht. Es gibt keinen Grund für das, was geschieht. Alle Dinge sind beseelt; die Natur atmet und verhält sich wie ein Wesen: unbestimmt, unvorhersehbar. Allein das willkürliche Wollen all der vielgestalten, beseelten Wesen bestimmt das Geschehen. Der Vorzeitmensch machte mit sich selbst keine Ausnahme. Er war Teil des Ganzen, von dem er spürte, daß es ihn betraf; aber er traf es auch mit seinen Wünschen. Die von ihm auf die Natur ausgeübte Macht lag in seiner eigenen magischen Fähigkeit, die vielfältigen Wesen zu beschwören, zu verzaubern, gefügig zu machen oder zu betäuben, hinzuhalten oder ihnen zu Willen zu sein. Seine magische Begabung ermöglichte ihm, ihr Verhalten vorherzusehen und sich darauf einzustellen. Die Kenntnis der inneren Zusammenhänge blieb ihm versperrt, wie nahe auch seine Ahnungen (die man als Bauernregeln bezeichnen könnte) den praktischen Erfolgen moderner Prognosen kommen mochten. Instinktiv tat er das Richtige, weil sein Instinkt am Verhalten der ihn umgebenden Wesen geschärft war, er sie durch geeignetes Verhalten willfährig machen und überlisten konnte.

Das protomythische Zeitalter war keines der dumpfen Furcht, wie zuweilen vermutet wird; es war vor allem eines der *List*. Der Schamane, jenes Überbleibsel aus jener in sich geschlossenen Zeit, ist ihre Verkörperung. Mit ihm begann der Betrug, den sich der protomythische Mensch zunutze machte, um seine Ziele zu erreichen, seine Wünsche durchzusetzen gegen alle Wesen der Natur mit ihren eigenen Wünschen. Die List, der kleine Bruder des Betrugs, ist das erste Anzeichen des sich anbahnenden Sündenfalls, der Keim einer schwachen Reflexion in der Zeit des vorreflexiven Denkens. Zum großen Betrug konnte es noch nicht kommen; seine Zeit stand erst bevor: die Zeit der Religion, Demagogie, Weltanschauung, der industriellen Produktion und des weltweit organisierten Handels, der Werbung und der gezielten, massenweisen Fehlinformation, die Zeit der Ismen, allen voran der Fundamentalismen und Nationalismen. Von alledem ahnte der protomythische Mensch nichts. Er kannte nur das Element der Gesamtheit aller ihn umgebenden Wesen einschließlich seiner selbst, das ihn einbettete und mit dem er in somatischem Einklang stand.

In der protomythischen Zeit verläuft die Entwicklung für das Individuum adiabatisch, das heißt unmerklich. Weil die Welt konstant bleibt, gibt es keinen Anlaß, nach Erklärung zu fragen. Es wäre verkehrt, unsere eigene Fragebedürftigkeit auf jenes ursprüngliche Zeitalter zu übertragen, den Ahnen ein bedrücktes, von Antwortlosigkeit ersticktes Dasein zu unterstellen, nur weil wir uns keine Antworten auf ihre Fragen vorstellen können. Sowohl die Fragen als auch die Antworten sind jüngeren Datums. Das protomythische Zeitalter war zeitlos oder wenigstens zeitzirkulär, ähnlich den zeitzirkulären Gesellschaften, die die neuere Ethnologie etwa am Beispiel der balinesischen Gesellschaft beschrieben hat[1], daher fraglos. Doch war es auch nicht evident, wie man annehmen könnte. Evidenz setzt Fragen voraus, ein Gefühl für Entwicklung, ein progressives, im einfachsten Fall lineares, jedenfalls weder statisches noch zirkuläres Zeitgefühl; am Ende begnügt sich Evidenz mit Einsicht, die nicht hinterfragt wird. Das protomythische Zeitalter war vorevident, ihm mangelte es nicht an Zeit, denn es kannte keine Zeit, und die Magie wirkte vorwärts wie in zeitaufhebender, korrektiver Weise rückwärts. Das Einleuchtende war ihm fremd und nicht erforderlich, die Geschehnisse so zu nehmen, wie sie sich gaben. Es war das Zeitalter der elementaren Ganzheitlichkeit. Die Sehnsucht nach Ganzheitlichkeit, die sich durch die Jahrhunderte zieht, ist ererbte Erinnerung an die protomythische Zeit, in der die Welt heil erschien, der Mensch sich noch nicht als aus ihr herausgelöster Teil verstand. Heute noch (oder wieder, nachdem sie lange Zeit verlorengegangen war) schwebt sie uns als Idealzustand vor, der die von der modernen Zivilisation geleistete Fragmentierung auf höherer Ebene aufhebt. Das Streben nach Vereinheitlichung, das die in Stückwerk zerfallene moderne Welt und ihre Wissenschaft auszeichnet, stärkt die obige These, die anderweitig nur schwer bewiesen werden kann und über die die Meinungen auseinandergehen.

Götterdrama und Mythos

Es bedurfte des Endes des protomythischen Zeitalters, ehe das Gefühl für die Problematik der Welt, der Natur, des Menschen keimen, ehe das Fragen aufkommen konnte, das sich nach den Zusammenhängen erkundigte. Dieser Abnabelungsprozeß der Zivilisation von der Frühzeit ist lange Zeit als eine kontinuierliche Evolution verstanden worden, als ein langsames Erwachen des fragenden Geistes, der nach Erklärung verlangt. Die linearen Entwicklungstheorien der Vergangenheit, auf denen noch der Marxismus aufbaut, die den Übergang aus einer primitiven

Nomadenkultur über ein Stadium der Seßhaftigkeit direkt in die Stadtstaaten-
sklaverei behaupten, haben darum nach neueren Forschungen an Glaubwürdigkeit verloren. Den Zeitpunkt der Abtrennung können wir heute ziemlich genau
auf das kurze Intervall vor acht- bis sechstausend Jahren eingrenzen, viel zu kurz,
um eine glatte, kontinuierliche Entwicklung glaubhaft erscheinen zu lassen. An
ihre Stelle ist (unter anderen) eine Katastrophentheorie[2] getreten, die die Verantwortung für die großen kulturellen Verschiebungen äußeren Einflüssen anlastet.
Wahrscheinlich wurde das Zeitalter der Trance durch kosmische Katastrophen, in
erster Linie Kometeneinfälle in die Atmosphäre, beendet. Sie lenkten die Aufmerksamkeit auf den Himmel, fort von den Unveränderlichkeiten der irdischen
Umgebung auf scheinbar gewaltige Ereignisse unter den sonst so ruhigen Sternen. Das vorübergehende Auftreten einer zweiten Sonne am Himmel, das die
Nacht zum Tage macht, einer Sonne mit langem, sich über den Himmel erstrek-
kendem Schweif, die die übrigen Sterne »fraß«, schließlich selbst zerbarst und in
Stücken auf die Erde fiel, nachfolgende katastrophale Zerstörung von Teilen der
Erdoberfläche durch Brände und Flutwellen[3], diese Ereignisse erschütterten den
endprotomythischen Menschen und warfen ihn aus dem Gleichgewicht. Nicht
das Fragen, nicht die kontinuierliche Entwicklung der Gesellschaft in ein bewuß-
tes Stadium hinein ist der Auslöser des kulturellen Umschwungs, sondern das katastrophale, abrupte, von außen erzwungene Ende der herkömmlichen stabilen
und statischen Kultur, das von einem theatralischen Spektakel am Himmel, mei-
sterhaft inszeniert, begleitet wird.

Katastrophen haben stets verstärktes Erklärungsbedürfnis zur Folge. Sie stellen nicht nur die Frage nach dem Woher, sondern auch die Schuldfrage nach dem
Warum, lenken den Blick nach außen wie innen. In Ermangelung eines systema-
tischen Wissens, aus dem heraus sich die Fragen beantworten, griff der Mensch
nach dem Mythos, der mythischen Deutung der himmlischen Ereignisse. Waren
Katastrophen der Auslöser, so läßt sich das Verständnis des gemeinsamen Auftre-
tens der großen Mythen und des Übergangs zur kulturumspannenden Religion
vor sechs- bis achttausend Jahren leichter erreichen als über die Brücke anderer
Konstruktionen.

Das Fragen gibt sich seine Antworten in den mythischen Bildern der ursprünglichen, kämpfenden, liebenden, mordenden, gebärenden Urgottheiten. Die Welt
besteht aus ihnen, und sie sind die Welt. Die Geschichte ist das am Firmament ablaufende Götterdrama. Nach seinem Vorbild strukturiert sie sich: Der Gewaltige
reißt die Macht an sich, herrscht, erläßt Gesetze. Wie die Gottheit am Himmel das
Ganze der Natur, so verkörpert die Gottkönigin (wo sich das Matriarchat halten
kann) oder der Gottkönig das Ganze der Gesellschaft. Die neue Ordnung ist Ordnung der Analogie, in der sich die Fragen nach dem am Himmel ablesbaren, vorgegebenen Muster beantworten. Die ursprünglichen Gottganzheiten sind die

Urelemente: personifiziert und allumfassend; ebenso stellt in vollkommener Analogie der Gottkönig selbst das allumfassende, allmächtige Element Staat in einer Person.[4]

Unserem eigenen Erleben ist kein Ereignis derartigen Ausmaßes bekannt. Diese erste kulturelle Revolution in der Menschheitsgeschichte war nicht nur die bedeutendste, sie war auch die einschneidendste. Sie warf Jahrzehntausende, wenn nicht gar Jahrhunderttausende eines gemächlichen und geruhsamen, behüteten Menschheitsschlafs über Bord und stellte die Menschheit mit unwidersprüchlicher Strenge vor die Tatsache ihres Alleinseins in der Welt, in der auf ihr Fragen nur ihre eigene Phantasie Antwort erteilt. Es war ein geradezu existentielles Ereignis, das die Menschheit tief verletzt haben muß. Daß der adoleszente, vom protomythischen zum mythischen mutierende Mensch es als umwälzendes Ereignis empfand, ihm mit gleißender Helligkeit bewußt wurde, aus der Wohlbehütetheit der Vorzeit in die Welt hinausgestoßen worden zu sein, belegen der bis heute andauernde, nachhaltige Traum vom verlorengegangenen und wiederzugewinnenden Paradies und die religiöse Erinnerung, die den betreffenden Zeitpunkt über die Jahrhunderte hinweg hartnäckig mit der Schöpfung der Welt gleichgesetzt hat.

Die mythischen Elemente

Wir unterscheiden zwischen den beiden Formen der *Urmythen* und der *Göttermythen*. Die Urmythen ähneln einander in allen Kulturkreisen, ein Hinweis auf die globale Ausdehnung der Katastrophen; die Göttermythen gehen in ihren Entwicklungen eigene Wege. Im europäisch-mittelmeerischen Raum gelingt später aus ihnen heraus der Sprung in die Naturphilosophie und das wissenschaftliche Denken.

Die Urmythen füllen den dunklen, vergleichsweise kurzen Zeitraum aus, der sich von der Katastrophe vor 8000 bis 6000 Jahren bis zur ersten Loslösung von ihnen zwischen 800 bis 600 v. Chr. hinzog. Die Urmythen beschreiben reale Vorgänge: »Mythos ist, wenn auch schwer vereinbar mit Chronologie, immer realistisch.«[5] Sie sind gnadenlos, roh, elementar. Nur Belebtes kann handeln. Ihre Elemente sind belebte Wesen: die Urgötter *Chaos, Gaia, Eros, Uranos*, wie Hesiod, der griechische Chronist des Mythos, sie nennt. Das Chaos, das Gefräßige, Gähnend-Leere, Finstere, Ungeordnete, ein furchtbares, ungezügeltes, unberechenbares Ungeheuer, das sich weder fassen noch vorstellen läßt, ist das allerursprünglichste Element. Es ist sozusagen das Alles (oder auch das Nichts), bevor Etwas war. Chaos ist das Unbezeichenbare, Schreckliche, Gaia ist die (fruchtbare) Mutter Erde, Uranos der sternenreiche, die Erde befruchtende, regnende Himmel. Eros ist ein Prinzip: das schöpferische Lustprinzip.

Schon an dieser Stelle verzweigt sich der Mythos entsprechend den unterschiedlichen Eindrücken, die das hinter ihm stehende Naturgeschehen hinterließ. Nur ein gemeinsamer Zug durchzieht alle diese mythischen Bilder vom Urgrund: daß das Chaos allein aus sich selbst nichts vermag. Es ist sich selber im Wege. Eine schöpferische Kraft wird benötigt. Hesiod findet sie in Gaia, der »breitbrüstigen Mutter Erde« und ihrem Konflikt mit ihrem Sohn-Gatten Uranos, dem Himmel, der ihre gemeinsamen Kinder tief im Inneren der Erde, also Gaia, gefangenhält, sie am Gebären hindert, damit er nicht von ihnen entthront wird, und der schließlich von einem seiner Söhne, dem Titanen Kronos *(Krähe)*, der Zeit, den Gaia heimlich auf Kreta gebiert, zusammen mit seinen sechs Titanenbrüdern im Auftrage der Mutter entmannt wird.[6] Eine gewaltige Genesis, ein urtümlicher Erklärungsversuch, in dem es unglaublich durcheinandergeht, dem weder der Inzest noch die bereits vorausgesetzte Zeit Probleme bereiten. Der Mangel an Urgöttern zwingt zur Inzucht; was später zu Theseus' und Ödipus' Zeiten undenkbar sein wird: den Göttern wird es in aller Selbstverständlichkeit zugebilligt. Hesiods Gedicht ist nicht nur eine Kosmogonie, es ist eine Genealogie der Götter. Hinter ihr verbirgt sich die Frühgeschichte Griechenlands aus der Sicht des siegreichen hellenischen Stammes und des Patriarchats.[7]

Neben dem Hesiodschen gibt es eine Reihe anderer Schöpfungsmythen: den pelasgischen, der älter als der Hesiodsche und dessen Urelement ebenfalls das Chaos ist und der eine Urgöttin kennt, Eurynome, die Große Göttin des Mondes, Königin oder Nymphe des matrilinear regierten Stammes; den Homerischen, in dem die Götter und Wesen dem Okeanos entstammen – Eurynome heißt in ihm Tethys; den orphischen, der wiederum mit dem Chaos beginnt; den olympischen schließlich. Euronymes Name »Weites Wandern« verrät noch einen anderen Bezug: Vordergründig benennt er die Bahn des Mondes über den Himmel; in einem tieferen Sinne aber deutet er auf die von der Gottheit geleitete nomadische Herkunft des Mythos hin, den Auszug aus dem Paradies, das unendlich währende, ruhelose Umherirren, das auch noch bestimmendes Thema des Alten Testaments ist, ehe man die von der Gottheit zugewiesene Stätte findet, in der es sich niederläßt.

Die griechischen Mythen sind Berichte über geschichtliche Ereignisse der griechischen Frühzeit; sie sind aber auch Weltschöpfungsmythen, die einen Urgrund für das anbieten, was sich ereignet. Das Element, auf das sie Bezug nehmen, ist das Chaos als materieller und dynamischer Ausgangspunkt. Manchmal wird von diesem gesagt, es sei der vor ihm liegenden Dunkelheit entsprungen, und ihr Inzest zeugte Nacht, Tag, Erebos (Dunkel, Totenreich, Unterwelt) und Luft. Aus deren wechselseitiger Paarung gingen Erde, Himmel, Meer (Luft plus Tag), Schicksale und Eigenschaften (Nacht plus Erebos = Alter, Tod, Mord, Schlaf, Traum, Elend, Nemesis (die Rache), Freude usw.; Luft plus Erde = Zorn, Hader,

Rache, Streit, usw. sowie Okeanos, Metis, die Titanen usw.) hervor. Auf dieser frühen Stufe begegnen wir dem angestrengten Versuch, Ordnung in die im Dasein vorgefundenen Ereignisse und Dinge, Eigenschaften und Verhaltensweisen zu bringen; weil nichts sich wirklich erklärend ins andere fügt, weil die Theorie eine personelle ist, die auf den Charakteren und den zufälligen Lüsten der Götter aufbaut, führt dieser Versuch aus wissenschaftlicher Sicht natürlich nur von einer Unordnung in die andere, und der Theorie eignet, von ihrem geschichtsträchtigen, narrativen Wert abgesehen, Wert nur, indem sie überhaupt Probleme aufwirft. Schon ihre nachfolgenden griechischen philosophischen Kommentatoren winken angesichts der Mythen ab, kritisieren sie und suchen ihren Zwängen und Ungenauigkeiten durch saubere logische Folgerungen zu entkommen, indem sie selbst sich auf klarer definierte Elemente beziehen, aus denen sich die Welt aufbaut.

Geburt der Wissenschaft

Der Zeitraum, über den die Urmythen sich am Leben hielten, war kurz und nicht vergleichbar mit der Ausgedehntheit der protomythischen Epoche. Es war nur ein Übergangszeitraum. Die Antike mit ihrer Erfahrung der verschiedenen, miteinander rivalisierenden Stadtstaaten bereitete ihm ein rasches Ende und entwickelte die Mythen weiter zu der ironischen, der antiken Tageswirklichkeit besser angepaßten Götterwelt des Olymp. In einer Atmosphäre, in der es viele zänkische Götter gab, konnten unterschiedliche Ansichten über die Welt, ihre Struktur und ihren Sinn miteinander streiten. Da die Götter sich in irgendeiner Weise einigten, stritten diese Meinungen zwar heftig, doch blieb der Streit auf das Verbale beschränkt, so daß jeder, der es wollte, die Freiheit hatte, diesem oder jenem Erklärungssystem anzuhängen, dasselbe nach Belieben zu wechseln oder sein eigenes zu erfinden.

In einem solchen Pluralismus von Meinungen überlebt auf Dauer keine einheitliche Ansicht von den Elementen. Man kannte in der Antike fünf bis sechs Grundelemente: Feuer, Wasser, Luft und Erde, dazu noch Äther und das Ur-Element Chaos, das man als einziges aus den Ur-Mythen übernahm. Anfänglich, obwohl die Elemente nicht mehr die Urbedeutung des Alles-oder-Nichts besaßen, stellte sich auch die Antike die Elemente noch personell vor. Der Übergang zur Abstraktion, der sich langwieriger gestaltet, als es unseren zeitraffenden Vorstellungen entspricht, vollzog sich erst in der Hochepoche der griechischen Philosophie. Doch schon früh, zur Zeit der Vorsokratiker, gingen die Meinungen über die Gleichrangigkeit der Elemente auseinander. Die Elemente verloren am Ende bereits in der Antike ihren Ganzheitsanspruch und wurden zu dem degradiert, was sie im Grunde heute noch sind: Bausteine. In der Pluralität einer zusammengehörigen Gruppe von Bauelementen liegt eine Parallele zur modernen Anschauung. Der Bausteincharakter der alten war jedoch umfassender als derjenige der modernen Elemente der Naturwissenschaft. Er umspannte die gesamte belebte Natur mit ihren Reizen und Reaktionen, die den Elementen und ihrem Zusammenwirken zugeschrieben wurden. Die Atomisten erst kamen dem heutigen Elementverständnis nahe. Sie bauten die Welt aus kleinsten Unteilbaren auf. Die aus heutiger naturwissenschaftlicher Sicht geniale, aber eigentlich triviale Idee geriet lange Zeit in Vergessenheit und wurde erst von der Chemie des 18. Jahrhunderts wiederbelebt, vor allem von Danton und Lavoisier, die sie gemäß den neuen Erkenntnissen und der neuen Einstellung der Natur gegenüber abänderten.

Dünkel der Ratio

Das Mittelalter mit seiner Scholastik hatte wenig Sinn für die Elemente. Was ihm galt, waren die Schriften, die Autoritäten, um deren Meinungen und Interpretationen der einen Heiligen Schrift sich der Disput drehte. Die Natur trat zugunsten dieses Disputs und der Entwicklung einer Methode, den Disput zu führen, in den Hintergrund; diese Methode basierte auf der Kenntnis der Schriften, der kritischen Vernunft (der von der Logik geleiteten Ratio) und der Forderung der adäquaten Wissensvermittlung.

Nur Alchimie und beschreibende Astronomie und Astrologie hielten das Wissen über den Aufbau der Natur über das Mittelalter hinweg fest und bereicherten es um die Methoden und phänomenologischen Erkenntnisse des arabischen Orients. Die Alchimie konservierte die alten Elemente, aber sie befrachtete sie auch mit einer Unzahl magischer Charaktere und schrieb die Eigenschaften der Materie geisterhaftem Wirken zu. Klarheit und Einfachheit der antiken Elemente wurden übertüncht vom Geisterglauben. Das Interesse der Alchimisten am mikroskopischen Aufbau der Welt, auch wenn es vom Wunsch, Gold herzustellen, diktiert war oder aber von dem aus dem Aberglauben abgeleiteten Wunsch, mit der Geisterwelt in Verbindung zu treten, reflektierte das tief verwurzelte Bedürfnis nach Erklärung des Weltaufbaus, das Unbehagen an den von den Autoritäten angebotenen dogmatischen Erklärungen.

Für den Alchimisten war die Welt ganz offensichtlich nicht klar, nicht aus der Schrift ablesbar. Aber er wußte sich keinen Rat. Er löste die Unklarheiten nicht in einfache naturwissenschaftliche Zusammenhänge auf, sondern ließ sie bestehen und machte Geister für die Eigenschaften der Elemente verantwortlich. In dieser Weise entsprach die Alchimie genau der Astronomie, die, statt die Himmelsvorgänge auf einfache Prinzipien zu reduzieren, sich einerseits an die ptolemäischen Vorschriften hielt und die Bewegung der Planeten und Sterne immer komplizierteren Himmelsschalenmechaniken und Epizyklen zuschrieb, deren mathematische Bewältigung ihr alle Ehre macht, an Erkenntnis aber wenig einbrachte, andererseits als Astrologie die Sternbilder mit ihnen nicht zukommenden schicksalsbestimmenden Fähigkeiten ausstattete.

Atomarer Reigen

Die Elimination der alten Elemente, der Geister und die Reduktion auf die atomar-molekularen Elemente erwies sich darum für die Chemie und die mikroskopische Naturwissenschaft als ungeheuer fruchtbar. Sie war es, die im 17. und 18. Jahrhundert den Weg in die moderne Naturwissenschaft des Mikroskopischen, die auch heute noch die Wissenschaft beherrscht, ebnete. Besonders im darauffolgenden 19. Jahrhundert brachte sie die Chemie zur Blüte. Eine moderne Chemie ohne die Vorstellung von frei beweglichen Atomen und Molekülen ist undenkbar. Allerdings bereitete die Menge der unterschiedlichen Atome und Moleküle, die es in der Welt geben mußte, dem Verständnis Schwierigkeiten, wenn die Materie aus Atomen aufgebaut sein sollte.

Inzwischen hatte die Physik sich der Atome angenommen, sie als ihre Massenpunkte identifiziert. Alle Gase sollten aus ihnen aufgebaut sein. Wenn das stimmte, mußten die Gasgesetze sich aus den Bewegungsgesetzen aller dieser einzelnen Atome gewinnen lassen. Die Durchführung dieses Programms stellte eine schwierige Aufgabe; sie mündete in die *Statistische Mechanik*, mit deren Hilfe sich nicht nur die Gasgesetze ableiten ließen, sondern die grundsätzlich das Verhalten von Vielteilchensystemen auch weit vom Gleichgewicht entfernt beschreibt. Sie rundete damit bereits im 19. Jahrhundert das Weltbild so weit ab, daß man dem Glauben verfiel, man hätte die einheitliche Theorie der Natur gefunden, die alle Erscheinungen der unbelebten Materie aus der Existenz der materiellen Elemente, den Atomen, abzuleiten gestattete. Mit dieser Annahme hatte man sich zwar unendlich weit von der antiken Vorstellung von der Art der Elemente entfernt, war aber der Erfüllung des antiken Programms, die Welt aus den Elementen aufzubauen, näher gekommen. Geändert hatte sich die Natur der Elemente und die Weise ihres Zusammenfügens zum Zwecke des Aufbaus der Welt. Aber das Programm hatte Schwachstellen, die sich auf der Basis der mechanischen Theorie nicht beheben ließen. Eine derselben enthüllte das Mendelejewsche Periodische System der chemischen Elemente, das eine unerwartete und unerklärliche Ordnung unter den chemischen Elementen aufzeigte, die es gestattete, einige bislang unbekannte chemische Elemente und deren Eigenschaften vorherzusagen. Die Statistische Mechanik vermochte den Grund dieser Ordnung nicht zu

erklären. Eine andere bestand in der Theorie der elektromagnetischen Erscheinungen, die sich in die Mechanik und Statistik nicht integrieren ließ. Schließlich
blieb der Ursprung von Strahlung schleierhaft. Lange Zeit glaubte man, es handelte sich hier nur noch um kleine Korrekturen an der bestehenden Theorie. Aber
alle Erklärungsversuche scheiterten.

Psychologisch gesehen ist von Interesse, daß man sich in diesem Stadium der
wissenschaftlichen Entwicklung vollauf mit der *Existenz* von Atomen (Elementen) zufriedengab und niemand aus der Phalanx der eminenten Forscher jemals
auf den doch naheliegenden Gedanken verfiel, nach einer eventuellen *Struktur*
der Atome zu fragen. Sie wurden entweder punktförmig oder, wenn ausgedehnt,
so als amorph angenommen. Doch ließ man sich nicht darüber aus, welcher Stoff
das Amorphe sein sollte. Die allgemeine Zufriedenheit mit der Kenntnis der offensichtlich ausreichenden Grundelemente des herrschenden Weltbildes leistete
einer unverantwortlichen Kritiklosigkeit und Ignoranz Vorschub, die sich zwar
verstehen, nicht aber entschuldigen läßt. Die Wissenschaft mußte buchstäblich
mit der Nase auf die sich aus dieser Ignoranz ergebenden Fehlvorstellungen gestoßen werden, ehe sie sich zu einem Umdenken, auf das sie heute so stolz ist, be-
quemte.

Ringen um Einheitlichkeit

Die Überraschungen blieben nicht aus. Der Versuch, die Strahlungstheorie einzu-
gliedern, führte schließlich zur grundsätzlichen Änderung der theoretischen Vorstellungen, die in der neuen Quantentheorie gipfelten. Nach ihr sind Strahlung
und Teilchen ein und dasselbe. Die Atome konnten also nicht die letzten Elemente
sein. Sie mußten aus elementareren Bestandteilen bestehen. Man entdeckte die
ersten Elementarteilchen, Elektron und Atomkern, und verlagerte nun die Vorstellung von der Unteilbarkeit auf diese beiden Gebilde, von denen das Elektron
punktförmig, der Atomkern amorph sein sollte. Sehr viel später fand man, daß
auch der Atomkern nicht das vorgestellte amorphe Gebilde, sondern aus anderen
Teilchen aufgebaut ist, Protonen und Neutronen, die durch weitere Austauschteilchen, die die Kernkräfte transportieren, zusammengehalten werden. Die Theorie
begann, sich zu komplizieren; aber sie besaß einige grundsätzlich vereinheitlichende Aspekte. Zwanglos erklärte sie das Mendelejewsche System mit seinen
vielen verschiedenen chemischen Elementen und deren unterschiedlichen Eigenschaften aus dem Aufbau der Atome aus Elektronen und elektrisch mehrfach geladenen Kernen, und sie integrierte die elektrischen Erscheinungen einschließlich
der Erzeugung von Strahlung in die Theorie. Die Erfolge wiesen deutlich in die
Richtung einer Vereinheitlichung, einer Rekonstruktion des Ganzen aus wenigen

Elementen, die nun Elementarteilchen genannt wurden, auf dem Wege einer Theorie der Wechselwirkung dieser Teilchen miteinander.

Trotzdem fiel der Erfolg nur partiell befriedigend aus. Die Untersuchung warf das Problem der Struktur der Elementarteilchen auf. Man hatte inzwischen gelernt, daß alles Elementare schließlich doch strukturiert sein mußte. So elementar diese Teilchen waren, waren sie nicht eigenschaftslos. Was war das, woraus sie bestanden? Die Untersuchung multiplizierte ihre Anzahl. Neue Teilchen wurden gefunden, wo niemand sie erwartet hatte. Mathematische Gründe zwangen zur Annahme der Existenz von Antiteilchen. Solche Teilchen wurden umgehend experimentell nachgewiesen. Die Theorie dieser neuesten Elemente wuchs sich zu einem mathematisch komplizierten Komplex aus, der kaum noch etwas von einem einfachen Schema wirklich grundlegender Elemente aufweist.[8] Entgegen der ursprünglichen antiken Annahme, daß die Atome eigenschaftslos sind, weil nicht teilbar. und Eigenschaften aus innerer Struktur herrühren müßten, haben die elementaren Teilchen definierte, unterschiedliche und komplizierte Eigenschaften, von denen unbekannt ist, woher sie kommen. Was sie andeuten, ist ein Innenleben der Elementarteilchen: letztere sind also nur für den materiellen Aufbau der Welt, nicht in sich selbst elementar.

Obwohl diese Theorie noch nicht endgültig bewiesen ist, spricht vieles für sie. Ihr Vorzug ist, zu Lasten des unmittelbaren Verständnisses einer bisher nur im Ansatz ausgebauten Theorie eine verhältnismäßig klare Erklärung für den Aufbau der materiellen Welt aus wenigen sehr elementaren Grundbausteinen und deren Wechselwirkungen zu liefern.[9] Vielleicht verbindet sich in der Innenstruktur der elementarsten Teilchen die Mikro- mit der Makrophysik, die Struktur des gesamten Universums mit dem Kleinsten, das es in der Natur geben kann, den elementaren Bausteinen der Materie. Ein solcher Gedanke ist aus physikalischen Gründen nicht abzulehnen und durchaus seriös. Die Innenstruktur der Elementarteilchen würde sich in diesem Fall aus den Eigenschaften des Raumzeit-Kontinuums, das das Universum als Ganzes beschreibt, also des Raumes und der Zeit im Kleinsten ergeben. Nicht nur Allgemeine Relativitätstheorie und Elementarteilchenphysik, sondern das Gesamtuniversum und die Theorie des Elementaren würden sich in diesem Falle begegnen und miteinander verschmelzen in einer übergeordneten Theorie, die nur noch eines kennt: eine mathematische Struktur, die Eichfeld genannt wird und die sich nicht weiter als durch ihre mathematischen Eigenschaften bestimmen ließe. Spekulationen in dieser Richtung erhitzen die heutige Grundlagenforschung des Elementarsten.

Verlust des Natürlichen

Dieser kurze Abriß der Geschichte der Elemente verdeutlicht die tiefgehende zeitliche Veränderung dessen, was unter Element verstanden wird. Waren die alten Elemente zur Zeit der großen Mythen und noch in der Antike Tagesthemen, war man mit ihnen in ständigem Kontakt und Umgang und sich ihrer unmittelbar bewußt, so sanken sie im Laufe der Entwicklung in immer tiefere Schichten des Wissens ab, nahmen zunehmend kompliziertere Eigenschaften an, gaben sich unverständlicher und dem Bewußtsein unzugänglicher. Der Ozean als lebendiges Element verstanden, als Wesen, das sich verhält; Wasser als feuchtes, fließendes, sich veränderndes Element aufgefaßt, das die lebenden Wesen in sich enthalten und das ihnen Leben verleiht; Luft, Erde und Feuer in gleicher Weise verstanden, sind von einer unmittelbareren Qualität als das Wissen um submikroskopisch kleine, nur mit aufwendigen Langzeitexperimenten und unter ungeheuren finanziellen Kosten und personellen Anstrengungen nachweisbaren exotischen Teilchen, aus denen die Materie besteht, deren Natur und Verhalten sich zwar im statistischen Sinne exakt errechnet, jedoch nur in abstrakten Symbolen niederschlägt. Letztere sind weit von jeder unserer Vorstellungen entfernt und gehören nicht zur wahrnehmbaren Erfahrungswelt. Die Beweise, daß sie existieren, daß es tatsächlich die heute bekannten letzten Bausteine der Natur sind und daß sie sich so verhalten, wie man berichtet, können von niemandem, der nicht die ausgefeilten Spezialkenntnisse in langjährigem Studium erworben hat, nachvollzogen werden. Die Welt, die hier mitgeteilt wird, ist, obwohl sie die reale ist, in Wahrheit eine Traumwelt, an die nur geglaubt werden kann. Die modernen Elemente sind die Bewohner dieser Traumwelt, und erst die Aufforderung zum Vertrauen in die Predigten einer versammelten Priesterschaft ihrer Verkünder, der Glaube an deren Autorität beweist ihre Existenz, und die Erfahrung der Phantasie- und Humorlosigkeit dieser Elite stützen das Vertrauen in ihre Aussagen viel stärker als alle ihre Versicherungen, die in einer Welt, die überall den Betrug, das Anbiedern und das Aufschwatzen der kurzlebigsten Güter kultiviert, keinerlei Bedeutung haben.

Die modernen Elemente sind dem Menschen entrückt; mit ihnen ist die Natur, obwohl berechenbar geworden, erschreckend real, realer, als sie es jemals vorher gewesen war, buchstäblich verschwunden. Aus der Sicht der modernen Elemente läßt sich über die Begeisterung angesichts eines Sonnenuntergangs nur lachen, läßt sich anderes als mechanisches Liebesempfinden nur kopfschüttelnd abtun, macht ein Achselzucken jedem kulinarischen Genuß ein Ende. Was das mechanistische Zeitalter der Aufklärung bis hinein in die Romantik erreichen wollte und was ihm nicht vergönnt war – den Menschen zur Maschine zu erklären –, das ist dem nüchternen Zeitalter der Elementarteilchen auf andere Weise gelungen. Ohne ihn zu erklären, hat es aus dem Menschen eine Maschine gemacht; was er tut, erledigt er auf maschinelle Art, und nichts weiter zählt für ihn als Berechenbarkeit. Er selbst ist – fast schon – berechenbar, lenkbar in beliebige Richtung. Weil er der Welt der Elemente nur mit der Haltung des Zeitungslesers gegenübersteht, der von Sensation zu Sensation springt, hat er den Boden unter den Füßen, den unmittelbaren Kontakt zum Elementaren verloren und hängt, zwar unsäglich eingebildet, aber doch haltlos frei in der Luft, wo er dankbar jeden ihm dargebotenen Strohhalm ergreift, der ihm Sinn zu bieten scheint, dabei seine mechanischen Verrichtungen, zu denen er verpflichtet worden ist, ableistend.

Die Geschichte des Elementaren ist somit die Geschichte des Verlustes des unmittelbaren Kontakts, der Fühlungnahme mit dem Elementaren in der Natur. Der Mensch existiert in seiner selbstgeschaffenen Traumwelt, abgeschirmt gegen die Natur, vertreten durch eine Priesterschaft, die dem einzelnen die Aufgabe des Sichzurechtfindens abnimmt und zugleich Hüterin des Heiligen Grals der Kenntnis des Elementaren ist. Dies zu bedauern ist nicht die richtige Haltung: Es gibt keinen Ausweg. Es zu konstatieren ist eine Pflicht, um aus der Anbetung der menschlichen Leistung wieder auf den Boden der Realität herabzusteigen, die das menschliche Vermögen gegenüber der Natur relativiert. Wer nach dem Elementaren fragt, fragt durchaus nicht nur nach der Sache, die das Elementare ist, er fragt auch nach seinem Wert und Sinn, seiner Bedeutung und seinem Nutzen. Sinn, Bedeutung, Nutzen und Wert bestimmen sich aber stets aus der Projektion auf den Sinngeber, den Bedeuter, den Nutznießer, den Käufer. Wer sind dieselben, für wen ist das Elementare sinnvoll, wer zieht Nutzen aus ihm, wer kauft es wem ab? Es sind diese Fragen, die zu beantworten gewesen wären, deren Antwort aussteht und von denen her sich das Elementare als Schatztruhe öffnen sollte. Was es also gilt, ist das Elementare so zu entkleiden, daß sowohl seine nützlichen als auch seine gefährlichen Formen sichtbar und einschätzbar und als Anweisung zu verantwortungsbewußtem Handeln verstanden werden können.

3. Begriff

Wie die meisten bedeutungsbeladenen Begriffe entspringt auch der des Elements griechischem Denken. Griechenland, die im Altertum, in der Frühzeit der Geschichte der Zivilisation, am weitesten westlich gelegene Insel hochentwickelter Kultur, am Rande der Barbarei postiert, erwies sich aus gutem Grund als Schmelztiegel der verschiedenen, aus dem Orient kommenden Wissensströme: des babylonisch-persischen, des ägyptischen, des fernöstlich indischen und der unbekannten Einflüsse aus dem Kontakt mit den Barbarenstämmen im Norden und weiter im Westen. Griechenland, der östlichste Vorposten Europas andererseits, sollte zum Zentrum des dem Dunkel des Mythos entkommenen Denkens und zur Geburtsstätte bewußter Erkenntnis kristallisieren. Hier kühlten die verschiedenen, sich gegenseitig erhitzenden und miteinander um die Vorherrschaft streitenden Gefühls- und Denkrichtungen der großen überlieferten Mythen ab zu dem hellen, klaren Diamanten der folgerichtigen und kritischen Denkungsart, die die Griechen der Menschheit geschenkt haben und die seither das wissenschaftliche Vorgehen auszeichnet.

Gerade der unerwartete Zusammenstoß der verschiedenen Kulturen, ihre Interferenz, gab in Griechenland zur Auslöschung der unpräzisen, nicht begründeten Behauptungen der Mythen Anlaß. Das Unbehagen in den verschiedenen mystischen Deutungen des Weltgeschehens legte die methodischen Grundlagen einer neuen Theorie. Da die verschiedenen Mythen gleiche Erfahrungen unterschiedlich auslegten, wiesen sie auf die Existenz einer gemeinsamen Wahrheit hin, die die Theorie, sollte sie gültig sein, aus ihnen herauszufiltern, das unwahre Beiwerk abzustreifen hatte. Dazu bedurfte es einer bislang unbekannten *Methode*. Die Griechen suchten danach nicht in der Natur, wo sie die moderne Wissenschaft, die sofort damit begonnen hätte zu experimentieren, vermutet und aufgestöbert haben würde; sie fanden sie im Vergleich der unterschiedlichen Behauptungen und entdeckten dabei mit dem Widerspruch den Schlüssel zur Logik. Gemeint ist hier nicht die mathematisierte Form der Logik, die heute an den Universitäten gelehrt wird und deren erste, über zwei Jahrtausende gültig gebliebene Formulierung schon Aristoteles' Syllogistik geleistet hat; gemeint ist das klare logische Denken, das der nachfolgenden Axiomatisierung ·vorherging. Was bewahrbar und bleibend sein wollte, was den Anspruch auf Akzeptierbarkeit und Wahrheit erhob, mußte sich vor allem widerspruchsfrei geben.

Mit diesem ersten und wohl folgenreichsten großen Geschenk, das die Griechen der westlichen Zivilisation vermachten – sieht man einmal ab von ihrer Kunst, ihren Dramen, ihrer Dichtung und der ersten Form von Geschichtsschreibung, die sie praktizierten –, mit dieser großartigen Erfindung legten sie ein für allemal das Fundament unserer Kultur, die sich als hochtechnisierte darüber errichten sollte. Vielleicht hätte die Welt ohne die Griechen den einzigen Augenblick verpaßt, in dem ein Erwachen aus dem Anstaunen des Göttergegebenen und dem Glauben an die Ewigkeit des Mythos möglich war. Ihrer bewunderungswürdigen Wachheit werden wir verpflichtet bleiben, solange die wissenschaftliche Kultur bestehen, die rationalen Anstürme aus ihrem eigenen Inneren verarbeiten und sich der irrationalen Anstürme von seiten der Fundamentalismen und der Scheinwissenschaften erwehren können wird.

Die neuentdeckte Logik erwies sich als Gebäude von statischen, zeitlich unveränderlichen Regeln; die Griechen wendeten sie unbekümmert auf die Phänomene an und entdeckten dabei, daß alles, was überhaupt geschieht, eine Ursache haben muß. Ohne Ursache ist nichts denkbar, es sei denn, es sei zeitlos. Demnach muß alles, was geschieht, sich aus einem Grund, einem Fundamentalen, einem Ersten ableiten lassen. Bereits die Vorsokratiker formulieren diese Forderung, auch wenn sie den Begriff des Elementaren noch nicht kennen. Sie reden von der wichtigsten Substanz, dem Urgrund alles Wirklichen. Der Begriff, den sie dafür verwenden und den Anaximander, Schüler und Zeitgenosse des Thales, einführte, ist der der *arché (= Anfang, Ursprung)*. Abstrakt besehen, ist dieses Erste, Grundlegende, das Elementare, das noch spezifiziert werden muß. Ohne die *arché*, die *Grundwurzeln*, das Elementare, kann prinzipiell nichts existieren, das zusammengesetzt, nicht ursprünglich und ewig ist (Empedokles). Dieser folgerichtige Gedankengang veranlaßte die Griechen zur Annahme eines jeweils ihrem unterschiedlichen Geschmack entsprechenden ersten Elements. Interessanterweise führte aber die unveränderliche, statische Logik in einen bis heute währenden und unaufgelösten Zwiespalt, in den Streit zwischen den Vertretern des Werdens und denen des unveränderlichen Seins. Den ersten Philosophen, die die Mythen abgelegt hatten, war die Welt ein selbstverständliches Werden, das es zu beschreiben und zu erklären galt. Auf dieses Werden paßte die Unveränderlichkeit der Logik nicht. Die Vertreter der Absolutheit der Logik folgerten darum die Nichtexistenz des Werdens und die einzige Wirklichkeit eines unveränderlichen und unerkennbaren, in sich geschlossenen Seins (Parmenides). Die Rückführung des Werdens auf das Elementare, aus dem es abgeleitet werden kann, ist im Grunde eine Ausflucht aus diesem Zwiespalt; denn das Elementare ist in gewissem Sinne das Bleibende, das dem Sein nähersteht als die Dinge, die aus ihm aufgebaut sind und darum werden können.

Es gibt keine eindeutige Erklärung für die Herkunft des Begriffs des Elements. Unwahrscheinlich ist, daß es sich um ein natürlich »gewachsenes« Wort handelt, das aus dem Indogermanischen überkommen ist. Gebser[10] hat die Silbe *me* im Wort E-le-me-nt mit dem indogermanischen Ur-phonem *me* in Zusammenhang gebracht und ihre Verwandtschaft mit *mono* und *mental*[11] behauptet. *Mono* soll den Alleinanspruch auf Wahrheit, *mental* die innere Überzeugung von der Richtigkeit belegen. Doch weist die Silbenführung von der lateinischen, etymologisch in ihrer Herkunft ungedeuteten Form *el-em-en-tum*, ohne über eine komplizierte Konstruktion gehen zu wollen, schwerlich auf *me* hin. Etymologisch besteht auch kein Zusammenhang zu dem griechischen gleichbedeutenden Wort *arché*. Die lateinische Form legt eher den Schluß nahe, es handle sich bei dem Wort Element um eine Neuschöpfung, um ein Kunstwort, das, weil es etwas Grundsätzliches, Zentrales, den Urstoff kennzeichnet, auch in Sprache und Schrift zentral angesiedelt sein sollte. Dieser Zusammenhang mit Sprache und Schrift wird auch durch die anderweitig im Lateinischen vermutete Originalbedeutung von Element als

Buchstabe nahegelegt. Als Elemente der Schrift haben die Buchstaben in der Sprache eine zentrale Stellung inne. Stellt man die Bedeutung in Rechnung, die Griechen und Römer der Schrift beimaßen, so ist es recht und billig, einem so fundamentalen Begriff wie dem des Elements auch eine herausragende zentrale Stelle in Schrift und Sprache zuzugestehen. Daher darf man einen Zusammenhang zwischen den Termini Element und Buchstabe vermuten. Das griechische Wort *stoicheion*, das von *stoa* (Säulenhalle) kommt und bei Aristoteles für Element im Sinne von *einfache Substanz, Grundstoff, Prinzip* steht, hat denn auch die Nebenbedeutung Buchstabe. Desgleichen ist häufig ein Zusammenhang mit dem griechischen *eléphas* (Elfenbein) behauptet worden, in der Annahme, Element bezeichne einen aus Elfenbein geschnitzten Buchstaben. Diese Verbindung scheint aber künstlich und weit hergeholt. Viel einleuchtender ist es, das Wort *el-em-en-tum* als latinisierte gesprochene Aneinanderreihung der Buchstabenfolge *LMN* (oder auch λμν) zu verstehen. Die drei Buchstaben befinden sich genau im Zentrum des lateinischen (wie des griechischen) Alphabets, im innersten Kern der Schrift, sind also von ihrer Stellung her die zentralen Bausteine der Schriftsprache. Was liegt näher, als den Begriff, der die zentralen Bausteine der Natur benennt, mit den zentralen Bausteinen der Schrift zu identifizieren? Es wäre eher verwunderlich, wenn ihm kein herausgehobener Platz eingeräumt worden wäre. Symmetrie-, Sprach- und Schriftbewußtsein zwangen die zentrale Stellung buchstäblich auf.

Wer immer der Erfinder war, mit dieser metaphorischen Wortschöpfung setzte er die Elemente als Zentrum des Denkens in Szene, aus dem heraus sich alles, was es gibt, Natur und Geschehen, aufbaut. Allerdings, welche Größe für das Elementare gehalten und eingesetzt wird, bleibt offen. Die vorläufig leere Stelle muß in jedem als gültig anerkannten System erst besetzt werden. Die verschiedenen Möglichkeiten dieser Besetzung sind denn auch in der griechischen Geschichte weitgehend ausgeschöpft worden. Die Elemente sind demnach die Buchstaben, in denen die Welt *geschrieben* ist. Später wird man vom *Buch der Natur* reden und es sich in den Buchstaben der Elemente geschrieben denken. Da die Vorstellung selbst bausteinartig ist, können die Elemente als echte Bausteine aufgefaßt werden.

Es ist nicht feststellbar, wann der Begriff des Elements zum erstenmal auftrat und ob, wenn er griechischer Herkunft war, bereits einer der vorsokratischen Philosophen ihn verwendete. Vielleicht war Empedokles sein Erfinder. In seinem Fragment 17 tritt das Wort in der Übersetzung von Capelle[12] auf, wo es dem Übersetzer angelastet werden muß. Das ist wahrscheinlich, da Empedokles sonst nur von den *Grundwurzeln*[13] redet und in allen anderen Fragmenten die Beziehung zu den Elementen nur über Pronomina (sie, ihnen, diese, jene usw.) herstellt. Zur Popularisierung des Elementbegriffs hat weniger die Philosophie als die Mathematik beigetragen, vor allem durch Euklids[14] umfangreiches Kompendium der Grundlagen der zeitgenössischen Mathematik von 300 v. Chr., das schon im Altertum und in lateinischer Übertragung bis ins 19. Jahrhundert weit verbreitet war. Der Titel *Die Elemente* sollte andeuten, daß dieses Werk die zentralen Sätze und Regeln der Mathematik enthielt.

4. Die alten Elemente

Welcher kritische, unbestechliche Geist gehörte dazu, sich auf den Standpunkt zu stellen, die Überlieferung reichte für eine Deutung des Naturgeschehens nicht hin! Genau das taten die Vorsokratiker. Sie setzten sich der Gefahr des Vorwurfs aus, weder Geschichte noch Götter anzuerkennen. Andererseits gingen sie trotz aller ihnen eigenen Geistesschärfe und kritischen Unerbittlichkeit niemals so weit, die Götter des Olymp in Frage zu stellen.

Der vorsokratische Fortschritt gegenüber den mythischen Urelementen mißt sich an der Potenz der neu vorgeschlagenen Elemente Feuer, Wasser, Erde, Luft, die unberechenbaren Verhaltensweisen der Götter, die das Naturgeschehen erklären sollten, durch folgerichtige Zusammenhänge zu ersetzen und aus reproduzierbaren, weil jedem aus der Anschauung einsichtigen Eigenschaften der Grundelemente herzuleiten. War dies möglich, dann war die Welt nicht willkürlich aufgebaut, den Launen der Götter ausgesetzt, wie es vielleicht die unmittelbaren Tagesereignisse oder persönlichen Schicksale glauben machen mochten, sondern ließ sich rational als Konstrukt aus den Grundelementen verstehen und erklären; wenigstens im Prinzip war sie transparent und prognostizierbar. Verstand man die Welt, so galt wohl die Herrschaft der Götter im Persönlichen und einzelnen, aber für den Aufbau der Natur brauchte kein Orakel mehr befragt zu werden, und die Eigenschaften der Pflanzen, Tiere und Menschen erklärten sich zwangsläufig aus dem Zusammenwirken der Elemente.

Auf einer gewissen wissenschaftlichen Stufe ist dies ein höchst befriedigender Zustand, solange die Eigenschaften der Elemente als selbstverständlich hingenommen werden und nicht nach deren Herkunft gefragt wird. Ähnliches Denken findet sich auf allen Stufen der Wissenschaft wieder: Man gibt sich mit einem Stand zufrieden, der das Optimum der Beschreibung leistet, solange nicht zwingende Gründe vorliegen, die begründenden Elementarannahmen in Zweifel zu ziehen. Zu solchen Zeiten finden Philosophien, die die Grundlagen kritisieren, kein Gehör, weil es keinen objektiven Anhaltspunkt für ihren Zweifel gibt. Die Wissenschaft erklärt das Mögliche und Erklärungsbedürftige; der über sie hinausgehende philosophische Zweifel wird als absoluter Zweifel, Nörgelei und deshalb überflüssig empfunden. Erst wenn sich sichtbare Differenzen zwischen Theorie und praktischer Wissenschaft auftun, schenkt man dem Zweifel Gehör. Außer in ihren Hochzeiten, in denen sie zu Ehren gekommen ist, hat Philosophie sich stets in dieser Rolle des Narren befunden. Eine der ehrenvollen Perioden war die vorsokratische, weil Philosophie und Wissenschaft zu dieser Zeit unter einem Namen und meist in einer Person miteinander vereint waren.

Feuer

Nicht von ungefähr bringt man die prähistorische Entstehung der Kultur (die *Menschwerdung*) mit der Entdeckung und Bändigung des Feuers in Zusammenhang. Erstaunlicherweise spielt aber das Feuer in den Urmythen keine Rolle. Nirgends nehmen sie auf das Feuer Bezug; keines der personifizierten Urelemente kennt das Feuer.[15]

Die Erzähler der Urmythen empfanden die Naturgewalten unmittelbarer als die nachfolgenden Philosophen, deren Abstraktionsgabe sich von der vom Feuer ausgestrahlten Abstraktheit betören ließ. Noch ein anderes mag eine Rolle gespielt haben: Trotz der sichtbaren Hinwendung zur Veränderung und zum Werden in der Natur, die mit dem Ende der protomythischen Zeit und dem Auszug aus dem Paradies einsetzte, hatten offenbar die Generationen davor keinen Sinn für die vom Feuer vorgeführte rasche Veränderung. Für sie mag das Feuer quasistatisch gewesen sein und darum unwichtig für die Weltenstehungsmythen. Gewiß waren sie offen für sein Erscheinen; sie fürchteten es. Die hebräischen Mythen bestätigen es im Zusammenhang mit dem Auftreten Jehovas, der im brennenden Busch erscheint; doch das Feuer ist kalt: Es tut dem Busch keinen Schaden. Ebenso kalt ist das Feuer des Regenbogens, den Jehova zum Zeichen des Bundes an den Himmel heftet. Heiß wird es dort, wo Gott vernichtet: in Sodom und Gomorrha, doch hat es dann zur Schöpfung keinen Bezug. Wenn die Katastrophentheorie stimmt, so bot der feurig beleuchtete Himmel, an dem die Götter miteinander stritten und mehrere als Sonnen gedeutete Kometen auftraten, der Menschheit wohl ein feuriges Bild. Doch scheint dieses Feuer nicht in einem Maße auf die Erde übergegriffen, noch sie so beeindruckt zu haben, daß sie es besonders erwähnenswert gefunden hätten. Es blieb Beiwerk zum Weltentstehungsschauspiel, göttliches Feuerwerk. Worauf sie insistierten, betraf die Existenz der trockenen Erde, des verteilten Wassers in Ozean und Flüssen und hinter der durchsichtigen Schale des Himmelsgewölbes, den Regen, auf den sie sehnsüchtig warteten; es war die Vorstellung des Vorher, das sie *Chaos* nannten, Licht und Dunkelheit, Tag und Nacht. Dort, in Tag und Licht, rührten sie das Feuer an.

Der protomythische und der mythische Mensch kannten das Feuer längst, wußten es durch Aneinanderreiben verschiedener Hölzer zu erzeugen, damit umzugehen zum Zwecke des Herdes, des Töpferns, Schmelzens, Schmiedens, der Verarbeitung von Materialien, der Beleuchtung. Am Herd herrschte das Feuer. Wer über es wachte und befand, war die Stammesmutter und Stammesnymphe, die Königin, die eigentliche politische und soziale Macht in der matrilinearen Gesellschaft.

Hier liegt des Rätsels Lösung: Das Feuer war keine Sache des Mannes, es war Sache und Herrschaftszeichen der Frau. Weil, wie die griechischen Mythen belegen[16], das ausgedehnte mythische Zeitalter einerseits mit der Epoche der Bewußtwerdung des Menschen, andererseits mit dem Übergang vom Matriarchat zum Patriarchat zusammenfiel, war es der aufkommenden Männerherrschaft unmöglich, das Symbol der Matrilinearität zu ihrem Fundament zu erheben. Feuer blieb von den Mythen ausgeschlossen. Solange es keinen Mythos von seiner Eroberung aus den Händen der Frau gab, seinem Diebstahl aus der Welt der alten und neuen Götter, die es im Zeichen der Frau verwahrten, konnte keine Rede sein von seiner Bedeutung. Solange sich nicht eine genügend lange Zeitspanne zwischen das Ende des Matriarchats und die Neuzeit einschob, die vergessen machte, daß die Frau die Vorherrschaft besessen hatte, blieb das Feuer den Männern tabu, fremd und feindlich, reizvoll und anziehend zwar, aber auch furchtbar und grauenerregend; denn mit ihm verband sich die Erinnerung an die Opferung des Heiligen Königs, des Liebhabers der Großen Königin, der Stammesnymphe, die jedes Jahr ihren Gefährten neu unter den Jünglingen des Stammes wählte, der im siebenten Monat des dreizehnmondigen Jahres auf dem Altar der Befruchtung der Erde sterben mußte und dessen Leichnam als Brandopfer auf dem Altar der Großen Göttin verbrannt wurde, nachdem er der Stammesnymphe ein Jahr lang hatte beiwohnen dürfen: die Opferung, die später nur alle zehn Jahre vollzogen wurde, dann in die Opferung eines Widders oder Stiers umgewandelt wurde und schließlich versiegte.

Weil die Mythen Männermythen waren, die ihnen folgende Kultur Männerkultur, war ihnen das Feuer verhaßt. Prometheus' symbolischer Diebstahl erst macht den Weg frei für die Rezeption des Feuers als Element. Sobald dies geschieht, fesselt das Feuer Sinne und philosophische Phantasie, schwingt sich empor zum dominierenden Element einer langen Epoche, die in der Leidenschaft, weniger im Wissen gründet. Je dunkler die Epoche wird, desto mehr verehrt sie das Feuer; ja in der dunkelsten Zeit der westlichen Zivilisation, der des Mittelalters bis hinein in die Inquisition und die Gegenreformation, ist das Feuer das bestimmende Element überhaupt, das sich bis heute erhalten hat in dem aus dem Heidnischen kommenden und allem Militär wie nationalen Fanatikern wichtigen Wort von der Feuertaufe: Und jedesmal, wenn die Dunkelheit wiederkehrt, wie in diesem Jahrhundert Faschismus, Kommunismus, die neuen Nationalismen, Rechtsradikalismen und Fundamentalismen, taucht aus irgendeiner tiefen Höhle, in der er geschlummert hat, der widrige Schein der Flammen auf, dessen dämonisches Fackelflackern die fanatisierten Fratzen bescheint und die Dummheit beim Anhören inhaltloser Parolen in Verzückung fallen läßt; dann ziehen die langen teuflischen Züge der Feuerträger mit steif zum Idiotengruß erhobenem Arm und von Irrsinn verzerrten Visagen vorüber, ihre Scheiterhaufen zu errichten, auf denen sie das in Bücher gebundene Wissen verbrennen, das sie verachten, weil sie es nicht verstehen; dann tanzen sie ihre prähistorischen, aus den aus dem Bauch aufsteigenden Gefühlen der Gemeinschaftszugehörigkeit gespeisten rituellen Tänze um das Feuer.

Chronologisch gesehen, beginnt die Philosophie nicht mit dem Feuer, sondern dem Wasser. Thales von Milet, den Aristoteles den ersten Philosophen, den ersten Liebhaber des Denkens nannte, führte das Gegebene ins Wasser zurück und entsprach damit noch der herkömmlichen Vorstellung. Aber bereits bei seinem bedeutenderen Schüler Anaximander wird das Feuer als wichtiges, wenn auch nicht dominantes Element benannt. Anaximander ist besessen vom Wunsch, die Gegensätze zu trennen, diesem genialen Gedanken der Polarität und Polarisierung, der das gesamte duale wissenschaftliche westliche Denken durchzieht und sich als ungeheuer fruchtbar erwiesen hat. Genaugenommen ist die Polarisierung, die der Logik zugrunde liegt, der eigentliche Schritt in die westliche Kultur gewesen. Anaximander benennt als Gegensätze denjenigen zwischen heiß und hell und kalt und dunkel. Heiß und hell ist die Feuersphäre des Himmels, deren Flammen als Sonne und Mond durch Löcher in der Sphäre hindurchschlagen. Dieses Heiße muß sich vom Kalten, Dunklen der Erde trennen, damit die Welt entsteht, während letztere umgeben ist vom Feuchten, Flüssigen, das sich vom Festen separiert hat. Anaximander übersetzt den alten Mythos der Gaia, des Okeanos und des Uranos in die modernen Begriffe der Gegensätze und öffnet den Weg zur objektiven Betrachtung der Elemente und Erscheinungen, wenngleich er diesen Weg auch noch nicht in der eignen Vorstellung beschritt.

Wenn Anaximander das Feuer einführt, so teilt er noch nicht die Meinung seiner Nachfolger, daß das Feuer allein wesentlich sei. Er schreibt wie Thales dem Wasser die Urkraft zur Hervorbringung der Lebewesen zu. Anaximander ist es auch, der den Begriff der *arché*, des Urstoffs prägt, der synonym mit dem des Elements ist. Diese Substanz Anaximanders, aus der sich alles zusammensetzt, die hinter den Dingen und Erscheinungen steht, unsichtbar sozusagen, nur in ihrer Wirkung erkennbar, denkt er unveränderlich, zeitlos; sie bleibt »immer erhalten« und ist praktisch, wenn man einmal auf dem Boden der Logik steht, »denknotwendig«, wie Aristoteles später kommentieren wird. Solange die *arché* unbestimmt bleibt, ist die Denknotwendigkeit unumgänglich. Aber wenn für sie eines der sichtbaren materiellen Elemente gesetzt wird, dann muß erst erwiesen werden, ob die richtige Wahl getroffen wurde. Wasser oder Erde lassen sich aus der Sicht der ionischen Philosophen wohl für ein Element setzen. Sie kennen die beständige Erde, sie sehen den großen unveränderlichen Okeanos gegen ihre Küsten schlagen. Es ist verständlich, wenn sie abwechselnd eines dieser Elemente als fundamental ansehen. Doch das Feuer? Um seine Unveränderlichkeit ist es schlecht bestellt. Sie macht nur dann Sinn, wenn man es an Orte verlegt, wo es im verborgenen brennt: tief unter die Erde, wo später die Hölle haust, und weit über den Himmel. In eigenartiger Unlogik bricht der christliche Höllen-Himmels-Mythos später diese Symmetrie: Nur die Hölle bleibt in ihm heiß. Was aber ist jenseits des Himmels? Wohin hat die Feuersphäre ihr Feuer versprüht? War für die christliche Religion der Gedanke so unerträglich, auch den Himmel vom Feuer der Hölle eingerahmt zu sehen, daß sie, die auf Harmonie so viel gibt, lieber den Symmetriebruch als die Allpräsenz der Hölle in Kauf nahm, des Feuers, die im griechischen Weltbild selbstverständlich, ja denknotwendig ist?

Auf der Erde ist Feuer vergänglich: Man muß es unterhalten, hüten und bewachen, damit es kein Unheil anrichtet. Seine Erhebung in den Stand des Elements vergewaltigt die Erfahrung und fordert eine schwierige, abstrakte Argumentation heraus. Es ehrt Anaximander, diesen Fehler seinen Nachfolgern zu überlassen. Als alleiniger unter allen griechischen Philosophen wählt er das *Unendliche* zum Urstoff! Es besteht ewig in Raum und Zeit, hat keinen Anfang, da es sonst auch ein Ende haben müßte, wie Aristoteles ihn zitiert, ist in ständiger Bewegung, aus der sich Geschehen und Dinge erklären. Das Unendliche ist das Eigentliche; das Feuer bleibt ihm subordiniert.

Es muß eine andere Auffassung der Welt, der Dinge und ihrer Herkunft auftauchen, ehe das Feuer philosophische Bedeutung erlangt. Diese Auffassung verkörpert sich in der Person Heraklits von Ephesos, des »Dunklen«, des »Weinenden«, wie er auch wegen seiner orakelhaften Sprache und seines tragischen Ernstes genannt wurde. Den Kontext dieser Auffassung bildet die aus Thrakien nach Griechenland einwandernde, nach dem sagenumwobenen hellenischen Sänger Orpheus benannte *orphische* orgiastische Bewegung: der Kult des Dionysos, der nicht nur ein Kult der ungehemmten, tollsinnigen Lust, sondern auch eine Lehre des Kommens und Gehens ist, des *Werdens* und *Vergehens* mit dem Gedanken der Seelenwanderung, der Wiedergeburt, der Erlösung: *Alles wird, nichts ist statisch.* Der Kontrast zur (pythagoreischen) Auffassung des Pythagoras und seiner Anhänger, vor allem aber nach der (eleatischen) Auffassung der Philosophen von Elea Parmenides, Platon und deren Schüler, welche die Welt als unveränderlich beschreiben, wird von der Vorstellung getragen, das Grundprinzip der Welt sei *Werden*, nicht *Sein*. In der Welt des Seins hat das unruhige Element des Feuers keinen

Ort. Anders in einer Welt der Veränderung. Dort spielen die quasistatischen Elemente eine Nebenrolle, wendet sich das Interesse automatisch demjenigen zu, das Veränderung in sich trägt, aufflackert, verlöscht, kommt und vergeht, alles frißt einerseits und Neues schafft. Es ist das Feuer, das in diese Auffassung als das ihr adäquate Element hineinpaßt und das Heraklit bevorzugt.

Heraklits Feuer unterscheidet sich vom Feuer des Herdes. Sein Grundsatz, in dem Kommen und Gehen, der Wechsel sich ausdrückt, ist das berühmte *pánta rhei* (alles fließt). Nichts ist zweimal dasselbe, alles verändert sich: »Wir steigen in denselben Fluß und doch nicht in denselben; wir sind es, und wir sind es nicht.«[17] Dieses Fließen ist kein ruhiges Flußabströmen des Wassers, sondern ein Fluß der miteinander im Zwist liegenden Gegensätze. Der Kampf der gegensätzlichen Prinzipien bestimmt Werden und Vergehen die Entstehung des Neuen. Allein durch diesen Kampf wird überhaupt etwas. Der »Kampf ist der Vater von allem.«[18] Die Existenz des vernünftig aufgebauten Kosmos beweist, daß ein planendes Weltprinzip am Werk ist: der Logos. *Sublimiertes* Feuer feuert den Logos an, Feuer, das nicht brennt: Das unterscheidet es vom ehemals von Frauen beherrschten Herd. Die Vereinnahmung des Feuers erfolgt nicht auf der Ebene des Materiellen, sondern auf der darüberliegenden der Idealisierung, obwohl für Heraklit dieses Feuer durchaus echt im Kosmos brennt. Jeder Mensch verspürt es in sich brennen: als Unruhe, Drang zu handeln, zu erkennen. Durch das innere Feuer wird der Mensch für Heraklit, und dies zum erstenmal in der Menschheitsgeschichte, *geistiges* Wesen, dessen Streben auf Sittlichkeit gerichtet sein soll: »Obwohl aber das Weltgesetz (Logos) allem gemeinsam ist, leben doch die Vielen, als ob sie eine eigene Denkkraft hätten.« Das führt natürlich ins Chaos. »Daher muß man dem Gemeinsamen folgen.«[19] Diese letzte Tendenz entstammt Heraklits politischem Engagement: »Gemeinsam ist allen die Vernunft«[20], die kosmische. Nur das gemeinsam Gedachte zeichnet Vernunft. Allein Gedachtes ist unvernünftig, weil zufällig. Es enthält nicht reines Feuer, das ausgetauscht werden kann und dem Kosmos angehört. Individualität ist zufällig.

Man kann Heraklit leicht moderne Deutungen geben. Was die Wirkung des Feuers betrifft, frappieren seine Ansichten vom Austausch der Vernunft. Sie basieren auf der Einsicht in die Bedeutung von Diskussion und Prüfung des einzeln Gedachten. Würde man Prüfung praktisch verstehen, so enthielte sie die unausgesprochene Forderung nach dem verifizierenden Experiment. Heraklit hätte diese Konsequenz niemals erwogen, da für ihn nur theoretisches Philosophieren galt. Man kann Feuer auch als Wißbegierde, Drang nach Erkenntnis deuten; gleichzeitig muß man aber sein vereinheitlichendes Prinzip in Rechnung stellen. Dann nämlich erschöpft Feuer sich nicht in Wißbegierde, sondern bezieht den Wunsch nach Vereinheitlichung der Erkenntnis, Rückführung auf ein letztliches Prinzip ein. Heraklits Feuerbegriff ist allumfassend. Jede Definition, die er in der weiteren Philosophiegeschichte erfahren hat, hat das Feuer als fundamentales Element suspendiert, gleichgültig wie hoch es verehrt wurde. Verehrung erwies sich als Brimborium: Das Feuer des Heraklit verkam zu Feuerwerk.

Natürlich schießt Heraklit mit seiner alleinigen Würdigung des Feuers als grundlegendem Element über das Ziel hinaus. In puristischem Wunsch nach totaler Vereinheitlichung, monistischer Deutung der Natur, übertreibt er. Die Übertreibung wird in den nachfolgenden Philosophengenerationen der Griechen relativiert, wenn sie sich auf die übrigen Elemente besinnen und diese, wie Empedokles und Anaxagoras, mischen. Feuer spielt bei ihnen eine Mittlerrolle als eines der Elemente unter anderen. Während sich die Platonische Philosophie weder um Feuer noch um andere Elemente kümmert, sondern die Existenz von ideellen Elementen, *Ideen*, postuliert, fernab aller Materie, während die Atomisten um Demokrit alle klassischen Elemente in Atome zerlegen, die in der Welt herumschwirren, sich aneinanderlagern, den Feueratomen im Körper die Rolle der Seele, die den Körper durchzieht, zuschreiben, vollendet Aristoteles die antike Philosophie mit seinem gigantischen Werk, in dem auch den materiellen Elementen Gerechtigkeit widerfährt. Ihm ist Feuer unverzichtbar im Zusammenhang mit Erde, Wasser, Luft und Äther als das absolut leichteste aller Elemente, dessen Eigenschaften durch das Warme und das Trockene ausgezeichnet sind.

Mit Heraklits Philosophie hatte das Feuer in seiner philosophischen Bedeutung seinen historischen Höhepunkt erreicht. Man kann Heraklit den Philosophen des Feuers nennen. Im Mittelalter wird man Heraklits Grundidee, ohne sie in ihrer Tiefe zu verstehen, aufgreifen und simplifizieren, man wird das Feuer verinnerlichen, viel stärker noch, als die Atomisten und Aristoteles es taten: Man wird von winzigen *Feuerpartikeln* reden, die überall vorhanden sind, die Stoffe brennbar machen, von Feuerpartikeln als innerem Feuer, wobei man den Sexualtrieb meinen wird, man wird eine Menge Übersinn um das Feuer drapieren wie eine Dekoration. Bei alledem hätte der nie lachende Heraklit sich verächtlich abgewendet. Für ihn war Derartiges sinnlos, »Vielwisserei«, sich über die Art des Austauschs von Feuer auszulassen, wie Dinge durch Verdichtung von Feuer entstehen. Er begnügte sich mit dunklen Aussprüchen wie: »Alles ist Austausch des Feuers und das Feuer Austausch von allem, gerade wie für Gold Waren und für Waren Gold eingetauscht wird.«[21] Aristoteles berichtet, er machte sich über das Weltende Gedanken: daß alles dereinst zu Feuer würde, ein Ausspruch, bei dem die spätere christliche Apokalypse – wie peinlich, es zu entdecken – ihre wichtigste Anleihe macht. Das Mittelalter, dem Feuer das wichtigste Element war, mißinterpretierte Heraklit gründlich. Die Alchimisten verfaßten Bücher über das Feuer und seine Natur. Sie versuchten, es als Substanz nachzuweisen, forschten nach Feuergeistern, beschworen es. Das Feuer hat, in Gestalt der Erinnerung an Heraklit, mehr Abwege des Denkens eingeleitet als irgendein anderes Element. Noch in der chemischen

Theorie des *Phlogistons*, jenes feuerartigen Lebensstoffs, der den Substanzen in-
newohnen sollte, überlebte es bis in die Zeit von Lavoisier. Erst die Physik des
20. Jahrhunderts beschäftigte sich wieder mit Feuer als naturwissenschaftlichem
Objekt, doch hatte es sich in der Zwischenzeit in die Psychologie geflüchtet und
dort eingenistet[22] und nahm in Analysen und Deutungen der menschlichen Vorstellungen ein Zentrum ein.

Die Griechen führten keine Experimente aus; aber sie hatten eine klare Vorstellung von dem, was sie ausdrücken wollten: daß die Welt intelligibel aufgebaut ist
und vom Menschen – in Grenzen – verstanden werden kann. Sie strengten sich
erheblich an, dies Verständnis zu erzeugen, und ließen sich nicht auf unlogische
Behauptungen ein. Die Alchimisten dagegen machten Experimente; aber sie deu-
teten ihre Experimente falsch, komplizierten die Resultate und waren blind für
die einfachen Zusammenhänge[23]. Sie gaben den bereits erreichten Schritt aus
dem Subjektiven ins Objektive preis und verstrickten sich in das Mißverständnis
des Feuers als eines Stofflichen. Die oberflächliche Beobachtung der Phänomene
des Feuers, die uns heute zum Gähnen bringen, beschäftigte Jahrhunderte und beeinflußte die mittelalterliche Philosophie eines Thomas von Aquin. Hunderte seiner Eigenschaften wurden aufgezählt: das Leuchten, Flackern, Züngeln, Schat-
tenwerfen, Springen beim Anblasen, seine Widerborstigkeit zu verlöschen, sein
Hunger auf Nahrung, sein Durst auf brennbares Getränk, Zischen in Berührung
mit Wasser und Dröhnen in Verbindung mit Öl, das Knacken von Holz, Bersten
von Stein, Trocknen von Erde, die unterschiedliche Brennbarkeit verschiedener
Stoffe, seine Bevorzugung organischer Brennmaterialien, der Widerwille von
Fleisch gegen Feuer, der Vernichtungswille des Feuers, seine Wut auf Papier, Ge-
schriebenes, der von ihm verursachte Wind, sein Spalten der Luft im Blitz usw.
usw. Sie alle, die mit experimentellen Befunden wenig gemein haben, qualitative
Merkmale eines Grundphänomens darstellen, keine auf Zahlen basierenden Meß-
reihen – sie alle dienten dem Nachweis der Stofflichkeit, mehr noch: der Wesen-
haftigkeit von Feuer. Feuer *mußte* belebte Substanz sein: Es agierte, lebte, war
zäh, hartnäckig, gefährlich, dem Fleische nicht wohlgesonnen, doch in ihm angesiedelt; in geringer Menge machte Feuer es gar und genießbar. In noch geringerer
Menge trieb es lebendes Fleisch, einen lebendigen Organismus zu Lüsten an.
Feuer war, da es sich lebendig gebärdete, *Leben* in stofflicher Form. Wer Feuer extrahierte, verfügte über das Geheimnis des Lebens. Worin Leben ist, darin ist
Feuer in unterschiedlicher Menge.

Bachelard[24] hat eine Menge Belege gesammelt, in denen diese Ansichten über
das Feuer in wissenschaftlicher Literatur niedergelegt wurden. Unsere eigene
Sprache strotzt von Resten dieser Weltanschauung, wenn wir davon reden, daß jemand »Feuer« besitzt, ein »feuriger« Geist ist, einen »feurigen« Blick hat, seine
Rede »Feuer« sprüht, wir jemanden »anfeuern« müssen. Der Trieb wurde ganz

auf die Wirkung des Feuers zurückgeführt. Der böse Trieb wiederum, die Lust oder die Veranlagung zur Sünde, das religiöse Vergehen, die Ketzerei, konnte nur durch die reinigende Kraft »guter« Feuer ausgetrieben werden, die überall im Lande, geschürt von den Gottgefälligen, die ihre Lust daran hatten, loderten. Der gezügelte Trieb aber vereinte die Feuerpartikel in der Seele, so daß die Seele der Hort des Feuers wurde, das als Unvergängliches mit dem Tode aus dem Körper entwich. So war eine Theorie der Seele und eine Begründung für ihre Unsterblichkeit gefunden. Höchst befriedigend für zirkuläre Gemüter, erklärte sie die eine durch die des anderen.

Das Feuer verliert seine mystische Wirkung, wird es mit den Augen der Wissenschaft betrachtet. Erst die radikale Abkehr von Vorurteilen hat die Natur des Feuers erkennen lassen. Zwischen dieser Natur und den ursprünglichen Vorstellungen der Griechen bestehen Parallelen, die die Intuition der Philosophen ehren. Ihre Träumereien enthielten mehr Wahrheit als alle Experimente und Theorien bis ins 18. Jahrhundert zusammen. Zuweilen kommt der wahrhaften Träumerei größere Bedeutung zu, als gemeinhin angenommen.

Wasser

War das Feuer das Element der Seele und hat es deshalb in zwei Jahrtausenden die auf die Seele Fixierten angezogen wie einen Mückenschwarm, so beginnt mit dem Wasser der Reigen der Elemente des Äußeren. Thales, der es zum ersten Element erhebt, knüpft an die Überlieferung, doch stellt er die Forderung nach *einem einheitlichen* Urstoff. Wir wissen, daß er, der Geometer, sich diesen als Person vorstellte, daß aus dem Wasser alles Lebendige hervorgegangen sein sollte, es deshalb fähig war, Leben zu gebären. Eine weitere übernatürliche Macht ist nach Thales nicht nötig für die Schöpfung. Wasser als Element, als Ursubstanz, als *Physis*, wie Aristoteles später von Thales berichtet, ist unvergänglich, bleibt ewig erhalten, weil nur aus Ewigem Vergängliches entstehen und in das Ewige wieder zurücksinken kann. Es gibt viele Gründe für die Wahl des Wassers zum Urgrund. Welcher Thales veranlaßt hat, ist unbekannt. Capelle[25] spekuliert, es seien Thales' in der Hafenstadt Milet angestellte geophysikalische und meeresbiologische Beobachtungen gewesen, die ihn zur Bevorzugung des Wassers nötigten. Das möchte stimmen, denn sein milesischer Nachfolger Anaximander beruft sich ebenfalls auf Wasser, wenn auch nicht so ausschließlich wie Thales und nicht als auf den letzten Urgrund aller Dinge. Andererseits ist der dritte Milesier, Anaximenes, Anhänger der Luft und teilt Thales' und Anaximanders Ansichten nicht. Es ist daher wahrscheinlicher, daß es zum einen Nachhall der Mythen ist, der Thales und Anaximander Wasser bevorzugen heißt, zum anderen aber die Beobachtung der

Abhängigkeit alles Lebens vom Wasser. Wenn Leben in allen seinen Formen nach Wasser lechzt, ist es dann nicht natürlich, anzunehmen, es komme aus dem Wasser, *sei* selbst Wasser, was, wie wir heute wissen, für alle belebten Wesen ungefähr zutrifft? Und wenn Wasser, der Okeanos, die Erde rings, wie weit man sieht, umgibt, ist es dann, wenn man von Schwerkraft und spezifischem Gewicht keine Kenntnis hat, nicht logisch anzunehmen, die Erde schwimme *wie eine Insel* auf dem Wasser? Vielleicht hat Thales nie den Versuch gemacht, Erde schwimmen zu lassen; aber er sah Holz schwimmen, das für ihn zu Erde gehörte, Schiffe, Menschen, Tiere. Konnte vielleicht auch die Erde als Ganzes schwimmen? Belebtes schwamm. Wenn er Erde und Wasser beide personifiziert als Belebte verstand, sollte dann nicht auch die Erde schwimmen können? Waren die Erdbeben, die Griechenland und Kleinasien unregelmäßig erschütterten, vielleicht weiter nichts als die Schwankungen der schwimmenden Erde im Okeanos? Jedenfalls waren sie nicht mit Poseidons angeblichen Anfällen von Wut in Zusammenhang zu bringen; soviel stand für die ersten Philosophen fest.

Anaximander allerdings, wenn er auch Wasser hoch schätzte, überließ dem Wasser nicht die absolute Rolle des Urgrunds. Nichtsdestoweniger hält er Wasser für so wichtig, daß er aus der Beobachtung des Vorhandenseins von einfacherem Leben im Wasser folgert, der Mensch sei auf dem Wege der Entwicklung aus niederen Lebewesen des Wassers, speziell aus den Fischen hervorgegangen – eine wahrhaft verblüffende Ansicht zu einer Zeit, wo es keinerlei Anzeichen für eine Evolutionstheorie geben konnte. Man sei aber vorsichtig mit einer Gleichsetzung der Anaximandrischen »Evolutionstheorie« mit heutigen Vorstellungen. Hervorgehen bedeutet, was es wörtlich heißt: körperlich heraussteigen. So schlug er vor, daß Menschen sich ursprünglich im *Inneren von Fischen* gebildet hätten, bis sie fähig gewesen wären, sich selbst zu versorgen. Dann wären sie ausgeschlüpft wie Haie und an Land gegangen. In Anaximander schlummert die Idee, der Mensch könnte auf *natürliche*, einsehbare Weise ins Licht der Welt getreten sein und nicht durch Willkür oder göttliche Laune, Zwietracht zwischen Göttern, von denen der eine dem anderen einen Streich spielen wollte und den Menschen erschuf, oder Mitleid mit dem Menschen, dem Erdenkloß hatte und ihm das Feuer schenkte, das ihn zum Menschen machte. Diese Art Denken liegt Thales und Anaximander fern. Sie suchen nach akzeptableren Erklärungen. Doch ist Anaximander radikaler und behauptet, auch Wasser sei nichts anderes als Zusammengesetztes und müsse aus Grundlegenderem hervorgehen, das nicht aufgebaut, sondern nur in Bewegung sei und weder zeitlich noch räumlich endlich sein könne: Unendliches. Seine Nachfolger werden sich darüber mokieren, Aristoteles sich über ihn lustig machen. Sie setzen sich dem Vorwurf aus, nicht bis in die letzte Konsequenz gegangen, nicht redlich bis zum Äußersten geblieben zu sein. Anaximander allein hat diese Konsequenz gewagt.

Aus heutiger Sicht scheinen die Entwürfe von Thales und Anaximander dicht beieinander. Beide enthalten ein Körnchen Wahrheit. Natürlich ist es gefährlich, Anschauungen der Jetztzeit in die Gedankenwelt der ersten Philosophen hineinzuprojizieren. Zu leicht verfällt man dem gleichen Fehler, dem die Bewunderer der fernöstlichen Kulturen erliegen[26]: zu unterstellen, was überhaupt nicht gedacht wurde. Aber da die griechische Kultur und Philosophie konstituierend für die westliche technische Kultur geworden ist, mag es erlaubt sein, in den Anfängen derselben bereits nach den konstruktiven Ansätzen zu suchen, die sie auf den heutigen Stand geführt haben. Unter denjenigen, die die Bedeutung des Wassers anerkennen, sind vier Namen zu nennen: Empedokles, Anaxagoras, Demokrit und Aristoteles. Empedokles, in der Philosophie eine einzigartige Figur, unterscheidet sich von den Monisten der Schule von Milet und den Ontologen von Elea insofern, als er eine Synthese beider Lehren schafft. Ihn interessiert nicht Parmenides' absolute Forderung nach der Verneinung jeglichen Werdens, die in die völlige Abstraktion und Scheinbarkeit der Realität hinüberleitet. Empedokles erkennt Realität als gegeben an. Was dinghaft ist, ist wirklich und kann werden und vergehen; doch existiert etwas Unveränderliches, das nicht geworden und nicht vergangen ist und immer bleiben wird, die »Wurzeln aller Dinge«. Dieses sind die Elemente Erde, Luft, Feuer, Wasser, unter denen das Wasser nur eines, jedoch ein unverzichtbares ist. Nur in Gemeinsamkeit konstituieren sie die Welt. Im Ausgleich findet er die gesuchte Dynamik des *Kosmos*. Empedokles sucht Harmonie. Dem Wasser kommt eine Schlüsselrolle darin zu: Es ist der Besänftiger des Feuers, wie die Tränen der weinenden Nestis den eigenmächtigen Zeus besänftigen. Darum ist für ihn Nestis, die sizilianische Wassernymphe, die Verkörperung des Wassers: »Höre zuerst von den vier Grundwurzeln aller Dinge: Zeus, der Schimmernde, Hera, die Leben verleihende, und Hades und Nestis, die aus ihren Tränen sterblichen Quell entspringen läßt.«[27] Von Heraklit übernimmt Empedokles die Streitsucht, die Eigenschaft des Feuers, als konstruktive Triebkraft, welche die Dinge, die irgendwann gemischt waren, auseinandertreibt. Ihr Gegengewicht, die schlichtende Eigenschaft, die er Liebe nennt und die dem Wasser korrespondiert, ist die zusammenführende Kraft. Gemeinsam werden sie für Werden und Vergehen, Struktur und Ordnung, Zerstörung und Tod verantwortlich gemacht. Die Liebe stillt mit ihrer Wärme, die kühl gegen das Feuer ist, dessen Streitsucht und schafft die Balance, die dem sensiblen Empedokles, der an der Not und gleichzeitigen Schlechtigkeit des Menschen leidet, am Herzen liegt.

Empedokles propagiert als erster Philosoph die *Vierheit* der Elemente, ergänzt durch die beiden Prinzipien, Streit und Liebe, die Aristoteles später einerseits anerkennt, aber auch harsch kritisiert.[28] Was festgehalten werden muß, ist seine Theorie der feinsten Verteilung der Elemente in der Welt, in den Dingen, die sich in Mischungen aus ihnen aufbauen. Diese Theorie stellt den Vorgriff auf Demokrit und seine Atomtheorie dar und beeinflußt diesen außerordentlich. Sie wird von Anaxagoras, dem Entdecker des Problems der Trennung von Geist und Körper, aufgegriffen, der die Empedoklesschen kleinsten Elemente in Anlehnung an Anaximenes' Vorstellung von der Unendlichkeit als bis ins Unendliche teilbar denkt und so die Welt erstmalig aus einer Art Vierer-*Kontinuum* aufbaut. Anaxagoras' Geist spielt die Rolle des in der Natur herrschenden *bewegenden* Prinzips und ersetzt die Empedoklessche Auseinandersetzung zwischen Streit und Liebe.

Stärker als beim Feuer, doch ebenso wie bei den anderen Elementen verblaßt nach Anaxagoras rasch für ein Jahrtausend das Interesse am Wasser als Grundsubstanz. Die Atomisten Leukipp, Demokrit, später Epikur glauben es, wie auch alle andere Substanz, aus den fundamentaleren Atomen zusammengesetzt, die sich vorübergehend, wenn sie miteinander stoßen, zu Stoffen vereinigen. Wie das geschieht, und warum Wasser gerade seine bestimmten Eigenschaften besitzt, vermögen die Atomisten nicht zu sagen. Atome, die sich zu Wasser vereinigen, haben offenbar andere Gestalt als solche, aus denen Feuer »besteht«. Auch werden die verschiedenen Aggregatzustände durch verschiedene Lagen und Anordnungen der Atome erklärt, was Aristoteles heftig kritisiert: »Denn die betreffende Substanz ist nicht dadurch aus dem flüssigen in den festen Zustand übergegangen, daß sie ihre Struktur oder ihre Natur veränderte«[29], womit Aristoteles offensichtlich im Unrecht ist, wenn auch Demokrit, den er angreift, es nicht besser gewußt hat. Ihm waren die Atome *Eidos*, Formen, Gestalten, die sich im leeren Raum bewegten. Epikur, der letzte der Atomisten, interessiert sich kaum mehr für die einzelnen Eigenschaften der Elemente, sondern nur für die Unteilbarkeit, die er damit beweist, daß bei unendlicher Teilung sich alles in Nichts auflösen würde, es also nicht einmal Elemente gäbe, was in einer positiven Weltanschauung unsinnig wäre. Atome müssen nach ihm klein sein, kleiner als die dem Menschen zugänglichen Maße, sonst würde man sie auf irgendeine Art sehen können. Zwischen ihnen sollte Leere herrschen, sonst könnten sie sich nicht frei bewegen, zusammenstoßen, aneinander anlagern, um Stoffe wie Wasser zu formen, sich wieder trennen wie beim Wasser, das sich in unsichtbaren Dampf verwandelt, wenn es kocht. Bewegung wird zur wichtigsten Eigenschaft der Atome, und Bewegung beweist die Existenz des leeren Raumes, während Körper zusammengesetzte Materialien sind. – Diese einfache, wenn auch nur spekulative Artikulation einer Anschauung über den Aufbau der Welt enthält eine gehörige Portion richtige Intuition. Sie geht über Thales hinaus und macht nicht bei der Dominanz eines einzelnen Elements wie dem Wasser halt.

Für den langen Schlaf, den der Atomismus und mit ihm die gesamte Philosophie und Wissenschaft getan hat, zeichnet die Aristotelische Naturphilosophie verantwortlich. Aristoteles verwirft die Atomhypothese und kehrt zu den alten Elementen zurück, die er mit Eigenschaften versieht, die er *Qualitäten* oder

Kräfte nennt und die sich in Gegensatzpaaren gruppieren: warm und kalt, trocken und feucht. Hier wirkt Empedokles' Handschrift nach. Doch spielen, anders als bei diesem, die Elemente bei Aristoteles nur in der unbelebten Natur eine Rolle. Er zeichnet keines aus. Da die übrige Welt, Leben, Denken, Ethik usw. von den Elementen unabhängig sind, haben schon bei Aristoteles die Elemente ihre Bedeutung eingebüßt.

Der weitere Weg des Wassers in der Ideengeschichte verläßt die Philosophie und mündet nach langer mittelalterlicher Wanderung auf ewig gleichem Kreispfade endlich wie das Feuer in die phantasievollen Landschaften der Literatur und der Poesie. Was das Mittelalter aus dem Wasser machte, war ein Ort feuchter Geister und Unholde, die Wohnstatt furchterregender Ungeheuer, dunkler Ungebilde, des Ekelhaften und Scheußlichen. Magier und Zaubermeister beschworen alle diese Gräßlichkeiten, ohne sie fassen zu können. Sie existierten in ihren Phantasien und vergifteten die gesellschaftliche Atmosphäre. Aber was dem Wasser – und natürlich auch Erde und Luft – da angedichtet wurde, fand aus der Grauzone des Unwillens zum sachlichen Schließen den Weg heraus in Philosophie und die offiziellen Doktrinen der Kirche. Nicht daß sich diese Instanzen auf der Grundlage besseren Wissens und der längst in der Antike erreichten begrifflichen Klarheit aufklärend über den Aberglauben hinweggesetzt und zur Befreiung von der von den Elementen ausgeübten Tyrannei der Furcht beigetragen hätten. Sie übernahmen im Gegenteil den gesamten Glauben daran als bare Münze, schürten und verstärkten die allgemeine Angst und bereicherten sie noch um die Angst vor dem göttlichen Strafgericht.

Im Gegensatz zum lichten Element Feuer nimmt im Mittelalter das Wasser die Positionen des Dunklen ein. (In ähnlicher Weise wird die Erde, obwohl vom Licht des Höllenfeuers strahlend, zum Element der schwarzen Tiefe.) Wasser ist das Nasse, Tiefe, Strudelige, das Undurchsichtige, Fließende, Unberechenbare, Wilde, Verschlingende. Es ist ein Ungeheuer, steht man am Strand. Es ist das Trennende, will man auf die andere Seite. Es ist das Salzige und Süße, Träge und Schläfrige, aber auch Heimtückische und Hinterhältige, Erfrischende und Unterkühlende, Durst Stillende und Ertränkende. Man gab ihm viele Namen und Eigenschaften; die meisten beladen mit Ängsten, doch kreiste man mit diesen Benennungen nur um das Wasser herum, ohne in seine eigentliche Natur einzudringen. Man beschrieb, wie es sich verhielt, aber man wußte nicht, was es war. Seine Erscheinungsformen waren Meer, Flüsse, Seen, Regen und Brunnen. Um jede von ihnen herum baute man einen Kult der Beschwörung oder Anbetung. Man wußte wohl von seiner Wichtigkeit als Element des Lebens, doch dominierte die Anschauung. Noch heute ist es das Wasser in seiner makroskopischen Erscheinungsform, das sich uns im Sprachgebrauch unmittelbar mit dem Begriff Element verbindet. In dieser Form vor allem hat es uns auch die Kunst in Malerei,

Musik und Dichtung bewahrt. Vor allem aber hat der Mensch immer schon das Wasser als Element gefürchtet. Er ist ein Landwesen, dessen Herkunft aus dem Wasser so weit zurückliegt, daß er sie und das Wasser mit ihr vergessen hat.

Luft

In der Geschichte der Erkenntnis der Natur hat es lange gedauert, ehe die Menschheit das Vorhandensein von Luft überhaupt wahrnahm. Dieses Faktum ist nicht einfach mit der Unsichtbarkeit von Luft zu erklären. Luft teilt sich auf verschiedene Weisen mit. Die wohlbekanntesten und auffälligsten sind Luftbewegungen wie Winde und Stürme, doch schon allein die Notwendigkeit zu atmen hätte den Menschen früh auf den Gedanken bringen können, daß es da etwas gäbe, das er zum Leben brauchte, einatmete. Er konnte es spüren als einen Strom von Material, den er einsaugte und wieder von sich gab, als ein kühlendes Etwas, das Geräusch verursachte, ohne das er keine Sprache hätte. Ja, manchmal hätte er es sehen können als Nebel, der von den Wiesen aufstieg oder als Dampf, den er ausblies. Es ist erstaunlich, daß er von alledem nicht auf die Existenz von Luft schloß. Dafür verantwortlich war wohl die Beobachtung von Dämpfen und Rauch als Emanationen der Dinge. Wind und Sturm ordnete er der Aktion eines Gottes zu, dessen mehr oder weniger heftiger Atem, der mit dem Gott selbst identifiziert wurde, als Wind in Erscheinung trat. Erst die Vorantike entdeckte die Luft als eine Substanz. Der Zeitpunkt dieser Entdeckung entzieht sich der genauen Datierung. Sicher wurde man später auf die Luft aufmerksam als auf Wasser, Erde und Feuer.[30]

Nun ist es im Grunde gleichgültig, wem die Luftbewegung zugeschrieben und ob sie als Götteratem aufgefaßt wird, wenn nur Luft als Substanz erkannt wird. Gerade diese Erkenntnis aber blieb aus. Abwesenheit von Wind verstand sich als Leere. Atem drang nicht von außen in den Menschen, sondern kam aus ihm heraus.

Es blieb Anaximenes vorbehalten, die Luft als Element zur fundamentalen Substanz zu erheben. Von Thales und Anaximander übernahm er die Idee des planvollen Aufbaus der Welt, von letzterem auch die Idee, Wind sei nichts weiter als ein Strömen von Luft. Tatsächlich hatte Anaximander nach Zeugnis von Hippolytos und Aetius schon behauptet, die Sonne würde die »feinsten und feuchtesten Teile in ihr (der Luft) in Bewegung« setzen, was zur Windentstehung führte. Er hatte auch eine Theorie des Gewitters entworfen, die auf der Zusammenballung von Luft *(Pneuma)* beruhte. Wichtig ist aber seine Betonung der Feuchtigkeit der Luft, die offenbar ein Nachhang der Beeinflussung durch Thales ist und die Luft als in seiner Vorstellung abhängig vom Wasser ausweist.

Anaximenes befreit sich von dieser Abhängigkeit und stellt die These auf, alles bestünde aus Luft. Ihm ist Wasser zu begrenzt. Urstoff kann nur Unbegrenztes sein, was er wiederum von Anaximander übernimmt, dem die Unendlichkeit schlechthin Urstoff ist. Luft, die alles umgibt, Wasser wie auch Erde, erscheint Anaximenes als Urstoff geeignet. Zuerst muß er die Existenz der Luft beweisen. Das tut er laut Hippolytos, indem er ihre Unsichtbarkeit durch gleichmäßige Verteilung erklärt, ihre Existenz aber durch Kälte und Wärme, Feuchtigkeit und Bewegung erwiesen sieht. Vor allem die Bewegung der Luft bewiese ihr Vorhandensein, weil nicht Vorhandenes sich nicht bewegen und verändern könne, also sich auch nicht erwärme oder abkühle. In ganz einfacher Deutung von Wasser und Feuer, als Regen und Blitz in Luft enthalten, ordnet er sodann Luft allem übrigen vor, ja er erhebt die eingeatmete Luft, den Atem, zum belebenden Prinzip und geht damit gegenüber seinem Lehrer und Vorläufer Anaximander an dieser Stelle einen Schritt zurück in Richtung Mythos.

Seine Behauptung, alles bestehe aus Luft und sie sei das eigentliche Wesen der Seele *(Psyche)*, das Menschen und Lebewesen am Leben halte, leitet er aus dem Atemvorgang ab, und sie bringt ihn auf einen wichtigen Gedanken, der Anaximanders Weltbild von der Entstehung der Dinge aus einem Stoff ergänzt und vervollständigt. Anaximenes bemerkt, daß sich Körper und Luft bei Erwärmung ausdehnen, bei Abkühlung zusammenziehen, und folgert, Dinge entstünden aus dem Urstoff durch Kondensation. Natürlich ist er nicht in der Lage, eine andere Ursache für Kondensation anzugeben als Abkühlung, da er keine Kraftwirkung kennt. Aber ihm kommt die Beobachtung entgegen, daß die festen Stoffe im allgemeinen kälter sind als Luft. Ihm entgeht der Temperaturunterschied zum Beispiel zwischen belebten Wesen und Festkörpern, oder die Schwierigkeit, einen Festkörper zum Verdampfen zu bringen; er übersieht die durchaus nicht immer hohe Temperatur von Wasser gegenüber festen Substanzen und die Beständigkeit des gasförmigen Zustandes von Luft sogar bei sehr niedrigen Temperaturen.

Alle diese Vernachlässigungen tun seiner Theorie keinen Abbruch; zum erstenmal in der Geschichte der Naturphilosophie wird ein grundsätzliches, allgemeines Prinzip formuliert, das in der Lage ist, die *Herkunft* von Dingen aus einem Urstoff zu erklären. In gewissem Sinne ist Anaximenes mit seiner Behauptung modern: Kennt man das unterschiedliche Temperaturverhalten der Materie, so versteht man die Übergänge der verschiedenen Phasenzustände der Materie bei Erwärmung bzw. Abkühlung. Tatsächlich würde nach unserer heutigen Vorstellung die kontinuierliche fortschreitende »Erwärmung« die Körper in den Elementarteilchenzustand bringen, in dem sie nur noch aus dem »Gas« ihrer »Grundelemente« bestünden. Abkühlung, Energieabgabe, veranlaßt sie zu neuerlicher Kondensation.

Dieser in der Retrospektive geniale Versuch, die Existenz des Festen durch Kondensation aus Gasförmigem zu erklären, bedeutet gemeinsam mit dem Gedanken der Kondensation eine fundamentale Entdeckung. Man verstehe recht: Anaximenes nimmt keine Messung der Volumina vor; eine solche Prüfung seiner These läge ihm fern. Aber er formuliert implizit die These, quantitative Änderungen könnten qualitativ neue Erscheinungen hervorbringen. Er nimmt damit als Möglichkeit die Verwandtschaft der Aggregatzustände vorweg, ihre Verknüpfung durch Verschiebung der – in unserer Sprache – thermodynamischen Zustandsgrößen, wollte man ihm, der von diesen Dingen nichts weiß, einen so weitreichenden Entwurf zugestehen. Wir werden es nicht tun, denn von der Logik der Möglichkeit einer Änderung des Aggregatzustandes durch Kontraktion oder Expansion bis hin zur physikalischen Theorie von Phasenübergängen ist es ein weiter Weg. Doch bleibt Anaximenes' Entdeckung, trotz seiner geringen Bedeutung als Philosoph, revolutionär, nicht nur, weil er zum ersten Male andeutet, *wie* Rückführung auf ein grundlegendes Prinzip erreicht werden kann (die Atomisten greifen es später auf), sondern, weil er durch seine eigene Methode gezwungen wird, das Feuer als »leichtestes« Element durch Verdünnung von Luft zu deuten.

Das weitere Schicksal der Luft in der Ideengeschichte ist vergleichbar dem der übrigen Elemente. Anaximenes' Bewertung gerät, wenn nicht in Vergessenheit – Aristoteles wird sich ihrer erinnern und sie referieren –, so doch in Mißkredit. Niemand kann sich nach ihm noch für Luft als Basisstoff erwärmen. Keiner erkennt den Zündstoff, der im Gedanken der Kompression verborgen liegt. Heraklit wird Kompression für Unsinn erklären, für nicht dynamisch. Empedokles mit seinem Sinn für Balance wird die Luft gleichberechtigt unter die anderen Elemente einordnen und die Realität aus der mechanischen Mischung aller »gleich alten« Elemente erklären, die kosmogonisch gesehen anfangs alle gemischt waren, aus denen sich zuerst die Luft »abgesondert und ringsum im Kreise ausgebreitet habe«[31]. Nach ihm wird Anaxagoras, der große griechische Beobachter, der als erster, lange vor Roger Bacon, die Überprüfung von Thesen durch gezielte Experimente verlangte, die Meteorologie auf die Eigenschaften der Luft zurückführen. Er wird, wie Plutarch berichtet[32], behaupten, daß »die Luft von der Sonne in eine zitternde und Zuckungen unterworfene Bewegung versetzt werde, wie man an den kleinen Körnchen und Splittern erkennen könnte, die ständig durch das Sonnenlicht schwirren ... Diese ... zischten und rauschten infolge der Wärme und machten daher bei Tage durch ihr Geräusch die Stimmen schlecht hörbar, bei Nacht dagegen höre ihr Hinundherschwingen und somit der Schall auf.« Plutarch interpretiert hier wahrscheinlich falsch; die Splitter dienen Anaxagoras nur zum Beweis der Bewegung der Luft, während das Geräusch der Schallschwingung der Luft bei Erwärmung selbst zugeschrieben wird, wie sich aus anderen Zitaten[33] ablesen läßt.

Physikalisch gesehen, greifen die Thesen des Anaxagoras weit vor; sie nehmen nicht nur Luft als Substanz ernst, sie enthalten auch die Idee ihrer Erwärmung durch Sonneneinstrahlung, ihrer nächtlichen Abkühlung beim Fehlen von Sonnenlicht. Mit anderen Worten deuten sie die Erwärmung der Luft durch Wechselwirkung von Strahlung mit Luftpartikeln, die ganz offensichtlich in irreguläre Bewegung versetzt werden, wie sie erst im neunzehnten Jahrhundert von Brown wiederentdeckt und von Einstein 1905 gedeutet wurde. Und sie verbinden mit dieser irregulären Bewegung den Gedanken des – wie wir heute sagen würden – akustischen thermischen Rauschens und der Schallausbreitung in Luft. Wären, so ließe sich spekulieren, die Griechen Anaxagoras gefolgt, so hätten sie bereits zu ihrer Zeit Thermodynamik und Akustik finden können. Anaxagoras hatte ihnen den Weg dorthin gewiesen. Was sie und auch Anaxagoras davon zurückhielt, war ihre allgemeine, nicht an Einzelheiten interessierte Einstellung, ihre theoretische holistische Intentionalität, der die Phänomene fremd blieben.

Anaxagoras' Auffassung der Luft ist die von einem untersuchenswerten Objekt. Von Anaximanders mehr fundamentalen Thesen erhält sich nur die feine Verteilung der Luft als Element. Von ihr leitet sich der Gedanke an die Eigenschaft des Alles-Durchsetzens her, die später dem Äther zugeschrieben wird. Sie suggeriert die Idee der Teilbarkeit, die sich die Atomisten zunutze machen. Denn wenn Luft komprimierbar ist und expandiert, dann besteht sie aus kleinsten Bestandteilen, die sich zusammenrücken und voneinander entfernen lassen, so der Gedankengang. Sofort kommt das Problem des leeren Raumes auf: was liegt dazwischen? Anaxagoras sagt kategorisch: Nichts. Es gibt keinen leeren Raum. Die Materie und ihre »zahllosen Elemente« seien kontinuierlich verteilt, ewig, sie seien »ganz kleine unter sich ähnliche Teilchen«[34]. Den Späteren genügt seine Antwort nicht. Die Atomisten Leukipp und Demokrit behaupten das Leere, Aristoteles stimmt ihnen zu, doch nur so weit, als es eine theoretische Möglichkeit, in der Natur aber nicht verwirklicht sei, weil die Natur das Leere fürchte. In der ganzen lang andauernden Zeit der Vorherrschaft des Aristotelianismus bis in die Zeit der Renaissance, ja bis in die Aufklärung hinein wird das Leere mit dem Satz vom *horror vacui* wegdiskutiert werden. Epikur wird seine Existenz mit dem Hinweis auf die Substantialität der Luft und die Möglichkeit ihrer unendlichen Verdünnung auf einzelne Atome beweisen, die miteinander stoßen und sich dazu im Leeren bewegen können müssen. Er wird auch behaupten, daß diese Atome Gewicht haben, Luft darum schwere Substanz ist, die Druck ausübt.

Doch erst am Ende der Renaissance gelang Otto von Guericke, Bürgermeister von Magdeburg, 1654 mit der Erfindung der Luftpumpe und der Evakuation einer aus zwei Halbkugeln bestehenden stählernen Hohlkugel die – öffentliche, auf dem Magdeburger Marktplatz vorgeführte – Demonstration des Vakuums im Inneren der Kugel, deren Hälften nach Abpumpen der Luft nicht einmal von mit Peitschen angetriebenen Pferden auseinandergerissen werden konnten. Die (aus wohlberechneten politischen Gründen und seine Gegner empörende) öffentliche Demonstration war ein endgültiger Schlag gegen den bereits durch Roger Bacon, Kopernikus, Kepler, Galilei, Torricelli und Pascal diskreditierten Aristotelianismus[35]. Boyle entdeckte bei seinen Versuchen mit Luft wenig später das erste Gasgesetz. Mit Pascal und Boyle hörte die Luft auf, natürliches Element zu sein, und wurde auf das reduziert, was sie seither ist, ein Kompositum von verschiedenen Gasen.

Ähnlich dem Schicksal des Wassers hat sich der Elementcharakter der Luft vorwiegend in der Umgangssprache und natürlich in der Kunst erhalten. Das Wort vom *Toben der Elemente* betrifft zwar mehr das Wasser als die Luft, doch hat Luft mit ihren meteorologischen Formationen nicht unerheblichen Anteil daran. Man denke nur an die Hurrikans, die Jahr für Jahr die amerikanischen Südstaaten heimsuchen. Das Element Luft bezieht sich auf das Wetter, seine unerwarteten, unvorhersehbaren Änderungen und Einbrüche. Dort hat und wird es sich auch in Zukunft erhalten, solange Klima und Wetter für den Menschen außer Reichweite bleiben. Gewisse Zukunftsmystiker des menschlichen Vermögens unter den Futurologen, die sich schon in der Rolle von Propheten sahen, haben zwar schon vor Jahrzehnten in überschwenglicher Begeisterung die totale Beherrschung von Klima und Wetter für die nahe Zukunft vorhergesagt. Prophezeihungen dieser Art sind ebenso fundiert und nützlich wie diejenigen der Alchimisten im Mittelalter, die ihren Geldgebern zu unbestimmten Terminen die Herstellung von Gold in großen Mengen in Aussicht stellten.

Was Klima und Wetter betrifft, spielt uns die Luft einen gewaltigen Streich: In einem ganz bestimmten Sinne ist Wetter unvorhersagbar: Es gibt prinzipiell keine sichere meteorologische Theorie. Wetter machen läßt sich nicht oder nur mit unkontrollierbaren Auswirkungen. Das bedeutet nicht, daß Meteorologie zu betreiben unsinnig wäre; ganz im Gegenteil ist die Meteorologie eine der nützlichsten der angewandten Wissenschaften, nur ist sie mit dem, was jene Pseudopropheten von ihr erwartet haben, weitgehend überfordert. Die Meteorologie entstand mit dem Zeitalter der Aufklärung und der Erkenntnis von der Gasförmigkeit der Luft. Die Klassik erinnerte sich der griechischen Philosophen, ihrer ersten Behauptungen meteorologischer Zusammenhänge; man begann eine eigene Wissenschaft aufzubauen, die sich mit der Entstehung von Wetter, Wolkenformationen, Winden und ihrer Abhängigkeit von Luftfeuchtigkeit, Temperatur und Landschaftsform befaßte. Man übertrug, was über die Physik der Gase, aus der Physik der Strömungen bekannt war, mit mehr oder minder Erfolg auf Luft und begann, Wetterbildungen und Gesetzmäßigkeiten des Klimas im Ansatz zu verstehen. Goethe wurde noch im Alter Zeuge der ersten Forschritte dieser Wissenschaft und äußerte seine unverhohlene Begeisterung. Die Observatorien der Royal Astronomical Society übernahmen meteorologische Beobachtungsaufgaben. Ein gleiches taten die neu gegründeten geophysikalischen und meteorologischen Observatorien (z. B. in Deutschland Göttingen). Dieser Trend mündete schließlich in die in großem Maßstab betriebene meteorologische Forschung dieses Jahrhunderts, den Aufbau eines weltweiten Netzes von meteorologischen Stationen, die das Wetter ununterbrochen verfolgen. Die Luft begann, nicht nur abstrakt, sondern auch praktisch und technisch eine bedeutende Rolle im menschlichen Leben zu spielen. Sie hatte ganz und gar den elementaren Stellenwert verloren, den Anaximenes oder Empedokles ihr zugedacht hatten; sie war nicht das Grundelement geblieben, zählte nicht mehr zu den Grundelementen, aus denen sich die Welt aufbaut: Statt dessen wurde sie zum Forschungsobjekt, zum Faktor, den die sich rasch entwickelnde moderne Fortschritts- und Fortbewegungsgesellschaft mit wachsender Bedeutung versah.

Erde

Reden wir von der Erde, so kommen uns zwei Bilder in den Sinn: das des *Materials* Erde und das der Erdkugel, des *Planeten* Erde. Erde als Material hatte für das Altertum vor Aristoteles, das noch keine Mineralien, Zusammensetzungen von Gesteinen, keine geologischen Formationen und keine Entstehungsgeschichte verschiedener Schichtungen kannte, dieselbe undifferenzierte Bedeutung, die wir in der Umgangssprache auch heute noch vorfinden.»Ein Stück Erde besitzen«, heißt ganz einfach, ein Fleckchen Land sein eigen nennen. Andererseits reden wir von»unserer Erde« und meinen damit den ganzen Planeten, als gehörte er uns und als könnten wir, nur weil wir darauf leben, auch uneingeschränkt über ihn verfügen. Doch obwohl niemand sonst Anspruch darauf erhebt, ist das nicht einmal technisch möglich. Zugänglich ist nur die dünnste Oberflächenschicht, und die nicht einmal an allen Orten. Weder halten wir uns genügend häufig auf den höchsten Bergen und in ihrer unwirtlichen Umgebung auf, noch tauchen wir unablässig auf die Meeresgründe, noch leben wir ausnahmslos an den Polen, noch in den tiefsten Schächten, die der Mensch in die Erde getrieben hat und die doch nur mikroskopische Stiche sind, die er der Erdkruste versetzt. Nicht einmal die von ihm inszenierten unterirdischen Atomversuche nimmt die Erde wahr, die nach menschlichem Ermessen riesige Höhlungen in ihre Kruste reißen.

Es stimmt wohl, daß wir uns auch all diese fernen Gebiete zu eigen machen, sie erforschen, hin und wieder aufsuchen. Forscherdrang und Abenteuergeist haben dazu angestachelt, auch die unbequemsten, unwirtlichsten, fernsten Gegenden dieses Planeten auszukundschaften und alles, was Erde ist oder zu sein scheint, zu »vereinnahmen«.[36] Dies Bedürfnis hat seine positiven Seiten gehabt: Es hat den Menschen die Erdoberfläche erforschen lassen, sein Weltbild erweitert, ihn die nicht offensichtliche Kugelgestalt der Erde auffinden und erkennen geholfen, wie unbedeutend und kostbar zugleich die Erde ist, betrachtet man sie vom übergeordneten astronomischen und vom irdischen Standpunkt aus.[37] Doch Überheblichkeit seitens der Naturwissenschaften, die sich nicht mit der Erde befassen, ist fehl am Platz.

Die Wissenschaft von der Erde ist die älteste Wissenschaft überhaupt. Als erstes hat sich der Mensch keineswegs für die Sterne interessiert. In der protomythischen Zeit standen ihm die irdischen Dinge näher als der Himmel. Sie kannte er aus unmittelbarer Erfahrung, die in der direkten Sinnlichkeit gründete. Wenn der oft zitierte Vergleich mit der Entwicklung eines Kindes, die Piaget ausführlich erforscht hat, sticht, dann hat der primitive protomythische Mensch sich seine Umgebung, seinen Lebensraum, seine Lebenswelt durch Erfassen, Berühren, Erriechen, alle die elementaren sinnlichen Tätigkeiten, in der Summe durch Erfühlen angeeignet; er hat sich seiner Umgebung eingefühlt. Die Sterne lagen weit außerhalb dieses Bereichs; sie gehörten nicht zu ihm. Er nahm sie nicht wahr; denn die Zeitskalen ihrer Veränderung waren zu lang gegenüber den Zeitskalen seiner Lebenswelt. Und wie alle Wahrnehmung Wahrnehmung von Änderungen ist, wie auch die moderne Wissenschaft im Design von Experimenten zum Zwecke der Veränderung und der raschen Reaktion der Natur auf die neu erzeugten Bedingungen ausschließlich von dieser Art Wahrnehmung Gebrauch macht, so war für den protomythischen Menschen der Himmel tot und unveränderlich, solange er ihm nicht katastrophal ins Bewußtsein drang. Die erste »Wissenschaft« war nicht die Astronomie, wie die Wissenschaftsromantik behauptet, sondern war das oral und sensual kommunizierte Wissen von den Vorgängen auf der Erde.

Die Erde ist das letzte der ursprünglichen Elemente. Sie wurde und wird täglich erfahren. Sie ist das offensichtlichste Element, so offensichtlich, daß den Alten gar nicht erst in den Sinn kam, den Menschen aus irgend etwas anderem als aus Erde entstanden sein zu lassen. In allen Mythen taucht in irgendeiner Form die Menschwerdung aus Lehm auf, den ein Gott zum Menschen formt, sei es als Genesis, sei es als prometheischer Schöpfungsmythos. Nichts spiegelt so sehr die Erdgebundenheit des Menschen wie diese bescheidenen, traurigen, irgendwo wahren Legenden. Welche Depression muß er durchlaufen haben, daß er *sich selbst* auf Erde, das simpelste, verachtetste aller Elemente zurückführt? Nicht aus Feuer besteht er, dem verehrten Element, nein, es ist die dreckige, lehmige Erde. Die der Vertreibung aus dem Paradies folgende tiefe Depression, die schreckliche Erfahrung der Menschwerdung, des Auf-sich-selbst-gestellt-Seins in der feindlichen äußeren Natur, in der er um den stets verweigerten Beistand projizierter, nicht existenter Götter bettelt, sie ist es, die ihn sich aus Erde bestehend, dumpf, schwerfällig erfahren läßt. In einer solchen Welt ist der Mensch nichts als ein Lehmkloß, ein Erdenklumpen, dem auf Gnade und Verderb irgendein Gott die

Güte erweist, ihm Leben in die Nase zu blasen, Odem, der ihn zum Leben: zum Denken, Erkennen erweckt. Weil er aus Erde ist, ist Erde das, was ihn nährt, er sich untertan macht, auf der er im Schweiße seines Angesichtes arbeitet, im Schweiße seiner Angst sein Blut im Kampfe vergießt, damit die Erde zu düngen, daß sie fruchtbar bleibe, Nachkommen hervorbringe und die Überlebenden nähre. Weil er aus Erde ist, wird er wieder zu Erde, steigt in den Hades, die Hölle, hinab, tief in der Erde, wohin die Toten gesenkt werden. »Aus Erde bist du gemacht, zu Erde sollst du wieder werden«, das schöne und schreckliche Wort, das soviel Wahrheit enthält: Denn auf Erden ist alles aus Erde, aus simpler Materie. Hier gibt es nichts Himmlisches. Auch nicht den Geist. Ja, im weitesten Sinne ist im gesamten Universum alles aus »Erde«, aus den vielen verschiedenen Formen der Materie, die wir kennen, und vielleicht noch einigen unbekannten, deren rein materielle Auswirkungen wir mit den ausgeklügelten Instrumenten, die der Mensch erfunden hat, um das Material »Erde« im Weltall aufzuspüren, bereits nachweisen können.

Erde ist auch Gaia, die Mutter, ewig schwanger, fruchtbar, gebärend. Später, wenn Zeus die Herrschaft übernimmt, heißt sie Hera, spielt nur noch im Hintergrund die Rolle der ewiggebärenden, unabkömmlichen und doch irgendwie lächerlichen Gottheit, die zuletzt bei Offenbach im *Orpheus in der Unterwelt* als Spottfigur, lächerlicher noch als Zeus, der Volksbelustigung dient. Hera heißt[38] *He Era*, todernst: Erde, nicht in devoter Aristokratisierung als Gattin von Zeus *Dame*, wie weithin angenommen. Vor dem Einfall der Hellenen war sie die *Große Göttin* gewesen. Nun führt sie das traurige olympische Dasein der Ersten Hofdame im zweiten Glied, die das lose Treiben ihres Gott-Gatten argwöhnisch und eifersüchtig beobachtet, sich wohl auch selbst Ausschweifungen hingibt. Hera degenerierte zur religiös verehrten dümmlichen Götterdame. Und dementsprechend war Erde eben nur noch Erde, auf der es sich lebte. Die Philosophen erhoben sie zwar, da sie sich auf der Suche nach dem Urgrund der Welt weder als Stoff, noch als Zentrum umgehen ließ, zu einem der Elemente, aber es war im Grunde das unwichtigste aller Elemente, der Dreck, der nicht weggedacht, wegdiskutiert werden kann. Erde blieb das schwarze Element: Man beschmutzte sich daran; es hatte nichts von der belebenden Klarheit des Wassers, nichts von der Lebendigkeit des Feuers, der Notwendigkeit der Seele spendenden Luft. Erde war, was man unter den Fingernägeln hatte, was die Sklaven bearbeiteten: unheimlich, düster. Fruchtbarkeit hatte immer schon Unheimliches an sich, wenigstens für den Mann, dem das unverzichtbare Geborenwerdenmüssen ein Greuel war; in den Religionen setzte sie sich als Ursünde fest, hinter der sich der Schrecken der Erkenntnis verbirgt, daß der Koitus der Zeugungsvorgang ist. Mit dieser Erkenntnis, die offenbar mit der Menschwerdung zusammenfiel, stürzte der Mensch aus der Welt des unschuldigen Eros in die Welt der Sünde. Die Schuld schrieb er der

Erde zu; sie war die Verkörperung der Fruchtbarkeit: die Weiblichkeit; in sie mußte sich alles Böse, Luzifer eingeschlossen, verziehen vor dem Licht, der den Sinn freilegenden Helligkeit der Vernunft, die als männliches Fluidum betrachtet wurde. Das Untertauchen des Bösen und seines Anhangs im Bauch der Erde wurde noch im Mittelalter sexuell gedeutet und symbolisch als Koitus verstanden, woraus erklärlich wird, warum alles Sexuelle noch in der modernen Religion eine Gleichsetzung mit dem Bösen erfährt: umgekehrt das Böse in erster Linie gleich dem Sexuellen ist, hinter dem alle anderen Formen von Bösheit weit zurücktreten.

Eine Zeitlang, bis die Hellenen in Kleinasien und Griechenland einfielen, wurde die Erde Jahr für Jahr mit dem Blute des geopferten Heiligen Königs, des Erwählten der Stammesnymphe, gedüngt, damit sie Frucht bringen konnte. Im Mythos verkörpert Herakles noch die Gesamtheit aller Heiligen Könige, die sterben mußten. Sein Tod auf dem Feuerstoß, angetan mit dem weißen Hemd und nach erlittenen Qualen, ist nicht, wie Peter Weiss[39] versimpelnd gemeint hat, der letzte Ausweg aus der Qual seiner venerischen Krankheiten, die er sich bei sexuellen Ausschweifungen zugezogen hatte; sie ist der mythische Ausdruck für die Opferung des Heiligen Königs, der nach dem Tode in den Olymp aufgenommen wird, während die Nymphe ihre Jungfräulichkeit durch ein Bad auffrischt und sich einem neuen König vermählt. Tief ins Mittelalter hinein hat sich die Vorstellung vom Jungbrunnen erhalten, der alte Weiber in junge Mädchen verwandelt. Schließlich setzten die Hellenen zuerst ersatzweise die Opferung von Knaben anstelle des Königs, später die verzögerte Opferung alle zehn Jahre durch. Am Ende wurde nur noch symbolisch ein Widder oder ein Stier geopfert, die Nymphe, Hera, durch den König, durch Zeus ersetzt. Die Erde trat ihre ursprüngliche Allmacht ab an den männlichen Gott der leichten, der lichten Elemente.

Die Einstellung der griechischen Philosophen zum Element Erde wandelt sich rasch: Thales war, wenn er es auch nicht erwähnt, Erde ein unwesentliches Gott-Element. Anaximenes ist sie nichts als verdichtete Luft, ein anderer Aggregatzustand. Anaximander interessiert sich für die Erde nur als Körper, der seiner Meinung nach unbeweglich schwebend im Mittelpunkt des Weltraums ruht, die Form eines Zylinders und zwei einander gegenüberliegende gewölbte Seiten hat. Er entwirft auch die erste Karte der bewohnten Erde.[40] Xenophanes folgt ihm darin, nimmt aber einen »nach unten« unendlich langen Zylinder an, wohl weil er sich die andere gewölbte »Unterfläche« des Zylinders nicht bewohnt vorstellen kann. Außerdem glaubt er, Erde und Meer vermischten sich mit der Zeit in einer Art Auflösung der Erde, was er aus im Gebirge gefundenen Muscheln folgern zu müssen meint. Eigenwillig und dunkel sind Heraklits rare Bemerkungen zur Erde. Sie dient ihm zur Veranschaulichung des Kampfes der Gegensätze: Die Erde »lebt« den Tod des Wassers[41], wie jedes Element den Tod eines anderen »lebt«. Doch wird

Erde erst bei Empedokles gleichwertig in den Rang eines Elements erhoben, ewig, ohne Anfang und Ende[42], und ist doch wieder auch nur ein Körper, der, wenn überhaupt, dann zufällig entstanden im Zentrum der Welt ruht, durch den gewaltigen Umschwung des Himmels an einer Eigenbewegung gehindert, und die Nacht verantwortet, weil er sich den Strahlen der Sonne entgegenstellt, die den Mond erhellt: Ein »rundes, fremdes Licht kreist um die Erde«[43], eine modern anmutende Behauptung, die laut Plutarch nichts anderes heißt, als daß der Mond Sonnenlicht zur Erde reflektiert.

Erst Anaxagoras greift die Erde wieder als Element auf, doch nur, um sie als Element seiner Mischung von allem beizumengen, die er aus den Beobachtungen alles Unreinen abzieht: daß zum Beispiel aus einförmiger Speise im Körper so verschiedene Dinge wie Knochen, Fleisch, Blut und Sinne entstünden. Doch steht Erde seinem Urgrund und Urbeweger, dem Geist, fern und ist darum, wie die übrigen Elemente auch, untergeordnet. Den Atomisten schließlich ist Erde, auch wenn sie es nicht ausdrücklich sagen, Schwere und Masse, von der die Körper verschieden viel haben und sie auch mit Leere vermengen (die die Atomisten brauchen, um verschieden schwere Körper von gleichen Volumina erzeugen zu können). Der Erdkörper interessiert sie nur insoweit, als sie behaupten, er sei durch Zusammenballung entstanden, jedoch älter als die Gestirne, ersteres eine nicht unkluge, letzteres hingegen eine unbegründete Behauptung. Aristoteles benutzt Erde erneut als Element in Mischungen, welche die wirklichen Dinge sein sollen. Die Erde nimmt keine Sonderstellung ein und hat nichts Mystisches mehr an sich. Wie die anderen Elemente ist sie einfach einer der materiellen Bestandteile, in die sich ein Ding zerlegen läßt. Aristoteles verdeutlicht das an der Zerlegung einer Silbe in Buchstaben. Erde als Element (und jedes andere auch) ist darum weniger als ein Ding. Dinge sind Substanz, Erde nur Substrat, eins von vieren. Wie eine Silbe mehr als ihre Buchstaben ist, nämlich Laut, so sagt er, so sind Dinge Substrat und Substanz; erst Substanz macht Dinge zu dem, was sie sind. Hier beginnt schon der Abstieg des Elements, sei es nun Erde oder eins der übrigen, der lange Weg bergab vor dem steilen Aufstieg des modernen physikalisch-chemischen Elementbegriffs. Dieser hat die Erde wieder zu Ehren kommen lassen, bezieht er sich doch, was die Griechen erschreckt hätte, nur noch auf das Material und vereinigt so in sich auch die drei übrigen. Noch in ihm schwingt in den Bezeichnungen der Gruppe der Erden unter den chemischen Elementen die Erinnerung an das alte Element Erde nach.

Doch betrifft diese Aufwertung nur die Erde als chemisches Element: als Materie-Material. Das Schicksal der Erde als fundamentales Element ist eher tragisch. Von der Position der obersten Gottheit herabgestoßen, mitleidig belächelt, wenn nicht verhöhnt, gerät Hera in der himmlischen Hofwelt in Vergessenheit, wird sie in der Naturphilosophie zum niedrigsten Element, das wohl Erwähnung findet, nicht aber als Zentrum des Denkens fungieren darf. Erde bleibt unverzichtbar, aber wie das Selbstverständliche nicht der Rede wert ist, wird sie verschwiegen, ihre Existenz durch anderes erklärt, das nicht ursprünglich Erde ist, sondern durch einen Vorgang zu Erde wird, wenn Feuer sich unter unbekanntem Einfluß abkühlt und »feucht« wird. Wessen Schicksal wir hier begegnen, läßt sich leicht erraten: Es ist das Schicksal der Frau in der Geschichte der Zivilisation, das die Katastrophe des Übergangs in die Zivilisation spiegelt, den Sturz der Göttin, der Ewigen Mutter zur notwendigen, aber verachteten Frau, der großen Hure. Noch die christliche Religion übernimmt dieses Erdbild der Frau in ihr Dogma, das vom »Weib, was habe ich mit dir zu schaffen!« ausgeht und bei der vielfältigen Diskriminierung in der Nichtzulassung zu den klerikalen Ämtern bis hin zur Geburtenkontrolle endet. Die Erde-Frau durchläuft eine charakteristische Metamorphose: Als biologisch unabkömmliches Vehikel muß sie als Mutter des menschgewordenen Gottes herhalten, darf aber keines der weiblichen Attribute vorweisen, die noch ihre Vorgängerin Hera mit Stolz trug. Sie bleibt ewige Jungfrau, teilhaftig nur des Schmerzes der Geburt, in dem sie den beim Auszug aus dem Paradies ausgestoßenen Fluch Gottes sühnen muß, teilhaftig der Trauer über Gottes Tod, aber jeder Lust versagt. Zur Entschädigung dafür wird sie wieder auf ihren olympischen Thron an der Seite Gottes gehoben, in seinem Schatten, nun schon in dritter Reihe, wo sie gut genug ist, für die kleinen Sünden all der Gläubigen zu bitten. Welch ein Jammerbild gegen Hera, die sie einmal gewesen war! Wie sie zurückgesetzt und bescheiden dort oben sitzt, ist sie ein Machwerk der inzwischen mächtig gewordenen Männerwelt und erinnert, sehr zum Leidwesen des Klerus, daran, daß es ohne sie, ohne die Erde nicht geht, daß sich weder Erde noch Frau abschaffen lassen, ohne den Menschen abzuschaffen. Wohl hatten die Dichter der Genesis diese Notwendigkeit gesehen; sie beschrieben die Vereinnahmung der Frau durch den Mann, die gleichzeitig auch die Besitzergreifung der Erde war, auf ihre Art als Erschaffung der Frau aus dem Manne heraus, aus einer seiner Rippen in genau der widersinnigen Weise, in der Athene dem gespaltenen Haupte des Zeus als sein Wesen entsprang. Erde (und Frau) sind Dinge, über die verfügt werden kann. Wenn beide sich heute gegen die absolute Verfügung auflehnen, die eine in Protest und Gleichberechtigungsanspruch, die andere, indem sie uns ihre Umweltschäden aufzwingt, ihre Existenz ins Bewußtsein ruft, so handelt es sich um längst überfällige Reaktionen auf die Mißachtung, die ihnen widerfahren ist.

Mißachtung ist vielleicht der treffendste Terminus. Alle, die mit Erde zu tun haben, zeichnet das Stigma des Niedrigen: vom Bauern bis zum Bauarbeiter, vom Totengräber bis hin – ja – zum Geowissenschaftler. Die jahrtausendealte Verachtung der Erde lastet auf ihnen allen. Der Mensch würdigt die Erde nicht: Er will höher hinaus. Sein Streben ist, sich von der Erde zu lösen, ihrer Gravitation zu entkommen. Wo schon findet sich in Literatur und Kunst ein dem Feuer, dem

Wasser vergleichbarer Schatz an Bewahrung. Landschaftsbeschreibungen und Landschaftsmalerei haben zweitrangige Plätze inne. Die Dichtung hat sich zuweilen bemüht, der Erde ihr Recht zuzugestehen; die großen, gewürdigten Werke haben mit Erde wenig zu tun. Sie handeln von den Dingen, die dem Menschen näher liegen. Währenddessen aber, während die Ideenwelt des Menschen der Erde abtrünnig ist, hat sich die Technik unter der aufklärenden Assistenz der Naturwissenschaft um die Erde gekümmert. Ihr ist der ideologische Hintergrund egal: Sie kommt ohne die Erde und ihre Güter nicht aus, und ohne Bedenken greift sie auf sie zurück, beutet ihre Ressourcen aus, sucht nach den Lagerstätten all der wichtigen Mineralien, die sie benötigt, spielt in ihren Labors mit den verschiedenartigsten Kombinationen der irdischen Rohstoffe, um aus ihnen Verwertbares, nicht nach Erde Aussehendes, Veredeltes herzustellen: Legierungen der edelsten Eigenschaften, Stoffe der feinsten Farben und Struktur, Materialien der größten Haltbarkeit, des schönsten Geruchs oder des raschesten Vergehens – je nach Bedarf. Hier findet Erde Beachtung, hier ist sowohl die ausgefeilteste Akribie als auch die größte Verschwendung am Werk; von hier aus nimmt der heimliche Siegeszug des Elements Erde seinen Ausgang. Denn die Technik, dieses eigensinnige Kind der Wissenschaft, der jüngste Sprößling antiker Denkinitiation, ist einzig und allein am Praktikablen interessiert und unterwirft sich das Theoretische mit der herrischen Geste der Ökonomie. Was kümmert es sie, daß der Mensch die Erde verachtet und hoch hinaus will, wenn es doch auf der Erde nichts anderes zu verwerten gibt als Erde, als Materialien, Stoff? Was soll das Getue und Gerede, das Schwelgen und Sehnen, das Verheimlichen und Beschönigen: Gibt es nur Dreck, dann muß man mit ihm leben und zusehen, was sich daraus machen läßt. Mit dieser Haltung hat sie Erfolg, hat sie aus dem anfänglichen Denken heraus die Erde verändert, mit ihr den Menschen. Ohne es zu verheimlichen, aber auch ohne es aufzutischen, hat sie die Erde wieder zu Ansehen gebracht. Schminkt euch eure höheren Bedürfnisse und eure Einbildung ab, sagt sie, steigt herunter in den Morast und packt zu, der Erfolg stellt sich ein. Hera ist ehrbar gekommen: Niemand betet sie an, aber man schüttelt ihr kräftig die Hand. Zuweilen zu kräftig und achtlos. Dann meldet sie sich zu Wort. Am Ende bleibt sie doch die Stärkere. Eine kluge Technik weiß das und richtet sich mit ihr ein. Hinkt die Psychologie, die Philosophie, das Verständnis nach, so ist das nicht ihre Angelegenheit.

5. Schluß

Der Reigen der alten Elemente ist in seiner Geschichte vorübergezogen. Von unserem hoch gelegenen Standpunkt aus sind sie als ferne Schemen in der Antike aufgetaucht, haben beim Näherkommen Gestalt angenommen und sich wie Wolkengebilde wieder aufgelöst. Kompakte, undurchdringliche Elemente, die sie einmal waren, gingen sie auf in der Wissenschaft. Philosophisch gesehen wurden sie zu einem Nichts. Einige von ihnen haben eine gewisse Selbständigkeit in der Kunst bewahrt, wo sie symbolische Funktion ausüben, weil manche Dinge sich nicht technisch ausdrücken lassen. Nun müssen wir ihre Metamorphose in der Wissenschaft beschreiben: alle die Richtungen und Zweige, in die sie zerronnen und eingeflossen, die von ihnen gezeugt und befruchtet worden sind, die ohne ihren anfänglichen Entwurf nicht existierten. Es ist ein nüchterner Weg der Auflistung des Erreichten, den wir zu gehen haben werden, keiner der Dichtung, keiner der Kunst. Eine Tabelle wird zu erstellen sein, ein beeindruckendes Museum des Wissens von alledem, was sich hinter den Begriffen des Elements verborgen hatte, bis es von einer ehrgeizigen, unermüdlichen humanen Anstrengung freigelegt, ausgegraben, gereinigt, geordnet und mit dem Schild der (vorläufigen) Endgültigkeit ausgezeichnet wurde.

II. Erde: Das Reich der Hera

Hades saß leicht verärgert vor dem Kamin und schürte unwillig das Feuer. Der Ordner auf seinen Knien war in den letzten beiden Jahrtausenden enorm angeschwollen. Wäre er nicht ein Gott gewesen und darum unbeeinflußt von physikalischen Kräften, er hätte ihn längst nicht mehr anheben können. Nicht nur aus diesem Grunde konnte er sich dazu gratulieren, ein Gott zu sein und nicht einer dieser Sterblichen, die dort oben an der Erdoberfläche zu seinem Verdruß ihr Unwesen trieben und, traten sie schließlich in sein Reich ein, das Dasein wesenloser Schatten annahmen, die sich, hätten sie Körper besessen, auf dem engen Raum seines Reiches drängen und stoßen würden. Als Schatten gingen sie raumlos durcheinander hindurch, ohne sich zu behindern. Welches Glück, daß ihm gleich zu Beginn diese Lösung eingefallen war, in weiser Voraussicht, wie er sich heute sagte. Wenn er ehrlich war, hatte er sie der Natur abgeguckt, den Wellenvorgängen im Wasserreich seines Bruders Poseidon. Zeus, sein älterer Bruder, hatte darauf bestanden, den Sterblichen eine schattenhafte Unsterblichkeit zuzubilligen – Hades hatte niemals verstanden, warum; wahrscheinlich aber hatte Zeus ganz einfach aus schlechtem Gewissen gehandelt, ihm Untertanen zugestanden, wie sie Poseidon in seinem Reich auch hatte, sein totes Imperium sozusagen zum Totenreich gemacht. Hades verzog verächtlich die Miene: Diese Toten hingen ihren früheren Leben nach, klagten unablässig und schwiegen nur dann oder (wenn man das von Toten sagen durfte) lebten nur dann auf, wenn sie von einem der lebenden Sterblichen in Erinnerung gerufen wurden. Als die Flut der Nachrichten über Veränderungen in der Erde zunahm, war Hades auf den Gedanken verfallen, die Schatten als Melder anzustellen. Alle paar Minuten kam einer von ihnen herein und legte ihm mürrisch einen Zettel vor. Hades mochte schon keinen Blick mehr darauf werfen. Waren das glückliche Zeiten gewesen, als er die Information noch selbst eingeholt hatte, herumgereist war, die ungeheuren anfänglichen Erdbeben verzeichnete, als es noch geologisch turbulent auf der Erde zuging, die gewaltigen Einschläge von Kleinstplaneten und Meteoren, die die Kruste erschütterten, die explosiven Ausbrüche von Vulkanen, als er noch die Muße hatte, die langsam über die Erdoberfläche kriechenden, breiten Lavaströme zu verfolgen, und eigens auf die Vulkane hinaufstieg, um deren Ausbrüchen beizuwohnen! Das letzte Mal, erinnerte er sich, war er oben gewesen, als dieser Angeber, dieser selbsternannte und von den Sterblichen angebetete Philosoph Empedokles aus Ärger über die Sinnlosigkeit, zu den Lebenden zu reden, auf den Ätna gestiegen und

eine Ansprache an die Natur gerichtet hatte. Hades hatte ihm eine Weile zuge-
hört, doch weil er diese großsprecherische Art, die ihn zu sehr an Zeus erinnerte,
nicht leiden konnte – alle Sterblichen versuchen, meinen Bruder nachzuahmen,
dachte er bei sich –, hatte er dem Philosophen einen Stoß versetzt und ihn in den
Trichter des Vulkans gestürzt. Eine kleine Dampfwolke war aufgestiegen, und Ha-
des hatte den darin entweichenden Schatten des Philosophen gleich mit ins Toten-
reich genommen. Dort ging Empedokles seither um und war zu Hades' Erstaunen
einer der Vielbeschäftigtsten geworden, einer derjenigen, die am häufigsten in
Erinnerung gerufen wurden. Eigenartige Wesen, diese Sterblichen, sagte er sich.
Hinter den Worten sind sie her wie, wie sie selber sagen, der Teufel hinter der ar-
men Seele, womit sie in ihrer bilderreichen Religion mich meinen, als wäre ich
auf alle diese Schatten angewiesen und nicht sie auf mich. Als er kürzlich wieder
einmal zu einem Ausbruch hinauf wollte, steckte ihm einer der Schatten die Mel-
dung zu, die Lebenden betrieben dort ein Observatorium und verfolgten mit ihren
wissenschaftlichen Methoden die Bewegung der Lava. Er war darüber ganz gegen
seine Art so in Rage geraten, daß er mit der Zange wütend die Glut in seinem Ka-
min aufgerührt und so den verfrühten Ausbruch des Vulkans provoziert hatte.
Ein paar Vulkanologen waren dabei ums Leben gekommen und schlichen nun,
verärgert über die ihnen entgangene wissenschaftliche Ausbeute und den mit ihr
verbundenen Ruhm, als mißlaunige Schatten im Hades herum. Seither unterließ
er es ganz, sich persönlich zu informieren oder gar einzumischen. Meldungen sol-
cher Art liefen immer häufiger ein. Sie hatten Theorien aufgestellt, wie die Vor-
gänge im Erdinneren abliefen, woher die Beben kamen. Sie verfolgten die Wellen,
die ein Erdbeben auslöste, rechneten etwas über die Zusammensetzung der Erde
aus, bohrten Löcher in die Erdkruste, ließen Explosionen los, künstliche Beben,
aus denen sie Information herausholten, einige davon unterirdisch mit Hilfe die-
ser neuen zerstörerischen Waffen, die auf der Kernkraft aufbauten, von der er zur
Heizung des Erdkörpers von Anfang an Gebrauch gemacht und die sie vor weni-
gen Jahrzehnten erst neu entdeckt hatten. Diese Explosionen rissen Löcher in die
Kruste, wie es bislang nur die großen Meteore vermocht hatten. Das verdroß Ha-
des mächtig. Sie hatten sich einiges Wissen über sein Reich angeeignet, doch in
keiner ihrer Theorien kam sein Name mehr vor, obgleich sie immer wieder diesen
und jenen der Schatten zitierten, ja ganz verrückt darauf waren, sich in ihren
Artikeln aufeinander zu beziehen. Hades abonnierte seit einiger Zeit in seiner Bi-
bliothek alle ihre einschlägigen Zeitschriften, um sich über ihr Wissen auf dem
laufenden zu halten. Ihn interessierte ihr Wissen nicht; es kam nicht im Entfern-
testen an das seinige heran; aber er mußte Bescheid wissen, wie weit sie gehen
würden. Ganz selten hatten sie eine Erleuchtung, die auch ihn interessierte. Nur
nahm ihre Aktivität allmählich unübersehbare Ausmaße an. Hades stieß den
Feuerhaken erneut in die Glut, hielt aber sofort inne. Er mußte vorsichtig sein; je-

der Feuerstoß konnte einen Vulkanausbruch auslösen oder eine Insel in die Luft jagen. Solche Unvorsichtigkeiten verfälschten die Statistik. Die Statistik war das, was unbedingt eingehalten werden mußte. Warum wohl hatte Zeus gerade sie zum obersten Prinzip erhoben? Zeus hatte einen deutlichen Hang zur Unordnung, zum Chaotischen. Er, Hades, würde Zufälligkeiten vermieden haben; alles sollte folgerichtig ablaufen, ohne Abweichungen und Ausnahmen, fest und vorherbestimmt so, wie es sich für Tote gehörte. Orpheus war der Letzte gewesen, der die bittere Erfahrung machen mußte, gerade bevor die Erynnien ihn zerrissen, daß tot sein etwas Endgültiges ist. Aber Zeus hatte seine eigene Ansicht darüber gehabt: Er ließ ihnen den Zufall, damit sie hoffen und an ihn glauben konnten. So hatte auch Hades sich der Statistik zu fügen. Die schrieb vor, daß die Erde langsam abkühlte und die Vulkanausbrüche seltener, wenn auch nur ihm vorhersehbar werden sollten. Der unbeherrschte Vulkan, der ihm lange Zeit mit seinen Geistern diente, hatte schon einmal die Statistik in Gefahr gebracht. Er hatte ihn daraufhin auf den Olymp entlassen müssen, wo er nur Ungelegenheiten bereitete.

Der Statistik gemäß ging es auf der Erde unweigerlich dem Ende entgegen. Hades hatte geglaubt, seine Buchführung würde abnehmen. Er hatte nie damit gerechnet, zusätzliche Arbeit zu bekommen. Jetzt dachte er daran, die Buchführung vollständig zu computerisieren, um sie so weit wie möglich zu vereinfachen. Er hatte bereits einen der schnellen Superrechner bestellt und rüstete die Schatten zunehmend mit Workstations aus, die allesamt vernetzt waren. Dort konnten sie ihre Meldungen direkt eintragen. Ein paar von ihnen hatte er angewiesen, den alten fetten Ordner einzutippen. Die Computer beschleunigten den Informationsfluß um ein vielfaches, speicherten mehr Information als der dickste Ordner, ja erzeugten sogar neue Information, wenn man alle verfügbare eingespeicherte Information nur richtig mischte. Hades dachte mit Vergnügen an die Möglichkeiten, die sich ihm eröffneten. Noch vor dem Ende der Welt wollte er diese Mischung maximieren, alle Aktivitäten der Sterblichen, die sie jemals erwägen könnten, hochrechnen. Dann brauchten ihre Handlungen nur noch eingeordnet zu werden. Nicht nur die Gegenwart, nein, auch die Zukunft würde er verwaltet haben. Sein Bruder Poseidon hatte verlauten lassen, er wolle kurz vor dem Weltende noch zu einer Inspektionsreise in die Weltmeere aufbrechen. Hades dachte anders darüber. Er war nicht sentimental veranlagt. Wie freute er sich darauf, endlich alle diese Schatten loszuwerden, deren potentielles Dasein sofort aufgegeben werden konnte, wenn keine Sterblichen mehr da wären, sich ihrer zu erinnern. Zusammen mit seinen Computern würde er sie alle der Auslöschung überantworten. Nur die kleine Diskette mit der gesamten, dicht gespeicherten Information würde er mitnehmen, wenn er und die anderen Unsterblichen sich nach einem neuen Ort im Universum, irgendwo da draußen in den angenehmen

Gefilden des Randes einer der Galaxien und in der Nähe eines stabilen leuchtenden Zentralsterns umsähen, wohin ihnen, die nicht den Beschränkungen der Lichtgeschwindigkeit unterlagen, nichts und niemand folgen konnte. Dort gäbe es keine Schatten zu befehligen, das schwor er sich; er würde sich ganz seiner Vorliebe, den Steinen widmen, und niemand sollte ihm mehr in seine tektonischen Entwürfe hineinpfuschen. Hades lehnte sich erwartungsvoll zurück in seinem Sessel. Jetzt wollte er die totale Computerisierung in Angriff nehmen. Alles in allem hatte er nur ein paar Milliarden Jahre zu warten, eine kurze Zeitspanne für einen Gott. Die würde er auf einer Backe absitzen, und dann ... In diesem Augenblick kam einer der Schatten herein und brachte ihm die Meldung, die Sterblichen hätten für den Fall, daß ihre Vorhersage vom Ende der Erde sich erfüllen sollte, ihre Übersiedelung auf einen der Nachbarplaneten und dessen Urbarmachung geplant.

1. Muttererde

Das Element Erde – das ist das Material, zu dem Gaia, Hera und welch andere Namen die personifizierte Erde, die noch alles, Material, Wohnraum und Göttlichkeit in sich vereinigte, schon zur Zeit der hellenischen Philosophen herabgesunken war. Das Wort *Erde*, wie es hier gebraucht wird, weicht von der Bedeutung ab, die es im täglichen Sprachgebrauch besitzt. Erde steht stellvertretend für den *festen* Aggregatzustand der Materie. »Erde« im geläufigen Sinne dagegen gibt es tatsächlich, in unserem Planetensystem zumindest, nur auf der Erde, unserem Planeten: als *Humus* oder *Mutter*erde, wie man in der Gärtnersprache sagt. Sie ist der *Boden*, auf dem etwas wächst, der Boden, auf dem etwas leben kann, der fruchtbare Boden. Sie ist auch der Boden, der jemandem gehören kann, der manipuliert werden kann, bearbeitet, gepflegt, aber auch vergeudet, verdorben, mit dem Raubbau betrieben werden kann.

Erde dieser Sorte ist, wie jeder weiß, der fruchtbare Rückstand verwester organischer Materie. Da es heute so gut wie gesichert ist, daß Leben in unserem Planetensystem in genügend entwickelter Form, um Muttererde zu erzeugen, nur auf der Erde existiert, ist Muttererde eines der spezifischen Kennzeichen unseres Planeten: das Kennzeichen des Todes organischen Lebens, der erste Schritt seiner Rückführung in anorganische Materie, gleichzeitig der bereits aufbereitete Grundstoff für den Aufbau von weiterem, pflanzlichem organischem Leben.

Ein allgemeines *Material* Erde, wie es die Antike zu sehen glaubte, gibt es nicht. Erde im weitesten, doch immer noch auf die irdischen Bedingungen eingeschränkten Verständnis bezeichnet den Zustand des festen Körpers, den Zustand, in dem die Materie so stark abgekühlt ist, daß sie sich bei Temperaturen unter ihrem Gefrier- oder Kristallisationspunkt verfestigt und ein Kristallgitter zu bilden beginnt. Der feste Aggregatzustand der Materie ist uns neben dem flüssigen der geläufigste. Nahezu alle täglichen Gegenstände, von denen wir abhängen, befinden sich im Zustand des festen Körpers. Wir sind so sehr an ihn gewöhnt, daß wir ihn für selbstverständlich halten. Ohne ihn kämen wir nicht aus, könnten wir nicht nur selbst nicht existieren, sondern würden auch aller Mittel beraubt sein, uns in dieser Welt zurechtzufinden. Ohne den festen Aggregatzustand der Materie, ohne die Bedingungen, die die Materie an der Oberfläche der Erde in den »gefrorenen« Zustand versetzt, gäbe es kein Leben der uns bekannten Art, könnte es nicht auf der Erde und kann es nirgendwo anders im Universum existieren. Dieser feste Zustand ist der Zustand der Krustenmaterie, der Gesteine, teilweise der Zustand des Erdmantels. Von den Vorräten an Material in diesem Zustand macht unsere Zivilisation Gebrauch. Seit Beginn der Menschheitsgeschichte bearbeitet sie die vorgefundenen Materialien und macht sie sich zunutze: zuerst waren es

Steine, die sie formte, dann ging man zu Metallen über: Bronze, Eisen, später zu Leichtmetallen; und heute haben wir das Zeitalter, in dem sich eine gemischte metall- und kunststoffbearbeitende Zivilisation entwickelt hat, die sich ihre Materialien auf Grund der sehr genauen Kenntnis der Vorgänge im Inneren von Festkörpern selbst schafft und zusammenstellt: Stoffe, die in der Natur außerhalb des Menschen nicht vorkommen und für die es einer gewitzten, künstlichen und kunstfertigen Industrie bedarf, sie mit den gewünschten Eigenschaften herzustellen.

Kosmisch, nein bereits irdisch global gesehen ist das ein erstaunliches Faktum, da der Anteil an fester Materie in beiden Fällen sehr klein ist. Der Zustand des inneren Erdkerns ist nicht gut bekannt. Der größte Teil der Materie im Universum befindet sich hingegen in einem Zustand, der unserer täglichen Erfahrung fremd ist, im Plasmazustand, dem wir im Kapitel über das Feuer begegnen werden. Im festen Zustand der Form, die uns auf der Erde entgegentritt, findet sich Materie zum Teil an Planetenoberflächen, vielleicht noch in Dunkelsternen, vor allem aber in sehr verdünnter Form in den Molekularwolken, die den solaren Nebeln vorausgehen. Sie enthalten »gefrorene« Materie, jeweils ausreichend für die Bildung eines oder mehrerer Sonnensysteme, doch fein im Raum verteilt als Staub über riesige Volumina. Doch insgesamt ist der Anteil dieser Materieform im Universum so gering, daß er schwerlich ein Prozent der Gesamtmaterie erreicht. Doch obwohl Erde im Universum so selten vorkommt, stellt sie für uns das primäre Element als Substanz, aus der die Planeten, aus der vor allen anderen unsere Mutter Erde beschaffen ist.

2. Mutter Erde

Was auch immer anderes darüber gesagt und geschrieben worden ist: das Leben der Menschen, sei es nun physisch oder geistig, materiell oder ideell, rational oder emotional, spielt sich, räumlich gesehen, nirgends anders ab als auf der Oberfläche des Planeten Erde. Man mag es in den Religionen auf ein späteres himmlisches Leben im Irgendwo vertrösten, in den Fantasien der Science-fiction hinausprojizieren in den unendlichen Weltraum, wohin man will, nach menschenähnlichem oder anderem intelligenten Leben im Universum Ausschau halten: Das reale Leben, das ist das Leben, das jeder einzelne und die Menschheit als Gesamtheit lebt, ist irdisch und an die Erdoberfläche gebunden. An der Realität des Eingesperrtseins der Menschheit in dem kleinen Raum zwischen den wenigen obersten Metern der Erdkruste und den wenigen ersten Kilometern der Erdatmosphäre ändert sich dadurch nichts.

Zwischen dem Menschen und der Erde besteht eine Bindung, die man in Analogie zur Physik mit dem Terminus der starken Wechselwirkung und der asymptotischen Freiheit bezeichnen kann: die Bindung nimmt mit dem Abstand von der Erde, mit dem Betreten von Zonen der Unwirtlichkeit rapide zu und zieht den Menschen in die wirtlichen Zonen zurück; erst dort, wo die Nähe zur Erde selbstverständlich und darum nicht spürbar oder bewußt wird, ist er frei, findet er zu sich selbst und kann sich, seine Fähigkeiten und seine Begabungen entfalten. Über diese Tatsache mit allen ihren Konsequenzen muß man sich klar sein. Sie wirft die Menschheit auf sich selbst zurück, auf das Angewiesensein des einzelnen auf die anderen. Sie stellt sie und jeden einzelnen aber auch vor die verantwortungsvolle Aufgabe, sich diesen engbegrenzten Lebensraum auf der Oberfläche unseres Planeten zu erhalten. Noch auf lange Zeit hinaus wird die Erde für uns die alte gute Mutter Erde bleiben, der Planet, von dem wir uns nicht ungestraft abwenden, den wir nicht ohne seine Mißbilligung vernachlässigen dürfen. Was hat es mit diesem Planeten auf sich? Wie ist er entstanden? Gibt es eine akzeptable Theorie seiner Entstehung? Wie ist er aufgebaut? Warum ist er es gerade, der intelligentes, kompliziertes Leben ermöglicht? Welches ist seine wahrscheinliche Zukunft? Welches ist unser Verhältnis zu ihm?

Heras Geburt

Was die Alten nicht wußten: »Erde« gibt es nicht nur auf der Erde. Die Alten glaubten, die Himmelskörper, Planeten und Sterne bestünden aus »himmlischem« Material, sehr verschiedenen vom irdischen. Wegen ihrem Leuchten hielten sie sie für Lampen und Lichter, bestenfalls für gewisse feuerartige Objekte, auch wenn Anaximander bereits behauptete, der Mond borgte sein Licht von der Sonne und hätte kein eigenes Licht. Niemand nahm ihn ernst. Man referierte, wie zum Beispiel Aristoteles es tat, diese Ansicht bereits im Altertum leicht ironisch als Kuriosität. Zuweilen fielen Steine vom Himmel mit glasigen, verschmolzenen Oberflächen, wie man sie auf der Erde selten vorfindet. Die Alten hielten diesen Unterschied für den Beweis der Andersartigkeit und der glühenden Natur des himmlischen Materials oder für einen Hinweis auf seine Göttlichkeit. Sie dachten vielleicht auch, die Götter würfen mit Geschossen dieser Art nacheinander, und zuweilen fiele eines davon auf die Erde herunter. Erst die neuere Zeit hat den Ursprung dieser »Steine« geklärt, sie als normale Materie von ähnlicher Zusammensetzung wie irdische Materie erkannt, die zu der großen Menge von Asteroidenbruchstücken gehören, die in unserem Planetensystem herumschwirren. Gerade die geringen Unterschiede in der Zusammensetzung geben Aufschluß über die Entstehungsgeschichte von Planeten und Asteroiden. Die Lektion, die uns die Meteoriten lehren, lautet, daß die Planeten und die übrigen Angehörigen unseres Sonnensystems eine gemeinsame Entstehungsgeschichte haben.

Der Planet Erde ist ein ganz gewöhnlicher Begleiter eines ganz gewöhnlichen Sterns unter Milliarden anderen. Dieser Stern, die Sonne, gehört der Hauptreihe der Sterne an, was soviel aussagt, wie, daß an ihm nichts besonderes zu vermerken ist, er sich von den meisten der Sterne nicht sonderlich unterscheidet. Sterne können Planetensysteme besitzen, sie müssen es nicht. Die Möglichkeit der Entstehung von Planeten hängt mit den Bedingungen bei der Entstehung eines Sterns von der Größe der Sonne zusammen. Astronomisch gesehen ist die Sonne in unserem Planetensystem der weitaus bedeutendste Himmelskörper. Die Planeten sind daher nichts weiter als ein – nicht einmal unvermeidbares – Nebenprodukt der Entstehung eines Hauptreihensterns aus einem protostellaren Gasnebel.

Niemand war bei der Entstehung der Sonne zugegen. Und doch können wir mit großer Genauigkeit angeben, wie diese Entstehung vonstatten ging. Das riesige Universum, das sich außerhalb des Sonnensystems anbietet, gibt uns die Möglichkeit, der Sternentstehung in anderen Gebieten unserer Galaxis oder in ferner gelegenen Galaxien in allen ihren Stadien zuzusehen. Wir werden Zeugen der Geburt von Sternen, und trotz unserer eigenen kurzen Lebensspanne können wir über die auf dem Planeten Erde empfangenen verschiedenen Arten der von den Sternen in ihren unterschiedlichen Entwicklungsstufen ausgesandten Strahlung sozusagen im Zeitraffer die gesamte Entwicklung eines protostellaren Gasnebels zu einem Stern von der Art und Größe der Sonne verfolgen.

In der Mehrzahl der Fälle entsteht aus einem unter normalen Bedingungen rasch rotierenden protostellaren Nebel kein einzelner Stern, sondern ein Doppelsternsystem mit zwei einander umkreisenden Sternen, die nicht nur den größten Teil der Masse des Nebels auf sich vereinigen, sondern auch den Drehimpuls der Wolke aufnehmen. Wenn der Nebel aber nur sehr langsam rotiert, kann in seltenen Fällen auch ein einziger Zentralstern entstehen. Dieser Fall trifft auf die Sonne und die überwiegende Mehrzahl aller eventuell im Universum vorhandenen Planetensysteme zu.

Der Zentralstern »kondensiert« aus, weil die auf das Gas des Nebels wirkende Gravitationskraft das Gas in der Umgebung des Rotationszentrums des Nebels, wo die Fliehkraft die Gravitation nicht kompensieren kann, auf das Zentrum hin zusammenzieht. Das unter der Wirkung der Gravitation zusammenstürzende Gas verdichtet sich zu einem Gasball und heizt sich dabei gleichzeitig auf, so daß ein glühender Gasball entsteht. Der Drehimpuls des Nebels geht zu einem Teil auf diesen Ball, der zum Zentralstern wird, über; der restliche Teil des Drehimpulses muß entweder radial nach außen abgeführt oder vernichtet werden. Das geschieht in einer dünnen Scheibe, die sich aus dem Gasnebel bildet, der unter dem Gewinn an Drehimpuls aus dem Zentrum schneller rotiert und darum zu einer flachen

Scheibe wird, in deren Zentrum der Zentralstern sitzt. Die aus Gas und Staub bestehende Scheibe ist der *Solare Nebel*. Je dichter sie ist, desto höher ist ihre Viskosität, und der Drehimpuls wird rasch vernichtet.

Götterkampf: Früheste Erdgeschichte

Der Solare Nebel ist der Schauplatz der Planetenentstehung. Planeten bauen sich auf durch zusammenstoßende und sich gravitativ vereinigende Staubklumpen, die *Planetesimalen*. Weit entfernt vom heißen, leuchtenden und strahlenden Zentralstern, der Sonne, sind im Solaren Nebel die Temperaturen niedrig genug, um Staub und Gas auskristallisieren zu lassen. Dabei entstehen metallisches Eisen und Eisen-Magnesium-Silikate. Weil Moleküle und Kleinkörper im sich rasch durchmischenden Gas und Staub kaum auf die Gravitation ihrer Umgebung reagieren, basiert ihre Bildung von Planetesimalen auf Molekularkräften. So entstehen kohäsiv Planetesimale mit Durchmessern von Metern bis Kilometern. Die größeren von ihnen (mit Durchmessern von zehn Kilometern und mehr) unterliegen bereits der gegenseitigen gravitativen Anziehung. Gleichzeitig wachsen diese mittelgroßen Körper durch Akkumulation der vielen restlichen kleinen Planetesimalen. Da sie sich an irregulären Orten bilden und irreguläre Bewegungen vollführen, stoßen sie häufig zusammen. Hohe Relativgeschwindigkeiten bei Zusammenstößen brechen ein Planetesimal auf. Stöße mit kleinen Geschwindigkeiten kitten die Planetesimalen unter Erwärmung zusammen: Sie verschmelzen zu *Embryos*.

Um die Erde zu formen, benötigt man gegen hundert solcher Embryos. Da sie jedoch viel seltener sind als Planetesimale, kommt es relativ selten zu Zusammenstößen von Embryos. Die Erde benötigt für ihre Entstehung bedeutend länger als einer von ihnen: ungefähr hundert Millionen Jahre. Inzwischen ist längst, innerhalb von nur drei Millionen Jahren, der restliche Solare Nebel in den interstellaren Raum verlorengegangen. Er »verdampft« wie die Atmosphäre eines leichten Planeten. Am Ende des Bildungsprozesses eines Planeten von Erdgröße vor 3,8 Milliarden Jahren stehen nur noch seltenere Stöße mit größeren Objekten: weiteren Embryos, Planetesimalen oder gar anderen Planeten. Sie erfolgen mit sehr hoher Geschwindigkeit: Es sind »schnelle« Stöße, wie der Fachausdruck heißt. Ihre Wirkung ist zerstörend. Sie können den neuentstandenen Planeten aus seiner Bahn lenken, auf neue Umlaufbahnen katapultieren; sie spalten Teile von ihm ab. Merkur, der ursprünglich groß und erdähnlich war, hat bei einem solchen schnellen Zusammenstoß seinen Silikonmantel verloren und ist auf die Größe eines Embryos geschrumpft. Auch die Erde selbst hat bei einem anderen, ähnlichen Zusammenstoß ihre Originalatmosphäre in den Weltraum verloren.

Es gibt keine Erdentstehungstheorie, die die Bildung nur eines einzigen Planeten, der Erde, zuließe. Stets entstehen mehrere Planeten gleichzeitig. Doch bereitet die Theorie noch Schwierigkeiten, wenn man sie zur Erklärung der Existenz der großen äußeren Planeten Jupiter, Saturn und Neptun heranzieht. In den großen Entfernungen dieser Planeten vom Zentralstern war das Material viel dünner, die Stöße seltener, die Rotationsgeschwindigkeit des Nebelmaterials höher. Unter solchen Umständen würde die Entstehung von Jupiter zu lange Zeit in Anspruch genommen haben. Jupiter und Saturn bestehen jedoch vorwiegend aus Wasserstoff und Helium, nicht wie die Erde ganz aus schwerem Material. Zu ihrer Entstehungszeit hat der Solare Nebel noch bestanden. Die ungefähr fünfzehn Erdmassen schweren massiven Kerne von Jupiter und Saturn sind sehr alt und sehr rasch entstanden. Die Lebensdauer des Solaren Nebels schränkt diese Zeit auf einige Millionen Jahre nach Bildung der Sonne ein. Denn erst nachdem diese Kerne vorhanden waren, konnten die großen Planeten ihre dichten Wasserstoff- und Heliumhüllen aufbauen. Die Erde muß, als fester Körper, auch in dieser kurzen Periode entstanden sein und aus dem noch bestehenden Solaren Nebel ihre erste, originale Atmosphäre bezogen haben. Ähnlicher denen Jupiters und Saturns war sie hunderttausendmal dichter als die heutige und bestand vorwiegend aus molekularem Wasserstoff. Der erwähnte hypothetische Zusammenstoß hat die Erde ihrer ersten Atmosphäre beraubt. Er ist es, bei dem der Mond entstand.

Gefährte Mond

Seit Menschengedenken gehört der Mond untrennbar zur Erde. Eine Erde ohne den Mond als Nachtlicht am Himmel ist unvorstellbar. Die gesamte Tierwelt schweigt in Neumondnächten und erwacht, wenn der Mond wieder erscheint. Der Mensch hat sich früher in solchen Nächten bedrückt gefühlt. Darüber hat ihn auch nicht die Entdeckung des Anaximander hinweggetröstet, daß Neumond durch den Schatten der Erde verursacht wird, die sich zwischen Mond und Sonne schiebt. Bei Vollmond hingegen spielen seit alters her Mensch und Tier verrückt, aus welchen Gründen auch immer.

Der Mond, der kugelförmige Begleiter der Erde, von einem Achtzehntel ihrer Masse, ist in der Relation viel größer als die Begleiter der großen Planeten. Der Erfolg der Theorie der Zusammenstöße in der Erklärung der Geburt der Erde aus dem kosmischen Staub verlockt, die Entstehung des Mondes auf eine ähnliche Weise zu beschreiben. Die Entstehung des Mondes fällt in die späteste Phase der Erdentstehung, wenn die Erde noch heiß, aber am Erkalten ist. Zu dieser Zeit gibt es kaum noch Planetesimale, doch irren sehr große Embryos auf teilweise exzentrischen Bahnen durch den interplanetaren Raum. Der Zusammenstoß eines solchen nahezu gleichgewichtigen Embryos mit der Erde hat wegen der Größe der beiden stoßenden Partner eine andere Dynamik als die Verschmelzung der Erde mit Planetesimalen. Vor allem wird bei solchen großen Zusammenstößen mit Geschwindigkeiten von zwölf Kilometern pro Sekunde (mehr als 43 000 Kilometer pro Stunde) das Material der stoßenden Körper nicht nur verschmolzen, wobei ein die gesamte Erde bedeckender Magmaozean entsteht, sondern teilweise, vor allem in Nähe des Orts des Zusammenpralls, verdampft. Das heiße Gesteinsgas treibt flüssiges Magma in eine Fontäne mit einer Geschwindigkeit, die hoch genug ist, es aus dem unmittelbaren Anziehungsbereich der Erde in den interplanetaren Raum hinaus zu schleudern, wo es in eine Erdumlaufbahn injiziert wird und eine dichte, heiße, um die Erde herum rotierende Scheibe bildet, die aus heißem Magma und aus Gesteinsgas besteht und langsam abkühlt. Doch bevor sie abkühlt, ist diese Materie flüssig genug, um sich am weitesten Punkt anzusammeln, den sie von der Erde erreichen kann. Die auf eine Erdumlaufbahn geschleuderte Materie befindet sich an diesem Punkt im Gleichgewicht von Gravitation und Fliehkraft. Da sie flüssig ist, füllt sie die gesamte Begrenzung dieser Gleichgewichtsfigur aus, die sogenannte Roche-Grenze. Das ist eine ungefähr kugelförmige Figur, der noch flüssige Protomond, der nun abzukühlen beginnt und nicht mehr auf die Erde zurückfällt. Bis zur Verfestigung vergehen etwa tausend Jahre. Das Ergebnis ist das binäre System Erde-Mond. Es ist dieser Zusammenstoß, bei dem die Erde auch ihre Uratmosphäre verliert.

Auf Kollisionskurs

Der gigantische Zusammenstoß, bei dem der Mond entstand, war nicht der letzte, den die Erde erfahren hat. Auch später in geologischen Zeiten ist sie nicht ganz zur Ruhe gekommen. Ununterbrochen regnen in ihre Atmosphäre kleinste und kleine Meteoriten ab, und alle paar hundert Jahre schlägt ein großer Brocken auf die Erde auf wie der Tunguska-Meteorit aus dem Anfang dieses Jahrhunderts. Es gibt im interplanetaren Raum noch genügend kleine Himmelskörper auf Bahnen, die die Erdbahn kreuzen und aus dem Anziehungsbereich der Erde nicht entweichen können, wenn sie ihr nur genügend nahe kommen. Erst 1991 wurde ein relativ dichter Vorbeiflug eines größeren Asteroiden beobachtet, der bei nur geringfügig anderer Bahn von der Erde hätte eingefangen werden können.

In geologischen Zeiten sind unausweichlich gewaltsame Zusammenstöße an der Tagesordnung gewesen, Zusammenstöße, die nachweislich Folgen für die Entwicklung der Erde, ihrer Atmosphäre, des Klimas, der Vegetation und der Tierwelt hatten. Die Häufigkeit der Zusammenstöße nimmt mit kleineren Durchmessern der Projektile rapide zu. Es läßt sich unschwer abschätzen, daß kleinere Zusammenstöße von biologischer und klimatischer Wirksamkeit häufig genug erfolgten, um entwicklungsgeschichtliche Änderungen zu erklären. Da Kruste und Mantel über geologische Zeiträume sich selbständig verändern, sind von vielen dieser Zusammenstöße kaum Spuren geblieben. Die Festlegung der Projektilgröße erfolgt nach dem aus Computersimulationen abgeleiteten Zusammenhang zwischen dem Durchmesser des Einschlagkraters und dem Durchmesser des Projektils; ihr Verhältnis beträgt 20 zu 1. Krater von 100 Kilometern Durchmesser werden von Projektilen mit fünf Kilometern Durchmesser hervorgerufen. Statistisch muß alle zehn Millionen Jahre ein solcher Zusammenstoß erfolgt sein. Mindestens 44, vielleicht aber sogar 84 Körper dieser Größe haben die Erde in geologischen Zeiten getroffen. Projektile mit Durchmessern größer als zehn Kilometer sind nur alle 55 Millionen Jahre auf der Erde aufgeschlagen.

Ein zehn Kilometer großer Asteroid mit 20 Kilometern pro Sekunde Aufschlaggeschwindigkeit (72 000 km / h) entspricht einer Bombe von 62 Millionen Tonnen TNT. Beim Aufprall auf den Ozean von fünf Kilometern Tiefe entsteht an der Aufschlagstelle eine verdünnte Gaswolke mit einer Temperatur von 20 000 Grad Celsius, die sich dicht an der Erdoberfläche ausbreitet und als erstes einen in der Umgebung alles Brennbare vernichtenden Feuersturm verursacht. Diesem folgt eine Sturzflut mit einer Wellenhöhe von Ozeantiefe, die durch den aufgewölbten Kraterrand am Ozeanboden entsteht. Sie bewegt sich mit doppelter Schallgeschwindigkeit über die Erdoberfläche, zerstört den Meeresboden, wühlt die Sedimente auf, lagert sie um, verwüstet die Küsten. Mit ihr und der Aufwölbung des Kraters einher gehen Erdbeben der Stärke 12,4 auf der Richterskala, die in den tektonischen Schwachstellen Vulkanismus und hydrothermische Aktivität auslösen. Schließlich werden mehr als 100 Kubikkilometer Gestein, Asteroidenkruste und Ozean verdampft und in Höhen von über 100 Kilometer emporgeschleudert. 90 Prozent der Masse fällt auf die Erde zurück und bildet einen den Krater umgebenden Teppich. Die restlichen zehn Prozent umrunden als Dunkelwolke die Erde, breiten sich aus und schirmen das Sonnenlicht ab. Infolgedessen kühlt sich die Erdoberfläche ab, und die Photosynthese der Pflanzen in größerer Entfernung von der Aufschlagstelle setzt aus. Die Ozeantemperatur sinkt um 3 bis 4 Grad Celsius, die Temperatur der Kontinente um 40 Grad Celsius (!). Die Dunkelheit hält etwa sechs Monate an. Die anfängliche, durch den heißen Puls erzeugte enorme Aufheizung der Luft leitet chemische Prozesse in der Atmosphäre ein. Stickoxide und Sticksäuren entstehen, töten die stickoxidempfindliche Fauna, ergeben sauren Regen und säuern den Ozean an. Der Ozongehalt der hohen Atmosphäre fällt auf die Hälfte. Schließlich erzeugt der Einschlag selbst das Aufbrechen tektonischer Platten und in dessen Gefolge tektonische Aktivität. In der Erdgeschichte können diese Vorgänge mit den großen Extinktionen von Leben, den bekannten Faunenschnitten, zusammengehangen haben.

Es gibt zwei Parallelen zu diesen Theorien von den großen, katastrophalen kosmischen Zusammenstößen. Die erste ist die Katastrophentheorie von der Geburt des *historischen* Menschen, der menschlichen Zivilisation, auf die wir im ersten Kapitel Bezug genommen haben. Sie orientiert sich nicht an den den gesamten Planeten physisch umwälzenden Riesenkatastrophen, sondern an der anthropologischen und zivilisatorischen Umwälzung, die von kosmischen Katastrophen viel geringeren Ausmaßes ausgelöst worden sein mag, wenn kleine Himmelskörper, vornehmlich Kometensplitter, deren Hauptbestandteile Eis und Wasser sind, in größerer Zahl und zeitlich gehäuft in die Erdatmosphäre einfielen. Es hat wahrscheinlich in der Erdgeschichte viele derartige Perioden gegeben, in denen Koinzidenzen zwischen Kometenbahnen und Erdbahn vorkamen. Die für die Zivilisation entscheidenden fallen aber in die jüngste Zeit der Erdgeschichte, nachweislich vor circa 6000 Jahren, dem Zeitpunkt, der mit der Geburt der Zivilisation und in den alten Religionen mit der Schöpfung der Welt durch Gott oder Götter beziehungsweise mit der Vertreibung aus dem Paradies gleichgesetzt wird.[1] Mittelalterliche Zeitrechnungen, die sich an der Bibel orientierten, kamen zum Beispiel auf ein »Weltalter« seit der Schöpfung von circa sechstausend Jahren. (Einige Genauigkeitsfanatiker, die sich unter den Wissenschaftlern stets finden, gaben sogar Tag und Stunde der Schöpfung an!).

Die andere, uns näher liegende Szenerie ist die des Nuklearen Winters, den eine weltweite nukleare Auseinandersetzung unweigerlich nach sich ziehen würde und den wir kurz im Kapitel über die Luft besprechen werden. Die in einem nuklearen Krieg massenhaft zur Explosion gebrachten Kernsprengsätze würden eine ähnliche Wirkung haben wie die Kometeneinschläge und außer der radioaktiven Vergiftung der Atmosphäre eine Klimakatastrophe auslösen, die fatale, auf jeden Fall aber unvorhersehbare Folgen für die Zivilisation haben könnte.[2]

Heras eisernes Herz

Die Erde besteht aus einigen verschiedenen, in erster Näherung konzentrischen Schichtungen. In einer groben Einteilung können drei solche Schichten unterschieden werden: die Gesteins- und Wasser*kruste*, der Erd*mantel* und der Erd*kern*. Kruste und Mantel umgeben, ähnlich wie bei einer Frucht Schale und Fruchtfleisch, den inneren Kern.

Die Kruste ist ein inhomogenes Gebilde. Je weiter man ins Innere der Erde eindringt, desto gleichförmiger wird der Aufbau. Der Mantel ist nach heutigem Wissen viel homogener als die Kruste. Dementsprechend sollte der Kern ein nur in radialer Richtung veränderliches Gebilde sein. Allerdings basiert diese allgemein akzeptierte Behauptung auf Plausibilitätsbetrachtungen und weniger auf direkten

Messungen und Beobachtungen; denn der Bereich der Erde, der uns unmittelbar zugänglich ist, beschränkt sich auf ihre Oberfläche, deren Studium zu den Aufgaben der physischen Geographie gehört, und auf den durch geologische Aufschlüsse und Bohrungen erschließbaren obersten Teil der Kruste. Bohrungen sind winzige Nadelstiche in der Kruste, die bislang noch nicht einmal bis in den Mantelbereich vorgedrungen sind.

Der Erdkern wird in äußeren und inneren Kern eingeteilt, die sich sowohl in Zusammensetzung als auch im Aggregatzustand unterscheiden. Der innere Kern ist ein Festkörper: Er besteht aus Eisen. Seismischen Messungen zufolge befinden sich aber Teile des Kerns auch im zähflüssigen Zustand. Über geologische Zeiträume verhält auch er sich plastisch. Das Eisen »fließt« ungemein langsam als Folge der Erdrotation und aus thermischen Gründen: Diese Bewegung heißt Konvektion. Ja, der Kern kann sogar »konvektiv instabil« werden, das heißt sich umordnen. Wenn das geschieht, erfährt er Kernbeben, Brüche oder Verschiebungen ganzer Teile seines Inneren. Der äußere Kern dagegen ist eine flüssige metallische Legierung, der Silikat beigemischt ist, die größte, im Erdkörper enthaltene Ansammlung von flüssigem Gestein: Magma. Er liegt als 2260 Kilometer dicke Schale dem inneren Kern auf, der in 5150 Kilometer Tiefe beginnt, und separiert ihn vom kristallinen Mantel. An der Grenze zwischen innerem und äußerem Kern ist die Temperatur der Oberflächentemperatur der Sonne vergleichbar. Die 200 bis 300 Kilometer dicke Übergangszone zwischen eisernem äußerem Kern und kristallinem Mantel ist eine der chemisch aktivsten Regionen der Erde. Von allen Größen die stärkste Änderung beim Übergang vom unteren Mantel zum Kern erfährt die elektrische Leitfähigkeit. Während Dichte und Temperatur sich stark, nicht aber um riesige Faktoren ändern, steigt die elektrische Leitfähigkeit sprunghaft auf das Hundertmilliardenfache (!) an. Dies ist eine Konsequenz der Zerstörung der kristallinen Struktur unterhalb der Kern-Mantelgrenze, des Übergangs zur metallischen Phase und der Verflüssigung der Eisenlegierung im äußeren Kern. Verglichen mit diesem leitfähigen Kern, ist der Mantel ein elektrischer Nichtleiter.

Innen weich – außen spröde

Zwischen dem Kern, der entwicklungsgeschichtlich der älteste Teil des Erdkörpers ist, und der nur wenige Kilometer dicken Kruste liegt in Tiefen oberhalb 2900 Kilometern der Erdmantel. Die Grenze zwischen Kruste und Mantel wurde 1910 von Andrija Mohorovičić, dem damaligen Leiter des Meteorologischen Observatoriums der Universität Zagreb entdeckt.[3] Sie wird heute nach ihm Mohorovičić-Diskontinuität oder einfach *Moho* genannt. An ihr springt die Ausbreitungsge-

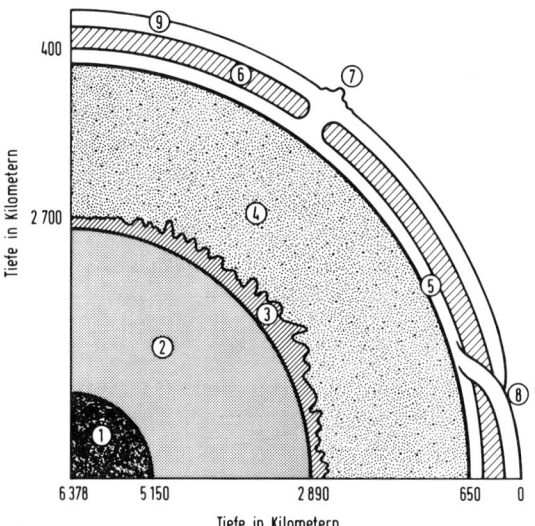

Abb. 1: Der Tiefenaufbau der Erde, gezeigt an einem Viertel eines Querschnitts durch den Erdkörper. (1) der kugelförmige feste innere Kern der Erde, der wahrscheinlich aus kristallinem Eisen besteht; (2) der zähflüssige äußere Erdkern, bestehend aus geschmolzenem Eisen; (3) die D″-Schicht oder Übergangszone vom Kern zum Mantel, ein diffuses Mischungsgebiet mit unregelmäßiger Grenze; (4) der untere Mantel, bei 650 Kilometer Tiefe die Diskontinuität an der Übergangszone (5) zum oberen Mantel (6), Quelle des basaltigen Magmas, das in Vulkanen den oberen Mantel durchbricht und auch in den mittelozeanischen Rücken (7) an die Oberfläche kommt; (8) Eintauchzone (Subduktionszone) der Lithosphäre in den Mantel; (9) Lithosphäre, aus Gestein bestehende Krustenzone. In diesem Querschnitt sind die dünnen Ozeane und die obersten kontinentalen Erdschichten nicht gezeigt.

schwindigkeit der während eines Erdbebens erzeugten seismischen Wellen um einen Kilometer pro Sekunde in die Höhe. Der Grund für diesen Anstieg kann nur eine drastische Materialänderung mit der Tiefe sein, und Mohorovičić postulierte, daß hier die feste Kruste der Erde aufhörte und in einen vom Aufbau her anders gearteten Mantel überging.

Mohorovičićs Hypthese von der Existenz der Kruste-Mantel-Grenze wurde vor allem in jüngster Zeit bestätigt. Die Grenze selbst ist keine Kugelschale, wie man es von einer ideal geschichteten Erde erwarten würde; ihre Tiefenlage variiert mit dem Ort. Unter Ozeanen und Kontinenten hat die Moho unterschiedliche Eigenschaften. Sie existiert praktisch überall als diffuses Übergangsgebiet von Kruste zu Mantel mit einer Dicke von null bis drei (unter Ozeanen) und drei bis sechs Kilometern (unter Kontinenten).

Der Mantel baut sich aus einem Gemisch von Eisenoxid, Magnesiumoxid und

Quarz auf. Grob gesagt besteht er aus dem oberen, krustennahen und dem unteren, kernnahen Mantel, eine Unterscheidung, die sich darauf beruft, daß die Materialeigenschaften sich mit der Tiefe ändern müssen. Sie werden durch Temperatur und Druck geregelt, die beide mit der Tiefe ansteigen. Etwa in 670 Kilometern Tiefe wird der Druck so hoch, daß die Silikate einen anderen kristallinen Zustand annehmen; sie machen einen Phasenübergang durch. Hier liegt die Trennschicht zwischen oberem und unterem Mantel. Im Unterschied zum äußeren Kern besteht er aus festem Material; aber auch dieses ist teilweise plastisch und »fließt«. Dieses Konvektion genannte Fließen erfolgt nicht gleichmäßig über den ganzen Mantelbereich, sondern in engbegrenzten Zonen. Kontinentales Gestein sinkt in Nähe von tektonischen Plattengrenzen aus der Kruste in den oberen Mantel ab, geschmolzenes oberes Mantelmaterial steigt auf und trägt zum lokalen kontinentalen Vulkanismus bei, während aus dem unteren Mantel sich aufwölbendes Material Inseln im Ozean aufwirft. Das Aufsteigen von aufgeschmolzenem Material kann auch in dünnen Kanälen aus dem gesamten unteren Mantelgebiet vor sich gehen und durch absinkendes kondensiertes Material aus dem oberen Mantel ausgeglichen werden.

Die äußerste Haut der Erde, mit der sie mit ihrer Umgebung in Kontakt tritt, ist ihre Kruste. Sie liegt dem rund 3000 Kilometer dicken Mantel als dünne, äußerste Schicht auf; in ihr spielen sich die Gesteinsvorgänge und alles das ab, was wir über die geologisch-historische Evolution der Erde wissen. Selbst wenn die Erde nach außen hin noch von einer Atmosphäre umgeben ist, so ist der Dichteunterschied beim Durchgang von Kruste zu Atmosphäre so gewaltig, daß man sagen kann, die Erde ende an ihrer Kruste. Nicht nur ist sie der kälteste Teil des Planeten, sie verfügt auch über eine ausgeprägte Ungleichförmigkeit in lateraler Richtung, das heißt entlang der Erdoberfläche. Im Kleinen ist jedem von uns diese Ungleichförmigkeit in der geographischen Struktur der Erdoberfläche bekannt. Im Großen kann man die beiden Teile kontinentale Kruste und ozeanische Kruste unterscheiden.

Die viel dünnere ozeanische Kruste besteht vorwiegend aus Silikaten. Sie entsteht und vergeht unablässig und ist nicht älter als 200 Millionen Jahre. Ihr Material hat den Kreislauf des Aufschmelzens, wenn es in den Mantel untertaucht, und des Abkühlens und Auskristallisierens, wenn es wieder an die Oberfläche gelangt, mehrfach durchgemacht. Ihr Auftauchen geht in den Mittelozeanischen Rücken (wie etwa im Zentrum des Atlantik) vonstatten, während sie an den Inselbögen (z. B. in der Karibik) und unter den Kontinenten abtaucht und aufschmilzt.

Die kontinentale Kruste baut sich aus Gestein auf, das sich im Laufe der Erdgeschichte differenziert, geologische Veränderungen durchgemacht hat, tektonischen Prozessen unterworfen gewesen ist. Es ist im Durchschnitt älter als 300 Millionen Jahre, einige Gesteine mit 3,8 Milliarden Jahren haben nahezu Erdalter. Global gesehen der interessanteste Teil der Erdkruste sind die Mittelozeanischen Rücken. Sie bilden lange Risse in der Erdkruste, Fenster zum Erdmantel, an denen die Prozesse des Magmatismus und der Mantelkonvektion einsehbar werden. Die großen Ozeane tragen jeder einen oder mehrere solcher Risse in ihrem Boden. Der bekannteste ist der Mittelatlantische Rücken. Er zieht sich in der Mitte des Atlantik vom Nordpolarmeer quer über den Äquator bis ins Südpolarmeer, wo er sich mit demjenigen des Indischen Ozeans vereinigt. Im Pazifik gibt es mehrere, weniger regelmäßig ausgebildete Rücken. Jeder Rücken stellt einen Gebirgskamm im Ozeanboden dar, zu dem jeweils ein fischgrätenartiges Muster von seitwärts von ihm abgehenden Brüchen, Tälern vergleichbar, im Ozeanboden gehört. Hier wölbt sich der Mantel auf und injiziert frisches Magma in die Erdkruste. Hier, nicht in den Vulkanen, gelangt die Hauptmenge an Magma in die Nähe der Erdoberfläche.

Warum aber gibt es Kontinente? Kontinente sind die ältesten Zonen der Erdkruste. Räumlich gesehen, liegen sie sämtlich weit ab von den Mittelozeanischen Rücken. In dieser großen Entfernung kann sich die aus Gestein bestehende Lithosphäre durch Abkühlung und weiteres Auskristallisieren verstärken und zu kompakteren Akkumulationen von Gestein führen, das die Kontinente bildet. Verständlicherweise wird das Gestein nicht überall gleichmäßig auskristallisieren. Vielmehr läuft der Vorgang der Kontinentbildung in Form von Plattenbildung ab: wie beim Gefrieren von Wasser auf der Oberfläche von Gewässern entstehen keine einzelnen Kristalle, sondern große Platten, die sich bewegen, miteinander in Berührung kommen, sich mehr oder weniger ruhig aneinander anlagern und zu Kontinenten auftürmen. Vorwiegend geschieht das *von unten her*, so daß die Kontinente aus dem Mantel aufwachsen, während das sich von unten an den Kontinent anlagernde Material den Kontinent schwerer macht und tiefer in den Mantel einsinken läßt.

Attraktivität

In ihrer Jugend soll Hera eine anziehende Dame gewesen sein, anziehend genug, um Zeus' Interesse zu wecken. Mit fortschreitendem Alter wandte Zeus sich anderen Abenteuern zu, vielleicht weil ihre Attraktivität sich mehr auf ihr Gewicht verlagert hatte. Gewichtige Körper wirken attraktiv, jedoch in einem anderen, mehr physikalischen Sinne. Das Wissen um diese Attraktivität, das *Herunter*fallen von Gegenständen zur Erdoberfläche ist uralt, doch weiß man erst seit etwa 300 Jahren, seit Isaac Newtons fundamentaler Entdeckung der Gravitationskraft zwischen 1665 und 1666 und ihrer Veröffentlichung im Jahre 1687, daß alle schweren Körper auf andere eine Anziehungskraft ausüben, die dem Quadrat des

Abstandes beider Körper umgekehrt, dem Produkt ihrer Massen proportional, das heißt gleich dem Produkt der beiden Massen geteilt durch das Abstandsquadrat ist.[4]

Das Planetensystem ist der Zustand, in dem bei der Entstehung des Planetensystems einschließlich der Sonne nur solche Körper übriggeblieben sind, deren Bahngeschwindigkeit nach Vereinnahmung der in ihrer Umgebung befindlichen Massen eine lokale Fliehkraft erzeugt, die gerade die Anziehungskraft des jeweiligen Zentralkörpers – im Falle der Planeten also der viel schwereren Sonne – ausgleicht.

Auch die Erde selbst unterliegt in ihrer Massenverteilung einer Entwicklung. Genaugenommen ist die Erde keine Kugel, sondern ein verformtes Gebilde. Ihre Gleichgewichtsform heißt *Geoid*; es ist diejenige Fläche, auf der die Gravitationskraft an der Erdoberfläche senkrecht nach außen weist. Die Form des Geoids wird durch die Erdbewegung und Masseneinlagerungen unterschiedlicher Dichte bestimmt. Da die Erde rotiert, wirken Fliehkräfte, die am Äquator am stärksten sind, die Erde ausdehnen und sie an den Polen abplatten. Ihre ideale Rotationsfigur wäre das Ellipsoid. Hinzu kommt die Kraftwirkung des Mondes auf die Erdoberfläche, die Gezeitenkraft: Sie hebt die Erdoberfläche an der dem Mond am nächsten liegenden Stelle der Erdoberfläche an und verformt das Geoid periodisch mit dem Mondumlauf. Der wichtigste Einfluß auf das Geoid stammt von der ungleichförmigen Verteilung der schweren Materie in Erdmantel und Erdkruste. Wo schweres Material unter der Erdoberfläche lagert, sinkt das Geoid unter das Ellipsoid; wo das Material leichter ist, beult sich das Geoid nach außen aus. Ihren größten Radius hat die Erde, wo sich lokal die leichteste Materialanordnung findet: in Südamerika unter den Anden, die deshalb das »höchste« Gebirge der Erde, das heißt deren Gipfel am weitesten vom Erdmittelpunkt entfernt sind.

Die Form des Geoids wird durch Beobachtung der Ozeanoberfläche ermittelt, weil sich die Wasseroberfläche senkrecht zur Schwerkraft einstellt und an die Geoidfläche anschmiegt. Die genaueste Weise, derartige Messungen vorzunehmen, bieten heute Höhenmessungen von Satellitenbahnen. Sie haben das erstaunliche Resultat ergeben, daß die mittlere Meeresoberfläche südlich Madagaskar 50 Meter »zu hoch«, vor Somalia aber 50 Meter, vor der bengalischen Küste gar 100 Meter »zu tief« liegt. Auf der Westseite Australiens befindet sich die Meeresoberfläche bis zu 40 Meter tiefer, auf der Ostseite dagegen rund 70 Meter höher als der mittlere »Meeresspiegel«. Auch die Wasseroberfläche trägt daher selbst bei größter Ruhe so etwas wie Täler und Hügel.

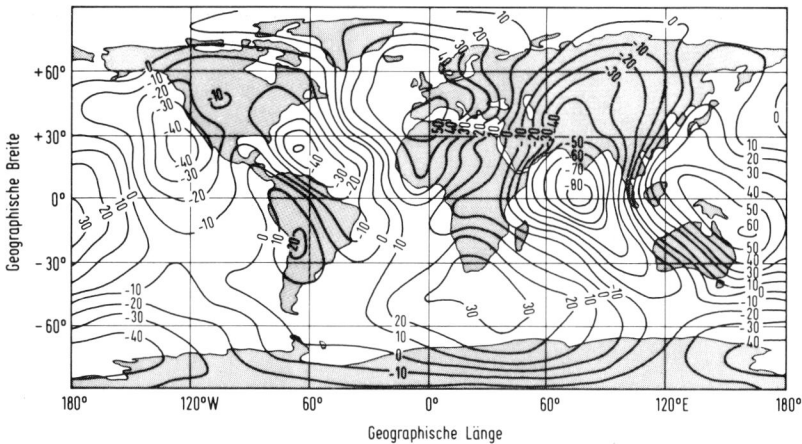

Abb. 2: Die echten absoluten Meereshöhen (Normal Null). Angegeben sind die Linien konstanter Höhenabweichung vom idealen Geoid in Metern. Man erkennt, wie unregelmäßig die wirkliche Meereshöhe ist. Vor Kalifornien liegt sie 40 Meter zu tief, in Südamerika zu hoch, desgleichen vor dem Kap der Guten Hoffnung, vor Vorderindien mehr als 80 Meter zu tief und schließlich östlich von Australien 60 Meter über dem mittleren Meeresspiegel. Also auch auf See fährt man bergauf und bergab, allerdings sind die Höhenunterschiede nur mit Hügeln im Flachland vergleichbar.

Heras Plattenpanzer

Wer mit naiven Augen die Erdoberfläche betrachtet, käme niemals auf den Gedanken, die Erde könne aus konzentrischen Schichten unterschiedlichen spezifischen Gewichts und Materials aufgebaut sein. Zu kompliziert, zu abwechslungsreich und zu vielfältig ist die Oberflächenstruktur der Erde, um einen solchen Gedanken aufkommen zu lassen. Doch bereits im Altertum begannen die zuweilen in Gebirgstälern offenliegenden geologischen Schichten, die Verwerfungen und Faltungen, die Brüche und die Verschiedenartigkeit der Gesteine bei aufmerksamen Beobachtern wie Xenophanes von Kolophon (um 560 v. Ch.) und Aristoteles Fragen nach dem Grund solcher Strukturen aufzuwerfen.

   Es dauerte jedoch noch bis an den Beginn des zwanzigsten Jahrhunderts, ehe der Motor der Oberflächenaktivität der Erde in den großen tektonischen Bewegungen der kontinentalen Platten erkannt wurde.[5] Etwa ein Dutzend großer tektonischer Platten bedeckt die Erdoberfläche. An ihren Rändern finden sich die schmalen Bänder hoher seismischer Aktivität, die Erdbebenzonen, von denen der Sankt-Andreas-Graben in Kalifornien vielleicht die bekannteste ist. Es wird sofort verständlich, warum die Beben gerade an den Rändern der Platten auftreten, wenn man sich klarmacht, daß sich die Platten, wenn auch langsam, so doch unabhängig voneinander bewegen und es dabei zu Spannungen und Reibungen an ihren Berührungsstellen kommt.

Vulkane und heiße Quellen deuten die Existenz von heißen Flecken an Plattengrenzen an. Island mit seinen Geysiren ist das bekannteste Beispiel, doch kommen heiße Quellen in Gegenden vor, wo die vulkanische Aktivität längst erstorben ist und die Plattengrenzen im Untergrund sich voneinander fortbewegen. Hier bilden sich die verschiedenen Arten vulkanischen Gesteins und des Erstarrungsgesteins mit seinen unterschiedlichen Konsistenzen, die von den Bedingun-

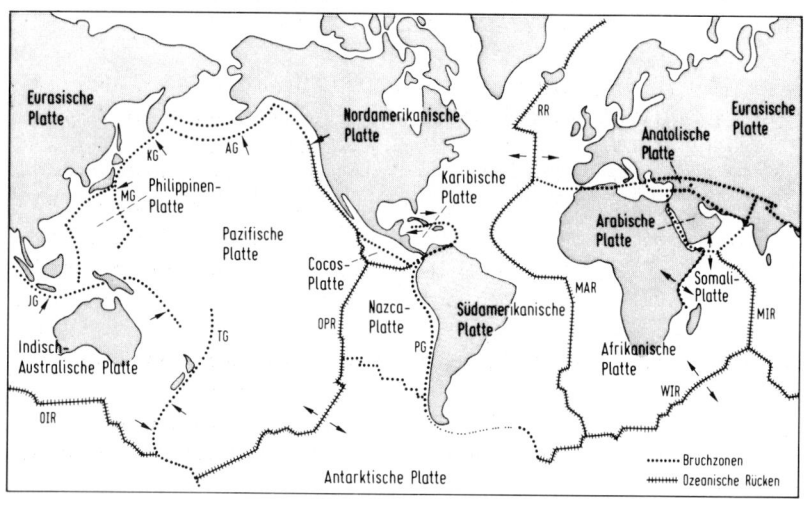

AG	= Aleutengraben	MAR	= Mittelatlantischer Rücken
JG	= Javagraben	MIR	= Mittelindischer Rücken
KG	= Kurilengraben	OIR	= Ostindischer Rücken
MG	= Marianengraben	OPR	= Ostpazifischer Rücken
PG	= Peru-Chile-Graben	RR	= Reykjanes-Rücken
TG	= Tongagraben	WIR	= Westindischer Rücken

Abb. 3: Das System der tektonischen Platten und ozeanischen Rücken. Die großen kontinentalen und ozeanischen Platten sind durch Grabenbruchzonen voneinander getrennt, an denen sich auch die Erdbebenaktivität häuft. Die ozeanischen Rücken sind gleichfalls Trennzonen von tektonischen Platten, stellen aber im Gegensatz zu Gräben Erhebungen im Ozean dar. Sie haben die Tendenz, in meridionaler Richtung zu verlaufen wie z.B. der bekannteste von ihnen, der Mittelatlantische Rücken, der die amerikanischen Platten von der Eurasischen und der Afrikanischen Platte trennt. Die Pfeile geben die Bewegungsrichtungen der Platten an.

gen abhängen, die bei der Kristallisation herrschten: ob das Gestein unter Luftabschluß erkaltet oder mit Luft in Berührung kommt, langsam oder schnell, unter Expansion oder Kompression, und welche Grundstoffe im Magma, das zur Erkaltung steht, angeboten werden. Die Tektonik handelt davon, wie »Berge versetzt« werden können.

Die Lithosphäre mit ihrem starren, oberflächennahen Gesteinsmaterial kann der Konvektionsbewegung des Mantelmaterials nicht folgen. Die tektonischen Platten verschieben sich als Gesamtheiten. An den Überlappungen der Platten taucht ein Teil nach unten ab. Die Materialien der Platten sind für den Mantel »unverdaulich«, solange sie nicht eine Phasenänderung erfahren. Sie bleiben leichter als das Mantelmaterial, schwimmen auf diesem, liegen unter der sich darüberschiebenden Platte und heben diese an. Auf solche Weise steigen Platten auf. Wenn dabei der Druck auf die unterliegende Platte zunimmt, setzt der Phasenübergang ein, das Plattenmaterial verdichtet sich und wird so schwer, daß es für den Mantel, die Asthenosphäre, »verdaulich« wird und unaufgearbeitet tief in den Mantel absinken kann. Es beschleunigt die Konvektion, die es anfänglich bremste. Diese spezifische Art der Konvektion heißt *plattentektonische Konvektion*, man findet sie nur auf Planeten wie der Erde, die über Mantel und Kruste verfügen. Sie hat aber nicht die gesamte Erdgeschichte über bestanden. Wahrscheinlich hat es mindestens eine Milliarde Jahre gedauert, bis sich eine Kruste herausgebildet hatte, die der Vereinnahmung durch die geschichtete Konvektion widerstehen konnte und den Vorgang der plattentektonischen Konvektion einleitete, auf dem die Entstehung der Kontinente und die noch heute spürbare und lebendige tektonische Aktivität beruhen. Gäbe es dieselbe nicht, so würde die Erdoberfläche nur noch kontinuierlich erodierenden. Die Erde besäße eine Kruste, in der nichts mehr abliefe: keine Erdbeben, kein Vulkanismus, keine heißen Quellen, keine Gebirgsentstehung. So ist es auf dem Mars, wo seit Äonen tektonisch nichts mehr passiert.

Dieser Unterschied hängt mit der Anwesenheit von flüssigem Wasser auf der Erde zusammen, von dem man weiß, daß es dem Mars fehlt. Für die langsamen tektonischen Prozesse spielt der dünne Wasserfilm der Weltmeere auf der Erde eine ähnliche Rolle wie ein Ölfilm für die raschen Vorgänge in einem Motor. Wasser ist Schmiermittel – und vieles andere mehr. Nicht umsonst finden wir die tektonisch interessanten Gebiete stets in wasserreichen oder wasserhaltigen Zonen: den mittelozeanischen Rücken, Inselbögen, Kontinentalschelfs; alle wichtigen kontinentalen Plattenrandgebiete ziehen sich in Ozeannähe oder wenigstens an Seen entlang wie die asiatische Randzone, die durch den Baikalsee hindurch verläuft, oder auch der Sankt-Andreas-Graben in Kalifornien. Das Wasser verhindert die simple erodive Angleichung von kontinentalen und ozeanischen Platten, die unsere Erdoberfläche gestaltlos machen würde, ähnlich der Venus. Der Wasservorrat der Erde hält die tektonischen Vorgänge am Leben. Unser Wohlstandsplanet ist damit gut ausgestattet. Im Gegensatz zu ihm sind Venus und Mars längst verdurstet und tektonisch gestorben.

3. Heras unsichtbarer Schild

Magnetismus: Heras Kraftfeld

Wer die Erde aus dem nicht zu fernen Weltraum mit einem Instrument beobachtet, mit dem sich Magnetfelder messen lassen, dem erscheint sie als großer Magnet, in dessen Feld man sich mit Hilfe einer beweglich aufgehängten Magnetnadel orientieren kann. Es hat den Anschein, als säße dieser Magnet wie ein gewöhnlicher Stabmagnet tief im Inneren der Erde und wäre ungefähr der Rotationsachse der Erde entgegengesetzt ausgerichtet, das heißt sein Nordpol befindet sich (ungefähr) unter dem geographischen Südpol, sein Südpol (ungefähr) unter dem geographischen Nordpol. Im Außenraum der Erde verlaufen die magnetischen Feldlinien, das heißt die Linien, entlang denen sich eine solche freie Magnetnadel ausrichtet, ebenso wie die eines Stabmagneten oder magnetischen Dipols, wie das Feld eines kleinen Stabmagneten in der Fachsprache der Physik heißt. Darum spricht man auch vom geomagnetischen Feld näherungsweise als vom *geomagnetischen Dipolfeld.*

Das natürlich ist nur eine sehr grobe Annäherung an die Natur, denn im Erdmittelpunkt sitzt in Wirklichkeit kein einfacher metallischer Stabmagnet; er könnte bei den dortigen Temperaturen und Drücken nicht bestehen, würde aufschmelzen und seine magnetischen Eigenschaften verlieren. Das Eisen, aus dem der Kern der Erde besteht, verhält sich trotz seiner kristallinen Struktur nicht mehr normal (ferro-)magnetisch: Es ist nicht selbst magnetisch aktiv, ein Zustand, den man paramagnetisch nennt.

Die Hauptquelle des Feldes hat man in den relativ raschen Strömungsvorgängen im äußeren Kern der Erde zu suchen.[6] Das Material des äußeren Erdkerns ist flüssig und besitzt eine hohe elektrische Leitfähigkeit. In ihm können elektrische Ströme fließen. Bei teilweise ungeordneter, turbulenter Bewegung einer elektrisch leitenden Flüssigkeit werden diese Ströme mit dem Material zusammen verwirbelt und ordnen die immer vorhandenen sehr schwachen magnetischen Keimfelder zu einem großräumiges Magnetfeld an. Diesen Vorgang bezeichnet man als magnetischen Dynamo. Im Inneren der Erde, wahrscheinlich auch im Inneren der Sonne, vieler Sterne und auch einiger Planeten sind Dynamos am Laufen,»erzeugen« Magnetfelder. Die zur Verstärkung erforderliche Energie ziehen sie aus der turbulenten, ungeordneten Bewegung, die sie langsam abbremsen. Im Endeffekt geht die Erzeugung des Magnetfeldes zu Lasten der globalen Rotationsbewegung der Erde.[7] Nun drängt sich die Vermutung auf, ein durch einen Dynamo erzeugtes Magnetfeld könne nicht über alle Zeiten unverändert bestanden haben. Im anfänglichen aufgeschmolzenen Zustand der Erde hatte das Magnetfeld eine stärker dipolartige Form. Seit die Erdkruste erstarrte, der Mantel sich verfestigte und der Kern zähflüssig wurde, zeugen die erhalten gebliebenen Magnetisierungen in kontinentalen Gesteinen von einer anderen als der heutigen Richtung und Stärke des Magnetfeldes. Die Rekonstruktion des geomagnetischen Feldes in geologischen Zeiten hat ergeben, daß das Feld in bestimmten geologischen Epochen langen, nicht periodischen, sondern irregulären Schwankungen unterlag.[8] Während solchen Schwankungen hat das Feld einige Male Nord- und Südpol vertauscht. Diese Vertauschung ging nicht einfach mit einer Abnahme der Feldstärke auf Null und dem Neuaufbau des Feldes auf den entgegengesetzt gerichteten Wert einher; sie wurde meistens begleitet von einer Drehung der magnetischen Dipolachse bis hinunter zum Äquator. Im Mittel etwa 5000 Jahre lang lag zu solchen Zeiten der schwache magnetische Dipol mit seiner Achse senkrecht zur Rotationsachse der Erde. Zu solchen Zeiten lieferte der magnetische *Quadrupol,* eine Feldanordnung mit vier magnetischen Polen, den Hauptbeitrag zum geomagnetischen Feld. Woher auch immer diese gewaltigen Änderungen kommen; sie haben etwas mit den Bewegungsvorgängen im Erdinneren und mit dem Dynamo zu tun, und ihre sehr genaue Analyse, theoretische Modellberechnung und Computersimulation sollte eines nicht zu fernen Tagen Aufschluß über die Gründe für die Umkehrungen und Rückschlüsse auf die Entwicklung der inneren Dynamik unseres Planeten geben.

Der Schild: Die Magnetosphäre

Das geomagnetische Feld unterliegt auch schnelleren Veränderungen als Umpolungen. Einige davon haben ihre Ursache in den konvektiven Strömungen im Erdmantel. Man vermutet, daß es auch impulsive »innere« Variationen gibt, die im Zusammenhang mit Erdbeben und plattentektonischen Verschiebungen, vielleicht auch mit vulkanischer Aktivität zusammenhängen. Alle übrigen kurzzeitigen Veränderungen des geomagnetischen Feldes stammen nicht aus dem Erdinneren, sondern werden dem Magnetfeld der Erde von »außen« aufgezwungen. Doch können Magnetfelder nur von elektrisch leitenden Materialien beeinflußt werden. Magnetfelder entstehen, wenn in elektrischen Leitern elektrische Ströme fließen. Von außen aufgeprägte magnetische Variationen sind folglich mit elektrischen Strömen verknüpft, die außerhalb der Erdoberfläche auftreten. Es gibt drei Zonen, in denen solche Ströme fließen können: auf der äußersten Grenze des Einflußbereichs des geomagnetischen Feldes im Raum, der *Magnetosphäre*; in der ionisierten Hochatmosphäre, der *Ionosphäre*; und im Inneren der Magnetosphäre selbst. Die kontinuierliche Registrierung des geomagnetischen Feldes in den über die Erdoberfläche verteilten Observatorien hat eine Vielzahl solcher Variationen des Feldes aufgedeckt. Einige von ihnen wirken sich störend auf den Funkverkehr aus. Mit magnetischen Augen betrachtet, sieht die Erde aus wie ein dichtbehaarter Kopf; nur krümmen sich die meisten der Haare in sich selbst zurück und tauchen wieder in die Erdoberfläche ein. Die Haare sind die magnetischen Feldlinien. In Äquatornähe krümmen sie sich unweit von der Erdoberfläche zurück; in Polnähe entfernen sie sich weit in den interplanetaren Raum. Im leeren Raum würden sie sich ins Unendliche verlieren.

Die Wirklichkeit sieht verwickelter aus; denn der interplanetare Raum ist nicht leer. Weit draußen stößt man auf den *Sonnenwind*, eine aus Elektronen und Ionen bestehende Strömung. Sie trifft auf das Magnetfeld der Erde auf und preßt es zur Magnetosphäre zusammen. Der erdfernste Punkt der Magnetosphäre in Sonnenrichtung befindet sich in etwa zehn Erdradien Entfernung (etwa 70 000 km) über dem Zenit. Auf der Nachtseite der Erde aber zieht der Sonnenwind die geomagnetischen Feldlinien weit »nach hinten« in den interplanetaren Raum aus, bis sie einen langen Zylinder formen. Die auf der Tagseite der Erde halbkugelförmige, auf der Nachtseite zylindrische Grenze der Magnetosphäre schließt das Erdmagnetfeld völlig ein. Sie ist eine stromführende Fläche. Ihr zylindrischer Schweif ist noch bei 1000 Erdradien (etwa in zwanzigfacher Mondentfernung) nachgewiesen worden. Heras Aura erstreckt sich, wie es sich für eine Göttin gebührt, weit in den Raum hinaus, nicht weit genug allerdings, um sie die Herrscherin über das Universum nennen zu können.

Ihr Magnetfeld erweitert den Einflußbereich der Erde und vergrößert ihre effektive Größe außerordentlich. Denn für alle magnetischen Vorgänge ist die Erde nicht einfach nur der winzige massive Körper, der Massenpunkt in der Newtonschen Mechanik, sondern ein Gebilde mit einem von der Sonne gesehen hundertmal, von der Seite gesehen etwa 20 000mal größeren Querschnitt. Als solches stellt die Erde mit ihrer Magnetosphäre ein Hindernis dar, über dessen Existenz wir glücklich sein müssen. Denn hätte das Magnetfeld der Erde nicht bestanden oder wäre es bedeutend schwächer gewesen – wie etwa das Magnetfeld der Venus –, so könnte nicht nur der Sonnenwind ungehindert auf die Erdatmosphäre aufprallen, sondern die kosmische Strahlung, die tief aus dem Universum kommend unser Sonnensystem in breitem Fluß durchquert, würde mit ihrer lebensvernichtenden Wirkung die Erdoberfläche treffen. Welchen Einfluß die volle

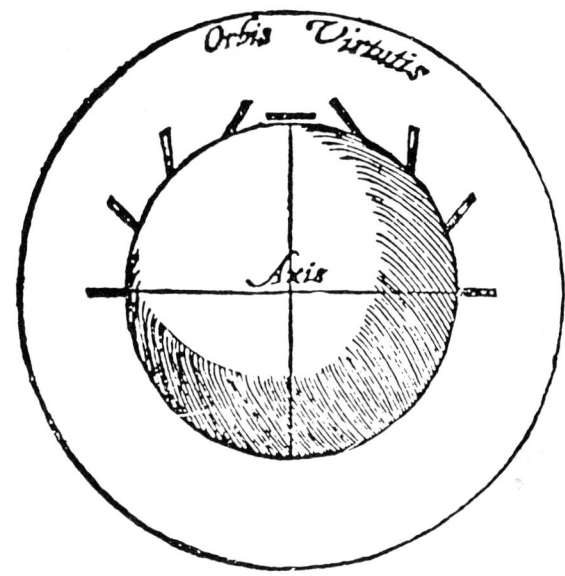

Abb. 4: Darstellung der Erde als Magnet in William Gilberts (1540–1603) *De Magnete*, London 1600, die erste Erwähnung, daß die Erde sich mit einem Magneten vergleichen läßt. Die auf die kugelförmige Erde aufgesetzten Stabmagnete zeigen die Richtung der magnetischen Feldlinien an. Merkwürdigerweise befinden sich in dieser Abbildung die Pole links und rechts, während der Äquator der Erde die vertikale Achse bildet. Dort liegt das Magnetfeld horizontal parallel zur Erdoberfläche.

Wucht des Sonnenwindes auf die atmosphärischen Strömungsvorgänge, Chemie und Strahlungsbilanz haben würde, ist unbekannt. Käme er bis dicht an die Erde heran, so würde mitten in der Hochatmosphäre eine Stoßwelle entstehen, hinter der sich eine turbulente Atmosphäre aufbaute, deren Zustand wohl eher der sturmgepeitschten Venusatmosphäre entspräche. Käme die kosmische Strahlung ungeschützt bis an die Erdoberfläche, so hätte das fatale Folgen für die biologische Evolution. Im Magnetfeld der Erde werden Sonnenwind und kosmische Strahlung abgebremst und abgelenkt; nur ein sehr geringer und vom Leben verkraftbarer Bruchteil der kosmischen Strahlung erreicht den Erdboden. Unter diesen Bedingungen konnte die Evolution von hochentwickeltem Leben vonstatten gehen. Zu einem nicht unerheblichen Teil verdanken wir also unsere Existenz der Anwesenheit des starken Erdmagnetfeldes. In den Perioden der Magnetfeldumkehr in der erdgeschichtlichen Vergangenheit, wenn die Stärke des geomagnetischen Feldes auf einen kleinen Wert zurückging, könnte es zum massenhaften

Aussterben strahlungsempfindlicher Arten von Leben gekommen sein, wenn der magnetosphärische Schutzschild die Erde nicht von dem größten Teil der kosmischen Strahlung abschirmen konnte. Dies ist möglich, jedoch statistisch nicht belegbar ohne zusätzliche Information über das zeitliche Zusammentreffen der Feldumkehren und der großen Faunenschnitte, weil sich zu viele unbekannte Faktoren der komplexen Erdgeschichte zwischen die Ereignisse und unsere Versuche ihrer Rekonstruktion geschoben haben.

4. Die kleinen Götter des Olymp

Erde findet sich nicht nur auf der Erde. Wenn wir Erde als Materie im festen Aggregatzustand verstehen, so begegnen wir ihr an vielen Stellen, meist als Staub im Raum. Anders steht es um Planetesimalen, Meteore und Planeten. Sie enthalten dichte kondensierte Materie, die der der Erde sehr ähnlich ist. Wenn wir die Kometen ausschließen, haben wir in ihnen erdverwandte Himmelskörper vorliegen. Kometen rechnen nicht dazu: sie bestehen fast ausschließlich aus Eis, das nur von einem dünnen Oberflächenmantel gegen die Umgebung abgeschirmt wird. Dieser Mantel selbst baut sich vorwiegend aus Staub auf, den der kometische Eisklumpen auf seiner Wanderung durch den Raum aufgesammelt hat und der zu einem glatten Überzug verschmolzen ist, glatt und dicht genug, um Sonnenlicht zu reflektieren. Was wir mit bloßem Auge oder mit Fernrohren wahrnehmen, ist nicht der wirkliche Kometenkörper; es ist das aus undichten Stellen seines Oberflächenmantels ausdampfende Wasser, das einen Halo um den Kometen bildet und im Sonnenlicht zum Leuchten angeregt wird. Der kleine Kometenkörper bliebe, gaste er nicht Wasserdampf aus, ganz und gar unsichtbar, bis er eventuell unmittelbar in die Erdatmosphäre einträte, ebenso wie die Meteoriten, diese kosmischen Steine, die sich erst durch ihr Leuchten bemerkbar machen, wenn sie in der Erdatmosphäre infolge Reibung aufflammen und sich in »stürzende Sterne« verwandeln. Meteoriten gibt es ungezählt, erdähnliche Planeten nur einige wenige: Merkur, Venus und Mars, und die großen bekannten Begleiter: den Mond und die Monde des Jupiters, Saturns, Neptuns.[9] Der Blick auf sie erweitert unser Verständnis der Erde und gibt uns eine Idee von der günstigen Einmaligkeit, die unter allen Planeten unsere Erde auszeichnet.

Rivalin Venus

Ihrer strahlenden Helligkeit als Morgen- oder Abendstern wegen, von dem größten der Planeten, Jupiter, auf ihrer Bahn scheinbar brünstig verfolgt, personifizierten die Alten Venus mit der Göttin der Liebe. Venus wird oft als Zwillingsplanet der Erde bezeichnet. Sie hat fast den gleichen Durchmesser wie die Erde; sie befindet sich in etwa drei Viertel des Abstands der Erde von der Sonne, hat nur wenig geringere Masse als die Erde und etwa gleiche Dichte. Ihr Tag dauert vier Erdentage, ihr Jahr zwei Drittel eines Erdenjahres. Diese Zahlen lassen sie der Erde ähnlich erscheinen. Lange hat man deshalb geglaubt, auf Venus gäbe es Leben. Dieser Glaube hat sich nach den Satellitenflügen von *Pioneer Venus*[10] zerschlagen: Venus mit ihrer Oberflächentemperatur von etwa 475 Grad Celsius, 450 Grad heißer als die Erde, ist ein in hohem Grade lebensfeindlicher Planet.[11] Erdähnlichkeit wird darum besser nicht durch Bahnparameter wie Jahreslänge, Tageslänge oder Durchmesser und Masse definiert, sondern durch Ähnlichkeit in Aufbau und Verhalten im Inneren. Erdähnlichkeit kann reduziert werden auf die Forderung nach einem vorwiegend aus Gestein und Eisen bestehenden Planetenkörper. Diese operative Definition berücksichtigt eine gemeinsame Entstehungsgeschichte. Legt man sie zugrunde, so erfüllen Merkur, Mars und Venus, aber auch der Mond und die beiden Monde des Jupiter, Io und Europa, die Bedingung der Erdähnlichkeit.

Radarbeobachtungen von der Erdoberfläche aus lieferten bei Venus bereits Anfang der sechziger Jahre den Hinweis auf ein sehr von der Erde abweichendes Verhalten: Venus dreht sich im entgegengesetzten Sinn! 1962 suchte sodann die Raumsonde *Mariner 2* im Vorbeiflug vergeblich nach einem venuseigenen, der Erde ähnlichen Magnetfeld: Venus hat kein magnetisches Feld und demzufolge auch keine Magnetosphäre. Die Sowjetunion startete einige ehrgeizige, mit einem Minimum an Technologie ausgeführte Unternehmen unter dem Namen *Venera*, die die Venus erforschen sollten. *Venera 4* sollte 1968 auf der Venus mit Hilfe eines Fallschirms landen. Aus Unkenntnis der dortigen atmosphärischen Bedingungen – eine starke Wolkendecke entzieht die Venusoberfläche dem menschlichen Blick – mißlang dieser Versuch. Die erfolgreichere Mission *Pioneer Venus* verzichtete denn auch auf eine Landung auf Venus und benutzte ein Höhenradar, mit dem die Oberfläche der Venus abgetastet wurde, und ein Gravimeter zur Messung ihres Schwerefeldes.

Was die Höhenmessung ergab, war erstaunlich: Venus ist an ihrer Oberfläche strukturlos. Zwei »Kontinente« heben sich darauf ab: »Ishtar« und »Aphrodite« die Namen, die ihnen die Wissenschaftler gaben, abgeflachte, etwa zehn Kilometer herausragende Erhebungen. Die tiefste Stelle im übrigen Flachland bildet ein Graben von drei Kilometer Tiefe. All das deutet trotz der ähnlichen Innenstruktur von Venus auf ein tektonisch von der Erde sehr verschiedenes Verhalten hin, das dem völligen Fehlen von Wasser zugeschrieben wird. In frühen geologischen Zeiten ist die Oberfläche von Venus durch Vorgänge, die nicht den irdischen tektonischen Vorgängen entsprechen, eingeebnet worden. Die Venuskruste, die äußerste Schicht des Planetenkörpers, befindet sich mit dem darunterliegenden Mantel im Gleichgewicht. Die Hochplateaus sind Überreste der Urkruste aus Urgestein. Auf ihnen zeichnen sich Einschlagkrater ab. Es gibt aber auch jüngere vulkanische Gebiete auf Venus. Schweremessungen deuten auf eine sehr dicke, aber unter großen Flachlandgebieten dünnere Kruste als unter den Kontinenten hin. Diese Flachzonen könnten Lavameere gewesen sein. Die große Ausgeglichenheit der Oberfläche neben dem Fehlen tektonischer Platten und der beobachteten tektonischen Ruhe darf der erodierenden Wirkung der Venusatmosphäre zugeschrieben werden. Sandstürme brausen unter der brodelnden Wolkendecke fast ununterbrochen über diesen der Liebe gewidmeten, vor Glut kochenden Planeten hin, an dessen Oberfläche etwa vorhandenes Blei schmilzt.

Die Frage nach den Gründen für die tektonische Ruhe läßt sich nicht ohne weiteres beantworten. Das Fehlen von Wasser dürfte für diese Ruhe entscheidend sein; die dicke, starre Kruste wird durch den Wassermangel stabiler als auf der Erde. Sie ist rein kontinental, sitzt auf dem Mantel auf, ohne in Schollen aufzubrechen oder abzutauchen. Die Anwesenheit der beiden dicken kontinentalen Plateaus, die tief in den Mantel eintauchen, deutet auf fehlende Mantelkonvektion hin. Und das fehlende Magnetfeld? Wahrscheinlich ist die Innentemperatur der Venus zu hoch; dann kann sich kein Gesteinsmagnetismus im Krusten- und Mantelmaterial halten. Oder aber die Ruhe von Mantel und Kruste setzt sich auch bis in den Kern des Planeten fort. Wenn es dort keine Turbulenz gibt, keine zähflüssige und elektrisch leitende Metallschicht, dann wirkt in Venus kein magnetfelderzeugender Dynamo. Trotz ihrer Glut ist Venus innerlich mit sich im Gleichgewicht: eine unwirtliche, gleichmütige, alles andere als liebestolle, nur an der Oberfläche, dort aber schrecklich stürmische Göttin – keine ernsthafte Rivalin für Hera und ihre Erde.

Unterkühlter Kriegsgott

Den roten, kriegerischen Planeten, dem römischen Kriegsgott Mars gewidmet, hat man wie Venus als erdähnlich und bewohnbar, ja bereits belebt angesehen. Auch er hat nach den ersten Satellitenpassagen diese Versprechen enttäuscht. Weiter entfernt von der Sonne als Venus und Erde in anderthalbfachem Erdabstand, von halbem Erdradius und nur einem Zehntel Erdmasse, ist er in anderer Weise als Venus unwirtlich: Er ist kalt, kaum mit Atmosphäre versehen und von eisigen

Stürmen heimgesucht. Seine weißen Polkappen, zuerst als Polareis verstanden, haben sich als gefrorenes Kohlendioxid herausgestellt. Flecken, die fälschlich als Begrünung, Leben gedeutet wurden, erwiesen sich als langwährende Sturmzonen von aufgewirbeltem Staub. Ist Venus die häßliche Stiefschwester der Erde, die unterentwickelt, infantil geblieben ist, fieberkrank und apathisch, so ist Mars ihr runzliger, früh gealterter kleiner Stiefbruder.

Mars hat in den letzten drei bis vier Milliarden Jahren weder Ozeane noch eine Atmosphäre irdischer Art besessen. Sein Gesicht ist, ähnlich dem des Mondes, pockennarbig gezeichnet von Meteoreinschlägen, die nur schwach verwaschen sind. Mars ist kein Bruder der Erde. Alle Theorien, die das behaupteten, gehen fehl. Er ist ein Bastard mit ganz anderer Geschichte. Die Raumsonden *Mariner 6* und *7* und *Mariner 9* haben das unbezweifelbar bewiesen. *Mariner 9* schwenkte 1971 in eine Umlaufbahn um Mars ein, von der aus er dessen gesamte Oberfläche, in kleine Abschnitte zerlegt, mit einer Auflösung von bis zu hundert Metern fotographierte und kartierte. Als der Satellit Mars erreichte, herrschte dort gerade ein gewaltiger, langanhaltender Sturm, der den ganzen Planeten in eine dichte Staubwolke hüllte. Nachdem der Staub sich gesetzt hatte und die Raumsonde der Oberfläche des Planeten ansichtig wurde, nahm sie ein Netz von Kratern und Vulkanen wahr, das weder mit dem Mond noch mit der Erde verglichen werden kann. Die Südhemisphäre des Mars ist von kreisrunden Kratern zerrissen, die von hohen Randgebirgen umgeben sind. Die Nordhemisphäre dagegen besitzt eine vergleichsweise ebene Topographie aus riesigen, erstarrten Basaltflächen. Den Äquator entlang zieht sich über 4000 Kilometer ein verzweigtes, bis zu vier Kilometern tiefes Schluchtensystem, vergleichbar den großen Canyons auf der Erde, die sich daneben wie winzige Risse ausnähmen, ein Netzwerk von tiefen Gräben. Wenn sie, wie die irdischen Canyons, von Strömen gebildet wurden, müssen irgendwann einmal gewaltige Wassermassen darin geflossen sein und sie ausgewaschen haben, Wassermassen von katastrophalem Ausmaß. Heute gibt es auf Mars praktisch kein Wasser.[12] Wo also ist es geblieben? Man müßte es gefroren finden, denn die Oberflächentemperatur auf Mars ist niedriger als minus 70 Grad Celsius. Doch außer gefrorenem Kohlendioxid in den Polkappen und kleinsten Mengen von im Boden gefrorenem Wasser ist nichts ehemals Flüssiges zu finden. Als einzige Möglichkeit bleibt, daß in der Frühgeschichte des Mars vor Milliarden Jahren Wasser vorhanden war, das die Kanäle in die Marsoberfläche eingrub. Anzeichen sprechen dafür, daß die Kanäle wirklich so alt sind. Dann aber muß Mars sein Klima im Laufe seines Lebens gewaltig geändert haben.

Andererseits könnten auch tektonische Spannungen die großen Brüche der Kanäle erzeugt haben. Es steht außer Zweifel, daß Mars von einer moderaten tektonischen Aktivität heimgesucht wird, von der die vielen, über seine Oberfläche verteilten Vulkane Zeugnis ablegen. Vor langen Zeiten war diese Aktivität sehr stark; anders läßt sich die Asymmetrie zwischen den glatten Basalebenen der Nordhalbkugel und den erhöht liegenden Kratergebieten der Südhalbkugel nicht erklären. Mars hat eine frühe Epoche gleichmäßiger Konvektion durchgemacht, als seine Lithosphäre noch dünn war. Die leichten Krustenteile, die »Kontinente«, konnten von Norden nach Süden driften. Wo sie sich von der Kruste lösten, blieben die tiefen Gräben zurück, die wie Flußbetten aussehen. Seit zwei Milliarden Jahren aber gibt es keine solche Bewegung mehr auf dem Mars. Das Ende der Tektonik kam mit dem Zusammenstoß der driftenden Krustenteile mit einem Superkontinent auf der Südhalbkugel. Die Lithosphäre versteifte sich, wuchs auf 250 Kilometer Dicke an und unterband jede weitere Bewegung. Konvektion im Mars läuft nur in großen Tiefen ab, und einzig die Vulkane schaffen ihr ein Ventil zum Ausgleich von inneren Spannungen.

Die Bewegungen tief im Inneren des Mars sollten sich in einem Magnetfeld bemerkbar machen. Von den erdähnlichen Planeten aber ist Mars, magnetisch gesehen, der unbekannteste. Einige der Raumsonden, die an Mars vorüberflogen, trugen zwar Magnetometer an Bord, doch sind die Messungen des Magnetfeldes, die sie zur Erde übermittelten, nicht eindeutig.[13] Entweder hat Mars nur ein sehr schwaches oder wie Mond und Venus kein eigenes Magnetfeld. Weiter entfernt von der Sonne entstanden als die Erde, könnte sein Inneres zuviel Schwefel enthalten. Übersteigt die Schwefelmenge im Inneren 15 Prozent der Masse, so hat sich das Marsinnere in Kugelschalen stratifiziert und kann keinen Magnetfelddynamo antreiben. Wenn sein Kern aus einer Eisen-Schwefellegierung bestehen sollte, hätte er einen Radius von etwa 1000 Kilometern und enthielte ein starkes *ringförmiges* Magnetfeld, das bis an die Oberfläche dringen könnte. In frühen Epochen hat Mars wahrscheinlich ein dynamoerzeugtes Magnetfeld besessen. Die Richtigkeit dieser Vermutung können aber nur paläomagnetische Messungen des Restmagnetfeldes prüfen, die für die Zukunft geplante Marssonden vornehmen sollen.

Merkur: Wanderer ohne Kleid

Merkur, der kleine, sonnennächste Planet, erweist sich als erdähnlichster.[14] Merkur ist eine Mini-Erde mit dem Gesicht des Mondes. Nur wenig mehr als ein Drittel des Erdabstandes von der Sonne entfernt, der um etwa das Dreißigfache stärkeren solaren Strahlung ausgesetzt als die Erde, sich in 59 Erdtagen sehr langsam um sich selber drehend, dabei aber die Sonne in nur 88 Tagen umkreisend, mit einem Radius, der grob nur ein Drittel des Erdradius beträgt und damit volumenmäßig nur dreimal so groß wie der Mond, aber von gleicher Dichte wie die Erde, scheint Merkur ein klein geratener Zwilling der Erde in extremer Position zu sein.

Seine hohe Dichte, die ihn gegenüber anderen Planeten ungewöhnlich schwer sein läßt, verrät einen großen Eisenkern von 1800 Kilometern Radius, so groß wie der ganze Mond. Den Rest des Radius füllt ein nur 500 Kilometer dicker Silikatmantel, dem keine Kruste wie bei Erde, Venus und Mars aufliegt. Merkur ist buchstäblich nackt, ohne Haut. Seine Oberfläche ist gleich dem Mond, ja mehr noch als dieser von Einschlagkratern zerrissen, doch weist sie zusätzlich Schrumpfungsfalten auf. Merkur ist beim Abkühlen gealtert und geschrumpft wie ein Apfel. Das Fehlen von Wasser ist verständlich; denn bei Oberflächentemperaturen von 620 Kelvin (350 °C) auf der 176 Erdentage lang beleuchteten Seite konnte Merkur sein Wasser nicht halten. Es ist ganz einfach in den Weltraum verdampft.

Sein Inneres muß sich schon vor mehr als vier Millionen Jahren differenziert haben. Die Messungen der Raumsonde *Mariner 10*, aus denen diese Erkenntnisse abgeleitet wurden[15], ergaben bei diesem kleinen Planeten ein eigenes, spürbares, nur viel schwächeres Magnetfeld von gleicher Orientierung wie das geomagnetische Feld. Dieses Feld deutet ein turbulentes Innenleben im Planeten an, das ganz im Gegensatz zu den ruhigen Planeteninneren von Venus und Mars steht. In der äußeren Randzone seines Kerns gibt es daher Strömungen. Wie diese sich über lange Zeiträume erhalten können, ist ungeklärt. Das Fehlen einer Kruste und die Dünne des Mantels lassen wahrscheinlich einen tektonischen Ausgleich von Spannungen überflüssig werden.

Merkurs Ähnlichkeit mit der Erde erhebt ihn in den Rang eines interessanten Untersuchungsobjekts. Sie zeigt, wie anders sich die Erde entwickelt haben könnte, wenn sie nicht gerade in derjenigen Entfernung von der Sonne entstanden wäre, in der sie sich befindet. Die fehlende Kruste deutet auf den Verlust eines großen Teils seiner Masse zu einem frühen Zeitpunkt in seiner Geschichte hin, für den ein Zusammenstoß mit einem Himmelskörper, der später von der Sonne geschluckt wurde, verantwortlich gemacht wird, vielleicht auch die Sonne selbst, die die verflüssigten und verdampfbaren Materialien der Merkurhülle abgesaugt hat. Merkur hat heute weder Wasser noch Atmosphäre. Seine narbige Oberfläche belegt, daß er wie Mars und Mond dem Bombardement mit kleinen Körpern ausgesetzt war, die seine Oberfläche zerfetzt haben. Auf allen drei Himmelskörpern sind diese Einschlagkrater gleich alt. Die Einschlagperiode war demzufolge über den inneren Bereich des Sonnensystems, dem auch Erde und Venus angehören, gleich lang und endete zur selben Zeit. Nur haben Evolution, tektonische Aktivität, die Anwesenheit einer Atmosphäre, haben meteorologische Bedingungen und die Existenz von Wasser und Leben die Krater auf der Erde im Unterschied zu den übrigen Planeten weitgehend eingeebnet.

Zeus' kleine Begleiterinnen

Io und Europa, nach der griechischen Sage Geliebte des Zeus, Io eine der Eschennymphen und spätere Mutter des Dionysos, haben ihre Namen für zwei der Begleitsterne des Jupiter hergeben müssen. Beide Monde haben erdähnliche Eigenschaften. Sie besitzen Eisenkerne. Io ist dichter als der Mond, unterscheidet sich ansonsten von ihm durch starken Vulkanismus und tektonische Bewegungen ihrer Oberfläche. In ihrer Atmosphäre findet sich weder Wasser noch Kohlendioxid. Beides ging durch die starke Aufheizung des Jupitermondes durch Gezeitenkräfte in Jupiters Nähe verloren. Wesentlicher Bestandteil von Io ist Schwefel, den man auf Satellitenaufnahmen aus den Vulkanen in hohen Bögen ausbrechen sieht. Europa ist weniger dicht als Io und der Erdmond und enthält kohlenstoffhaltiges Material. Ihre glatte, vereiste Oberfläche ist im Gegensatz zu Io kalt. Die Eisschicht dürfte mehrere zehn Kilometer dick werden. Was in ihrem Inneren vor sich geht, läßt sich nicht sagen; das Eis deckt alle ihre Regungen zu. Europa schläft. Sie ist ein ruhiger Platz in Jupiters Umgebung. Gezeitenkräfte wirken nicht auf sie. Nichts weckt sie aus ihrem Schlummer. Wahrscheinlich träumt sie noch von ihrer lange vergangenen Liebesgeschichte mit Jupiter, unlösbar an ihn, der sich nicht mehr um sie kümmert, durch die Gravitation gekettet, von allen vergessen und nicht mehr erwärmt.

5. Die großen Götter

Zum Material Erde gehören auch die äußeren, nichterdähnlichen Planeten, die wohl auf ähnliche Weise wie die Erde entstanden, jedoch in ihrem Aufbau von ihr verschieden sind. Jupiter zum Beispiel besteht vorwiegend aus Wasserstoff (90 %), Helium (etwa 10 %) und anderen Gasen und Flüssigkeiten (Wasser, Methan, Ammoniak, Neon, Schwefelwasserstoff), die seine dickflüssige Hülle bilden. Er, der dem Hauptgott gewidmete Planet, und Saturn sind die Hauptbegleitsterne der Sonne. Man darf sie ruhig Sterne nennen; denn für »normale« Planeten sind sie zu groß. Sie haben beträchtlichen Anteil an der Gesamtmasse des Sonnensystems und beeinflussen die Bewegung der Sonne. Wären sie gemeinsam um einen Faktor Zehn schwerer geworden, dann hätten sie sich so aufgeheizt, daß das Sonnensystem ein binäres Sternsystem geworden und an eine Erde nicht zu denken gewesen wäre. So aber haben sie ihre Chance verpaßt. Außer dem molekularen, quasiflüssigen Mantel besitzen sie jeweils flüssige Kerne aus metallischem, gleichfalls flüssigem Wasserstoff. Nur deren innerster Teil könnte fest sein. Die Differenz zur Erde ist mithin groß. Jupiter und Saturn gehören eher der flüssigen als der festen Sphäre an. Ähnlich steht es um Uranus und Neptun, die beiden äußersten Riesenplaneten. Auch sie haben molekulare Hüllen, innere (ionische) Ozeane aus elektrolytischer Flüssigkeit von enormer radialer Dicke über winzigem *steinernem* Kern. Sie irgendwie mit der Erde zu vergleichen, ist nicht opportun. Erde sind sie nicht, weder dem Material, noch dem planetaren Verhalten und Erscheinungsbild nach. Bei solchen Götterherzen – kein Wunder, wenn wir überall ihrer Gefühllosigkeit begegnen!

6. Andere »Erden«

Bewegt man sich aus dem Sonnensystem in die Galaxis hinaus, so mag es dort noch andere Planetensysteme geben, die bislang unentdeckt sind. Infrarotsonden suchen nach Anzeichen von ihnen. An günstiger Stelle könnte es auch »Erden« der unserer Erde vergleichbaren Art geben. Solche Planetensysteme müssen sich am Rande von Spiralarmen der Galaxis befinden. Im tieferen Inneren der Galaxis ist die Strahlung zu groß, die Temperaturen sind hoch, die Sterne stoßen zu häufig aneinander beziehungsweise beeinflussen sich gegenseitig durch Vorüberflüge und reißen die Planeten mit sich fort. Die festen Gebilde, denen man dort begegnet, sind exotischer Natur: Neutronensterne, Schwarze Löcher, Seltsame Sterne. Erstere sind nichts weiter als riesige Atomkerne von zehn Kilometern Radius. Sie bleiben übrig, wenn superschwere Sterne sterben, nachdem sie ihren Kernbrennstoff verbraucht haben. [16] Der übrigbleibende Kern ist dann entweder ein Neutronenstern, in dem die Neutronen und Protonen der ihn bildenden Atome so eng zusammengepreßt werden, daß sie zusammen eine amorphe Masse formen, einen ungeheuer schweren Atomkern. Diese Sterne rotieren sehr rasch um ihre eigene Achse. Unter seinem eigenen Gewicht kann der Stern während der Rotation an seiner Oberfläche Risse bekommen, Neutronensternbeben erschüttern ihn, verändern seine Rotationsgeschwindigkeit. Starke Magnetfelder, wie sie auf der Erde nicht existieren oder erzeugt werden können, gehen von Neutronensternen aus und erstrecken sich in den sie umgebenden Weltraum. Es sind eigenartige, faszinierende Gebilde. Nur ist auf ihnen keinerlei Leben vorstellbar: Die Stärke der Schwerkraft an ihrer Oberfläche bindet alle Materie in eine nur wenige Zentimeter dünne Oberflächenschicht, in der Atome und Moleküle zu Fäden auseinandergezogen werden. Die Oberflächentemperaturen beträgt minus 170 Grad Celsius.

Eine Atmosphäre gibt es nicht. Überhaupt sind solche Neutronensterne ungemein einfache Gebilde. Komplizierte Strukturen können in solch unwirtlicher Landschaft nicht entstehen. Von der Seite des Lebendigen gesehen, kann es kaum Langweiligeres geben.

Noch langweiliger wird es, wenn der Stern so schwer war, daß die Masse des Neutronensterns groß genug wird, um den Innendruck des Atomkerns zu überwinden. In solchem Fall kennen wir keinen Mechanismus, der den Kollaps des Sterns aufhalten könnte. Der Stern fällt rasend schnell in sich zusammen, krümmt den Raum in seiner Umgebung dermaßen, daß kein Licht entweichen kann, und verschwindet mitsamt seiner gesamten Masse als Schwarzes Loch aus unserem Gesichtsfeld. Den Zustand der Materie in einem Schwarzen Loch kennen wir nicht. Von außen ist keine Information darüber erhältlich. Schwarze Löcher tendieren dazu, ihre Umgebung leer zu fressen. In ihrer unmittelbaren Umgebung findet man nur Materie, die gerade dabei ist, angesaugt zu werden. Die Physik der Schwarzen Löcher ist weit entwickelt worden. Man braucht nicht weiter zu erläutern, daß diese Art Sterne dem Leben wenig zuträglich sind. Irgendein Körper, der in ihre Nähe käme, würde von der Gravitation wie von Erynnien in Sekundenschnelle in Stücke gerissen werden. Aber sie sind als Untersuchungsobjekte für Ansaugvorgänge von Interesse. Viel ist darüber hinaus spekuliert worden über ihr Vorkommen im Inneren von Galaxien oder Quasaren, jenen weitentfernten leuchtenden punktförmigen Objekten, deren Entdeckung in den sechziger Jahren Aufsehen erregt hat und die wahrscheinlich aus dem frühen Universum stammen. Viel wird auch spekuliert über die Physik der Schwarzen Löcher; möglicherweise bilden sie Tunnel oder Wurmlöcher in andere, uns unzugängliche Teile des Universums. Solche Spekulationen sind mathematisch schwierig durchzuführen und physikalisch fesselnd. Für das Leben haben sie keine Bedeutung.

Schließlich könnte es noch eine andere Form von Materie geben: die seltsame. Darunter versteht man eine Art fester Materie, die nicht aus normaler Materie – Atomen, Molekülen –, ja nicht einmal mehr aus Kernmaterie – Protonen, Neutronen, Elektronen –, sondern aus den elementarsten Teilchen besteht, die die Elementarteilchen Protonen und Neutronen aufbauen, aus Quarks. Ein solcher Stern würde unvorstellbar schwer sein und dürfte, damit er nicht wie ein Schwarzes Loch unter seiner eigenen Gravitation in sich zusammenfiele und verschwände, nicht sehr groß sein. Es ist schwer vorstellbar, wie ein solcher Stern entstehen könnte. Aber die Physiker haben sich Szenarien ausgedacht, bei denen sich an einer ungeheuer starken lokalen Krümmung des Raumes, einem sogenannten *string* im Weltraum Materie dieser Art bilden könnte. Wenn es sie gäbe, würde sie den festesten denkbaren Festkörper darstellen, von dem man nicht weiß, wie er sich verhalten würde. Dies aber sind Spekulationen, die im Augenblick, soweit wir es überblicken, zu weitab liegen von irgendeiner Bedeutung, die sie für unsere irdischen Probleme haben könnten. In der Astrophysik könnte es solche exotischen Objekte geben. Der Weltraum ist groß genug für weitere Überraschungen, die es zu entdecken gilt und die unser Wissen bereichern und unsere Phantasie entzünden.

7. Hera in Pension

Gemessen an den circa vier Milliarden Jahren, welche die Erde existiert, ist die gesamte Lebensspanne der Menschheit nur ein kurzer Augenblick. Erdgeschichtlich gibt es den Menschen kaum erst, und wie lange er schon allein aus natürlichen Gründen überleben wird, ist gleichfalls ungewiß. Für den Planeten Erde spielt der Mensch keine Rolle. Seine Zukunft wird nicht durch die mehr oder minder einschneidenden hominiden Maßnahmen beeinflußt. Was seine Macht über den Planeten anbelangt, sind die Fähigkeiten des Menschen äußerst begrenzt. Zwar hat er den Planeten vereinnahmt, zwar beherrscht er in weit gefaßten Grenzen einen Teil des Lebens an seiner Oberfläche und beutet seine oberflächennahen Ressourcen aus, genauer gesagt treibt er einen bedenkenlosen und nur von der Notwendigkeit des Augenblicks diktierten Raubbau an ihnen, so als hätte er unendlich viel Zeit und als gäbe es unendlich viel Ersatz und unendlich viele Neuerungen. Doch einen wirklichen Einfluß auf den Planeten und seine Zukunft kann der Mensch nicht nehmen, so sehr er ihn sich auch anmaßen mag. Um die Erde aus ihrer Bahn zu lenken, müßte er sie verlassen und sie von außen ungeheuren Gravitationsfeldern aussetzen. Dazu ist er aus simplen energetischen Gründen nicht imstande, selbst wenn er seine gesamte verfügbare Technik einsetzen würde. Es bedürfte des erdnahen Durchgangs eines etwa gleich schweren oder schwereren Planeten, die Erde aus ihrer Bahn zu katapultieren. Um in einigen Milliarden Jahren dem fatalen Schicksal zu entgehen, das die Sonne in einen Roten Riesen verwandeln wird[17], scheidet darum diese Möglichkeit, abgesehen davon, daß sie nicht akut ist, gänzlich aus. In dem betreffenden Fall, sollte von der Menschheit noch ein überlebender Rest existieren, wird sie mit den dann vielleicht verfügbaren technischen Möglichkeiten, die für uns illusorisch sind, auf die entfernten leichten äußeren Planeten oder, wie Science-fiction es ausmalt, auf andere, freundliche Sonnensysteme ausweichen, sollte es sie geben. In der Nähe unseres eigenen ist keines bekannt. Ebenso ist alles Gerede von der menschlichen Fähigkeit, die Erde »in die Luft zu sprengen« naiv. Auch dazu fehlen dem Menschen sämtliche Mittel und Fähigkeiten, es sei denn, der Zufall wollte es, daß er bei unterirdischen Kernexplosionen auf eine hypothetische, nahe dem kritischen Punkt befindliche Plutoniumader stieße und diese »zündete«. Derartige Szenarien kann man als infantile Träume bezeichnen. Interessant an ihnen ist, daß sie sich nur der Destruktion der Erde und des menschlichen Lebens zuwenden und konstruktiv nichts beitragen. Ähnlich tragen die Szenarien der Science-fiction entgegen anderslautenden Behauptungen nichts Konstruktives bei, sondern kreisen sämtlich um unsinnige Wunschträume und Extrapolationen, deren Zentrum vor allem Zerstörung ist.

Der Planet Erde hat Aufkommen und Verschwinden viel mannigfaltigerer Arten als den Menschen erlebt und sich nur oberflächlich durch sie und ihre Anwesenheit verändert. Es wäre interessant, über eine ausgestorbene Spezies Mensch zu spekulieren und wie sie sich in der geologischen Schichtung, die die einzige ist, die ein Gedächtnis bewahrt, abzeichnen würde: vorwiegend durch die Konservierung von unvernichtbaren Abfällen wahrscheinlich, während die meisten unserer Kulturgüter verlorengingen. Die vielleicht sicherste Methode, letztere zu bewahren, hieße darum, sie in die Form dieser unvernichtbaren Materialien zu bringen, wenigstens unsere Bibliotheken und unsere Museen. Sonst könnte eine eventuell nachfolgende höhere Spezies einmal über uns berichten, es habe da eine kurze und furchtbare Zeitspanne gegeben, in der nicht nur sämtliche Ressourcen der Erde von einer dummen und parasitären Art aufgebraucht und vernichtet worden seien, die nichts weiter als Abfälle hinterlassen habe, unvernichtbaren Abfall vor allem, die nicht an die Bedürfnisse der Zukunft gedacht und deren gesamte Kultur in Konsum bestanden habe.

Der Planet Erde wird wahrscheinlich so lange leben wie unser Sonnensystem, es sei denn, es käme irgendwann einmal zu einer kosmischen Katastrophe, bei der er einem anderen Himmelskörper zu nahe käme und, aus seiner Bahn geworfen, im Weltraum verschwände. Abgesehen davon, daß dies das Ende jeglichen Lebens auf der Erde bedeutete, ist dieser Fall sehr unwahrscheinlich. Ein entsprechender Himmelskörper müßte, gleichgültig wie schnell er sich bewegte, lange vor Ankunft bemerkbar sein. Die Bewegungsabläufe der Planeten und der Sonne lassen keinerlei Rückschlüsse auf eine Andeutung eines solchen Ereignisses zu. Doch kann es noch in sehr weiter Ferne liegen. Spekulationen darüber, da es nicht beeinflußbar ist, sind müßig und betreffen uns nicht. Wenn eine solche Auslenkung nicht stattfindet, ist die nächste denkbare Katastrophe die eines Zusammenstoßes mit viel kleineren Himmelskörpern, die die Bahn der Erde nicht ändern, die aber ihren Oberflächenzustand beeinflussen. Solche Ereignisse sind in der Vergangenheit vorgekommen, sie sind auch an anderen Himmelskörpern wie dem Mond beobachtet worden: kosmische Zusammenstöße vor allem mit Kometen. Und erst in allerjüngster Zeit, im Juli 1994, sind wir selbst Zeuge eines solchen gewaltigen Zusammenstoßes des Kometen Shoemaker-Levy mit Jupiter geworden, der uns das Ausmaß einer derartigen kosmischen Katastrophe vor Augen geführt hat. Eine ganze Welt hat mit Spannung, zum Teil auch mit Furcht, dieses Ereignis am Bildschirm verfolgen können und wurde Zeuge einer Reihe von Explosionen auf der Jupiteroberfläche, deren größte der Wirkung von einigen Millionen Hiroshima-Bomben entsprach und einen Durchmesser größer als die Erde besaß. Solch ein Einschlag hätte auf der Erde die Vernichtung großer Teile von Vegetation und Fauna zur Folge und würde von der Menschheit kaum überlebt werden. Die Furcht davor ist darum theoretisch wohl gerechtfertigt. Doch ist die Erde viel zu klein, um einen großen Kometen, wie Shoemaker-Levy es war, einzufangen. Ihre Gravitationsanziehung reicht nicht aus, einen Kometen aus der Bahn zu bringen. Alle Ängste beim Vorbeiflug des Kometen Halley im Jahre 1986 waren unbegründet. Doch kleinere Körper oder kometäre Gebilde können die Erde wohl treffen und haben es zuweilen in der Vergangenheit auch getan. Heute glaubt man auch zu wissen, daß zum Beispiel der Einschlag eines Meteoriten vor 60 Millionen Jahren, dessen riesiger Einschlagkrater noch in einer nordamerikanischen Wüste zu sehen ist, für den größten Faunenschnitt verantwortlich zeichnet, der die Saurier auslöschte.

Wir sind am Ende unserer naturwissenschaftlichen Betrachtung des Elements Erde angelangt, dessen, was wir als festen Zustand der Materie unter unseren Füßen haben und was in diesem Zustand im Universum angetroffen werden kann. Praktisch bedeutsam für den Menschen werden davon vor allem die festen Materiezustände hier auf unserem Planeten, die er in den in seiner Macht stehenden Veränderungen der Erdoberfläche, der Ausnutzung ihrer Mineralvorkommen und in einem von uns hier nicht zur Sprache gebrachten Zweig der Wissenschaft, der Material- und Festkörperforschung, aktiv in die Hand genommen hat. Wir haben weder von der Untersuchung der festen Materialien gesprochen, noch von den vielfältigen Formen des Raubbaus an den Vorkommen, von ihrer Gewinnung, ihrer Verschwendung, der Wiederaufbereitung wertvoller Rohstoffe, der unsinnigen Vorstellung vom ungehinderten Wachstum auch in der Frage der festen Rohstoffe, von denen die wertvollsten die seltensten sind usw. Alle diese interessanten und brennenden Probleme haben wir ein wenig verwässert; wir haben sie in unserem Exkurs beiseite gelassen und uns nur auf die Seite der Erde selbst gestellt als Element, das sich im Altertum dem Gemisch aus Achtung und Nichtachtung gegenübersah. Folgerichtig gehen wir nun auf der physikalischen Skala der Aggregatzustände zum nächsten, dem flüssigen über, für den als Element stellvertretend das Wasser steht.

III. Wasser: Poseidons Labyrinthe

Sie stießen die Bernauerin von der Brücke hinunter in den Inn, dort wo er in die Donau fließt. Sie hatten nicht damit gerechnet, daß sie schwimmen konnte und trotz der Behinderung durch ihr Kleid und die Strömung das Ufer zu erreichen suchte. So angelten sie mit langen Stangen, die eigens für diesen Zweck vorgesehen waren, nach ihr und fingen sie schließlich bei ihren schweren blonden Haaren ein, die wie der Schweif eines Kometen hinter ihr im Wasser lagen. Sie rollten die Haare um die Stange und drückten sie mit Macht unter Wasser. Drei Männer hielten die Stange fest. Von oben konnten sie in ihr bleiches Gesicht mit den offenen Augen schauen, aus dessen geöffnetem Mund eine Weile die Luft perlte und über das die Wellen ein Muster von regelmäßig fließenden Strichen legten. Als ihre Bewegungen aufhörten, zogen sie die Stange heraus und gaben sie frei an den Fluß, während das Volk sich fröstelnd verlief.

1. Der göttliche Trunk

Es gibt viele Arten von Durst; aber der elementare Durst kann nur mit Wasser gestillt werden. Nach ihm verlangt der Körper, nicht nach den angeblich geschmacksverbessernden Zusätzen, die nichts weiter erreichen, als den Durst zu strecken, das Gefühl des gestillten Durstes hinauszuzögern und zu erhöhtem Konsum verleiten, der den Umsatz vergrößert und für das wirtschaftliche Pseudowachstum sorgt, nach dem es die Gesellschaft nicht, einem inneren Bedürfnis folgend, dürstet, sondern nach dem sie giert. Durst, der sich durch Trinken nicht stillen läßt: das ist der Trick der Verführer, der Getränkeindustrie und der Demagogen der verschiedensten Sorten. Solcher Durst endet im Überdruß, der sich übergeben, anderswo animalisch entladen muß in Überheblichkeiten aller Art mit all ihren Folgen. Dem elementaren Durst genügt Wasser. Ohne Wasser wären wir nichts. Ohne Wasser gäbe es nicht einmal Leben. Oder vielleicht doch: in einer stinkenden Hölle aus Schwefelwasserstoff, jenem dem Wasser am nächsten stehenden, eng verwandten Molekül. Bei ihm nimmt der Schwefel die Stelle des Sauerstoffs ein. Tatsächlich haben die Moleküle von Wasser und Schwefelwasserstoff vieles gemeinsam in ihren Eigenschaften. So dicht beinander liegen Erde und Hölle.

Lebenselixier I

Das Leben kommt aus dem Wasser, daran besteht kein Zweifel. Nicht aus dem Wasser vielleicht, wie wir es kennen, sondern eher aus einer undefinierbaren Brühe, einer Lösung von Salzen, Molekülen einfachster Art, und einer Reihe von bereits sehr komplizierten Molekülen, die sich unter günstigen Bedingungen zu Leben formieren konnten, zu etwas, dem wir die Bezeichnung Leben zugestehen würden. Denn nicht allem gestehen wir sie zu; einer Menge von kompliziertesten Molekülen sprechen wir die Qualität Leben ab, weil sie bestimmte Bedingungen, die wir ans Leben stellen, nicht erfüllen. Bei ihnen handelt es sich für unseren Begriffsgebrauch bestenfalls um organische Substanzen, nicht um Leben. Doch die unbedingte Vorbedingung für die Entstehung von Leben derjenigen Form, die wir kennen – und eine andere steht nicht zur Disposition, darüber ist man sich einig –, ist Wasser. Leben kommt aus dem Wasser, ist vorwiegend Wasser und braucht für seine Existenz vor allem Wasser. Der Grund dafür verbirgt sich in einer fundamentalen Eigenschaft des Wassers, seiner Fähigkeit, andere Substanzen in sich aufzulösen. Es dient ihnen als Lösungsmittel, als Medium, das sie transportiert und in dem sie miteinander reagieren können. Um das zu verstehen, genügt es, sich die Struktur des Wassermoleküls anzusehen.

Wasser ist wohl eine der einfachsten chemischen Verbindungen, die wir kennen. Jedes Schulkind kennt seine Strukturformel, die besagt, daß sich in einem Wassermolekül zwei Wasserstoffatome mit einem Sauerstoffatom verbinden. Etwas Einfacheres läßt sich kaum vorstellen. Und doch zeigt Wasser in physikalischer wie chemischer Hinsicht unerwartetes, kompliziertes Verhalten, durch das es einmalig und für alle Lebensvorgänge unentbehrlich wird.

Tatsächlich kann man sich kaum etwas Einfacheres als Verbindungsprozeß von zwei Atomen, die miteinander nichts zu tun haben, vorstellen, als sie durch Kräfte aneinander zu ketten. Diese Kräfte sind nach heutigem Wissen elektromagnetische Kräfte, die auf die (negativen) Bahnelektronen in den Atomhüllen wirken und von diesen auf die (positiven) Kerne übertragen werden. Die Natur – was immer das ist – bedient sich dazu eines Tricks, eines bestimmten Auswahlprinzips, das, damit ein Atom als stabiles Gebilde existieren kann und nicht auseinanderbricht, die Elektronen in der Atomhülle beachten müssen. Sie ordnet die Elektronen in Schalen wie auf Zwiebelhäuten um den Kern an. Dort dürfen sie sich bewegen; aber die Anzahl der Elektronen, die sich auf einer Schale aufhalten dürfen, ist begrenzt. In jeder Schale dürfen zwar Elektronen fehlen, es kann aber nur eine genau festgelegte Anzahl von Elektronen in jeder Schale untergebracht werden. Fehlen Elektronen, so ist die Schale nicht vollständig gefüllt. Die erste oder innerste Schale trägt zwei, die zweite, weiter vom Kern entfernte Schale bestenfalls acht Elektronen und so fort. Um das Wasser zu verstehen, brauchen wir keine weiteren Schalen zu bemühen. Wie man leicht einsieht, gibt es deren nicht unendlich viele, da sie mit höherer Schalennummer weiter vom Kern entfernt liegen werden und von der elektrischen Anziehungskraft des Kerns auf die äußeren Elektronen nicht mehr erreicht würden. Dies bereits begrenzt die totale Anzahl der möglichen Elektronen in der Schale und also auch, wegen der geforderten elektrischen Neutralität eines Atoms nach außen hin, die positive Ladung und Größe des Kerns. Oberhalb einer gewissen positiven elektrischen Ladung des Atomkerns gibt es darum keine stabilen Atomkerne. Allerdings, worauf einzugehen wir verzichten, hängt die Stabilität des Kerns und damit des Atoms von anderen, inneren Kräften im Kern und nicht von der möglichen Anzahl von Elektronen in seiner Hülle ab. Simpel gesagt, ist es unmöglich, beliebig viele positive Ladungen in einem kleinen Raumvolumen wie dem Atomkern zu konzentrieren. Am Ende »stoßen« sich diese Ladungen gegenseitig so stark ab, daß der Kern zerfällt. Die wirklichen Vorgänge verhalten sich komplizierter, doch genügt diese vereinfachte Sicht der Dinge vollauf, die auf die nur dem Spezialisten verständliche Mathematik verzichtet.

Das seltsame Molekül

Der Grund für die Bedeutung des Wassers liegt in der durch die Anzahl der Elektronen in seiner Molekülhülle vorgegebenen Struktur des Wassermoleküls. In allen drei Aggregatzuständen, die das Wasser einnehmen kann, gasförmig als Dampf, flüssig als Wasser und fest als Eis, bleibt sie unverändert: Das Wassermolekül behält seine Identität. In ihm gehen die drei das Wassermolekül bildenden Atome eine sogenannte kovalente Bindung ein: Sie teilen die in ihren Hüllen befindlichen Elektronen miteinander und bewahren nach außen hin gemeinsam ihre elektrische Neutralität. Das Wassermolekül ist das Modell eines stabilen Pakts eines großen und wirtschaftlich starken Staates mit zwei kleinen, schwächeren, aber mobilen Satellitenstaaten. Der große Staat ist das Sauerstoffatom, die beiden kleineren sind die Wasserstoffatome. Einzeln kann keiner von ihnen existieren, da er sogleich von anderen, ihn umgebenden erobert, eingefangen und versklavt würde. Aber gemeinsam bilden sie ein überlebensfähiges Gebilde, das zu zerstören und aufzubrechen eine erhebliche Menge Energie aufgewendet werden muß. Bis zu einem gewissen Grad verliert jedes einzelne Mitglied in diesem Gebilde seine Identität. Das Wasserstoffatom im Wassermolekül ist nicht mehr dasselbe wie das freie, das es vor dem Eingehen der Verbindung war. Als solches besaß es nur ein einziges Hüllenelektron, das die positive Ladungszahl eins seines Kerns kompensierte, gleichmäßig nach allen Seiten, weil es sich in einer Art Wolke rasend schnell um den Kern herum bewegte. Jetzt, im Wassermolekül, besitzt es kein Elektron mehr; es hat sein einziges Elektron an das Sauerstoffatom, mit dem es sich verbunden hat, abgegeben. Ein gleiches Schicksal hat das zweite Wasserstoffatom erlitten. Das ist der Tribut, den die beiden kleinen Staaten in unserer Analogie an den großen für ihre Sicherheit zahlen müssen.[1]

Wasser nun ist eine sehr stabile Verbindung. Die vereinfachte Vorstellung vom kugelförmigen Molekül wird in der Realität erheblich kompliziert. Für die Lage eines Elektrons in der Atomhülle kann kein Ort angegeben werden. Die *Unbestimmtheitsrelation*, die im Volksmund Unschärferelation heißt, schließt die präzise Kenntnis dieses Ortes aus. Sie legt einen Schleier über das Innere der Elektronenhülle. Alles, was man über sie erfahren kann, ist, daß die Elektronen eine Wolke negativer Ladung bilden, in der sie sich mit einer bestimmten Wahrscheinlichkeit aufhalten und dort angetroffen werden könnten, ließen sich Ort und Geschwindigkeit gleichzeitig genau messen. Beim Wassermolekül nimmt die Elektronenwolke eine unsymmetrische dreidimensionale Form an. Das entstehende Gebilde besteht aus zwei gekreuzten Keulen, in deren Kreuzungszentrum der Sauerstoffkern sitzt; an den beiden längeren Keulenarmen in gebührendem, fast respektvoll zu nennendem Abstand vom elektrisch abstoßenden Sauerstoffkern halten sich jeweils die beiden Wasserstoffkerne auf. Die längeren Keulenarme bil-

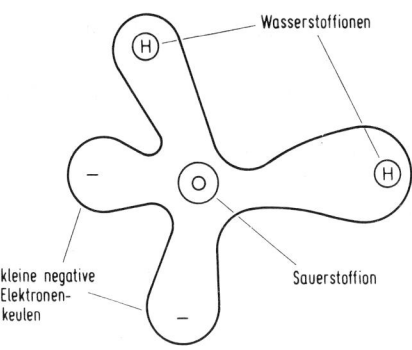

Wasserstoffionen

H

– O H

kleine negative
Elektronen-
keulen

Sauerstoffion

Abb. 5: Das keulenförmige Wasseratom mit dem Sauerstoffion im Zentrum, den beiden Wasserstoffionen in »gebührendem« Abstand vom Sauerstoffion und voneinander in den Enden der großen Keulen und den beiden kleinen reinen Elektronenkeulen. Man stelle sich das ganze Gebilde räumlich vor. Die größte Keule liegt dem Betrachter am nächsten, die kleinste am entferntesten.

den, mit dem Sauerstoff im Kreuzungszentrum, ein gleichschenkliges Dreieck; die beiden kürzeren Keulenarme liegen auf der den Wasserstoffkernen abgewandten Seite des Sauerstoffs. Man kann sich ihr Zustandekommen grob durch die gegenseitige Abstoßung der Elektronen und die gleichzeitig von den drei unsymmetrisch angeordneten positiven Kernen in den längeren Keulenarmen, die die Verbindung zwischen dem Sauerstoff und den Wasserstoffkernen herstellen, auf sie ausgeübte Anziehungskraft erklären. Dieselbe verzerrt die Sauerstoffhülle nach der Rückseite des Wassermoleküls. Noch einfacher: Die sich sehr rasch in den gemeinsamen Keulen von Wasserstoff und Sauerstoff bewegenden Elektronen – ihre »Bahngeschwindigkeiten«, wenn man von so etwas reden dürfte, würden einige hundert Kilometer pro Sekunde, das sind einige Millionen Stundenkilometer, betragen – schießen auf kleinstem Raum am Sauerstoff vorbei und formen so die kleinen rückwärtigen Keulenarme. Die hier gegebene Beschreibung ist äußerst grob und für den Spezialisten unbefriedigend. Uns, die wir nicht weiter in die chemischen und physikalischen Einzelheiten eindringen wollen, soll sie als Grundlage für alles Folgende genügen.

Um das Wassermolekül wieder in Wasserstoff und Sauerstoff aufzubrechen, muß ihm beträchtliche Energie zugeführt werden. Das kann durch starkes Überhitzen erreicht werden, wenn Wasser zum Kochen gebracht wird, verdampft und der Dampf weiter erhitzt und dabei am Ausdehnen gehindert wird, bis die Wassermoleküle aneinanderstoßen. Jeder dieser Stöße überträgt Energie von einem Molekül aufs andere und kann schließlich ein Molekül zerstören und in seine Bestandteile aufbrechen. Wasser auf diese *thermische* Weise zu spalten ist aber unergiebig. Die elektrolytische Spaltung, bei der Strom durch eine wässerige Salzlösung hindurchgeleitet wird, erleichtert den Vorgang. Doch obwohl Wasser der Hauptträger von Wasserstoff ist und Wasserstoff, den man zum Beispiel bei der Ammoniaksynthese benötigt, deshalb aus Wasser gewonnen werden muß, zieht man der Energie wegen vor, Wasserstoff aus Kohlenwasserstoffen zu gewinnen. Nun könnte man annehmen, daß sich Wasserstoff und Sauerstoff explosiv zu Wasser vereinigten, wenn man sie zusammenbringt. Bei beliebigem Mischungsverhältnis geschieht dies aber erst bei hohen Temperaturen. Um eine explosive Reaktion zu erreichen, müssen Wasserstoff und Sauerstoff im Verhältnis zwei zu eins, als *Knallgas*mischung zusammengebracht werden. Dann kommt es bei Normaltemperatur zur Knallgasreaktion, bei der die gesamte Bindungsenergie der drei Atome freigesetzt wird. Die Atome fusionieren sofort und ohne Zufuhr von Energie zu Wasser und geben den Betrag von 18 Kilojoule pro Mol (1 Mol Wasser sind 18 Gramm Wasser) an Wärme ab. Das entstehende Wasser ist flüssig und nimmt einen sehr viel kleineren Raum ein als seine gasförmigen Ausgangsprodukte. Diese sind zu Wasser implodiert. Dieser Umstand ebenso wie die Wärmeentwicklung machen Knallgasexplosionen gefährlich. Umgekehrt verleiten die große verfügbare Menge von Wasser in den Weltmeeren und die bei der Knallgasreaktion frei werdende Energie zur Hoffnung, eines Tages Wasserstoff als idealen Energiespeicher verwenden zu können. Man kann leicht darüber spekulieren. Was man braucht, ist eine sehr effiziente Technologie der Wasserspaltung, die gleichzeitig unkontrollierte Knallgasreaktionen vermeidet, sowie eine sichere Transportmöglichkeit für Wasserstoff an jeden beliebigen Ort der Welt. Die alternative Energieforschung sieht in diesen Problemen ein aussichtsreiches Bestätigungsfeld. Sonnenenergiegespeiste thermische oder elektrische Wasserspaltungsanlagen ließen sich in trocken-heißen Gebieten installieren. Der gewonnene Wasserstoff ließe sich in porösen keramischen Materialien als absolut sicheren Speicherzellen auffangen und transportieren. Am Ort des Verbrauchs wäre dann nur noch mit Sauerstoff aus der Luft eine Knallgasmischung herzustellen. Alles weitere hat man bereits in der Hand. Die verlockenden Aussichten scheitern heute kaum noch an technischen Fragen, sondern an welt-, macht- wie wirtschaftspolitischen Überlegungen.[2]

Die chemische Bindung, die den Zusammenhalt des Wassermoleküls verantwortet, richtet sich nur nach innen, ins Molekül hinein. Die spürbaren Eigenschaften des Wassers wirken hingegen nach außen auf die Umgebung des einzelnen Wassermoleküls und auf die Stoffe, mit denen es in Berührung kommt; sie betreffen die Eigenschaften und Bedeutung des Wassers in seinen verschiedenartigen Formen und Aggregatzuständen. Verblüffenderweise weichen diese Eigenschaften von allen Erwartungen ab. Gewisse physikalische und chemische Regeln sagen für Moleküle bestimmter Größe bestimmte physikalische Eigenschaften voraus, die in der Regel – das heißt auf die meisten Moleküleigenschaften – zutreffen. Wasser entzieht sich diesen Regeln fast immer, und gerade weil es das tut, konnte es für die Entwicklung von Leben, für die Existenz der belebten Natur und schließlich für die Existenz der menschlichen Zivilisation derartige, im allgemeinen nicht bewußte Bedeutung erlangen.

Warum Wasser sich weigert, den allgemeinen Regeln zu folgen, warum es sich starrköpfig und nonkonformistisch gebärdet, hat die Forschung trotz vieler Anstrengung noch nicht herausgebracht. Es steckt nichts Mystisches dahinter, kein Geisterwirken, keine unphysikalischen Kräfte, keine Zauberei. Die Gründe liegen in der physikalischen Struktur des Wassermoleküls. Es ist die eigenartige Symmetrie des Wassermoleküls, der die eigenartigen Eigenschaften des Wassers zuzuschreiben sind. Wasser ist etwas so Selbstverständliches, daß der Anreiz, es zu erforschen, weniger groß ist als der von einer an Wachstum und Gewinn orientierten Industrie auf die Forschung ausgeübte Druck, neue Stoffe zu entwickeln, die den künstlich erzeugten menschlichen Bedürfnissen dienen und sich in Profit niederschlagen. Demgegenüber tritt die Unterstützung der Wasserforschung in den Hintergrund.

Das Molekül selbst ist nach außen elektrisch neutral, aber es ist *polarisierbar*: Es verfügt über ein bestimmtes Dipolmoment[3] und wirkt wie ein winziger elektrischer Dipol, ein kleiner elektrischer Stab, der sich nach elektrischen Streufeldern ausrichtet. Da es aber eine dreidimensionale Struktur hat, ist der Stab »verbogen«. Viele Wassermoleküle, die sich zusammen im Wasser befinden, werden sich darum in den vielen selbsterzeugten elektrischen Feldern räumlich ausrichten und zu einer Struktur anordnen: Die positiven Enden der Dipolstäbchen stoßen sich gegenseitig ab, die negativen entsprechend ebenfalls; dadurch werden die Stäbchen gegeneinander verdreht. Es entsteht eine komplizierte Gitterstruktur, die erhalten bliebe, wenn die einzelnen Moleküle keine Eigenbewegung vollführten, die die Gitterbildung zerstören kann. Das ist der Fall in kaltem Wasser, das zu Eis gefriert und sich in einen Festkörper verwandelt. Bei höherer Temperatur wird die Gitterstruktur – teilweise – zerstört, und Wasser wird flüssig. Diese Form des Wassers ist durchaus nicht seine einfachste, sie ist die komplizierteste!

Mikroskopisch am einfachsten wird Wasser wie jede andere Substanz im gasförmigen Zustand, wenn die Temperatur so hoch ist, daß sich keine Gitterstrukturen mehr aufrechterhalten lassen, die einzelnen Moleküle eine so hohe Geschwindigkeit haben, daß sie aus jeder Art von kollektiver Bindung ausbrechen und frei ihren eigenen Weg verfolgen, solange sie nicht zusammenstoßen. Wie jedes andere Material auch besitzt darum Wasser einen Punkt auf der Temperaturskala, an dem es vom festen in den flüssigen, einen anderen, an dem es vom flüssigen in den gasförmigen Zustand übergeht, den Schmelzpunkt, der beim Wasser traditionsgemäß Gefrierpunkt heißt, und den Siedepunkt. Bei irgendeiner festen Temperatur, die zwischen Gefrier- und Siedepunkt liegt, befindet Wasser sich in beiden Zuständen zugleich, dem flüssigen und dem gasförmigen. Einige Moleküle sind bereits verdampft, während andere noch im Gitterverband des flüssigen Wassers angeordnet bleiben. Zwischen verdampftem und flüssigem Wasser herrscht Gleichgewicht, aber die Zahl der Moleküle in der gasförmigen Phase ist klein gegen diejenige in der flüssigen. Das Wasser besitzt, sagt man, bei jeder festen Temperatur einen bestimmten *Dampfdruck*. Der verdampfte Anteil in Luft macht die Luftfeuchtigkeit aus. Dampf verhält sich ebenso wie andere Gase; es ist nichts Besonderes, ihn als Wasser Auszeichnendes an ihm. Sein Verhalten wird vor allem durch die thermische Bewegung der Moleküle bestimmt. Dementsprechend ist er biologisch oder für Lebensvorgänge, die sämtlich bei niedrigen»Raum«-Temperaturen ablaufen, nicht nur bedeutungslos, sondern unzuträglich.

Flüssigkeit

All unsere Vorstellung vom Flüssigen orientiert sich am Verhalten von Wasser. Und doch ist dieses Verhalten grundverschieden von dem der meisten normalen, oder sollte man – aus der Sicht des Lebens – nicht lieber sagen unnormalen Flüssigkeiten? Aufbau von Flüssigkeiten und Herkunft ihrer Eigenschaften sind noch sehr wenig verstanden, bei weitem weniger als Aufbau und Eigenschaften fester, »gefrorener« Körper mit ihren Gitter- und Kristallstrukturen. Kristalle weisen bestimmte einfache Symmetrien auf und können darum im Modell aus vielen gleichen kleinen Kristallzellen aufgebaut werden. Flüssigkeiten hingegen scheinen auf den ersten Blick keine solche festgelegte Symmetrie zu besitzen; sie zu beschreiben werden kompliziertere Modelle benötigt.

Nun könnte man glauben, im Wasser ein ideales Untersuchungsobjekt zur Verfügung zu haben. Weit gefehlt. Die eigenartige Molekülstruktur des Wassers erlaubt im Gegensatz zur Vorstellung, daß sich in einer Flüssigkeit die Moleküle praktisch frei gegeneinander bewegen könnten, die Entstehung von Ordnung ganz ähnlich der Gitterstruktur in einem Kristall. Diese Ordnung ist aber nicht starr und stabil wie im Kristall. Sie zeigt sich nur über kurze Entfernungen und bezieht immer nur eine begrenzte und beständig wechselnde, niemals feste Anzahl von Wassermolekülen mit ein, die sich ununterbrochen, sozusagen fließend austauschen, ihre Positionen wechseln und von einem Verband in den anderen übergehen. Man kann nicht sagen, dieses oder jenes Wassermolekül gehöre zu einem bestimmten Ordnungsverband. Die Zugehörigkeit betrifft nur eine temporäre Zuordnung, nach kurzer Zeit hat das Molekül seinen Platz gewechselt und seine frühere Bindung vergessen. Bei Normaltemperatur schließen sich etwa 20 bis 50 Wassermoleküle *über eine begrenzte Zeit* zu einem gemeinsamen Verband zusammen, der sich als festes Gebilde im Wasser bewegt. Der Grund dafür liegt in den elektrischen Momenten der Moleküle, die einem Molekül ermöglichen, andere Moleküle auszurichten und kurzzeitig an sich zu fesseln. Die winzige negative Überschußladung der kleinen Keulen im Wassermolekül vermag ein vorbeiströmendes Wassermolekül so zu drehen, daß dessen schwach positive große Keulen seinen kleinen zugewandt sind, es in seiner Bewegung abzubremsen, so daß es für einen Augenblick den Anschein hat, als bilde das Wassermolekül in der ungeordneten Strömung der vielen die Flüssigkeit bildenden Moleküle das Zentrum eines Gitters, das sich aber sofort wieder auflöst und neu bildet. Es ist eine Art »lebendes« Gitter, das man vor sich hat, amöbenhaft nach allen Seiten auseinanderfließend und doch ständig neu entstehend.[4] An der Wasseroberfläche oder in der Nähe einer festen Wand kann ein Wassermolekül nur von einer Seite von anderen Molekülen umgeben werden. An einer Grenzfläche richten sich Wassermoleküle ihren Dipolmomenten entsprechend aus. Positiv polarisierbare Grenzen erzeugen Wasseroberflächen, an denen nahezu alle Moleküle ihre kleinen Keulen nach außen wenden. Diese quasi geordnete Anordnung der Wassermoleküle in Reih und Glied bestimmt, ob eine Oberfläche sich benetzen läßt oder nicht. Glasoder Quarzoberflächen benetzen, Quecksilberoberflächen stoßen Wassermoleküle ab. An benetzenden Oberflächen werden Wassermoleküle elektrisch »abgesättigt« und erzeugen keine Oberflächenspannung. An freien Oberflächen, wo wie im Kontakt mit Luft die Wassermoleküle einseitig ungesättigt bleiben, sowie an nicht benetzenden Oberflächen hat Wasser hohe Oberflächenspannungen, die zum Beispiel das Schwimmen an der Oberfläche im Gegensatz zum Schwimmen unter Wasser erschweren, weil sie eine Bremswirkung auf den Schwimmer ausüben. Unter Wasser schwimmt es sich deswegen rascher, und beim Springen ins Wasser erscheint die Wasseroberfläche »härter« als das Wasser im Inneren. Andere Effekte dieser Oberflächenspannung von reinem Wasser sind seine Fähigkeit zur Bildung sehr großer Tropfen sowie seine Kapillarität. Letztere kann man in dünnen Röhren beobachten, in denen das Wasser aufwärtskriecht. Dieser Kapillarität wegen saugen Schwämme und Tücher sich voll, und Pflanzen machen von ihr Gebrauch, indem sie in ihren dünnen »Adern« das Wasser bis in ihre Spitzen aufsteigen lassen.

Flüssiges Wasser besteht aus ständig wechselnden Konfigurationen solcher Koagulationen oder *Cluster* und einzelnen (monomerischen), keinem Cluster angehörenden Wassermolekülen. Aus dieser Besonderheit, die Wasser von vielen anderen Flüssigkeiten unterscheidet, resultieren die verschiedenen seltsamen physikalischen Eigenschaften des flüssigen Wassers: seine außerordentlich große Zähigkeit (in der Fachsprache *Viskosität*), die unmittelbarer Ausdruck des engen Zusammenhalts der Moleküle ist; die ungewöhnlich hohe *Dielektrizitätskonstante* von reinem Wasser, die besagt, daß Wasser sich im elektrischen Feld polarisiert. Reines Wasser tritt demnach als idealer Isolator auf; da Wasser aber dank seinen hervorragenden Lösungseigenschaften leicht Verunreinigungen Raum gibt[5], isoliert normales natürliches Wasser nur schlecht. Was in ihm dann den Strom leitet, ist nicht das Wasser selbst: Es sind die gelösten Salze. Nur könnten sie natürlich ohne Wasser überhaupt nicht in gelöster Form existieren; daher ist es am Ende doch das Wasser selbst, das die Stromleitung ermöglicht. Schmelz- und Siedepunkt eines Materials hängen von der Molekülgröße ab. Die einfache Regel besagt, daß kleine, einfache Moleküle niedrige Siedepunkte besitzen und der Temperaturunterschied zwischen Siede- und Schmelzpunkt mit der Größe des Moleküls abnimmt. Die bekannten Gase Stickstoff, Sauerstoff, Wasserstoff usw. erfüllen sämtlich diese Regel. Wasserstoff wird erst in der Nähe des absoluten Nullpunkts fest und verdampft bereits wenige Grad darüber. Das nächst größere Molekül, Wasser, hält sich nicht im mindesten an diese Regel. Es verhält sich so, als wüßte es von der thermodynamischen Behauptung nichts, daß es eigentlich bei minus 93 Grad Celsius sieden und bei minus 97 Grad Celsius bereits wieder gefrieren sollte. Schalkhaft setzt es sich über alle Regeln hinweg, schlägt – nicht gerade der Natur, aber unserem naiven Verständnis, das zu viele Vehikel braucht, um die einfachsten Dinge zu verstehen – ein Schnippchen und gefriert erst bei der viel höheren Temperatur von ungefähr 0 Grad Celsius. Ungefähr, weil der wirkliche Gefrierpunkt stets von der Art der Verunreinigung von Wasser abhängt, der Zahl der Beimengungen, die in ihm gelöst sind: Sie alle setzen den Gefrierpunkt herab, versuchen, die Regel wieder herzustellen. Am erfolgreichsten sind dabei die Salze, die es schaffen, Wasser weit zu »unterkühlen«, wenn man so sagen will, bevor es gefriert, bis zu minus 18 Grad Celsius und leicht darunter: der Grund dafür, im Winter Salzlauge auf die Straßen zu spritzen, um Glatteisbildung zu verhindern und die Sicherheit unserer uns, ach, so lieben Autos – und nebenbei unsere eigene – zu gewährleisten, wie man behauptet. Ihr zuliebe waten wir bei Außentemperaturen knapp unter Null in schwarzem, klebrigem Schlamm von minus 18 Grad Celsius herum, der, weil er nicht gefriert, an den Straßenrändern in den Boden einsickert und die Wurzeln der Vegetation erfrieren macht und abtötet, an dem sich Vogelwelt, Insekten und Kleintiere unterkühlen, verätzen und der schließlich ins Grundwasser absinkt und es vergiftet.

Eigentlich trifft der Terminus Unterkühlen auf Wasser nicht zu, denn nach dem Gesagten friert weit »überhitztes«, sich nicht an die Regel haltendes Wasser; der Nullpunkt liegt ganze nicht zu verachtende 97 Grad über dem theoretischen, der Regel folgenden! Ganz entsprechend liegt der Siedepunkt des Wassers ungefähr 193 Grad über dem eigentlich regulären! Wiederum eigentlich; denn Wasser kocht normalerweise nicht bei 100 Grad. Es hält diesen Wert nur ein, wenn es absolut rein ist und sich auch noch bei Normaldruck befindet. Normalerweise aber begibt man sich nicht auf Meeresniveau und wartet auch nicht genau den Druck einer Atmosphäre ab, um Wasser zu kochen. Niedrigere Luftdruckverhältnisse setzen den Siedepunkt herab; leichter siedende, im Wasser gelöste Stoffe tun ein ähnliches, während schwerer siedende den Siedepunkt erhöhen und eine Siedeverzögerung, wie es im Fachjargon heißt, hervorrufen.

Der große Abstand von ungefähr 100 Grad Celsius zwischen Gefrier- und Siedepunkt des Wassers ist für das Leben ein Glück, wenn er auch nur eine Konsequenz, eine Eigenwilligkeit der Struktur des Wassermoleküls ist. Für Kochen und Verdampfen von Wasser muß mehr Energie aufgewendet werden, als thermodynamisch vermutet. Die kristallähnliche Struktur der Flüssigkeit, die ja schon die Andeutung eines Festkörperzustandes ist, ermöglicht ihr Gefrieren früher als erwartet. Sie legt den Siedepunkt hoch hinauf; aber statt nun den Gefrierpunkt auch so weit nach oben zu verschieben, hält sie ihn relativ gesehen tief unter dem Siedepunkt, wenn auch weit über dem von der Regel vorgegebenen.

Lebenselixier II

Nun ist der weite Abstand zwischen Siede- und Schmelzpunkt nicht die einzige Eigenschaft des Wassers, die es für das Leben interessant werden läßt. Dies ist ein zentraler Punkt und bedarf der genaueren Begründung. Sie basiert auf den physikalischen Eigenschaften von Wasser. Auf Eiweiß bauendes Leben benötigt für die Aufrechterhaltung seiner Funktionen Stoffwechsel, Fortpflanzung usw. ein Grundelement, das viele Eigenschaften erfüllen muß: Vor allem muß es die benötigten Grundstoffe in genügender Menge bereithalten, das heißt soviel wie speichern, und es muß sie gleichzeitig an die Stellen transportieren, wo sie gebraucht werden.

Erstaunlicherweise hat die Alchimie ein Jahrtausend lang nach dem Lebenselixier per se gesucht, ohne zu bemerken, daß sie es mit dem Wasser längst in der Hand hatte, daß es neben dem Wasser kein anderes, gleichwertiges, leistungsfähiges lebenspendendes Elixier gibt. Blind für die naheliegenden Dinge hat sie versucht, ein solches zusammenzubrauen, und der Mißerfolg hat sie nur noch tiefer in die falsche Suche verstrickt und sie das Elixier in Zauber und Beschwörungsformeln irgendwo im Magischen versteckt vermuten lassen, wo es nur noch Geister und deren Gehilfen zugänglich sein sollte. Die Geschichte dieses Mißerfolgs erscheint von außen amüsant; aber in Wirklichkeit hält sie uns den Spiegel unserer infantilen Erkenntnisfähigkeit vor. Was alles übersehen wir wohl heute auf unserer Suche nach dem Letzten in gleicher Weise, wie die Alchimisten das Wasser verkannt haben; auf welche Irrwege haben wir uns bereits begeben, ohne zu sehen, daß sie uns nicht zur Erkenntnis hin, sondern von ihr fort führen – es wäre nicht verwunderlich, wenn es die von uns allen geglaubten Grundlagen unseres Wissens wären, die sich eines Tages als irrtümlich entpuppten, wenn uns jene, auf die wir uns felsenfest verlassen haben, wie einst die Alchimisten die ihren im Stiche ließen. Wie jene können wir heute von innen her nicht entscheiden, was richtig ist. Wir haben an das zu glauben, was wir für richtig befinden, bis es sich eines Tages von selbst zeigt, wo die Schwächen gelegen haben. Auch die Alchimisten hatten keine andere Wahl. Das Wasser hat sich am Ende durchgesetzt, als die moderne Wissenschaft seine Eigenschaften und seine Bedeutung erkannte. Das war keine Revolution, nichts fiel wie Schuppen von den Augen: Es war ein stiller Prozeß, in dem das Wasser mit aller Selbstverständlichkeit sich auf den ihm gebührenden Platz setzte.

Der große Zertrenner

Lösung beruht auf einem Vorgang, den man Dissoziation[6] nennt und bei dem eine chemische Bindung von bestimmten Stoffen vorübergehend, nämlich für die Zeit der Lösung, aufgelöst und doch nicht zerstört, sondern für später konserviert wird. Das Lösungsmittel leistet dies, und für die gesamten lebenswichtigen Stoffe ist Wasser das beste Lösungsmittel. Wasser hat die Eigenschaft, andere Substanzen zu *hydrieren*, was soviel heißt, wie Wassermoleküle an andere Substanzen anzulagern. Man versteht leicht, warum es das vermag, wenn man sich an das Vorhergehende, die raumfüllende Struktur des Wassermoleküls erinnert. Die Hydration erfolgt in zwei Zonen um das Fremdmolekül herum: einer inneren, die sich kugelförmig um das Fremdmolekül legt, und einer äußeren, unregelmäßig geformten, die sich an die innere anschließt. In der inneren Zone organisieren sich die Wassermoleküle strahlenförmig mit dem Sauerstoff nach innen und dem Wasserstoff nach außen auf das Fremdmolekül hin. Diese Zone ist meist stabil an das Fremdmolekül gebunden und bleibt als *Kristallwasser* auch dann noch erhalten, wenn die Substanz auskristallisiert. Es handelt sich bei ihr um »inneres« Wasser, das sich leicht anders verhält als normales Wasser, weil es sich nicht mit Wassermolekülen, sondern von Fremdmolekülen umgeben sieht, sich also in gewisser Weise so verhält, als befände es sich an einer Wasseroberfläche. In der äußeren Zone wechseln die Moleküle beständig. Sie stellt den Übergang zum Wasser der Umgebung her und verdunstet beim Auskristallisieren. Als Hydrationsmittel bettet Wasser andere Substanzen ein, konserviert sie und macht sie für weitere Reaktionen für die Dauer der Hydration unzugänglich.

Die andere Eigenschaft des Wassers ist die *Selbstdissoziation*: die Fähigkeit, sich in sich selbst aufzulösen. Wasser zerfällt in seiner eigenen flüssigen Lösung in ein positives Wasserstoffion, dem sein (einziges) Elektron fehlt, und in ein negatives Hydroxylion, die aus dem restlichen Wasserstoff- und Sauerstoffatom be-

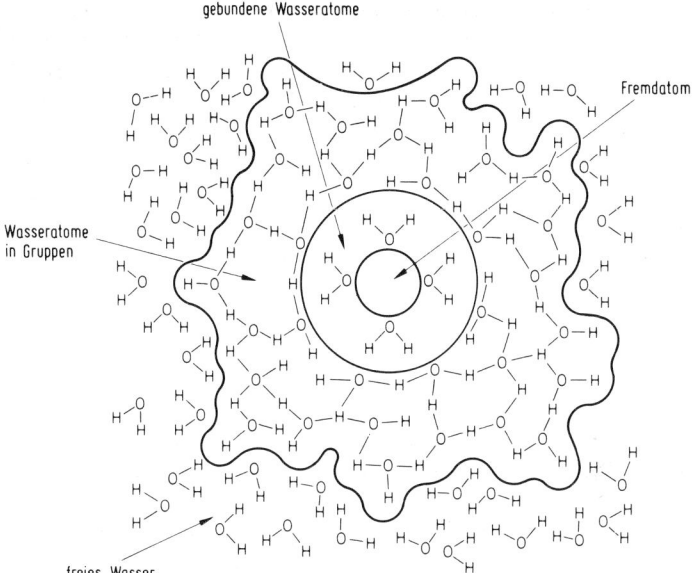

gebundene Wasseratome

Fremdatom

Wasseratome in Gruppen

freies Wasser

Abb. 6: Die Hydration eines Fremdatoms erfolgt im Wasser in drei Zonen. In der innersten bilden die hydrierenden Wasseratome eine Art Gitter um das Fremdatom mit dem Sauerstoff nahe dem Fremdatom und den Wasserstoffionen nach außen gerichtet. Um diese Innenzone herum befindet sich eine weitere Zone, in der die Wasseratome eine lose gebundene Gitterstruktur formen. Alle Wasseratome hängen hier miteinander zusammen. Dieses Gebiet hat eine unregelmäßige Begrenzung nach außen, wo es von freien Wasseratomen, die nicht aneinander gebunden sind, umgeben ist.

stehende Kombination, die das überflüssige Elektron trägt. Allerdings zerfallen in Wasser nur sehr wenige Wassermoleküle in ihre *Kat-* und *Ani*onen, wie man sagt. Nur einem Molekül unter zehn Millionen widerfährt dies, aber auch nicht weniger.

Geht Wasser mit sich selbst noch gnädig um, so tut es das nicht mit anderen Substanzen, die ins Wasser eingebracht werden. Sie werden von ihm gnadenlos dissoziiert, in An- und Kationen zerlegt, und nur in diesem Zustand sind sie ohne Schwierigkeiten transportfähig. Wasser organisiert sich um sie herum und transportiert sie mit seiner ihm eigenen Strömung dorthin, wohin es nach den Gesetzen der Hydrodynamik strömen »will«. Der im Wasser gelöste Stoff selbst hat keine Verfügung mehr über sich selbst, solange er nicht in Sättigung gegangen ist. Das aber geschieht nur, wenn dem Wasser zuviel von diesem Stoff beigegeben wird, mehr als Wasser aufzulösen vermag: zuviel Salz etwa oder zuviel Zucker, wie wir alle aus Erfahrung wissen.

Praktisch sind alle Substanzen in Wasser löslich, selbst die sogenannten unlöslichen wie Quecksilbersulfid. Bei ihnen liegt nur der Sättigungsgrad sehr niedrig. Dieser, beziehungsweise der Lösungsgrad, unterscheidet die löslichen und die unlöslichen Substanzen voneinander. Unter den für das Leben wichtigen finden sich kaum unlösliche, wenn sie nicht im Organismus an Ort und Stelle aus an den Ort transportierten Grundmaterialien hergestellt werden wie etwa der in Skeletten enthaltene Kalk.

Mit Hilfe von Dissoziation und Hydration bereitet Wasser in seiner flüssigen Phase die für das Leben wichtigen Stoffe für den Transport in Lösung auf. Von dieser wunderbaren Eigenschaft, die das Wasser nur mit wenigen anderen Lösungsmitteln teilt, die aber durchweg als natürliche, dem Leben zuträgliche ausscheiden, hat das Leben uneingeschränkten Gebrauch gemacht. Es wird von hier aus verständlich, warum Wasser der bereits von Thales erkannte Ausgangsort allen Lebens war. Im Wasser war das erste Leben buchstäblich in seinem Element, wurde es von für die Lebensvorgänge notwendigen, in Lösung befindlichen Stoffen überschwemmt: Das Wasser trug sie an das Leben heran; und wo das Leben sich aus dem Wasser abkapselte und eventuell sogar an Land ging, verinnerlichte es diese ursprünglich gemachte, lebensnotwendige Erfahrung und nahm den Lösungs- und Transportmechanismus mitten in sich hinein als Blut- und Lymphkreislauf mit allen feinen und feinsten Verästelungen, die das Material an die Zellen heranbringen, in denen die komplizierten Mechanismen ablaufen, die das Leben ausmachen.

Die Zellen selbst bestehen überwiegend aus ihrem Urelement Wasser, und es ist das Wasser, dem wir die ungeheuer komplizierten Faltungen der Proteinmoleküle verdanken, ohne die Leben nicht einmal im Ansatz existieren könnte. Zuweilen wird Wasser darum auch als biochemischer Zement bezeichnet, der Klebstoff, der die langen Eiweißmoleküle zu gefalteten Enzymen verbiegt, die alle jene für Wachstum und Stoffwechsel, Fortpflanzung und Hunderte andere physiologische Prozesse notwendigen organischen Reaktionen kontrollieren, von denen hochentwickeltes Leben abhängt. Die Zellen stellen die Proteine her, die die Enzyme benötigen; sie bauen sie aus kleineren Molekülen zusammen wie aus Bausteinen, aus den Aminosäuren, bis sie zu Riesenmolekülen werden, Aminosäureketten von Überlänge. Aber weniger der Aufbau der Ketten ist es als ihre dreidimensionale Faltung, die benötigt wird. Jedes Protein hat eine ganz bestimmte Faltungsform, die es einnehmen muß, damit es als Enzym seine Funktion erfüllen kann. Die Faltung ist Sache des Wassers. Wieder hat es mit der Raumstruktur des Wassermoleküls zu tun, doch spielt auch der Säuregrad der wäßrigen Lösung bei der Enzymfaltung eine Rolle. Zu sauer darf die Lösung nicht sein, sie darf also nicht zuviel Salz enthalten, damit sich das Enzym richtig faltet. Wenn der Salzgehalt stimmt, dann kommen die schwachen Kräfte zur Geltung, mit denen das Wasser auf die Aminosäuren wirkt und sie in die richtigen Winkel zwingt.

Man hat den Versuch unternommen, die Proteine zu täuschen und ihnen kein Wasser, sondern eine Abart desselben anzubieten, schweres Wasser, das sich chemisch ebenso verhält wie normales. »Schwer« heißt es, weil in ihm der Wasserstoff durch sein erstes Isotop ersetzt ist, in dem der Kern nicht aus einem einfach geladenen Proton, sondern aus einem Proton und einem zusätzlichen Neutron, also aus zwei Kernbausteinen besteht. Elektrisch ändert das nichts am Wassermolekül, da keine weitere Ladung hinzugefügt wird; das Molekül wird lediglich schwerer. Doch ändern sich dabei einige wichtige physikalische Eigenschaften, und sofort ist es vorbei mit der Enzymfaltung. Schweres Wasser ist Gift für das Leben, weil es die Faltung der lebenswichtigen Enzyme unterbindet. Glücklicherweise kommt schweres Wasser nur in sehr kleinen Mengen vor. Das Leben ist froh darüber; nur die Kern- und Kernwaffenindustrie klagt über die Schwierigkeit seiner Gewinnung für ihre Zwecke, von denen nur derjenige, der die Energieerzeugung anvisiert, entfernt mit der Erhaltung des Lebens zu tun hat.

Vom Wissen um die Bedeutung von Wasser für die Faltung der Enzyme ist es nicht weit zur Vermutung, Wasser könnte auch bei der Bildung der Doppelhelix in der Desoxyribonukleinsäure, der berühmten DNS, in den Genen mitspielen. Das ist tatsächlich so. Wasser garantiert, wie man heute weiß, die Stabilität der DNS. Es mischt sich mit in den Zellreproduktionsvorgang und in die Vererbung ein und sitzt an zentraler Schaltstelle des biologischen Geschehens. Man wundert sich nur, wie lange diese Bedeutung von Wasser übersehen beziehungsweise ignoriert worden ist. Die Wichtigkeit von Wasser für die Lebensvorgänge zwingt alle Lebewesen zur ständigen Erneuerung ihres inneren Wasservorrats. Pflanzen verbrauchen auf der Erde jeden Tag etwa drei Milliarden Kubikmeter Wasser für ihre Lebensvorgänge in der Photosynthese, mit der sie die Kohlehydrate erzeugen, die die von Pflanzennahrung abhängige Tierwelt für ihre Existenz benötigt. Gleichzeitig verdunsten sie Wasser durch ihre Oberflächen. Sie müssen darum zum Beispiel durch ein verwickeltes Röhrensystem, wenn sie sich nicht auf andere Weise parasitär oder durch Einfang von Insekten mit dem wertvollen Naß versorgen, Wasser aus dem Boden einleiten oder Regenwasser auffangen. Bei der Leitung in solchen Röhren nutzen sie, ebenso wie tierische Lebewesen in ihrem Blutkreislauf es tun, die Kapillarität des Wassers und die Osmose aus. Und wenn in ihrer Umgebung nicht genügend Wasser zur beständigen Versorgung aufgetrieben werden kann, entwickeln sie ein kompliziertes Speichersystem für Feuchtigkeit, das die Verdunstung minimalisiert und Wasser in riesigen Speicherzellen einlagert.

Ähnliches tun auch Tiere. Sie alle sind auf Speicherung von Wasser angewiesen, die in ihren Zellen erfolgt; und einige verfügen gleichfalls über speziell eingerichtete Speicherzellen, die mit Wasser gefüllt werden. Um ein Beispiel zu geben: Der menschliche Organismus braucht für seine Lebensvorgänge 2½ Liter Wasser täglich, die er vorwiegend durch Trinken und flüssige Nahrung aufnimmt. Nur etwa 300 Milliliter dieser Menge gewinnt der Organismus aus fester Nahrung, wenn er Kohlehydrate, also Traubenzucker, mit Hilfe von Sauerstoff, der durch Atmung aus der Luft zugeführt wird, zu Kohlendioxid und Wasser verbrennt und dabei gleichzeitig 32 Millionen (!) Kalorien an Wärme erzeugt. Das ist eine viel zu hohe Wärmemenge, um seine Körpertemperatur auf den erforderlichen 36 Grad Celsius zu halten. Würde sie als Wärme frei werden, so stiege letztere um 26 Grad auf fatale 62 Grad Celsius. Bereits bei 42 Grad Celsius zersetzen sich die Proteine und Enzyme, und das Leben hört auf. Der Körper verwendet darum die überschüssige Energiemenge für die genannten Wasser verbrauchenden Enzymreaktionen. Und außerdem benötigt er Wasser, um sich zu kühlen.

Der große Transporteur

Als Flüssigkeit im Organismus dient Wasser vor allem als Transportmittel; es transportiert Nahrung, Sauerstoff, Hormone und Fette an ihre Bestimmungsorte und schafft die Abfallprodukte an die Ausscheidungsstellen. Eine der wichtigsten Aufgaben ist der Sauerstofftransport. Die genannte Verbrennung von Traubenzucker mit Hilfe von Sauerstoff erfordert täglich im Menschen 185 Liter Sauerstoff, der vom Blut herangeführt wird. Luft enthält nur 20 Prozent dieses Gases. Die Lunge nimmt bei jedem Atemzug davon wiederum nur 14 Prozent ins Blut auf. Das bedeutet, daß der Körper täglich 6300 Liter Luft umzusetzen hat. 70 Milliliter Blut pumpt das Herz bei jedem Schlag in die Adern. Etwa 70 Herzschläge pro Minute muß es daher ausführen, damit die geforderte Menge Sauerstoff dem Körper zur Verfügung gestellt wird. 7000 Liter Blut treibt das Herz durch den Körper. Nicht die Leistung des Herzens ist zu bewundern; oft genug versagt es ja, und der Herztod ist der Statistik zufolge der weitaus häufigste in der zivilisierten Gesellschaft; auch in der Tierwelt stirbt ein von einem Raubtier überfallenes Tier meistens nicht an den erlittenen Verletzungen, sondern gnädigerweise lange vorher am Schock und dem ihm folgenden Herzflimmern und Herzversagen. Vielmehr ist es die Einrichtung der Natur, die bei ihrer Konstruktion des Lebendigen Wasser benötigt, doch nicht auf den für die Inganghaltung der organischen Verbrennungsvorgänge notwendigen Sauerstoff verzichten kann. Dieser nun ist der Natur zum Trotz in Wasser schwer löslich, und die Natur muß ein kompliziertes System erdenken, das das Wasser bewegt, Sauerstoff in genügender Menge aufzunehmen: das Hämoglobin, welches das Blut problemlos transportieren kann und das den Sauerstoff für die kurze Zeit des Transports chemisch an sich bindet.

Es ist faszinierend zu beobachten, welche Umwege die Natur zu gehen bereit ist. Im Wasser hat sich das Leben ausnehmend wohl gefühlt. Es befand sich in seinem Element. Dazu konnte es sich in drei Dimensionen frei bewegen. Es erfuhr den Auftrieb, der sein Gewicht verringerte, eine wichtige Eigenschaft des Wassers, die eine Folge seiner *geringen Kompressibilität*, das heißt seiner hohen Unwilligkeit, sich zusammendrücken zu lassen, sowie seiner im Vergleich zu ähnlich einfachen Substanzen *hohen Dichte* ist, die selbst wiederum Folge der temporären Gruppierungen der Wassermoleküle im Wasser ist. Der Auftrieb erspart den im Wasser lebenden Organismen ein starres Skelett und reduziert den für die Fortbewegung benötigten Energieverbrauch gegenüber dem auf dem Land. Bis zu 800mal werden Organismen in Wasser leichter als in der stark kompressiblen Luft.

Die Fähigkeit des Wassers, große Wärmemengen aufzunehmen und zu speichern, seine außerordentlich hohe *Wärmekapazität*, hält seine Temperatur bei mäßiger Wärmezufuhr oder -entnahme konstant.[7] Das Leben nutzte diese gleichmäßigen Wassertemperaturen, die die Wasserorganismen entpflichteten, sich um Anpassung an sich ändernde Temperaturen zu bemühen. Der Schwankungsbereich der Temperaturen ihres Lebensbereichs blieb auf wenige Grad beschränkt. Hinzu kommt, daß eine weitere wunderbare Eigenschaft des Wassers, die es mit keiner anderen Substanz teilt, in der Natur das Leben im Wasser selbst dann noch ermöglicht, wenn die Temperaturen sinken und Wasser gefriert. Kaum erwähnenswert, daß dieses Gefrieren lange umgangen werden kann, wie jeder weiß, der einen Teich oder See langsam vom Ufer her hat zufrieren und selbst bei tagelang anhaltendem Frost eine freie Wasseroberfläche behalten sehen. Ebenso gefriert rasch strömendes Wasser in Bergbächen und Flüssen lange nicht, da die Strömung durch Reibung Wärme ins Wasser einführt und außerdem sich bildende Eiskeime zerstört. Aber nicht das war gemeint; vielmehr hat Wasser *nicht* in Nähe des Gefrierpunkts seine größte Dichte, sondern bei etwa 4 Grad Celsius. Bei dieser Temperatur ist es am schwersten, sinkt auf den Grund der Gewässer ab, während sowohl wärmeres als auch kälteres Wasser sich darüber aufschichten. Wasser gefriert stets von seiner Oberfläche her, und weil es in gefrorenem Zustand eine noch bedeutend schlechtere Wärmeleitfähigkeit hat als in flüssigem, beginnt die Eisdecke das unter ihr liegende Wasser von der äußeren Kälte abzuschirmen. In tiefen Gewässern findet sich darum auch in den strengsten Wintern stets eine flüssige Kaltwasserzone, in der das Weiterleben der Organismen garantiert bleibt. Von den Ozeanen wissen wir, daß sie selbst in den Polargebieten nur oberflächlich zufrieren und unter ihrer Eisdecke ein reges Leben floriert.

Doch neben allen diesen positiven Eigenschaften hat Wasser jene eine negative und vom auf Eiweißbasis und der Verbrennung von Kohlehydraten aufbauenden Leben zu bewältigende Eigenart: seinen Widerwillen gegen die Lösung vom dringend benötigten Sauerstoff. So erdachte die Natur für die im Wasser lebenden Arten komplizierte und an Schwerstarbeit heranreichende Mechanismen, dem Wasser den wenigen in ihm enthaltenen Sauerstoff zu entziehen. Hunderte von Litern Wasser müssen täglich durch die fein vernetzten Kiemen eines Fisches gepreßt werden, wo ihm der dünne Sauerstoff von der feinen Kiemenhaut entnommen wird. Und feststehendes Unterwassergetier wie Polypen und Anemonen wehen die ganze Zeit hin und her nicht nur, um sich Nahrung zuzufächern oder auf sich aufmerksam zu machen, sondern vor allem, um sauerstoffreiches Wasser an sich heranzuführen. Im Wasser lebende Säuger haben Methoden zur Speicherung großer Luftmengen gefunden, die ihnen gestatten, nur mit langen Zwischenräumen zum Luftholen auftauchen zu müssen. Vielleicht war aber diese Abneigung des Wassers anfänglich auch eine Art Schutz für das Leben. Reiner Sauerstoff ist ein Gift, das dem Leben nicht zuträglich ist; ja erst das Leben, genauer das pflanzliche Leben, hat dieses Gift im Laufe der Entwicklung produziert. Mit seiner geringen im Wasser gelösten Menge konnte es dem ursprünglichen bakteriellen Leben nicht schädlich werden, und erst das spätere tierische begann, vom verfügbaren Sauerstoff extensiven Gebrauch zu machen. Auf dem Land hat das Leben keinen Bedarf an Sauerstoffspeicherung; doch muß es auch hier im Blutkreislauf auf seinen Transport zurückgreifen und kann sich nicht einmal hierbei vom Wasser lösen, ganz zu schweigen von allen anderen Verwendungen des Wassers, selbst zum Aufbau der organischen Substanz: Sie besteht zum größten Teil aus Wasser und ist damit wahrhaftig kosmische Substanz. Auch wir als Menschen sind zu 65 Prozent nichts weiter als Wasser. Natürlich ist dieses Wasser nicht gleichmäßig über den Organismus verteilt. Knochensubstanz und Fett enthalten wenig Wasser, Hirn- und Muskelgewebe sind wasserreich. Sie leiden als erste unter akutem Wassermangel, und wer seine Hirnzellen lange am Leben erhalten will, ist angehalten, wenigstens die erforderliche Menge von zwei bis drei Litern Wasser je Tag zu sich zu nehmen. Alkohol ist hierfür kein Ersatz.

Eureka

Poseidon, den die Römer Neptun nannten, hatte die Aufgabe, für Unruhe und Aufregung im Wasser zu sorgen. Dauernd fuhr er durch die Weltmeere und sah in ihnen nach dem Rechten, trieb seine Geister und Lebewesen zu Aktivitäten an, wühlte das Meer auf oder glättete es ohne sichtbaren Sinn; dabei folgte er einzig und allein seinen momentanen Gelüsten und Launen, stritt sich mit den anderen Göttern vorwiegend um Frauen und Vorrechte und bereitete ihnen Ungelegenheiten, wo es ging. Seine Handlungen schienen nicht den geringsten Zusammenhang zu besitzen; sie waren frei seinem Willen unterworfen, und dieser bot sich als zufällig dar. So jedenfalls interpretierte sie die Antike, die den Unwettern und den Bewegungen des Wassers, seinen Strömungen und scheinbar ungeordneten Verläufen, den unvorhergesehenen Fluten und Überschwemmungen, den ebenso unvorhergesehenen Trockenheiten keinen Sinn abgewinnen, keine innere Ordnung ablauschen konnte. Es war nicht einzusehen, warum Wasser nach unten floß, wie – fast – alles übrige auch nach unten fiel, warum es aber gleichzeitig verdampfte, warum Teiche austrockneten, warum andererseits Wasser aus der Erde aufzusteigen schien in Quellen, Brunnen und Sümpfen. Nichts war klarer, als daß sich Wasser ungereimt verhielt, keinem Gesetz unterwarf und daß dort einer wie Poseidon seine Hand im Spiel hatte, dem es nur dann entrann und sich vernünftig benahm, wenn er sich gerade nicht darum kümmerte.

Man kann sich gut vorstellen, welches phantastische Gefühl der Einsicht Archimedes überkam, als er das Gesetz der zusammenhängenden Röhren entdeckte. Die Legende erzählt, ihm sei das Gesetz beim Dösen im warmen Badewasser seiner Wanne aufgegangen und er sei nackt, wie er war, aus dem Wasser gesprungen, durch die Stadt gelaufen und habe unablässig geschrien: »Eureka! Ich hab's!« Solche Anfälle war man wohl bei Archimedes, dem berühmten Ingenieur, Stadtweisen und Stadtnarren gewöhnt und verzieh sie ihm nachsichtig, doch machte er sich wohl bei den einfachen Leuten zum Gespött, die ihn zwar ob seines Könnens bewunderten, auch beneideten, denen aber der Überschwang angesichts einer ihnen unverständlichen Einsicht, deren Tragweite sie nicht erkennen konnten, übertrieben erscheinen mußte.

Dabei war das, was Archimedes entdeckt hatte, nur die Spitze des Eisbergs, nur das allererste Sichtbarwerden einer ungeheuer weitverzweigten Wissenschaft, zu der es sich auswachsen sollte. Bis dahin aber mußten noch zwei Jahrtausende vergehen, in denen Archimedes' Einsicht als das Nonplusultra allen physikalischen Wissens über die Bewegung des Wassers galt.[8] Und doch war es nur die geringfügige Einsicht, daß Wasser in miteinander verbundenen Röhren gleich hoch steht. Warum, konnte Archimedes nicht sagen; weder kannte er die Schwerkraft, noch kannte er den Luftdruck, die beide an diesem Gleichgewicht beteiligt sind. Aus Ermangelung der Mittel blieb er davon verschont, sehr dünne Röhren, Kapillaren in seine Betrachtung mit einzubeziehen; denn dort gelten seine Gesetze nicht. Hätte er beobachtet, wie Wasser in einer dünnen Röhre »von selbst« aufsteigt, es hätte ihn aus der Fassung gebracht. Furchtbar erschreckt auch hätte ihn die Beobachtung etwa von flüssigem Helium bei Minusgraden nahe absolut Null um minus 270 Grad Celsius, das sich gar nicht normal verhält, sondern supraflüssig wird, wie man sagt, und über die Gefäßränder klettert, ohne sich um irgendein Rohr oder eine Begrenzung zu kümmern. Die fehlenden technischen Hilfsmittel bewahrten Archimedes vor solchen von der Regel abweichenden Beobachtungen, die ihn doch wieder an die Allmacht und Eingriffe Poseidons hätten glauben lassen.

Sein Glücksgefühl baute darauf auf, Poseidon bei einem seiner Tricks in die Karten geschaut zu haben. Die Flüsse eilten dem Meere zu, weil sie auch so niedrig stehen *wollten*. Tief liegende Wiesen in der Nähe von Flüssen oder Seen verkamen zu Sümpfen, weil sie durch feine Röhren im Boden mit dem Wasser verbunden waren, das durch diese Röhren in sie einströmte. Die Flußarme im Nildelta hatten alle die gleiche Höhe des Wasserspiegels, weil sie miteinander verbundene Röhren darstellten. Wasser in Brunnen und Quellen stieg offenbar auf, weil es irgendwo ein höher liegendes Wasser gab, mit dem sie über Röhren in Verbindung standen. Und schließlich war wahrscheinlich das über den Himmeln befindliche Wasser für die Verdampfung und das Aufsteigen des Wassers in die hohe Atmosphäre verantwortlich, wer weiß. Natürlich dachte Archimedes praktisch: Konnte man nicht Wasser in hohe Gebäude transportieren, wenn man diese nur mit einem Rohrsystem mit einer höher gelegenen Wasserfläche verband? Das System des Wasserturms und der Wasserleitung war erfunden, das sich über Jahrtausende noch in den römischen Aquädukten erhalten sollte. Einfach und genial. Poseidon erlitt seine erste große Entmantelung. Man kam ihm auf die Schliche. Doch was da entdeckt worden war, betraf nur die Gleichgewichte, die wir *Hydrostatik* nennen.

Dynamik

Die Hydrostatik ist nur ein Grenzfall einer viel bedeutenderen, übergeordneten Theorie, der *Hydrodynamik*. Mit Hydrodynamik wird die Theorie von der Bewegung von Flüssigkeiten bezeichnet. Es ist kein Wunder, daß sie sich an der Flüssigkeit per se, am Wasser orientiert hat und vor allem eine Theorie der Wasserbewegung ist, wie ihr Name verrät. Poseidon mag die Hydrodynamik beherrscht haben; aber zu diesem Zweck muß er eine Menge Mathematik gekonnt haben. Dem griechischen Mythos nach ist Poseidon Bruder des Zeus und jünger als die Natur; also war es, wie in allem, die Natur, die die Theorie als erste beherrschte oder sagen wir, praktizierte, ohne sich um Theorie zu kümmern. Die Theorie hatte mit ihrer Entstehung zu warten, bis Newtons Mechanik entwickelt worden war, also bis ins 17. Jahrhundert. Erst dann erkannte man, daß auch Flüssigkeiten und insbesondere die Bewegungen des Wassers ähnlichen Gesetzen wie starre Körper unterliegen, daß Kräfte auf sie wirken und man ihre Bewegung mit Kräftebilanzen beschreiben kann. Nur sind Flüssigkeiten nicht starr; sie können ihr Volumen je nach äußerer Situation verändern. An jedem Ort in einer Röhre mit variablem Querschnitt haben sie eine andere Form, weil sie sich dem Querschnitt der Röhre anpassen. Wenn man ihre Bewegung beschreiben will, muß man dieser Formänderung gerecht werden und darf nicht nur die zeitliche Veränderung der Lage betrachten. Das kompliziert die Angelegenheit erheblich. Denn eine Flüssigkeit kann bei Verformungen anfangen, Wirbel zu bilden und zu strudeln und vieles andere mehr.[9] Endlich müssen innere Reibungen, Zähigkeiten, wie sie heißen, berücksichtigt werden, die angeben, wie die Moleküle in der Strömung miteinander wechselwirken. Außerdem kommt bei Flüssigkeiten ein Gesetz hinzu, das für starre Körper oder Teilchen in der Newtonschen Mechanik selbstverständlich ist: daß die Masse erhalten bleibt. Bei einer Stahlkugel zum Beispiel ist das gar keine Frage; aber für eine Flüssigkeit muß stets darauf geachtet werden, daß die zeitliche Änderung der Dichte der Flüssigkeit an einem Punkte gerade dem Wegtransport von diesem Ort entspricht. Der Fluß, der durch jede Fläche strömt, ist konstant. Strömt die Flüssigkeit schnell, so ist die Dichte gering, strömt sie langsam, ist sie hoch, was intuitiv sofort klar ist. Euler und Bernoulli, die beiden Schweizer Mathematiker, haben sich um die Entwicklung der Hydrodynamik verdient gemacht; ohne sie wüßten wir nichts über Strömungen und Strömungsverhältnisse, über Tragflügelformen und über die Bedingungen, die ein Flugzeug erfüllen muß, damit es fliegt.

Fliegen? Aber das hat doch mit Luft zu tun? Richtig. Doch ist der Unterschied zwischen Hydro- und Aerodynamik gering; letztere ist ein Kind der ersteren. Historisch gesehen wurde die Hydrodynamik mindestens hundert Jahre früher entwickelt als die Aerodynamik: Die Aerodynamik hat die Hydrodynamik und das ihr bekannte Wissen übernommen. Der wichtigste Unterschied ist der bereits erwähnte und im folgenden Kapitel eine wichtige Rolle spielende, daß Gase sich komprimieren lassen.

Der Unberechenbare

Die Hydrodynamik stellte sich für lange Zeit als die mathematisch schwierigste bekannte physikalische Theorie heraus, weit schwieriger als die Newtonsche Mechanik der Massenpunkte, die man ohne weiteres hatte auf die Sternbewegung anwenden können. Die Schwierigkeit lag in der enormen *Nichtlinearität* der Hydrodynamik, das heißt in der gegenseitigen Abhängigkeit von Dichte, Geschwindigkeit und Temperatur der Flüssigkeit. War man schon die Vereinfachung eingegangen, gar nicht erst die einzelnen Wassermoleküle zu betrachten, sondern das Wasser als ein Kontinuum von *Flüssigkeitselementen* anzusehen, die so etwas sind wie Tropfen, so stand man immer noch vor der schier nicht zu bewältigenden Aufgabe der mathematischen Lösbarkeit.

Korrekterweise sollte an dieser Stelle gesagt werden, daß die historische Entwicklung anders verlief. Zum Zeitpunkt der Entwicklung der Hydrodynamik im 17. Jahrhundert dachte niemand auch nur im entferntesten an eine molekulare Beschreibung des Wassers. Es war vollkommen selbstverständlich, Wasser als

Flüssigkeit, als Kontinuum von Flüssigkeitselementen zu verstehen, die sich verformen und fließen konnten. Seit Leukipp, Demokrit und Epikur geisterte zwar schon der Gedanke einer atomaren beziehungsweise molekularen Struktur der Materie durch Wissenschaft und Philosophie, aber keiner der Gelehrten nahm diesen Gedanken ernst. Die Ausnahme bildete Newton, der, verleitet durch den Erfolg seiner Punktmechanik, die die Bewegung von punktförmigen Teilchen beschrieb, auch Licht als einen Strom von kleinen Teilchen erklärte und darum als Entdecker des Photons, des elementaren Lichtteilchens gelten kann. Auf den Gedanken, Flüssigkeiten molekular als Teilchen anzusehen, kam niemand. Erfuhr jeder doch Wasser als ein Kontinuum, das keine Zwischenräume hat; und niemanden störte, daß Wasserhähne tropfen, es über die Hände rinnt und sich aufteilt; niemand fragte, was bei diesem Aufteilen geschieht, wie klein die Flüssigkeitselemente eigentlich werden können. Der Gedanke des Molekularen und Atomaren wurzelte im späten 18. und im 19. Jahrhundert und kam erst im 20. zur Geltung, das die molekulare Untersuchung des Wassers mit Hilfe physikalischer Methoden ermöglichte.

Wellen und Schwingungen

Komplizierte Theorien geht man mit einer seit drei Jahrhunderten bekannten einfachen Methode an, die den Namen Störungsrechnung trägt. Man nimmt an, man kenne den mittleren oder Grundzustand, und der gesuchte Vorgang sei durch eine kleine Störung dieses mittleren Zustandes entstanden. Die kleine Störung wird dann eine nur unerhebliche Veränderung des Grundzustandes hervorrufen, die man am besten ignoriert. Mit diesen Annahmen entsteht aus der hochkomplizierten und nichtlinearen Theorie eine viel weniger komplizierte sogenannte *lineare* Theorie, für die es allgemeine mathematische Lösungsmethoden gibt, die die Entwicklung der anfänglich angenommenen kleinen Störung zu untersuchen gestatten. Fast die gesamte physikalische Theorie der exakten Naturwissenschaften baut auf diesem Verfahren auf. Im siebenten Kapitel werden wir seine Grenzen und die Folgen aus deren Überschreitung besprechen. Die Anwendung der linearen Theorie auf raum-zeitliche Änderungen im Wasser unter der Wirkung der Schwerkraft auf eine kleine Auslenkung der Wasseroberfläche lieferte frühzeitig ein erstaunliches Resultat und muß dessen unbekannten Entdecker in helle Begeisterung versetzt haben. Er fand nämlich, daß sich eine solche kleine Auslenkung, die zum Beispiel durch einen Windstoß hervorgerufen sein könnte, an der Oberfläche von flachem Wasser als Welle ausbreiten muß, als Schwingungsvorgang der Flüssigkeitselemente im Wasser, der sich vom Anfangsort aus mit einer bestimmten festen Geschwindigkeit ausbreitet.[10]

Die gleiche Phasengeschwindigkeit aller Wellen hat nun aber eine sehr eigenartige Auswirkung. Sie bedeutet, daß in einem Wellenberg die Teile mit hoher Flüssigkeitsgeschwindigkeit schneller laufen als die mit niedriger. Insbesondere läuft der Berg nach vorn, das Tal aber nach hinten. Somit laufen der Berg des nachfolgenden und das Tal des vorangehenden Wellenzuges aufeinander zu. Die Welle »steilt sich auf«: Sie verformt sich und bildet eine Rampe. Wenn diese Rampe den Winkel von 90 Grad erreicht, kippt die Welle vornüber – ein Schauspiel, das uns aus der Brandung geläufig ist. Auf diese Weise erklärt die Hydrodynamik zwanglos, wie im flachen Wasser sich überschlagende Brandungswellen entstehen.[11] Im Ozean sind es nur noch die Gezeitenwellen, Poseidons Badewellen, mit ihren riesigen Wellenlängen, für die der Ozean flach bleibt und die deshalb als steile Rampe über den Ozean laufen und sich zuweilen, wenn sie hoch anwachsen, überschlagen.

Einsame Wellen

Die Situation kann sich aber vollständig ändern, wenn die Wellen sehr große Amplituden annehmen. Dann gewinnt der nichtlineare Charakter der Theorie Bedeutung. Erstens darf man in einem solchen Falle die einzelnen Wellenzüge nicht mehr addieren, weil sie sich gegenseitig beeinflussen und die Summe nicht mehr gleich dem Endprodukt ist; zweitens verhindert die Wechselwirkung der Wellen deren Auseinanderlaufen. Der Zusammenhalt der Moleküle in der Welle, ihre gemeinsame (kollektive) Bewegung, die der Grund für die Rückwirkung ist, hat die Tendenz, die Welle aufzusteilen, ihre Amplitude zu vergrößern. Das geschieht so lange, bis die Welle zu steil wird und überkippt. Wenn es soweit kommt, dann hat die Welle selbst andere Wellen mit kürzeren Wellenlängen erzeugt, die alle übereinandergelegt den hohen Wellenberg bilden. Dies ist die eine Tendenz. Die andere Tendenz kommt aus der unterschiedlichen Ausbreitungsgeschwindigkeit von Wellen unterschiedlicher Länge. Laufen die kurzen Wellen schneller als die langen, dann werden im Laufe des Aufsteilvorgangs die kurzen Wellen aus dem Wellenberg hinauslaufen, sich nicht zu den langen Wellen addieren, und das Überschlagen der Welle bleibt aus. Im Gleichgewicht kompensieren sich diese beiden unterschiedlichen Tendenzen. Wenn dieser Fall einsetzt, entsteht ein stabiler, sich nicht verändernder Wellenzug, der meist nur aus einem einzigen Wellenberg oder Wellental besteht und ohne irgendeine Änderung durch das Wasser läuft. Begegnen sich zwei derartige konstante *einsame* Wellen, so laufen sie durcheinander hindurch, ohne sich gegenseitig zu stören. Nur im Augenblick ihres Zusammenstoßes verformen sie sich, stellen sich danach wieder wie elastisch auf ihre ursprüngliche Form ein, als hätten sie sich nie gesehen und die Begegnung vollkommen vergessen, wie autistische Kinder, die mit niemandem ein Wort wechseln. Solche Wellen heißen *Solitonen;* es sind Wellen »ohne Gedächtnis«. Sie bilden eine Klasse der interessantesten Phänomene, die uns das Wasser als Flüssigkeit anbietet.

Berichtet wurde über die Beobachtung eines Solitons erstmals im Jahre 1834 von Scott Russell, der einen einzelnen Wellenzug in einem der englischen Kanäle bemerkt hatte und ihm auf dem Pferde über eine lange Strecke gefolgt war, ohne daß die »hohe solitäre Erhebung«, wie er sie nannte, Form oder Geschwindigkeit geändert hatte. Das Phänomen blieb lange unverstanden. Erst in den neunziger Jahren des vergangenen Jahrhunderts gelang es den beiden Niederländern Korteweg und de Vries, aus der Hydrodynamik eine Gleichung abzuleiten, deren Lösungen Solitonen sind. Aber es dauerte noch bis in die sechziger Jahre unseres 20. Jahrhunderts, ehe diese Gleichung gelöst und der Mechanismus der Entstehung des Solitons als Gleichgewicht zwischen zwei entgegengesetzten Tendenzen in der Welle verstanden werden konnte[12], der nichtlinearen Rückwirkung und dem dispersiven Auseinanderlaufen.

Natürlich leben auch Solitonen nicht unbegrenzt lange. Ihre begrenzte Lebenszeit findet ihren Grund aber nicht im oben besprochenen Auseinanderlaufen; vielmehr liegt die Ursache dafür in der inneren Reibung der Flüssigkeit, ihrer Viskosität. Bewegungen verschieben die eingangs symmetrische Anordnung der Moleküle gegeneinander. Diese Vorgänge verbrauchen die eingespeiste Bewegungsenergie, bis die Welle verschwindet, es sei denn, sie wird durch Wind oder Gezeitenbewegungen, durch ein Boot oder dergleichen mehr beständig neu aufgebaut. In einem solchen Fall überlebt das Soliton lange Zeit.

Erschrecken

Die Hydrodynamik konfrontiert uns mit einer anderen in der Natur wichtigen Erscheinung, den sogenannten *Stoßwellen,* die in Flüssigkeiten (und Gasen) entstehen, wenn diese sich komprimieren lassen, man sagt, wenn sie kompressibel sind. Wasser läßt sich kaum komprimieren, darum gibt es in Wasser keine Stoßwellen. Kompressibel werden Flüssigkeiten, wenn die Geschwindigkeit der Bewegungen in ihnen in die Nähe der Schallgeschwindigkeit kommt oder diese übersteigt. Bei solch hohen Geschwindigkeiten können Druckschwankungen[13] nicht mehr ausgeglichen werden. Stoßwellen werden durch Überschallbewegungen eines Objektes erzeugt, indem vom Objekt angeregte und auslaufende Schallwellen hinter dem schnellen Objekt zurückbleiben und sich an einer kegelförmigen Front, der Stoßwelle, alle gleichzeitig treffen. Dort bilden sie den sprunghaften (diskontinuierlichen) Übergang vom schallfreien zum gestörten, mit Schallwellen erfüllten Gebiet hinter dem Objekt. Den Vorgang haben wir alle viele Male erlebt, wenn ein Überschalljäger über uns hinwegraste und uns der Knall des später kommenden Schalls erschreckte. In der Stoßfront springen Dichte, Temperatur und Geschwindigkeit. In ihr findet die Umsetzung von Bewegungsenergie durch Viskosität in Wärme statt: Die Flüssigkeit (oder das Gas) wird aufgeheizt.

Wir wollen hier nicht auf die tausendfältigen Erscheinungen eingehen, die die Hydrodynamik in der Zwischenzeit untersucht hat. Jeder Körper, der sich in einer Flüssigkeit bewegt und eigene Geometrie hat, ruft Erscheinungen hervor, die ins Gebiet der Hydrodynamik gehören. Beliebte Spezialfälle sind Strömungen in Röhren oder Umströmungen von Tragflügeln oder Geschossen. Alle diese Probleme enthalten sogenannte Grenzschichten, wo die Flüssigkeit über das Objekt hinwegschlüpft, nachdem sie mit ihm in Kontakt gekommen ist. Bei genügend hohen Geschwindigkeiten lösen sich Grenzschichten als Ganzes vom Körper ab, und es entsteht eine ungeordnete Bewegung in der Flüssigkeit, die *Turbulenz*, deren Ausbildung bis heute nur rudimentär verstanden ist und die wiederum viel mit der Nichtlinearität der Erscheinungen, die wir streifen werden, zu tun hat.

Durcheinander

Wenn die kollektive Rückwirkung stärker ist als das dispersive Auseinanderlaufen von Wellen und Störungen, dann entsteht kein Soliton mehr, sondern Turbulenz. Die Flüssigkeit löst sich in Wirbel auf. Es kann nicht mehr angegeben werden, wohin ein Flüssigkeitselement strömen wird. Weil alle Wellen miteinander verkoppelt sind, zerfällt eine in die Flüssigkeit hineinlaufende Welle in Wellen mit kürzeren Wellenlängen bis hin zur molekularen Skala. Es entsteht ein breites Spektrum aller Wellenlängen, das man in turbulenten Strömungen immer wiederfindet und das nach seinem Entdecker Kolmogoroff-Spektrum genannt wird.

Turbulente Strömungen bremsen rasch bewegte Objekte ab und verbrauchen Energie. Man ist darum in der Praxis daran interessiert, Turbulenzen zu vermeiden. Die Natur allerdings »denkt« anders. Sie benutzt Turbulenzen in ihren unendlich vielen Formen, um Energie loszuwerden, umzusetzen, in Wärme zu verwandeln. Zuweilen gelingt es ihr dabei, konstruktiv zu werden und im Zusammenspiel von Turbulenz und anderen Kräften Formen zu erzeugen. Das Universum ist angefüllt mit solchen Formen, die ihren Ursprung in allen möglichen Turbulenzen haben. Die Zahl der Beispiele ist groß. Fast alle makroskopische Struktur – beispielsweise die vielfältigen Formen von Galaxien und die verästelten Nebel, die von Supernovaexplosionen im Universum übriggeblieben sind – entstammt der Turbulenz; wir werden im Kapitel über das Chaos darauf zurückkommen. Poseidon mit seinem Drang zur Unordnung mag darum in seinen frühen Jahren eine Menge Struktur geschaffen haben, ohne daß er es bewußt wollte.

Jetzt, wo er alt ist und nur noch verwaltet, nur noch rechnet und keinen Schwung mehr hat, alles in Unordnung zu bringen, jetzt geht es ruhiger und weniger ungestüm zu, und nur noch langsam bilden sich neue Ordnungen, deren vom Menschen dirigierter Teil nicht immer uneingeschränkt und fraglos dem Guten dient. Poseidons Einfluß ist auf die Meere eingeschränkt worden, und auch dort kann er uns kaum mehr überraschen mit seinen gelegentlichen Anfällen von Jähzorn.

2. Poseidons Transportfirma

Wasser hat die wunderbare Eigenschaft, nicht nur Lösungsmittel, sondern gleichzeitig auch Transporteur zu sein. Wasser ist, man will es nicht glauben, auf Erden der wichtigste Transporteur. Weder Erdbeben noch Luft tun es ihm gleich. Nicht einmal der Mensch mit seinen technischen Hilfsmitteln erreicht die Transportfähigkeiten des Wassers. Wasser transportiert einfach alles, wenn ihm nur genügend Zeit gelassen wird. Lösliche Stoffe bereiten ihm kein Problem; für das Unlösliche benötigt es einfach längere Zeit. Wie richtig ist das Wort vom steten Tropfen, der den Stein höhlt: Das Wasser wäscht den Stein langsam aus und trägt das Material teilweise in Lösung, in Suspension oder nur im Wasser aufgewirbelt davon, bis eines Tages der Stein zu existieren aufhört. Auf diese Weise transportiert Wasser in Flüssen und Bächen jährlich ungeheure Mengen Material über Tausende Kilometer, lagert sie ab, transportiert neues heran und altes ab, wirft sie in Ebenen auf, schüttet sie in Seen und ins Meer. Ganze Länder hat das Wasser geschaffen, andere hat es vernichtet, Flußdeltas aufgeschwemmt, im Laufe der Erdgeschichte hat es die riesigen Sedimentebenen geformt, die den größten Teil des menschlichen Lebensraumes bilden, indem es mit seiner alles sprengenden Kraft gemeinsam mit den jahreszeitlichen Temperaturschwankungen und den großen eiszeitlichen Temperaturstürzen die Verwitterung des Urgesteins gefördert, begünstigt und organisiert hat und im Anschluß an sie, für die Zerkleinerung des urgeschichtlichen Gesteins in kleine, kleinste und mikroskopische Teile, für Abtransport und Ausbreitung, Ablagerung und Planierung gesorgt hat. Die größten und ausgedehntesten dieser Ströme finden sich in den Ozeanen selbst als gewaltige warme oder kalte Meeresströmungen.

Ist die Tektonik (die auch nicht ohne das Wasser im Gestein und als Schmier- und Gleitmittel, das die Konvektion im Erdmantel und der unteren Kruste ermöglichte, auskommt) der Baumeister der Kontinente und deren primärer Oberflächenstruktur, so ist Wasser diejenige Instanz, die dem Aufbau den letzten Schliff gibt, die Kontinente und ihre einzelnen Formen abputzt, schleift, verteilt, einebnet und ordnet. Man glaube nicht, diese Prozesse seien abgeschlossen: Sie sind in vollem Gange überall und allerorts. Ohne ihr Wirken hätten wir keine fruchtbaren Lößebenen und Deltas, kein glaziales Hügelland, keine der schönen Landschaften, die unsere Erde zieren. Ihre Oberfläche sähe aus wie die eines der toten Planeten, die uns umgeben: von Asteroideneinfällen zernarbt, langweilig und tot.

Dem Wasser direkt, aber noch mehr indirekt, weil es das Leben ermöglicht, verdankt die Erde ihr sympathisches, vertrautes, freundliches Antlitz; ihm verdankt sie, daß sich auf ihr leben läßt. Poseidon hat wohl gewußt, warum er sich auf der Erde und nicht etwa auf Mars oder Venus niedergelassen hat. Und auch auf einem der großen Planeten, deren Hüllen vorwiegend aus flüssigem Wasserstoff bestehen, wäre es ihm nicht heimisch genug gewesen, seinen Wohnsitz aufzuschlagen. Auf der Erde, mitten im Zentrum seiner unermüdlich tätigen Firma, schlug er sein Reich auf, die sanfte Herrschaft des Nassen, in die er nur ab und zu Unruhe hineinbrachte mit seinen Unberechenbarkeiten, an die wir gewöhnt sind und die inzwischen niemanden mehr stören.

3. Im Zustand der Erstarrung

Poseidon war kein Freund der Kälte. Die leichte Kleidung, in der ihn alle Darstellungen zeigen, läßt vermuten, daß er stets eher zum Baden im Mittelmeer aufgelegt war als etwa zum Schlittschuhlaufen und sich kaum jemals nach Wohnsitznahme der olympischen Götter auf der Erde von seinen ihm wohlvertrauten Stränden fortbewegt hat. Wahrscheinlich hat er sich nicht darum gekümmert, ob Wasser gefrieren kann oder nicht. Wenn es das tut, wird es *leichter*. Das ist wieder eine unvermutete Eigenart des Wassers. Wenn eine Flüssigkeit sich verfestigt, ordnen sich die Moleküle in einem Kristallgitter an, wo sie nur noch Schwingungen ausführen. Die Flüssigkeit geht spontan in den Festkörperzustand über. Doch nicht alles, was fest aussieht, ist auch fest. Glas zum Beispiel ist eine Flüssigkeit. In ihm haben die Moleküle nicht die geforderte vorgeschriebene Anordnung einer Kristallstruktur. Glas fließt, wenn es lange genug sich selbst überlassen bleibt. Im Gegensatz dazu ist das viel weichere gefrorene Wasser, das wir in Form von Schnee und Eis kennen, ein echter Festkörper mit einer vorgegebenen Kristallstruktur. Eis lagert sich in flachen Schichten ab, die von den Sauerstoffatomen gebildet werden. In jeder derselben ordnen sich die Sauerstoffatome sechseckig (hexagonal) an. Diese Struktur wird sichtbar in den feinen Formen von Schneekristallen und wenn Wasser an Fensterscheiben Eisblumen bildet, etwas, was heute in den mo-

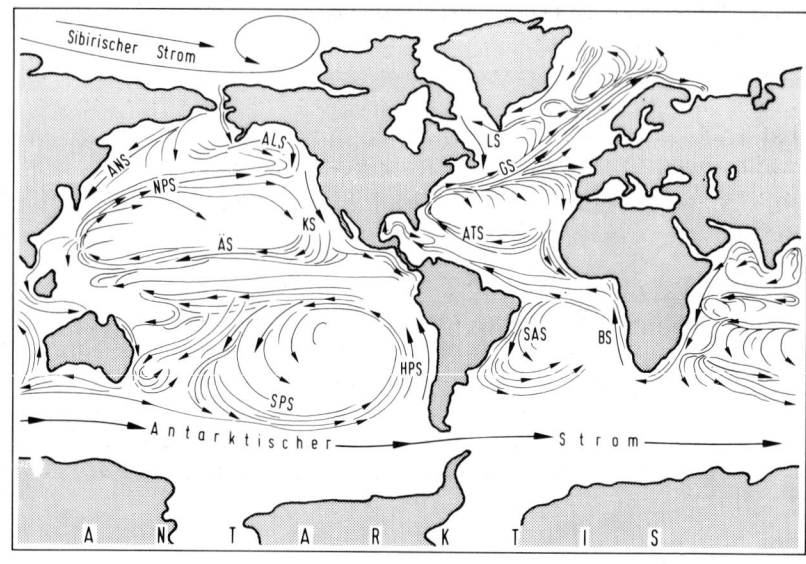

Abb. 7: Die Meeresströme in den Ozeanen unserer Erde.

ÄS	= Äquatorstrom	HPS	= Humboldt-Peru-Strom
ALS	= Alaskastrom	KS	= Kalifornischer Strom
ANS	= Anadirstrom	LS	= Labradorstrom
ATS	= Antillenstrom	NPS	= Nordpazifischer Strom
BS	= Benguelastrom	SAS	= Südatlantischer Strom
GS	= Golfstrom	SPS	= Südpazifischer Strom

dernen Stadtwohnungen auch im strengen Winter kaum noch zu sehen ist. Um Eisblumen zu sehen, muß man schon in den Norden hinauf nach Skandinavien oder auf eine Berghütte in den Alpen.

Die Schichtstruktur von Eis erklärt, warum Eis glatt ist. Dünne einatomige Schichten lassen sich leicht gegeneinander verschieben. Eisschichten liegen aufeinander wie Hochglanzfotos. Die Wasserstoffatome können zwischen diesen Schichten leicht migrieren, das heißt von einer Schicht zur anderen wandern. Das ist der Grund für die plastische Deformierbarkeit von Eis. Plastizität unter Druck und Scherung im Eis zerstören die kristalline Gitterstruktur nicht, sondern lösen sie nur vorübergehend auf, wenn die Atome migrieren und anschließend neu kristallisieren. Dieser Vorgang verantwortet das Fließen von Gletschern, das nicht mit dem Fließen von Glas vergleichbar ist! (Letzteres ist echtes Fließen der Glasflüssigkeit.) Auch versteht man jetzt, warum Eis leichter ist als Wasser: Die hexagonale Struktur der großen Sauerstoffatome zwingt ihm ein größeres Volumen als flüssiges Wasser auf, und die leichte Deformierbarkeit ermöglicht die Einlagerung von Luftblasen. Beides vergrößert das Volumen und erniedrigt die Dichte. Reines Eis wäre durchsichtig. Die Einlagerungen trüben es ein: Es absorbiert Licht. Schnee, der mehr Lufteinlagerungen enthält, absorbiert Licht zehnmal stärker und wird undurchsichtig. Nur für Langwellen sind Eis und Schnee relativ transparent. Mit Hilfe von Radiowellen kann daher die Dicke polarer Eisschichten und von Gletschern ausgemessen und die Schneehöhe auf Bergen bestimmt werden.

Der Haupteffekt von Eis und Schnee ist, was das Licht anbelangt, die Reflexion. Schnee und Eis reflektieren den größten Teil des einfallenden Lichts. Frischer Schnee tut das mit einer Wirksamkeit von etwa 90 Prozent; alter Schnee und Gletschereis reflektieren schlechter. Die Werte schwanken zwischen 15 und 50 Prozent je nach Verunreinigung und Schmelzwassereinlagerung. Mit dieser Rückstreuung von einfallendem Sonnenlicht bilden die großen Eis- und Schneeflächen auf der Erde wirksame Reflektoren für Sonnenlicht und erlangen außerordentliche klimatische Bedeutung.

Des Meeresgottes Eisstadien

Die klimatische Bedeutung des irdischen Eises läßt es zu einem wichtigen Faktor werden, wichtiger, als Eis und Schnee jemals an touristischem Wert für die Horden der skiwütigen Winterurlauber haben, die ohne Blick für die Schönheiten der Eis- und Schneelandschaft ihre Skikarte abfahren. Es bedarf schon eines gerüttelten Maßes an Gleichmut, dieser aufwendigen, zum profitgesteuerten Massenunternehmen heruntergekommenen Körperübung gelassen gegenüberzustehen. Schnee ist die Art winterlichen Niederschlags, die den Boden mit Feuchtigkeit versorgt und ihn gleichzeitig von der äußeren Kälte isoliert, so daß Kleinlebewesen und Pflanzenwurzeln unbeschädigt erhalten bleiben. Die touristische Entfremdung des natürlichen Schnees in den Skigebieten führt zur betonähnlichen Verfestigung des Schnees, seiner Ausdünnung. Luft kann nicht mehr an den Boden gelangen, und die Isolationsfähigkeit der Schneedecke sinkt ab. Der auf den Boden ausgeübte Druck verfestigt gleichzeitig die Krume und planiert deren Unebenheiten. Resultat ist die Zerstörung der unter den Pisten liegenden Hänge und der natürlichen Vegetation. Die Pisten erodieren und werden geopfert. Wir wollen uns mit diesem unnatürlichen Vorgang nicht lange aufhalten, da nicht abzusehen ist, wie er sich abbremsen ließe.

Die großen irdischen Eisflächen faßt man unter den drei Oberbegriffen *Gletscher, Eisberge* und *Permafrost* zusammen. Unter den ersten fallen sowohl Inlandgletschergebiete der großen Kontinente, als auch ausgedehnte polare Eisschichten, die Antarktis und Grönland bedecken. Eisberge umfassen das ständig in Bewegung befindliche ozeanische Packeis und die sich von ihm ablösenden Eisschollen. Permafrost schließlich bezieht sich auf die großen gefrorenen Festlandzonen, die bestenfalls im Sommer oberflächlich abtauen, sonst aber bis in eine gewisse Tiefe permanent gefroren bleiben. Alle drei sind klimatisch von größter Bedeutung. Gegenüber anderen Planeten, die ebenfalls Wasser in gefrorenem Zustand enthalten wie in geringen Mengen Mars oder der Jupiterbegleiter Ganymed, weist die Erde den Unterschied auf, daß sich Eis nur an ihrer Oberfläche, bestenfalls in der alleroberste Kruste als Permafrost, eingelagert findet.

Die Geschichte des irdischen Eises zeigt, daß Poseidons Macht über das Wasser auf der Erde starke Schwankungen erlebt hat. Immer wieder hat ein nordischer, nicht zum ehrenwerten Kreis der Olympier gehöriger Gott Frost sich in seine Belange eingemischt und große Mengen des irdischen Wassers in Eis und Schnee gebunden. Zur Zeit sind es etwa drei Viertel allen Süßwassers auf der Erde, die sich in Form von Eis und Schnee auf ein Abschmelzen im Falle des Treibhauseffekts, der Poseidons letzter Trumpf zu sein scheint, vorbereiten. Tritt dieser Fall ein, schmilzt sämtliches Eis ab, so darf man ein Ansteigen des globalen Meeresspiegels um 90 Meter erwarten. Die Folgen wären ungeheuer; der Einflußbereich der Olympier würde mit dem Eis dahinschmelzen, und Poseidon würde sich an der Erdoberfläche als Großmacht aufspielen dürfen. Nicht in Hades' Herrschaftsbereich allerdings, dem Erdinneren, das, wie wir wissen, von viel größerer Ausdehnung ist als die Meere, die ja nur die dünne Haut der Erde bilden. Es sollte in der Frühzeit der Erde solche langen Zeiträume gegeben haben, Warmzeiten, wenn es auf der Erde kaum Eis gab. Aber seit dem Erdmittelalter hat die Eisschicht der Erde sich beständig ausgedehnt und wieder zusammengezogen. Es war ein ständiges Hin und Her, ein Machtkampf zwischen dem Olymp und den nordischen Göttern, Poseidon und Frost. Wenn ersterer sich behaupten konnte, gab es Wärmeperioden, wenn letzterer die Oberhand gewann, Eiszeiten. Poseidon streitet in diesem Fall im Interesse alles Lebendigen, denn wenn die Erde vollständig mit Eis überzogen würde, könnte kaum noch einfallendes Sonnenlicht absorbiert werden. Die Oberflächentemperaturen würden weltweit auf minus 89 Grad Celsius fallen, auch das eine ungemütliche Aussicht und dem Treibhauseffekt kaum vorzuziehen. Doch ist die Wahrscheinlichkeit für eine derartige Bedeckung der Erde mit Eis sehr gering. Vielmehr wird die Erde sich oberflächlich zunehmend aufheizen. Den Grund dafür besprechen wir im folgenden Kapitel.

Seit 2½ Millionen Jahren geht es so hin und her. Was die natürliche Ursache für diese Wechsel ist, weiß man bis heute nicht; der Streit geht um Bahnveränderungen der Erde, um Magnetfeldeinflüsse, aber auch um rein klimatische, also inneratmosphärische Bedingungen und Gründe. Wie dem auch sei, im Augenblick befinden wir uns scheinbar in einem Interglazial, einer Zwischeneiszeit, während der nur ein kleiner Teil der Erdoberfläche mit Eis bedeckt ist. Aber in jenen Epochen, die wir als die eigentlichen Eiszeiten bezeichnen, bedeckte das Eis auf der Nordhalbkugel mehr als ein Drittel der terrestrischen Landfläche: Kanada und das nördliche Drittel der Vereinigten Staaten, Skandinavien und den größten Teil Europas sowie Sibirien, und von den Alpen und dem Himalaya her bildete das Eis eine Brücke zum polarem Eisschild. Die schürfende und schiebende Bewegung des Eises modellierte die Erdoberfläche, schob Sediment vor sich her, schliff das mitteleuropäische Mittelgebirge ab, an seinem Rande flossen Tauwasserströme und wuschen breite flache Urstromtäler aus. Durch das Eis hindurch sickerten in den langen Ruheperioden Sand und Kies und feinere Erde, die von weit her transportiert worden waren, und bildeten ein sanfthügeliges Grundgebirge. Diese eiszeitlichen Landschaften bestimmt das nordische Hügelland und seine Ebenen in Kanada, Sibirien und Europa, als sich das Eis zurückzog und auf den heutigen Restbestand abschmolz, der immer noch 75 Prozent des Wassers ausmacht.

Im Hochgebirge ist dieser Restbestand noch in Bewegung. Firn und Gletscher sind nicht in Ruhe, sondern erneuern sich ständig durch sich verfestigenden Schneefall, während die Gletscher gleichzeitig fließen und an ihrem Boden abschmelzen. Firn ist der Schnee, der eine Schmelzperiode überstanden hat und als ewiger Schnee liegenbleibt. Lang lagernder Firn verfestigt sich allmählich zu Eis, indem die vielgestaltigen irregulären Schneekristalle in die hexagonale Kristallgitterstruktur von Eis übergehen. Dieses Eis in großen Massen bildet Gletscher. Unter seinem eigenen Gewicht erwärmt es sich am Grunde, taut und gleitet auf seinem Tauwasser langsam zu Tal, wobei es tiefe U-förmige Täler ausschürft. Am unteren Gletscherrand, dem Fuß, »kalben« die Gletscher: Teile des Gletschereises brechen ab. Zuweilen, wenn nicht genug Schnee nachgeliefert wird und der Gletscher zurückgeht, bricht ein ganzer Gletscher ab und stürzt zu Tal, wie Ende der siebziger Jahre der Saas-Gletscher bei Saas-Fee in den Schweizer Alpen. Das unter dem Gletscher entstehende und hervorfließende Schmelzwasser ist meist Quelle eines Flusses wie bei Rhein, Rhone und Aare, die zufällig im gleichen Gebirgsmassiv, aber in drei verschiedenen Gletschern entspringen.

Gletscher sind Wasserspeicher. Sie nehmen Wasser durch Niederschlag auf. Sie transformieren Wasser in Eis, konservieren es über lange Zeit und geben es später praktisch ohne Verlust ab. Die Festkörper, die sie speichern, meist Steine, wandern langsam an den Gletscherfuß, wo das Eis sie wieder freisetzt. Zuweilen geben Firnschnee oder Gletscher auch Geheimnisse preis wie 1992 den tiefgefrorenen Körper des Steinzeitmenschen aus dem Ötztal in Tirol. Der Schmelzvorgang unterliegt jahreszeitlichen Schwankungen. In Winter und Frühjahr wird der Gletscher beschneit und von einer frischen Schneeschicht bedeckt, die im Spätfrühling oberflächlich schmilzt. Schmelzwasser sickert rasch bis auf das Eis durch und gräbt unter dem Schnee tiefe Rinnen in den Gletscher. Im Sommer schmilzt die Decke bis aufs nackte Eis ab. Wenn es wieder schneit, gefriert diese Oberflächenschicht und das Schmelzwasser, das im Sommer reichlich floß, versiegt. Aber der Höhepunkt des Schmelzwasserflusses liegt im August. Die Verzögerung gegenüber den Jahreszeiten hat ihre Ursache in der sich jahreszeitlich verändernden *Albedo*, der Reflexionsfähigkeit der Erde für die Sonnenstrahlung. Gletscher regulieren den Wasserhaushalt der Gebirge und halten die Schmelzwasserflußmenge über das Jahr hinweg und von Jahr zu Jahr ungefähr konstant. Flüsse, die ihren Ursprung im Gletscher nehmen, zeigen deshalb relativ geringe Wassermengenschwankungen selbst über niederschlagsreiche oder trockene Jahre hinweg. Zuweilen allerdings kommt es vor, daß im Inneren eines Gletschers Wasser durch irgendeine Art Verstopfung der Schmelzwasserkanäle gestaut wird: Sedimentablagerungen oder Eisstopfen. Wenn diese brechen, kommt es zu Gletscherflutungen, die plötzliche Hochwasser und Sedimentschwemmen auslösen.

Die größten zusammenhängenden Schnee- und Eisgebiete sind die beiden polaren Eisschichten, die Grönland und die Antarktis bedecken. Grönland, die größte Insel, ist fast vollständig, etwa zu vier Fünfteln, von Eis überzogen. Es ist ein einziger riesiger Gletscher; seine eisfreien Gebiete beherbergen kleine Gletscher und Eiskappen. 2500 Kilometer lang in Nord-Süd- und 1100 Kilometer breit in Ost-West-Richtung ist die Schicht, mit einer mittleren Dicke von 2100 Metern. Nur am Rande Grönlands erheben sich Berge, die die Eisschicht rundum eingrenzen, so daß es mit dem umgebenden Ozean keine langgezogene Eisküste besitzt. Statt dessen erstrecken sich lange Gletscherzungen durch die Gebirgstäler bis an die Küste und in den Atlantik hinein, wo sie kalben und Eisberge gebären. Auf Nordatlantikflügen von Europa nach Nordamerika kann man diese Eisberge als kleine weiße Flecken tief unten im grünen Wasser schwimmen sehen.

Die kontinentale antarktische Eisschicht zeigt sich ausgedehnter als die grönländische: Siebenmal größer, aber von gleicher Mächtigkeit, bedeckt sie den gesamten Kontinent und dehnt sich weit über den festen Untergrund hinaus ins Meer. Dort bildet sie fast überall rund um die Antarktis eine ausgedehnte Eisküste. Da sie Höhen und Tiefen ausgleicht, wird die Antarktis zum durchschnittlich höchsten Kontinent der Erde mit einer mittleren Höhe von zwei Kilometern.[14] Wie bei Grönland wird das Land durch das Gewicht des darauf lagernden Eises in den Erdmantel hineingedrückt. Daß dieser massige Kontinental- und Eisklotz sich am Südpol abgelagert hat, liegt an der relativen Ruhe der Pole, die bei der Erdrotation unbeweglich bleiben.

Ein interessantes Problem stellt sich mit der Aufrechterhaltung der großen Eisschichten. Grönland erneuert seine Eisdecke durch Neuschneefälle. In der Antarktis ist die jährliche Niederschlagsmenge hingegen so gering, daß man sie als *Eiswüste* bezeichnen kann. Sie bezieht ihren Nachschub an Eis durch direkte Auskristallisation von Eisnadeln aus der Luft in der Kälte des Inlandes. Die Eiskristalle setzen sich langsam schwebend wie Diamantenstaub ab. Verteilt wird das Feineis durch Schneestürme, die über das Land hinwegfegen, Schneedünen aufbauen und wieder abtragen. Den Hauptverlust erleidet das antarktische Eis durch Kalben und Nachfließen des Eises an der Küste. Bohrungen im Inlandeis haben gezeigt, daß das weit unter Gefrierpunkttemperatur kalte polare antarktische Eis durch sein Eigengewicht mit der Tiefe eine Temperaturerhöhung erfährt und tief am Boden auf einer warmen Wasserschicht aufliegt, die sein langsames Fließen und Gleiten ermöglicht. Doch ist der größte Teil des Eises permanent tiefgefroren und stammt aus geologischen Zeiten bis weit ins Pleistozän hinein. Aus ihm hat man den Temperaturverlauf während den Eiszeiten erschlossen.

Kälbereien und salzige Packungen

Durch Kalben der mit dem Ozean in Kontakt kommenden großen Eisschichten beziehungsweise polaren Gletschergebiete in Frühjahr und Sommer entstehen die von der Schiffahrt gefürchteten Eisberge, deren einer 1912 das Luxusschiff *Titanic* versenkte. Ihr Stoff ist uraltes polares Eis, das beim äquatorwärtigen Abtreiben des Eisbergs rasch abtaut. Jährlich entstehen in Grönland 10 000 Eisberge, von denen rund 400 bis in die Schiffahrtslinien gelangen, bevor sie abschmelzen. Zuweilen kommen sie sogar bis vor die Küste der Bermudas. Die größten Eisberge sind Tafeleisberge oder Eisinseln; sie entstehen, wenn ein Stück einer langen Gletscherzunge oder ein Stück der antarktischen Eisküste als Ganzes abbricht und sich den Meeresströmungen überläßt. Antarktische Eisinseln werden mehr als zehn Kilometer lang. Eine solche, eingebracht in den Humboldt-Strom, der sich die Westküste von Südamerika entlang äquatorwärts bewegt, enthält soviel Frischwasser, daß sie, unbeschadet bis Santiago transportiert, die Stadt drei Monate oder länger komplett mit Trinkwasser versorgen könnte. Den größten antarktischen Tafeleisberg, der jemals gesehen wurde, beobachtete der amerikanische Eisbrecher *Glacier* 1956. Dieser Eisberg war 333 Kilometer lang und 100 Kilometer breit.

Im Unterschied zu Eisbergen ist Packeis junges Meereseis, das nicht älter als wenige Jahre ist. Es entsteht durch Gefrieren von salzigem Seewasser an der Meeresoberfläche. Salzwassereis unterscheidet sich von Süßwasser- und Inlandeis, wie es die Eisberge sind. Es lagert Taschen von kaltem Salzwasser ein, die nicht gefroren sind, und konserviert diese. Bei seiner Entstehung hält der Salzgehalt das Wasser noch weit unter dem Gefrierpunkt flüssig. Salzwassereis taucht vor seiner festen Anlagerung im Packeis vielfach unter und auf und wird dabei häufig umgewendet. Meist wird es in relativ kleinen Brocken übereinandergestapelt, und die Stapelei hört erst auf, wenn die gesamte Wasseroberfläche zugefroren ist. Das Eis kommt jedoch auch dann noch nicht zur Ruhe, weil die eingelagerten Salzwasser-kavernen unter dem Einfluß der Schwerkraft durch das Eis hindurch wandern. Dadurch verliert die Packeisoberfläche nach einigen Wochen oder Monaten ihren Salzgehalt, während das darunter liegende Eis zunehmend salziger wird.

Auf der polaren Nordhalbkugel gibt es große Flächen von Packeis. Auf der Süd-halbkugel wird die Antarktis von einem breiten Packeisgürtel umgeben, durch den sich ein Tafeleisberg hindurcharbeiten muß, um ins freie Wasser zu gelangen. Das nimmt mitunter Jahre in Anspruch. Diese Eisschicht bildet im antarktischen Winter ein zusammenhängendes Ganzes und wird durch Schneefälle über dem Ozean gekittet und verfestigt. Im Südfrühjahr fängt sie an aufzubrechen und in Ost-West-Richtung um den Kontinent zu rotieren.

Rutschbahnen im Inland

Flüsse und Seen in den gemäßigten und subpolaren Zonen der Erde gefrieren ge-wöhnlich oberflächlich im Winter und bilden teilweise zusammenhängende, aber dünne und nicht mit den großen Eisschichten oder Gletschern vergleichbare Eis-decken, die zum Albedo der winterlichen Erde beitragen. Da sich wegen der un-gleichen Verteilung der Kontinente auf der Erde der größte Teil der gemäßigten und subpolaren Landzonen auf der Nordhalbkugel befindet, läuft dieser Gefrier-vorgang vorwiegend dort ab. Das Eis der Flüsse und Seen ist jung, nur eine Saison alt, und es besteht ausschließlich aus Süßwassereis. Es verlangsamt die oberfläch-liche Strömung, aber es isoliert Seen wie Flüsse im Inneren gegen die äußeren Witterungsschwankungen. Allerdings reduziert die Vereisung den Austausch zwischen Wasser und Sauerstoff und macht das Wasser unter dem Eis sauerstoff-arm, so daß eine vollständige Vereisung schließlich das Weiterleben behindert. Da Eis durchsichtig ist, kann die in grünen Wasserpflanzen auch im Winter, wenn auch verlangsamt fortlaufende Photosynthese neuen Sauerstoff erzeugen, der im Wasser unter dem Eis verbleibt, wenn ausreichend Kohlendioxid nachgeliefert wird.

Für Mensch und Kultur spielt die Vereisung der Gewässer eine bedeutende öko-nomische Rolle: Wasserwege fallen für den Transport aus, die Verlangsamung der Strömung bedeutet eine Abnahme der Wasserversorgung und eine Verlangsa-mung des Abtransports von Schadstoffen durch das Wasser; die Fischerei erliegt; die Vereisung des Wassers in Speichern bedeutet den temporären Abzug einer gro-ßen Wassermenge vom Verbrauch; die Energieerzeugung aus Wasserkraft leidet unter dem geringeren Durchfluß; schließlich birgt die thermische Expansion des gefrierenden Wassers eine Gefahr, da sie bei allen wasserführenden Anlagen ein-kalkuliert werden muß, damit das Eis die Rohre oder Becken nicht sprengt. Es ist dieselbe Kraft, die das Eis in seiner Jahrhunderttausende langen Verwitterungsarbeit ununterbrochen leistet: Wasser dringt in die Haarrisse der Gesteine ein, gefriert im Winter, dehnt sich unerbittlich aus und sprengt das Gestein. Auf diese Art und Weise zerrüttet es die stärksten Felsen und zerkleinert sie zu Gestein und Staub. Auf diese Weise auch zerkleinert es die Ackerkrume, wenn sie nicht von schweren und schwersten Landmaschinen betonähnlich Jahr für Jahr verfestigt wird und schließlich aus fruchtbarem Löß ein für den Ackerbau unbrauchbarer harter Boden entsteht, der Jahrzehnte Unberührtheit bräuchte, damit der jahreszeitliche Wasserzyklus ihn wieder zermürben könnte.

Kontinentales Softeis

Auf den großen, sich bis in die Polargegenden erstreckenden Kontinenten kommt in Gebieten, die nicht das ganze Jahr über mit Schnee bedeckt sind, Eis in einer anderen, leicht ungewöhnlichen Form vor: als Permafrost, gefrorener Boden. Unter Permafrost versteht man allerdings nicht nur von Eis durchsetzten und, wie das Wort schon sagt, niemals (ganz) auftauenden Boden, sondern auch eine Form von gefrorener Erde, die wasserfrei ist: trockenen Permafrost. Auf letzteren trifft man in polaren Trockengebieten. Normaler Permafrost aber enthält Wasser und unterscheidet sich von den vereisten Gebieten oberflächennah durch Abtauen der winterlichen Schneedecke in den Sommermonaten und Auftauen der oberflächennahen wasserhaltigen Erdschicht, der *aktiven* Schicht, um die gleiche Zeit. Darunter bleibt der Boden bis in relativ große Tiefen, die etwa in Nordsibirien bis zu $1\frac{1}{2}$ Kilometer Tiefe erreichen, gefroren. Der Boden von Alaska besteht zu 85 Prozent, der Sibiriens und Kanadas zu 50 Prozent aus Permafrost. Grönland und die Antarktis haben nur Permafrostboden. Einzig unter Seen und Flüssen, die nicht bis auf den Boden gefrieren, trifft man dort keinen Permafrost an.

Permafrost entsteht in Klimazonen mit mittleren Jahrestemperaturen unter 0 Grad Celsius, in denen lange kalte trockene Winter und kurze trockene kühle Sommer vorherrschen, vorwiegend also im kontinentalen Inland.[15] Der herrschende Permafrost muß, da die heutigen Temperaturen auf der Erde mild sind, aus kälteren Zeiten stammen. Wahrscheinlich bildete er sich während der letzten großen Eiszeitvergletscherung vor etwa 70 000 Jahren. Der älteste Permafrost geht auf zwei bis drei Millionen Jahre in die großen Vergletscherungen des Quartär zurück. Solche alten Permafrostgebiete enthalten gut konservierte Skelette von Urtieren und Pflanzenreste. Kaum verwunderlich darum, daß im sibirischen Permafrost Mammutgerippe und Überreste anderer ausgestorbener Tierarten gefunden werden.

Permafrost wirft den Boden auf und verleiht der Bodenoberfläche eine charakteristische Zeichnung; meist sind es hexagonale Rißstrukturen, die den Boden durchziehen und Kantenlängen von drei bis 30 Metern haben und sich in der Arktis über Tausende Quadratkilometer hinziehen. Wenn sich Wasser in diesen Rissen ansammelt, bilden sich kleine Kanalsysteme und Weiher, die wieder gefrieren, jedoch zuweilen nicht bis auf den Grund. Sie sprengen das Land weiter, bilden Sümpfe, Karste, Erdtürme von einigen Metern Höhe. Man begegnet diesen Formen in den Tundren Sibiriens. In hügeligem oder gebirgigem Land können Permafroste abgleiten und zu Schlammlawinen werden. Bei milderen Neigungen terrassieren Rutsch- und Gleitbewegungen das Gelände. Vegetation behindert den Rutschvorgang und stabilisiert Permafrostböden; sie hält die Sonneneinstrahlung vom Erdboden fern und verhindert das oberflächliche Tauen der aktiven Schicht und die Bildung von Rissen. Sie verhindert ebenfalls das Auffüllen von bestehenden Rissen mit Tauwasser. Schließlich hält sie selbst auf rein mechanische Weise den Boden am Ort fest. Daher ist Vegetation zur Stabilisierung der Permafrosterosionen das beste Mittel.

Man braucht keine Fantasie, sich vorzustellen, welche Gefahren Permafrost für die moderne technische Zivilisation hat. Aktiver Permafrost stellt eine dauernde Bedrohung für Bauten, Bahngeleise, Straßen und Industrieanlagen dar. Da die aktive Schicht ständig in Bewegung ist und jahreszeitlich schwankt, erfordern auf Permafrost errichtete Anlagen kontinuierliche Überwachung. Ihre eigene Wärmeabgabe, beispielsweise die Heizung eines auf Permafrost errichteten Wohnhauses, erleichtert das lokale Auftauen der aktiven Schicht und setzt sie in Bewegung. Nicht selten rutschen darum in Alaska von uninformierten Neuankömmlingen errichtete komfortable Häuser eines Tages mitsamt Inhalt einfach den Hang hinunter. Die seßhaften sibirischen Ureinwohner, die Jakuten und Burjaten, bauen seit Jahrhunderten ihre Holzhäuser auf Pfählen, so daß die Wärmeabgabe an den Grund minimal bleibt. Die modernen Technologien des Hausbaus in Alaska leiten eisige Außenluft unter den Fundamenten der Gebäude hindurch, um den Grund gefroren zu halten. Die Bauten stehen zu diesem Zweck auf festgefügten Pfeilern, die auf Fels verankert werden. Der dazwischenliegende Hohlraum wird im Sommer zusätzlich gekühlt. Diese Bauart widerspricht unseren gemäßigt klimatischen Vorstellungen, doch entspricht sie in gewissem Sinne der technologischen Verarbeitung der Erfahrungen der Ureinwohner.

4. Poseidons Wirkungskreis

Die Erdoberfläche ist überwiegend von Wasser bedeckt, und schon allein deshalb ist, da sich unser Leben an der Erdoberfläche abspielt, das Wasser eine unserer kontinuierlich präsenten Erfahrungsquellen. Mit etwa einer Milliarde Kubikkilometer Volumen der häufigste an der Erdoberfläche vertretene Stoff, nimmt es doch nur einen Bruchteil des Erdvolumens ein: gerade etwa 5 Prozent der Masse der Erdkruste. Das Wasser verteilt sich vorwiegend auf ozeanisches Wasser und Wasser, das in Sedimenten abgelagert ist. Obwohl die Biosphäre vorwiegend aus Wasser besteht, kommt ihr Beitrag zur Wassermenge nur auf weniger als ein Zehntausendstel Prozent des Gesamtwassers, doch wandelt die Biosphäre den größten Teil des von ihr aufgenommenen Wassers in Dampf um und speist ihn in die Atmosphäre ein. Sie zeichnet auf diese Weise mit ihrem hohen Wasserverbrauch für die Luftfeuchtigkeit mitverantwortlich. Ein Prozent des gesamten Wassers ist als Eis in den genannten drei Formen gebunden. Während der großen Eiszeiten kann diese Menge bis auf 5 Prozent geklettert sein. Dieses Wasser steht mit dem in der Luft als Dampf enthaltenen im Austausch und ist in einem Kreislauf begriffen, den man den hydrologischen nennt. Er läuft in der sogenannten *Hydrosphäre* ab.

Der hydrologische Kreislauf sorgt für das Gleichgewicht zwischen den Übergängen von Grundwasser, Wasser in Seen und Flüssen zu Regen und zum ozeanischen Wasser. Eis ist an diesem Zyklus nur in sehr geringem Maße beteiligt, da es meist über Jahre eingefroren bleibt. Wasser tritt in der Hydrosphäre niemals als reines Wasser auf. Natürliches Wasser enthält stets gelöste Mineralien. Alle trinken wir gern Mineralwasser, das gelöste Salze enthält; dabei ist jegliches Trinkwasser, gleichgültig, woher es kommt, Mineralwasser, nur ist es unter Normalbedingungen, wenn es nicht gerade einer kohlensäurehaltigen Quelle wie Selterswasser entsprudelt, nicht mit »Soda«, sprich Kohlendioxid übersättigt, so daß es nicht perlt. Grundwasser nimmt Minerale aus den Gesteinsschichten, in denen es fließt, in reicher Menge auf. Man braucht sich nur die Auflistungen des Mineralgehalts auf den Etiketten der Mineralwasserflaschen anzusehen, um ungefähr zu wissen, was Grund- und Quellwasser enthalten. Dieser Gehalt schwankt von Landstrich zu Landstrich wegen der differierenden Zusammensetzung der Gesteine der Leitschichten. Hauptbestandteile sind aber stets Chlor- und Natriumionen, Kalium, Magnesium und Kalzium. Auch Sulfate, manchmal Phosphate, wenn das Grundwasser verunreinigt ist, finden sich im Wasser. Grundwasser ist darum, wenn man so will, stark »verunreinigt«, viel stärker als Eis, das kaum mit Mineralien in Berührung kommt und seine Verunreinigungen nur aus dem Schadstoffgehalt der Luft bezieht.

Verständlicherweise ist Grundwasser äußerst anfällig gegen vom Menschen verursachte (anthropogene) Verunreinigungen des Erdbodens. Wenn in der Umgebung von Mülldeponien oder Industrien Schadstoffe in den Boden geleitet werden, so dringen sie unweigerlich ins Grundwasser ein und verderben es. Radioaktive Materialien, industrielle Chemikalien und Haushaltsabfälle können das Grundwasser vergiften. Die Verantwortung des Menschen, die ihm am Ende nur selbst nützt, wird an dieser Stelle unmittelbar herausgefordert.

Ähnlich wie das Grundwasser kommt das Wasser in Flüssen und Seen, der zweiten Etappe des hydrologischen Zyklus, mit Mineralien in Berührung, löst sie auf oder schwemmt sie fort. Flußwasser hält sich aber nur kurze Zeit an einem Mineral auf; es sammelt Beiträge der Mineralien aller Gegenden, durch die es strömt. Außerdem führt es aufgeschwemmte Mineralien mit sich. Im hydrologischen Zyklus stellen Seen das wichtigste Frischwasserreservoir. Sie werden von Bächen, Flüssen und Regen gespeist und regulieren ihren Wasserhaushalt durch Zufluß, Abfluß und Verdunstung. Wenn Seen vorwiegend von Regen genährt werden, hat das in ihnen enthaltene Wasser einen sehr niedrigen Salzgehalt. Solche Seen finden sich vorwiegend in tropischen Regengebieten, wo Niederschlag und Verdun-

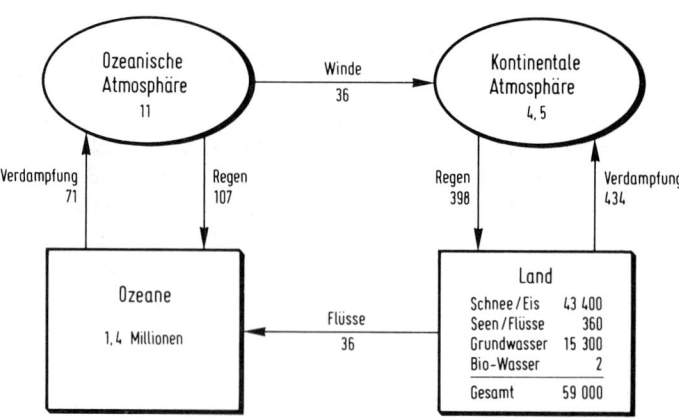

Abb. 8: Das stark vereinfachte Schema des hydrologischen Zyklus. Das Bild zeigt die absolute Verteilung des Wassers auf Land, Luft und Ozeane in Einheiten von 1 Million Milliarden Litern. Die Ozeane enthalten nahezu alles Wasser auf der Erde. Nur 1 Tausendstel Prozent der Wassermenge ist in der Atmosphäre über Ozean und Kontinenten gespeichert, vier Prozent des Wassers befinden sich auf dem Land. Die Pfeile geben den Transport des Wassers in 1 Million Milliarden Litern pro Jahr an. Verdampfung über Ozean und Land sorgt für das in der Atmosphäre gespeicherte Wasser. Winde transportieren Wasserdampf vom Ozean aufs Land. Regen fällt vorwiegend über dem Lande, während der Transport von Wasser vom Land in die Ozeane fast ausschließlich durch Flüsse erfolgt.

stung gleichermaßen hoch sind. Flußgespeiste Seen enthalten stark mineral- und salzhaltiges Wasser.

Einflüsse von Vegetation, Bodenzusammensetzung, Geländeform, die den Wasserzu- und -abstrom regulieren, schließlich auch biologische Prozesse kontrollieren die Zusammensetzung des See- und Flußwassers. In ruhenden Seen bildet sich eine von der Photosynthese beherrschte Oberflächenschicht aus, unter der eine vom Licht abgeschirmte Wasserschicht liegt. Die Pflanzenaktivität entzieht der Oberflächenschicht Nitrate, Phosphate, Silikate und Kohlendioxid während des Tages, wenn der See beleuchtet wird, und führt ihr Sauerstoff zu. Die untere Schicht wird durch absinkendes organisches Material mit diesen Stoffen angereichert, ist aber sauerstoffarm. Dieser Prozeß kann künstlich beschleunigt werden, wenn phosphorhaltige und stickstoffhaltige Abwässer in die Seen eingeleitet werden. Da der See dann »überdüngt« ist, wird das Pflanzenwachstum übermäßig beschleunigt; das Wasser wird schleimig, überreichert mit Plankton und verliert Sauerstoff. Der See kippt um: Sein Wasser hat keinen Frischwasserwert mehr; im Grenzfall verlandet der See. Man kennt diesen natürlichen Vorgang von kleinen Waldweihern, die keinen Zufluß haben. Doch der Eingriff des Menschen und seiner Industrie beschleunigt diesen Prozeß auch bei großen Seen und in Küstenregionen.

Die Ozeane beziehen ihr Wasser aus Niederschlägen, vorwiegend aber aus dem Zustrom von Flußwasser. Es ist das durch diesen Zustrom im Ozean akkumulierte Salz des Flußwassers, das die Ozeane versalzt. Bis zu etwas weniger als 3 Prozent kann der Salzgehalt des Meerwassers betragen. Flußwasser hat demgegenüber bestenfalls $1/100$ Prozent. Ozeanwasser enthält daneben fast alle Elemente in verdünnter Lösung: Es ist das konzentrierteste aller Mineralwässer, doch als Frischwasser ist es unbrauchbar und muß erst den Prozeß der Verdunstung erfahren, der es von allen seinen Bestandteilen reinigt und wieder in Frischwasser verwandelt. Bei konstant bleibender Wassermenge treibt der konstante Zustrom von Flußwassersalzen die Ozeane in eine immer stärker werdende Versalzung. Solange jedoch Verdunstung und Niederschlag den hydrologischen Zyklus im Gleichgewicht halten, braucht diese Versalzung niemanden zu sorgen, da stets wieder Frischwasser durch Verdunstung entsteht. Als Regenwasser fallen jährlich mehr als 100 000 Kubikkilometer Wasser auf das Land. Man kann ausrechnen, daß durch Verdunstung und Niederschlag der Wassergehalt der Luft global alle zehn Tage einmal umgewälzt wird.

Nun glaubt man vielleicht, Regenwasser wäre rein wie destilliertes Wasser. Die Verschmutzung der Luft aber verunreinigt den Regen ebenfalls mit Mineralien, vor allem mit Chlor und Nitriten. Über unkultivierten und unindustrialisierten Kontinentalflächen bleibt der Salzgehalt des Regenwassers niedrig. Unter natürlichen Bedingungen aber weist küstennahes Regenwasser hohe Salzkonzentration auf. Diese wird durch Salzspritzer hervorgerufen, die das Überschlagen von Wellen in Küstennähe in die Luft eingebracht hat und die vom Wasserdampf der Luft gelöst und später dem Regen zugeführt werden. Es ist nicht Verdampfung von Salz aus dem Meer, die den Regen salzig macht, sondern dieser erst kürzlich entdeckte natürliche Prozeß. Doch die Verunreinigung des Regens geht vorwiegend auf menschliche Eingriffe in das Hydrosystem zurück. Saurer Regen ist ein bekanntes Markenzeichen dieses Eingriffs, von dem unser guter Poseidon und wahrscheinlich auch der mythologische Schöpfer des griechischen Menschen, Prometheus, sich nichts hatten träumen lassen.

Der hydrologische Zyklus, der die verschiedenen Komponenten der Hydrosphäre miteinander verbindet, läuft also etwa folgendermaßen ab: Unter dem Einfluß der auf Land und Ozean gleichermaßen auftreffenden Sonnenstrahlung verdunsten pro Jahr um die 500 Kubikkilometer Wasser in die Atmosphäre, wo sie sich ungefähr zehn Tage lang halten können, bevor sie wieder in Gestalt von Regen oder Schnee als Niederschlag auf Land und Ozean abregnen. Der größte Teil des Niederschlags geht über dem Land nieder, während die Verdunstung sich größtenteils über den Ozeanen abspielt. Ein Teil des Niederschlags wird in den Süßwasserreservoirs der Flüsse und Seen vorübergehend gespeichert. Die Zeitdauer der Speicherung hängt von vielen Faktoren ab, in erster Linie vom Verhältnis des Niederschlags und Zuflusses zu Verdunstung und Abfluß im Reservoir, der Größe des Reservoirs und seiner geographischen Lage. Am längsten, etwa 40 000 Jahre, hält Wasser sich in den Ozeanen. In der Atmosphäre ist die Verweilzeit kurz und unterliegt den verschiedenen atmosphärischen Strömungen und Veränderungen, und der Niederschlag ist keineswegs auf das Verdunstungsgebiet beschränkt, sondern wird von Winden, Luftströmungen und lokalen Temperaturverhältnissen, der Tendenz zur Wolkenbildung und zur Übersättigung der Luft mit Wasser bestimmt.

Klimatisch gesehen sind Variationen im hydrologischen Zyklus äußerst wichtig. Sie können Folge klimatischer Änderungen sein, andererseits wirken sie sich auf die klimatischen Verläufe aus. Um ein Beispiel zu nennen, ändert die fortschreitende oder abnehmende Festlegung von Wasser in Eis und Schnee die Albedo der Erdoberfläche und auf diese Weise den gesamten Wärmehaushalt der Erde. Das folgende Kapitel wird uns mit den Konsequenzen einer solchen Veränderung konfrontieren.

5. Bedarf und Versorgung

Wörter wie Bedarf und Versorgung kennt die Natur nicht. Sie hat an nichts Bedarf und sorgt sich um nichts, und wenn sie es nicht hat, dann gibt sie sich damit zufrieden und findet sich im Mangel zurecht. Nicht so der Mensch. Bedarf und Versorgung sind seine ureigensten Schöpfungen, die sich einzig und allein auf seine Bedürfnisse beziehen. Aus dem Wissen heraus, daß Wasser wenn auch nicht der einzige, so doch einer der fundamentalsten Stoffe ist, die zur Erhaltung des Lebens, des menschlichen Lebens erforderlich sind, hat sich ein eigener Zweig der humanen Bestätigung entwickelt: die Wasserwirtschaft im kleinen, die Hydrologie im großen. Ganz nebenbei bemerkt, kümmert den Menschen im Grunde die Erhaltung des Lebens, wenn es *nur* um das Leben geht, herzlich wenig; was ihn bekümmert, ist die Sorge um das *eigene* Leben, und nur dort, wo diese Sorge ihn zur Rücksichtnahme auf anderes Leben und dessen Erhaltung zwingt, setzt er sich auch für dieses ein, wiederum nur in dem Maße und den Grenzen, die es für ihn nützlich werden lassen. Natürlich begegnet man einer ungeheuer weitgespannten Skala von Nützlichkeiten, die bei der Bereitstellung der fundamentalen Lebensnotwendigkeiten beginnen und beim kleinen privaten Vergnügen des Streichelns von Schoßhunden enden. Alle aber richten sich auf den Menschen als Zielpunkt aus. So auch die Beurteilung des Wassers und seiner Qualität.

Die Erde verfügt über einen ungeheuren Wasservorrat, der möglicherweise beständig wächst. Von diesem Wasser, das sich überwiegend in den Ozeanen findet und dort salz- und mineralhaltig angereichert und darum für den Menschen wertlos ist, kann nur ein kleiner Teil verwendet werden. Dieser Teil ist das Nutz- oder Frischwasser. Außer als Trinkwasser wurde es die längste Zeit der Menschheitsgeschichte, da die menschliche Ernährung ausschließlich auf organischer Substanz pflanzlichen oder tierischen Ursprungs basiert, in der Landwirtschaft genutzt. In Gegenden, wo Regen Seltenheit ist, mußte und muß Wasser zur Bewässerung der Felder und zum Tränken des Viehs bereitgestellt werden. In regenreichen Gebieten braucht man sich um seine Beschaffung wenig zu sorgen.

Doch mit der landwirtschaftlichen Bewässerung ist es heute nicht getan. Wasser wird seinem ursprünglichen Sinne zweckentfremdet genutzt. Industrie und Verkehr, Bauwesen und Handel, Chemie, Pharmazie, Kosmetik und Medizin sind ohne den massenweisen Einsatz von Wasser undenkbar. Es gibt kaum eine menschliche Tätigkeit, die nicht vom Wasserverbrauch abhängt, sei es, daß sie mit dem Händewaschen beginnt und mit der Reinigung nach getaner Arbeit endet. Alle Tätigkeiten haben den Wasserbedarf und den Wasserverbrauch gegenüber dem ursprünglichen exponentiell in die Höhe schnellen lassen und belasten das Frischwasserreservoir der Erde mehr und mehr. Hier nun setzt die Sorge um die

Wasserversorgung ein. Hier beginnt die Tätigkeit, die sich um nichts anderes kümmert als die Bereitstellung ausreichender Mengen von Nutzwasser zum Zwecke der Kontinuität menschlicher Tätigkeit, ohne die es heute kaum noch zivilisiertes menschliches Leben geben kann.

Insgesamt übersteigen die 37 Millionen Kubikkilometer an globalen Frischwasserreserven alle Schätzungen des gegenwärtigen totalen humanen Wasserverbrauchs. Diese Menge reicht aus, das Mittelmeer zehnmal zu füllen. Aber mehr als drei Viertel sind in Eis, Gletschern und Permafrost konserviert und nicht zugänglich. Der Rest liegt in Grundwasserspeichern, die gleichfalls weder alle bekannt, noch greifbar sind. Nur ein Prozent (!) der totalen Frischwassermenge wird mit gegenwärtigen Technologien genutzt: Wasser in Flüssen, Seen und der Wassergehalt der Atmosphäre, der sich in Regen niederschlägt. Das Gros des Nutzwassers bleibt dem Menschen verschlossen, während der erhaltbare Anteil sich zudem noch ungleichmäßig über die Erde verteilt. Es gibt große Teile der Welt, wo Wasser nur aktiv beschafft werden kann. Es muß gesammelt, gespeichert, verteilt werden.[16] All diese Aktivitäten haben eine monetäre Seite: Das vom Himmel als Regen fallende Wasser ist frei, aber seine Sammlung, Speicherung und Aufbereitung verursachen erhebliche Kosten. So ist von vornherein klar, daß die reichen Länder den Löwenanteil an Wasser erhalten, mit dem sie meist unbedacht und verschwenderisch umgehen.[17]

6. Herkunft

Woher eigentlich kommt soviel Wasser auf der Erde, wo doch die übrigen Planeten zwar teilweise aus Wasserstoff bestehen, aber im allgemeinen über keinen der Erde vergleichbaren flüssigen Wasservorrat verfügen? An Wasserstoff besteht im Universum kein Mangel; aber um flüssig existieren zu können, muß Wasser in einer Region des Universums auftreten, in der es in den Temperaturbereich zwischen 0 und 100 Grad Celsius fällt. Derartige Gebiete haben wahrscheinlich im Universum Seltenheitswert. Nach allgemein akzeptierten Vorstellungen glaubt man nicht, daß sich die Wassermenge auf der Erde während ihrer Lebensdauer merklich geändert hat. Man glaubt vielmehr, daß das auf der Erde flüssig angetroffene Wasser ursprünglich in den heißen Mineralien im Inneren der Erde als Kristallwasser gespeichert war und beim langsamen Abkühlen nach Verlust der Uratmosphäre von den Mineralien »ausgeschwitzt« worden ist. Die Erde muß damals bereits genügend kalt gewesen sein, so daß das an die Oberfläche austretende Wasser nicht sofort in den Weltraum verlorenging, sondern als flüssiges Wasser kondensierte, weite Teile der Erdoberfläche überschwemmen und Meere bilden konnte. Die Gravitationskraft der Erde reichte aus, das flüssige Wasser zu binden. Darum kann Wasser erst entstanden sein, nachdem die Erde ihre endgültige Masse und Größe erreicht hatte und abgekühlt war. Seither blieb die Wassermenge ungefähr konstant. Geringe Verluste erleidet sie durch »Verdunstung« in den Weltraum. Diese werden aufgewogen durch weiteres Ausschwitzen von Wasser aus dem Erdkörper. Der Zuwachs beträgt weniger als $1/10$ Prozent der jährlich im hydrologischen Zyklus in die Atmosphäre verdunsteten Wassermenge, liegt aber höher als die Verluste an den Weltraum, so daß die flüssige Wassermenge schwach wächst. Immerhin würde es bei konstanter Wachstumsrate des Wassers ungefähr drei Milliarden Jahre dauern, um genau die gesamte Wassermenge in den Ozeanen von einer Milliarde Kubikkilometern zu erzeugen, was heißt, daß die Ausschwitzrate von Wasser aus dem Erdkörper über die Lebenszeit der erkalteten Erde offenbar konstant geblieben ist.

Die anfängliche Hydrosphäre war heiß und säurehaltig. Als solche reagierte sie mit den Mineralien und löste sie in sich auf. Bei der weiteren Abkühlung von Erde und Ozean fielen die meisten Minerale als Sedimente aus. So bildete sich als erstes der aluminiumhaltige Tonboden der ozeanischen Senken. Dann fielen die übrigen Mineralien aus, und der Säuregehalt des Ozeans sank. Dem schloß sich eine Zwischenphase an, in der der Ozean eine hohe Kalziumkonzentration hatte und mit nicht kristallisiertem (amorphem) Silizium gesättigt war. Die Chemie dieser ganzen Vorgänge ist undurchsichtig. Vor $1\frac{1}{2}$ Milliarden Jahren nahm dann die Hydrosphäre ihre heutige chemische Zusammensetzung an, und seit etwa 600 Millionen Jahren dürfte sich an der Chemie der Ozeane nichts mehr geändert haben. Jene einschneidende Änderung aber muß mit dem Einsetzen des Lebens auf der Erde zu tun gehabt haben, das die atmosphärische Zusammensetzung durch Erzeugung von Sauerstoff vollständig veränderte[18] und wahrscheinlich die Hydrosphäre gleichfalls stark beeinflußte. Wie die Vorgänge im einzelnen abliefen, läßt sich nicht sehr genau sagen. Es herrscht noch viel Unsicherheit und Spekulation, doch glaubt man heute an dieses chemisch komplizierte Entwicklungsmodell des Ozeans, das einen stationären hydrologischen Zyklus aufgebaut hat.

Das Entwicklungsmodell der Entstehung des Wassers auf der Erde ist nicht unwidersprochen geblieben. Vor einigen Jahren wurden der wissenschaftlichen Welt Messungen präsentiert, auf denen ein anderes Modell aufgebaut wurde. Sie stammten vom Satelliten *Dynamics Explorer,* der über einen längeren Zeitraum die ultraviolette Rückstrahlung der Erdatmosphäre vermessen hatte. Louis Frank[19] von der University of Iowa bemerkte in der Verteilung der ultravioletten Rückstrahlung große dunkle Punkte. Sie schienen ihm zu groß, um als Fehlmessungen interpretiert werden zu dürfen; ein Grund für solche Fehlmessungen ließ sich auch nicht finden. So ging er mit einigen seiner Studenten der Frage nach, was der natürliche Ursprung dieser Fehler sein könnte. Seine Idee war, es handelte sich um Wasserdampfwolken, die in der Höhe der obersten Atmosphäre bei etwa 1000 Kilometern über der Erdoberfläche entstünden. Die Durchmesser der Wolken sollten den Messungen zufolge rund 100 Kilometer betragen. Es gibt keine Möglichkeit für Wasser von der Erde, in derartigen Wolken in solche Höhen aufzusteigen. Frank nahm darum an, die einzige Quelle der Wolken müsse im Weltraum liegen: Eisklumpen, die in die Hochatmosphäre einfielen, sich dort durch Reibung erhitzten und schließlich explosiv verdampften. Jeder Klumpen sollte 100 Tonnen wiegen. Die Größe eines solchen Klumpens würde nur etwa 1000 Kubikmeter betragen. Stimmte die Hypothese, so handelte es sich um viele Minikometen, die in die Erdatmosphäre einströmten. Die Schätzungen ergaben einen Einstrom von etwa zehn Millionen solcher Klumpen pro Jahr, wenn die Zahl der gemessenen schwarzen Punkte auf sie zurückging. Das bedeutet aber, daß im Laufe der Erdgeschichte praktisch die gesamte Wassermenge der Erde durch solche kleine Kometen hereingebracht worden wäre. Franks Hypothese bricht mit den alten Vorstellungen vom Ausdampfen des Erdkörpers und der Kondensation des Wassers. Sein Auftritt in der Öffentlichkeit endete darum auch mit weltweiter Ablehnung. Denn wenn das Wasser über Kometen hereingebracht wird, können alle gültigen Vorstellungen von seiner Entstehung über den Haufen geworfen werden. Franks These steht noch zur Diskussion; sie ist weder bewiesen noch widerlegt und harrt weiterer Überprüfung.

7. Ein Kuriosum

Wir haben gesehen, wie wichtig Wasser vor allem in seiner flüssigen Erscheinungsform ist und wie bescheiden und zurückhaltend es sich gibt, wenn auch der für die Meere verantwortliche Gott ursprünglich ein Angeber gewesen sein soll. Verhielte sich Wasser physikalisch so, wie man es erwarten sollte, so befände es sich bei den herrschenden irdischen Temperaturen im Dampfzustand, und an Leben wäre nicht zu denken. Das Leben verdankt seine Existenz gerade der physikalischen Abnormalität des Wassers.

Mitte der sechziger Jahre tauchten in der einschlägigen wissenschaftlichen Literatur eine Reihe alarmierender Arbeiten auf, die nachzuweisen behaupteten, es gäbe ein Wasserderivat, das sich destillieren ließe und sich bei Normaltemperaturen anders als echtes Wasser verhielte. Es sollte auch im Inneren härter sein und Eigenschaften eines festen Körpers haben. Wäre dieser Befund richtig gewesen, so hätte man seine Bedeutung gar nicht ermessen können. Man hätte nach dem

Grund suchen müssen, warum das natürlich vorhandenen Wasser auf der Erde nicht in diesem, dem Leben abträglichen Derivat vorkommt. Und natürlich hätte man alle möglichen technischen Anwendungen des neuen Wassers erwogen. Aber die Experimente erwiesen sich als fehlerhaft: Man hatte mit Verunreinigungen experimentiert.[20] Das Wasser war Opfer einer wissenschaftlichen Nachlässigkeit geworden und hatte in einer Komödie mitgespielt, deren Auslöser vielleicht eine literarische Arbeit von Kurt Vonnegut[21] gewesen war, der ein Jahrzehnt früher über die Existenz von festem Wasser und seine militärische Bedeutung sinniert und gespottet hatte. Wasser bei Normaltemperatur ist zu unserem Glück flüssig. In andere Aggregatzustände geht es nur durch Abkühlung oder Erwärmung über. Im letzten Falle wird es zum Gas und enträt dabei seiner alten Elementarfunktion: Es verrät, nach den alten Vorstellungen, seine Natur zugunsten eines anderen Elements: der Luft.

IV. Atmosphäre: Der Schleier der Hera

Ikarus sei, so sagt man, heftig mit seinen vom Vater Dädalus den Vögeln nachkon-
struierten Flügeln schlagend, bis dicht unter die Sonne hinauf geflogen, wo in der
großen Hitze der Sonnennähe sich das Wachs, mit dem die kleineren Federn der
Flügel an seinem Rücken befestigt gewesen sein sollen, geschmolzen und er, flü-
gellos, wie ein Stein ins Meer gestürzt sei.

Diesmal hatte ihm Dädalus ein Gerät gebaut, das die am Boden in ihren
Schlammlöchern eingebuddelten Soldaten mit Bewunderung bestaunten: einen
leuchtend rot angestrichenen Doppeldecker mit weit abgespreizten Vorderrädern
zum Landen, klein wie die Räder eines Kinderwagens. Ein drittes, noch viel
kleineres Rad befand sich hinten unter dem langen, zerbrechlich wirkenden
Schwanz, an dem auf weißem Kreis ein schwarzes Kreuz weithin erkennbar auf-
gemalt war. Ikarus stand, halb sitzend auf einer Art Sattel, frei in der Lücke vor
den Flügeln und bediente mit der einen Hand einen Steuerknüppel, mit den
Füßen gab er dem Motor Gas, der die Propeller trieb, und mit der anderen Hand
mühte er sich, ein Maschinengewehr in Schußposition zu bringen. Sein Ziel war
ein ähnliches, unscheinbar grün angestrichenes Fluggerät, auf dem vorn ein an-
derer Ikarus stand und sein Maschinengewehr auf ihn zu richten suchte. Beide
trugen Lederanzüge, dicht am Kopf anliegende Lederkappen und Schutzbrillen.

Gebannt verfolgten die Soldaten am Boden zu beiden Seiten der Frontlinie den
Tanz dieser von ihren Ikarussen dirigierten Insekten umeinander, ihr Kreisen, ihr
Auf- und Absteigen, ihr plötzliches Hin- und Herschwingen und das Knallen der
vereinzelten Schüsse, die sie aufeinander abgaben. Es wäre ihnen ein Kleines ge-
wesen, mit ihren Geschützen die Flieger vom Himmel zu holen; sie flogen weder
hoch, noch schnell. Ihre Bewegungen nahmen sich aus wie die albernen, zucken-
den Hochzeitstänze der Eintagsfliegen in der Morgensonne; nur regnete es wie
alle Tage. Die Soldaten, seit Monaten an den Regen gewöhnt, klagten nicht dar-
über. Der Krieg schien stillzustehen angesichts des Zweikampfs. Welche Lächer-
lichkeit, daß hier zwei Menschen einen Kampf um eine imaginäre Vormachtstel-
lung in der Luft ausfochten, während die Kämpfe am Boden Tag für Tag Tausende
das Leben kosteten. Oder sollte es ein Schauspiel sein für die unten Kämpfenden,
eine Komödie, ihnen die Zeit zu verkürzen, den Krieg einen Augenblick zu unter-
brechen? Wie lange dauerte das Schauspiel schon an? Die Flieger entfernten sich
voneinander und flogen wieder aufeinander zu. Die ganze Front nahm an ihrem
Kampf Anteil. Es schien ewig so weitergehen zu wollen mit den vereinzelten

Schüssen aus ihren Kanzeln. Doch plötzlich bäumte sich das rote Insekt auf, drehte sich um sich selbst und stürzte steil, die Nase abwärts gerichtet, zu Boden.

Die Soldaten hinter der Front, wo der Flieger heruntergefallen war, fanden den toten Ikarus aufrecht sitzend, nur ein wenig zurückgelehnt, auf seinem Sattel. »A perfect perforation of the heart. They are professional killers, indeed!« stellte einer der Offiziere fest und sah in den Himmel hinauf, wo der siegreiche Ikarus abdrehte. Sie machten sich daran, Ikarus aus seinem Sitz zu heben und für die Übergabe an den Feind vorzubereiten.

»This time Richthofen is the looser«, sagte der Offizier, der die Aktion leitete.

Als hätte der Krieg auf dieses Stichwort gewartet, fingen die Geschütze auf beiden Seiten wieder an zu brüllen.

1. Betrüger Dädalus

Abgesehen vom frühen mythischen Gehalt der Legende[1], steht hinter ihr der allzu menschliche Wunsch, sich ebenso leicht, unbeschwert und selbstverständlich wie ein Vogel in der Luft zu bewegen. Es ist ursprünglich nicht die Sehnsucht des Menschen nach Fortbewegung, Reisen, Tourismus gewesen, die ihn das Fliegen als etwas Wünschenswertes hat erstreben lassen. Beherrscht vom Verlangen nach Freiheit, dichtete er in aller Naivität dem Fliegenkönnen jenes Gefühl der Freiheit an, das ihm auf der Erde versagt blieb, des Losseins der irdischen Bande, von denen er glaubte, sie wären es, die ihn fesselten: die Erdenschwere, die Träge. Heute, wo der Mensch fliegen kann, wohin er will, wenn er nur dafür bezahlt, heute hat sich diese vermeintliche angestrebte Freiheit als neue, trügerische Fessel erwiesen, die dem Menschen angelegt worden ist. Sie ist zum Selbstzweck der Bewegung, zum Tourismus verkommen, zum rastlosen Hin und Her einer geschäftstüchtigen und geschäftemachenden Menschheit, der am Fliegen selber nur soviel gelegen ist, als es Distanzen in kurzer Zeit überwinden hilft, schlafend und speisend am besten, gegebenenfalls filmansehend, vom Flughafen ins Hotel, zum Meeting und wieder zurück zum Flughafen. Eingesperrt in den Job, die Maschine, die uns zur nächsten Besprechung fliegt, haben wir heute nicht einmal mehr eine Ahnung von jener Freiheit, die noch vor weniger als einem Jahrhundert die Menschheit zu ihren Träumen vom Fliegen beflügelte.

Ikarus ist das erste in der Legende überlieferte Beispiel eines menschlichen Flugversuchs. Dädalus, sein Vater, eigenem, doch unglaubwürdigem Zeugnis zufolge noch von Athene selbst in die Kunst des Schmiedens eingeweiht, als neidischer Mörder seines geschickteren und erfindungsreicheren Schülers Talos flüchtig, Erfinder, Aufschneider, Betrüger in einem, im Dienste verschiedener Herrscher, zuletzt in Knossos auf Kreta bei König Minos, von diesem gefangengesetzt im Labyrinth, hatte die Flügel für sich und den Sohn für seine neuerliche Flucht aus Kreta konstruiert. Die griechische Legende behauptet, Dädalus und Ikarus wären entkommen und über das Meer nach Sizilien geflogen; das Unglück wäre einzig und allein von Ikarus verschuldet gewesen, der sich in seinem Übermut der Sonne zu sehr genähert hätte. Dieses heroisierende Beschönigen lag den sensationslüsternen späteren Griechen nahe. Sie sahen Dädalus seine Verbrechen und Betrügereien für den angeblich erfolgreichen Versuch nach, die Luft bezwungen zu haben. Bewunderung für Heldentum oder Erfindung weicht die moralischen Wertmaßstäbe auf. Natürlich beschönigt die Sage, natürlich stellt sie, was sich simpel abspielte, in Überhöhung dar. Falsch an ihr ist nicht nur das Fliegen; grundfalsch ist die Vorstellung einer Erwärmung mit der Höhe bei Annäherung an die Sonne, die jeder bei Bergbesteigungen gesammelten Erfahrung widersprach. Hier siegte die Wunschvorstellung über das wirkliche Phänomen. Ikarus war, wenn überhaupt, nicht geflogen, sondern von seinem Startplatz aus abgestürzt. Sein erfolgreicher Flug, dessen einziger Zeuge Dädalus selbst war, blieb Dädalus' Lüge. Die realistischere Variante redet denn auch nur vom mißlungenen Flugversuch und schreibt die Flucht aus Kreta Dädalus' Erfindung des Segels zu, mit dessen Hilfe er mit seinem Boot *wie fliegend* den langsamen Ruderschiffen der minoischen Flotte entkommen konnte.

2. Flattern, Segeln, Fliegen

Aus der simplen Anschauung der Flügel von Vögeln und ihrer Flugkünste schließen zu wollen, daß es nur ein paar aus Federn nachgebauter Flügel bedarf, um sich bequem wie ein Vogel in die Luft erheben und darin herumzuschwirren zu können, ist ein Überbleibsel jenes schamanistischen Denkens, das glaubte, wenn es sich in die Haut eines Tieres oder die Haut seines Feindes kleidete, selbst Tier oder Feind zu werden, das glaubte, mit den Dingen, die es dem Abbild antat, auch das Original zu treffen. Jeder echte Experimentator würde vor einem Probeflug Versuche mit Gegenständen ausgeführt haben, die ihn etwas über die Luftverhältnisse und das Fliegen lehrten. Die Flügelwahl, dem Adler nachkonstruiert – kein anderer Vogel kommt Dädalus in den Sinn, als der König der Lüfte –, zeugt von Anmaßung; der fliegende Mensch als König der Luft. Eine Einstellung, die auf allen Gebieten menschlicher Aktivität überlebt hat, an der sich seit Dädalus nichts geändert hat. Ikarus ist das beste Beispiel für ihren ultimativen katastrophalen Ausgang, wenn der Mensch in Ignoranz, die man gutwillig gern als temporäre Unwissenheit entschuldigen kann, in beständiger Anwandlung von Überheblichkeit und Anmaßung mit dem ihm Anvertrauten bedenkenlos umgeht.

Der Traum vom Fliegen[2] also: Das Element des Fliegens ist die Luft; es ist das Element des Menschen, auch wenn er von Natur und Konstitution her nicht zu den fliegenden Lebewesen gerechnet werden kann. Er atmet in ihr, bewegt sich in ihr, lebt von ihr. Fliegen findet *in Luft* statt. Solange die Aerodynamik, die Tragfähigkeit der Luft für das Fliegen noch eine Rolle spielt, bleibt die Luft sein Element. Tragfähigkeit aber ist ein Begriff, der sich auf die Aufhebung von Gravitation bezieht; denn wo keine Gravitation herrscht, braucht nichts getragen zu werden, nichts ihre Anziehung auszugleichen.[3] Luft als nicht fester »Gegenstand« ist, wie die Erfahrung lehrt, unter normalen Umständen nicht tragfähig. Es nützt nichts, schwimmen zu lernen wie im Wasser: In Luft versagt die Schwimmkunst, solange man nicht weiß, was Luft ist, welchen Gesetzen sie gehorcht ...[4] Weil unseren Vorfahren bis ans Ende des vergangenen Jahrhunderts nicht ausreichend klargeworden war, womit die Unfähigkeit der Luft zu tragen zusammenhängt, unternahmen sie in der Nachfolge des Ikarus und seiner Nachahmer nicht nur im Traum, sondern auch in der Realität verzweifelte Versuche, ihre eigene Schwere zu überwinden und es den Vögeln gleichzutun. Das alte Wort vom »Überflieger« legt noch Zeugnis ab von ihren Wünschen. Leonardo, der erste, der sich wissenschaftlich mit dem Fliegen auseinandersetzte und einen Flugapparat konstruierte, der auf der Erzeugung von Auftrieb durch Menschenkraft basierte, konnte seinen übereifrigen Diener nicht davon abhalten, den Apparat vom Dach seines Hauses auszuprobieren. Der brach sich dabei die Knochen und blieb für den Rest seines Lebens als Krüppel in Leonardos Haus.[5] Heute wissen wir es besser, Luft trägt nur, wenn man die Gesetze des physikalischen Auftriebs auf raffinierte technische Weise ausnutzt. Das ist vor wenigen Jahrzehnten erst gelungen, und gleich hat es sich zu einer gewaltigen Transport- und Fortbewegungsindustrie ausgewachsen, die den Menschen und seine Güter in kürzester Zeit über den Globus hin und her zu transportieren gestattet und ihn dabei seinen Traum völlig vergessen lassen hat.

Luft kann ohne Hilfsmittel nicht tragen. Warum? Die physikalische Antwort ist einfach: Luft ist ein kompressibles Gas mit sehr geringem, Wasser eine inkompressible Flüssigkeit mit großem Auftrieb. Die Motorik des Menschen vermag in Luft keinen seinem Gewicht entsprechenden Auftrieb zu erzeugen. Nur Maschinen bringen die dafür erforderliche Kraft und Geschwindigkeit auf. Offenbar war es in der Entwicklungsgeschichte des Menschen nicht erforderlich, ihn mit einer zum Fliegen geeigneten Konstitution und Motorik auszustatten; er konnte ohne sie überleben als Flächenwesen, das er ist, gebunden an die Oberfläche seines Planeten.[6] Damit fand er sich ab, solange er nicht in der Lage war, geeignete Maschinen zu konstruieren. Die Geräte, die ihm das Fliegen ermöglichen, auf die er stolz ist, die ihn zum Herrscher über den Luftraum und die technisch am weitesten fortgeschrittenen Nationen zum Herrscher über die weniger weit fortgeschrittenen gemacht haben, sind seine eigenen Schöpfungen, die auf der seit der Antike nahezu grenzenlos raffiniert ausgebauten Untersuchung der Natur und Kenntnis ihrer Elemente und Prinzipien basieren. In die Konstruktion dieser Maschinen spielt die Wissenschaft von der Luft und den Bewegungsvorgängen in Gasen, die *Gasdynamik*, hinein. Eine unverzichtbare Nebenrolle übernimmt die Wissenschaft von den Materialien, deren Leichtigkeit, Festigkeit, Zuverlässigkeit, Wärmeisolation, Schlüpfrigkeit, Korrosion usw. erst die Sicherheit einer raschen Bewegung in Luft garantieren, die den von ihnen durch die Luft transportierten Menschen den erforderlichen gedanklichen und technischen Aufwand vergessen läßt. Doch nicht diese ins Unendliche führenden Probleme sollen uns beschäftigen; sie bleiben den technischen Spezialisten vorbehalten, die sich den Kopf darüber zerbrechen, wie man weniger energieaufwendig, weniger umweltschädigend und sicherer fliegen kann.

3. Heras luftiges Kleid

Luft ist der gängige Name für das, was präziser *Atmosphäre* heißt. Selbst wenn er in große Höhen hinaufsteigt, auf Berge, im Flugzeug, Raumschiff, überall führt der Mensch seine Atmosphäre mit sich, um überleben zu können. Irgendwo hat er sie dabei, wohlbehütet und verpackt in Tanks, im richtigen Mischungsverhältnis und mit dem notwendigen Druck, alles genau berechnet, austariert und nachgeregelt, wenn sich die Verhältnisse ändern. Die vom Tiefseetaucher geatmete »Luft« hat eine andere Zusammensetzung als die der Erdatmosphäre am Boden entsprechende Luft im Flugzeug. Die Spezialisten kennen die Unterschiede und die Verhältnisse, die genau eingehalten werden müssen, damit der Mensch nicht nur überlebt, sondern sich »wohl fühlt«, sich fühlt, als sei er zu Hause in der freien Luft. Dem Laien sind sie meist unbekannt. Er macht sich wenig Gedanken darüber, welcher Mechanismus im Flugzeug dafür sorgt, daß er sein Wohlbefinden auch noch in einer Höhe von zwölf Kilometern behält, während doch in den Bergen in mittleren Breiten bereits in vier Kilometern Höhe das Atmen schwer wird und den Wanderer leicht die »Höhenkrankheit« befällt.

Luft ist etwas nur allzu Selbstverständliches. Nur wem sie fehlt, der wird sich ihrer bewußt. Herz-, Asthma- und Lungenkranke wissen ein Lied davon zu singen, und die Henker und Folterknechte allüberall auf der Welt wußten und wissen, wie man es anstellt, jemandem die Luft zu nehmen. An den kommerziellen Handel mit Atemluft allerdings hat man im Gegensatz zum Handel mit Wasser bislang noch nicht gedacht, bis auf Ausnahmefälle von gefährlichen Smogsituationen in einigen wenigen Großstädten der Welt. Wir kennen die seltenen Bilder, wo ein im Smog fast Erstickender sich an einer Tokyoter Straßenecke eine Maske überstülpt, um gierig aus einer Stahlflasche einen tiefen Schluck reine Preßluft oder gar Sauerstoff zu trinken, während ihn die von Abgasen gesättigten Nebel umspülen: Zukunftsvision einer atemlosen Gesellschaft, zu der hin wir uns entwickeln, noch aber rarer Sonderfall.

Atemluft muß genügend Sauerstoff enthalten, der dem Blut durch die Lunge unter dem entsprechenden Druck zugeführt wird, so daß das Hämoglobin der roten Blutkörperchen ihn anlagern und zu den Oxidations- oder Verbrennungszentren im Organismus transportieren kann, wo die zur Erhaltung des Lebens erforderliche Energie erzeugt wird und die molekularen biochemischen Umwandlungsprozesse ablaufen, die den Stoffwechsel aufrechterhalten. Unter normalem Druck an der Erdoberfläche oder in auf Normaldruck gehaltenen Maschinen hat Luft die bekannte Zusammensetzung der Atmosphäre am Boden mit etwa 20 Prozent Sauerstoff und 80 Prozent Stickstoff, beides in Form eines zweiatomigen Moleküls; in der Tiefsee, wo der Druck sehr hoch ist, wird in den Luftflaschen Stickstoff gegen das reaktionsarme Helium ausgetauscht.

Vier Hüllen aus Tüll

Die Atmosphäre ist der die Erde umgebende Gasmantel. Atemluft finden wir in der bodennahen Grenzschicht der Atmosphäre. Luft in ein paar Kilometern Höhe über der Erdoberfläche ist verschieden von Luft bei Normal Null. Das versteht man sofort, wenn man bedenkt, daß in der Umgebung der Erde alles der irdischen Schwerkraft ausgesetzt ist. Zwar nimmt diese mit der Höhe ab; aber die Lufthülle, will man sie so bezeichnen, kommt aus dem Anziehungsbereich nicht heraus. Mehr noch: sie existiert nur dank der Erdanziehung; wäre diese geringer, so würde die Erde ihre Lufthülle längst wie Merkur in den interplanetaren Raum hinaus abgedampft und verloren haben, und an ein auf Luftatmung basierendes Leben wäre auf ihrer Oberfläche nicht zu denken.

Die Atmosphäre ist nur wenige zehn Kilometer dick, und was in großer Höhe mit ihr geschieht, verändert ihre Eigenschaften so stark, daß sie ganz den Charakter einer Lufthülle verliert: sie *ionisiert* und verwandelt sich, antik gesprochen, in die »Feuerhülle«[7] der Erde. Nahe am Erdboden wird sie durch die Schwerkraft, die auf sie einwirkt, regelrecht sedimentiert: Sie ordnet sich in Schichten nach der Schwere der einzelnen ihrer Bestandteile. Die schweren Gase liegen unmittelbar am Boden; auf den schweren Gasen liegen die leichten, und die leichtesten trifft man am weitesten draußen in den Hochschichten der Atmosphäre an. Welches sind die Gründe für diese Schichtung?

Nicht zu hoch über dem Boden ist die Atmosphäre dicht genug, um viele ununterbrochen ablaufende Zusammenstöße aller verschiedenen Luft-Gasmoleküle miteinander zuzulassen. Häufige Zusammenstöße haben zwei Folgen: Erstens verleihen sie dem Gas Luft einen Druck, den *Luftdruck*; zweitens gleichen sie Energieunterschiede der einzelnen Gase, aus denen die Luft sich zusammensetzt, untereinander aus, das heißt, sie zwingen den unterschiedlichen Gasen allen gemeinsam die gleiche Temperatur auf. Die Atmosphäre hat darum in jeder Höhe eine ganz bestimmte wohldefinierte *mittlere* Gastemperatur; ihr Druck hängt nur von der Höhe der Luftsäule ab, die über dem jeweiligen Niveau liegt. Bei gleicher Temperatur erreichen schwere Gase nur kleine Steiggeschwindigkeiten; sie werden von der Schwerkraft nahe dem Boden festgehalten. Hier lagern außer den industriellen und haushaltlichen anthropogenen Abgasen, schwefelhaltigen Gasverbindungen, die natürlichen schweren Gasverbindungen, vor allem das Kohlendioxid, das bei allen Verbrennungen von organischen Sustanzen und bei der Atmung frei wird. Kohlendioxid macht aber, weil die Grünpflanzen es beständig wieder abbauen, kaum mehr als ein Prozent der Luftkonzentration aus. Darum genügt es für den allgemeinen Gebrauch, die Zusammensetzung der Luft so anzugeben, wie wir es oben getan haben. Danach besteht normale Luft zu einem Fünftel aus Sauerstoff, der Rest ist fast ausschließlich Stickstoff, dem ein paar Verunreinigungen beigemengt sind. Die drei wichtigsten »Verunreinigungen« sind Wasserdampf, Kohlendioxid und Stickoxide. Der Wasserdampf ist der Spender des in der Atmosphäre angetroffenen Wasserstoffs. Stickstoff und Sauerstoff steigen in große Höhen auf, wo sich ihre Moleküle in Atome aufspalten. Weit draußen, oberhalb etwa 200 bis 300 Kilometer Höhe, in der Exosphäre, stößt man dagegen ausschließlich auf das leichteste aller chemischen Elemente, den atomaren Wasserstoff, der an der Erdoberfläche nur als Spurenelement vorhanden ist, dort hingegen die übliche Luft ablöst.

Aufsteigen können von den leichteren Gasen nur die schnellsten, »durch Zufall« energiereichsten Moleküle oder Atome. Es gibt ein bekanntes statistisches Gesetz[8], das genau festlegt, welcher Prozentsatz Teilchen einer bestimmten Geschwindigkeit (oder kinetischen Energie) bei gegebener Dichte und Temperatur in einem Gas vorhanden ist. Dieses Gesetz gilt universell, solange sich das Gas aus genügend vielen Teilchen pro Volumeneinheit zusammensetzt und ausreichend lange Zeit für den Energieaustausch bleibt. Da nach diesem Gesetz nur wenige Teilchen auch der leichten Gase hohe Geschwindigkeiten haben, die ihnen erlauben, in große Höhen aufzusteigen, nimmt mit der Höhe nicht nur die Zusammensetzung der Luft, sondern auch ihre Dichte ab, und gleichzeitig ändert sich auch die lokale Temperatur. Die Luft wird nach oben hin »reiner«, dünner und kälter.

Die Schichtung der Luft nach der Masse der Gasmoleküle erzeugt eine für die Atmosphäre charakteristische Einteilung grob in vier, in ihren Eigenschaften verschiedene, konzentrisch um die Erde herum gelagerte Schalen.[9] Mehr als 99 Prozent der gesamten atmosphärischen Gasmasse liegen der Erde bis zur Höhe von nur 30 Kilometern über der Erdoberfläche auf. Aus großer Entfernung, von einem hoch fliegenden Satelliten in einigen Hundert Kilometer Höhe, dem Mond oder dem Weltraum aus gesehen ist darum die gesamte Atmosphäre, in der sich das Leben, das Wetter, das Klima und alles lebende, technische, soziale usw. Geschehen auf der Erdoberfläche abspielt, nicht dicker als die Farbschicht auf dem Schulglobus in unseren Kinderzimmern! Was sich für den Menschen in diesem hauchdünnen Bereich an weltbewegenden Dingen ereignet, bleibt für die unbelebte Natur lächerlich unbedeutend.

156

Die vier Schichten sind folgende: Den Boden der Atmosphäre bildet die zehn Kilometer starke *Troposphäre*. In ihr spielen sich Wetter, Klima und Leben ab. Sie hat eine dünne, etwa 500 Meter dicke Bodengrenzschicht und ist im übrigen gekennzeichnet durch die rapide Abnahme der Temperatur mit der Höhe: von etwa 17 Grad Celsius an der Erdoberfläche auf minus 50 bis minus 60 Grad Celsius an ihrer Obergrenze, der *Tropopause*. Über ihr liegt die *Stratosphäre*. Sie endet mit der *Stratopause* in 40 bis 50 Kilometern Höhe. Unterhalb 20 Kilometern behält die Stratosphäre das an der Tropopause erreichte Temperaturminimum bei. Mit dem Aufstieg in größere Höhen klettern dann aber die atmosphärischen Temperaturen wieder auf einen Wert nahe 0 Grad Celsius an der Stratopause, um in der darüberliegenden *Mesosphäre* bis in 80 Kilometer Höhe erneut abzufallen, diesmal auf das absolute Minimum von minus 70 Grad Celsius an der *Mesopause*. Oberhalb 80 Kilometer erfolgt in der *Thermosphäre* eine neue stetige Temperaturzunahme mit der Höhe, die erst im erdnahen Weltraum endet. Die neutralen Gasmoleküle »erwärmen« sich zusehends auf etwa 230 Grad Celsius in 1000 Kilometern Höhe und darüber hinaus. Dies ist der Grund für den Namen *Thermosphäre*. Man darf aber die Temperatur in Meso- und Thermosphäre nicht in dem uns geläufigen Sinne einer Temperatur verstehen. Ein in der Thermosphäre ausgesetzter ungeschützter Mensch würde keineswegs verbrennen, sondern ganz einfach erfrieren bzw. an Unterdruck sterben, wenn ausreichend mit Atemluft versorgt, um dem Erstickungstod zu entgehen. Die Anzahl der vorhandenen Gasatome in dieser Schicht ist zu klein, um seine Körpertemperatur auf dem für ein Überleben notwendigen Stand zu halten; zu selten treffen in der Zeiteinheit solche »heiße« Gasatome auf seine Haut auf. Kurz gesagt, der Druck ist zu niedrig. Die angegebene Temperatur ist lediglich Ausdruck für die Bewegungsenergie der wenigen Gasatome, die diese Höhe erreichen können. Die Temperaturskala weist aber nicht nur Höhenabhängigkeit, sondern auch regionale und saisonale Unterschiede auf. Am Äquator dehnt sich die Troposphäre bis zu 18 Kilometern hinauf aus; an ihrem höchsten Punkt jedoch ist die Temperatur 20 Grad kälter, minus 80 Grad Celsius, als an der Tropopause in mittleren Breiten. Die Temperaturabnahme mit der Höhe fällt darum in den Tropen drastischer aus als in mittleren Breiten oder an den Polen.

Kapriziöse Reaktionen

Chemisch gesehen ist die ungestörte Atmosphäre ein komplizierter Reaktionstopf. Unter dem Einfluß der Mischungsverhältnisse der verschiedenen atmosphärischen Gase und getrieben von der eingestrahlten Sonnenenergie, laufen zwischen den Gaskomponenten und den verunreinigenden natürlichen und künstlichen Beimischungen höchst komplexe Reaktionen ab. Die erste derselben ist die früher (Kapitel II) erwähnte *Ionisation* der hohen Atmosphäre. Solares ultraviolettes Licht mit Energien von wenigen Elektronenvolt[10] reißt Elektronen aus den Hüllen der Gasatome der Luft heraus. Diese Elektronen haben genügend Energie, sich von ihren Mutteratomen zu entfernen und frei im Raum zu bewegen. So entstehen aus dem neutralen Gas zwei entgegengesetzt elektrisch geladene Gaskomponenten: ein Elektronen- und ein Ionengas, die andere Eigenschaften haben als normale Gase.[11]

Die zweifellos bekannteste Reaktion ist die Aktivierung des atomaren Sauerstoffs in 20 bis 30 Kilometern Höhe, der sich an die bereits vorhandenen Sauerstoffmoleküle anlagert und das aggressive dreiatomige Sauerstoffmolekül *Ozon* bildet, das als wenige Kilometer dünne Schicht in dieser Höhe den größten Teil des UV-Lichts absorbiert und nicht auf die Erdoberfläche gelangen läßt. Ozon wird mit dieser ihm von der Natur zugedachten Rolle zu einem der wichtigsten Bestandteile der Stratosphäre. Die Ozonschicht ist eine Art Schutz für das empfindliche Leben auf der Erde. Darüber ist im Zusammenhang mit der Diskussion zivilisatorischer (anthropogener) Umweltschädigungen viel geschrieben und viel Emotion freigesetzt worden. Ultraviolettes Licht erzeugt einige Formen von Hautkrebs, schädigt die Augen und tötet die meisten Mikroorganismen ab. Die Zerstörung der Ozonschicht hat deshalb fatale Folgen für die Biosphäre. Sie würde den Ertrag der landwirtschaftlichen Produktion erheblich reduzieren, die ozeanische Nahrungskette abreißen lassen und für Flora und Mensch gesundheitliche Gefahren nach sich ziehen.

Es ist erstaunlich, wie gering der Ozongehalt der Ozonschicht ist, obwohl er dem Leben einen solchen Dienst erweist. Transferierte man die Ozonschicht an den Boden, wo sie dem atmosphärischen Druck von einer Atmosphäre ausgesetzt wäre, so würde sie auf eine Dicke von nur drei Millimetern zusammenschrumpfen. Diese wenigen Moleküle genügen in 30 Kilometern Höhe als UV-Filter, während sie am Boden Gifte sind. Seit kurzem weiß man, daß anthropogene Luftverunreinigungen in Verbindung mit klimatisch ungünstigen Verhältnissen irreversible Variationen des Ozongehalts hervorrufen, die die Perforation der Ozonschicht zur Folge haben. Ozonlöcher, wie man Gebiete geringer Ozonkonzentration in der Ozonschicht nennt, sind in den polaren Breiten entdeckt worden und wachsen ständig. Wie und warum? Das Zusammenspiel ist kompliziert und bedarf einiger Vorkenntnisse, die wir erst vermitteln müssen. Vertrösten wir uns also mit der Erklärung auf später.

Kosmetika

Da das Sonnenlicht der die Atmosphäre speisende Energieträger ist, steht es am Anfang jeder Dynamik der Atmosphäre. Von der Sonne kommendes Licht wird in ihr wie in jedem nur teilweise transparenten Medium gebrochen, gestreut, absorbiert und teilweise wieder emittiert. Welchem dieser Vorgänge der Vorzug zu geben ist, hängt von der Wellenlänge des einfallenden Lichts bzw. seiner Frequenz und der atmosphärischen Zusammensetzung ab. Licht von der Sonne ist »breitbandig«; es umfaßt das ganze sichtbare Spektrum und erstreckt sich sowohl ins unsichtbare »Nahe Infrarote«, wie der Wellenlängenbereich heißt, der sich zu langen Wellen unmittelbar an das sichtbare Spektrum anschließt, und ins ebenfalls für unser Auge unsichtbare Ultraviolette am kurzwelligen Ende des Spektrums. Am intensivsten[12] ist die solare Strahlung im grünen Teil des Spektrums; Sonnenlicht ist eigentlich grün, nur dem menschlichen Auge, das seinen »Farbnullpunkt« auf die gesamte eingestrahlte Energie des aus allen Spektralfarben gemischten Lichtes »eicht«, erscheint es weiß.

Man kann sich das einfallende Sonnenlicht als parallele Strahlen vorstellen, wie wir sie alle als Kinder morgens vom Bett her durch das Fenster fallend und im Staube leuchtend, der in ihnen wirbelte, voll Faszination betrachtet und erfahren haben. Dieses parallele Strahlenbündel trifft auf die kugelförmige Rundung der Atmosphäre. Ihre Verteilung über die Erdoberfläche wird darum eine Funktion des Einfallswinkels, aber auch der Neigung der Erdachse gegen die Bahnebene der Erde, die Ekliptik, und der Abweichung der Erdbahn um die Sonne von einem Kreis, ihrer Exzentrizität.

Im maximalen Abstand der Erde von der Sonne, dem Aphelion bei 1.017 AU (eine astronomische Einheit; AU ist der Abstand zwischen Erde und Sonne, das sind rund 150 Millionen Kilometer), wird die Erde schwächer bestrahlt als im minimalen Abstand, dem Perihelion bei 0.983 AU. Die Erdneigung bewirkt einen periodischen Wechsel der Bestrahlungsintensität zwischen Süd- und Nordhemisphäre, ihre Kugelgestalt die abgeschwächte Energieeinspeisung in die polare und die volle Energieeinspeisung in die tropische Atmosphäre, wo das Sonnenlicht senkrecht auf die Atmosphäre auftrifft und praktisch »steckenbleibt«, während es die Polgebiete nur »streift«. All diese einfachen Dinge sind jedem von uns längst bekannt.

Die Bestandteile der irdischen Atmosphäre schneiden das solare Spektrum bei kurzen Wellenlängen ab. Minoritäten diktieren, wie so oft auch in Gesellschaft und Politik, das Verhalten des Ganzen. An vorderster Stelle steht Wasserdampf. Er absorbiert in der Troposphäre gemeinsam mit dem Kohlendioxid den größten Teil der kurzwelligen Strahlung. Schließlich beteiligen sich Stickoxide und Methan an der Absorption. Und bei langen Wellenlängen streuen Verunreinigungen

(Aerosole[13]), Aufschwemmungen (Suspensionen) von Flüssigkeiten, Teilchen und Staub sowie Wolken das einfallende Sonnenlicht.

Die Erde gibt die gleiche Menge an Energie an den Weltraum ab, die sie von der Sonne bezieht, das heißt, die Atmosphäre befindet sich im Strahlungsgleichgewicht mit dem sie umgebenden Weltraum. Wäre dem nicht so, so würde sich die Atmosphäre durch unablässigen Einstrom solarer Strahlungsenergie aufheizen oder andernfalls, überträfe ihre eigene Energieabstrahlung die Energieeinspeisung, abkühlen. Weder das eine noch das andere wird beobachtet.[14] Zwar hat die atmosphärische Temperatur über geologische Zeiträume eine Reihe von Schwankungen erlebt, Klimaeinbrüche verschiedenster Art, von denen die Eiszeiten die bekanntesten sind, doch scheint über den langen Zeitraum der Existenz unserer endgültigen terrestrischen Atmosphäre der Wärmehaushalt der Atmosphäre angenähert konstant geblieben zu sein. Schon die seit Jahrmillionen permanente Existenz von auf Eiweißbasis funktionierendem Leben im Wasser und auf dem Lande zeugt für einen nur in schwachen Grenzen variierenden thermischen Gleichgewichtszustand der Erdatmosphäre. Sonnenenergie aber fällt vorwiegend im Ultravioletten in die Atmosphäre ein, das absorbiert und umverteilt wird. Die Strahlungstemperatur der solaren Strahlung entspricht der Oberflächentemperatur der Sonne (6000 °C). Demgegenüber liegt die Strahlungstemperatur der Erde mit minus 18 Grad Celsius erheblich niedriger. Die Erde strahlt also nicht sichtbares Licht wie die Sonne in den Weltraum ab, sondern unsichtbares Infrarot (IR). Was sie vom Weltraum aus als »Blauen Planeten« ausweist, ist nicht ihr eigenes, vielmehr ist es das an der oberen Atmosphäre, den Wolken- und Eisflächen rückgestreute Licht. Die Streuung des Lichts an den kleinen Partikeln der Luft von kleinerem Durchmesser als die Wellenlänge macht Himmel und Erde blau.[15]

Die Absorption von solarer Energie erhöht die atmosphärische Temperatur. Die Moleküle der Atmosphäre, Wasserdampf, Kohlendioxid, Methan, Ozon, aber auch molekularer Sauerstoff und Stickstoff und die Stickoxide, die Sonnenlicht absorbieren, werden durch die aufgenommene zusätzliche Energie in Schwingungen, Rotation und Translationsbewegung versetzt. Nun strahlt aber nach den Gesetzen der Thermodynamik jeder Körper mit endlicher Temperatur eine ihr entsprechende Strahlung aus. Die Atmosphäre tut dies gleichfalls. Der ganze Vorgang der Reprozession des solaren Lichts in der Atmosphäre dient dazu, die Strahlungstemperatur von 6000 Kelvin auf 255 Kelvin (−18 °C) herabzusetzen. Damit ein Strahlungsgleichgewicht über die Abstrahlung der vierundzwanzigmal energieärmeren Infrarotphotonen zu erreichen, ist die Erde gezwungen, eine intensive infrarote Strahlung in den Raum hinaus zu emittieren. Wie alle Planeten tritt sie im Weltraum als kalter Infrarotstrahler in Erscheinung. Diese Umformung der Sonnenenergie ist nicht rückgängig zu machen.[16]

Aerobische Tänze

Bisher schien es, als sei die Atmosphäre ein stabiles Gebilde von unveränderlicher horizontaler Schichtung, das die Erde umgibt, gegen den Weltraum abdichtet und atmendes Leben ermöglicht. Mit der atmosphärischen Zirkulation betritt die Dynamik der Atmosphäre die Szene. Wind und Wetter, wir kennen sie gut, sind ihr begrifflicher Ausdruck. Die Atmosphäre, die uns bislang ein Bild der Ruhe und Gleichförmigkeit vorgespielt hat, beginnt auf der Bühne des täglichen Geschehens mit ihrem turbulenten Schauspiel. Hat nicht der Wetterbericht gerade wieder von einem Zyklon mit Zentrum über Island gesprochen, während gestern noch ein Rußlandhoch Europa mit anhaltend warmer Luftströmung zu versorgen schien? Der Wind wird also von Ost auf West wechseln, und die Temperaturen werden fallen, Niederschläge sind im Anmarsch. Welches sind die Ursachen dieser Dynamik?

Mit einem elementaren physikalischen Wissen und ein wenig Vorstellungskraft lassen sich die Gründe für das Auftreten von Bewegungen in der Atmosphäre, Zirkulationen und ihre vielfältigen Windformen, leicht erraten. Sie haben sowohl mit der ungleichmäßigen Verteilung der Erwärmung der Atmosphäre durch die Sonnenstrahlung als auch mit der Erdrotation zu tun. Die Griechen zum Beispiel, die noch nichts von der Schwerkraft wußten, lehnten die These von der Rotation der Erde gerade mit der durchaus einleuchtenden Begründung ab, daß die schnelle Rotationsbewegung, bei der sich die Oberfläche der Erde mit hoher Geschwindigkeit *unter der Atmosphäre hindurch* bewegen würde, einen gewaltigen Sturm erzeugen müßte, dem nichts standhielte. Diesen Sturm gibt es nicht, weil die Schwerkraft für das Mitrotieren der Atmosphäre sorgt. Aber Luft ist kein starrer Körper und deshalb zur Ausführung von kleinen, von der Rotation der Erde (differentiell) abweichenden Bewegungen befähigt. Gerade diese geringfügigen sowohl vertikalen als auch horizontalen Bewegungen sind die Quelle der globalen atmosphärischen Zirkulationen und der kleineren lokalen Luftbewegungen, die wir als Winde empfinden. Ihre gemeinsame Aufgabe besteht darin, den Ausgleich lokaler und globaler Nichtgleichgewichtszustände zu besorgen.

Die wichtigste Quelle von atmosphärischen Nichtgleichgewichten ist die ungleichförmige Beleuchtung. Das Satellitenzeitalter hat uns Falschfarbaufnahmen dieser Beleuchtung beschert. (Als Falschfarbaufnahmen bezeichnet man Bilder, die nicht die wahren, natürlichen Farben des fotografierten Gebiets zeigen, sondern auf denen die Intensität anderer, nicht sichtbarer Größen, wie in unserem Falle der Strahlung, in verschiedenen Farben dargestellt wird. Rot zum Beispiel ein Gebiet mit hoher, blau ein anderes mit sehr niedriger Strahlungsstärke. Die Wahl der Falschfarben ist willkürlich und obliegt dem Wissenschaftler, der eine bestimmte Größe gut sichtbar herausheben will.) Auf ihnen erscheint die sonnige

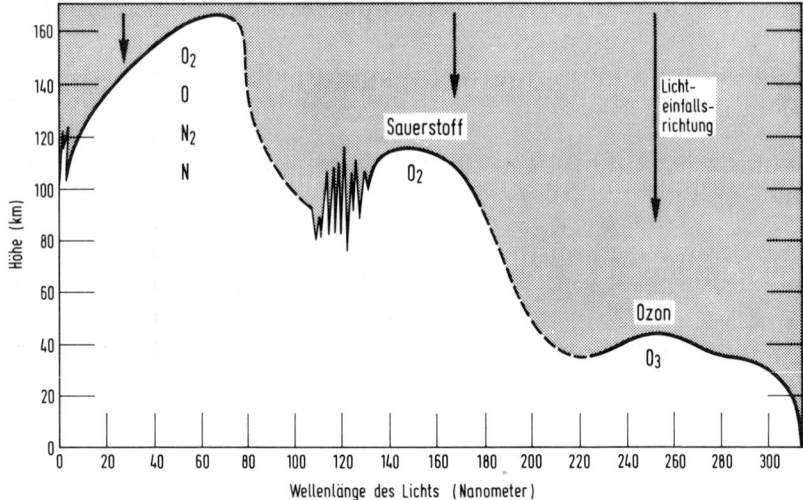

Abb. 9: Höhenkurve für die Absorption von Sonnenlicht in der Atmosphäre. Von oben einfallendes Sonnenlicht (Pfeile) wird in der durch die Kurve angegebenen Höhe von den Luftmolekülen vollständig absorbiert und gelangt nicht bis an den Erdboden (Höhe 0 km). Für verschiedene Wellenlängen zeichnen unterschiedliche Moleküle für die Absorption verantwortlich. Der Bereich zwischen 150 bis 200 Nanometer zum Beispiel wird vom zweiatomigen Sauerstoffmolekül O_2 ausgeblendet. Ozon (O_3) absorbiert zwischen 200 und 300 Nanometer UV-Licht. Längerwelliges Licht ($>$ 300 nm) gelangt bis zur Höhe 0 Kilometer.

Tagseite der Atmosphäre mit einem deutlichen äquatorialen Maximum, das wie ein dicker Wattebausch halbkugelig über der Erde schwebt; die Nachtseite verbleibt in einem nahezu schwarzen oder leicht dämmerigen Dunkel. In den Tropen bilden die morgendlichen und abendlichen Zwielichtzonen zwei messerscharfe Übergänge von Tag zu Nacht, in der Polargegend hüllt sich der Übergang in ein mehr graduelles, verwaschenes Zwielicht. Dieser Verteilung der Strahlung entsprechend wird die Atmosphäre sehr unterschiedlich erwärmt, in niedrigen Breiten stärker als in hohen, die vom Licht nur gestreift werden. Die dunkle Nachtseite empfängt keine Energie von außen. Schließlich sorgt die jahreszeitlich wechselnde Neigung der Erdachse zur Sonne hin oder von ihr fort für einen periodischen Wechsel der Beleuchtungsintensität auf der nördlichen und südlichen tagseitigen Halbkugel.

Einstrahlung bedeutet Erwärmung. Erwärmung zieht Ausdehnung des Luftgases nach sich. Die Ungleichförmigkeit der atmosphärischen Erwärmung und Ausdehnung mit Länge und Breite schafft die Notwendigkeit atmosphärischer Ausgleichsbewegungen. Die Ungleichförmigkeit wird verstärkt durch topologisch bedingte, von Ort zu Ort verschiedene Absorption. Hohe Berglagen mit ihren niedrigen Temperaturen tragen eine permanente Schneebedeckung; gleiches gilt für die Polargebiete oder die kalten, winterlich verschneiten subpolaren und mittleren Breiten. All diese Zonen haben ein hohes *Albedo*, das heißt, sie reflektieren Sonnenlicht am Tage und absorbieren nur einen geringen Prozentsatz der angebotenen Energie. Nachts strahlen sie diesen Teil im Infrarot in den Weltraum zurück. Sie sorgen auf diese Weise für eine stabile atmosphärische Situation.[17]

Den Hauptabsorber von Licht stellen die riesigen ozeanischen Flächen. Sie speichern große Mengen der Energie und geben sie in Kälteperioden langsam an die Atmosphäre ab. Auf diese Weise agieren die Ozeane als Thermostaten, Klimaregler, die für gleichmäßige Temperatur auf der Erde Sorge tragen. Ihre Strömungen transportieren die Wärme der energiemäßig benachteiligten Gegenden und glei-

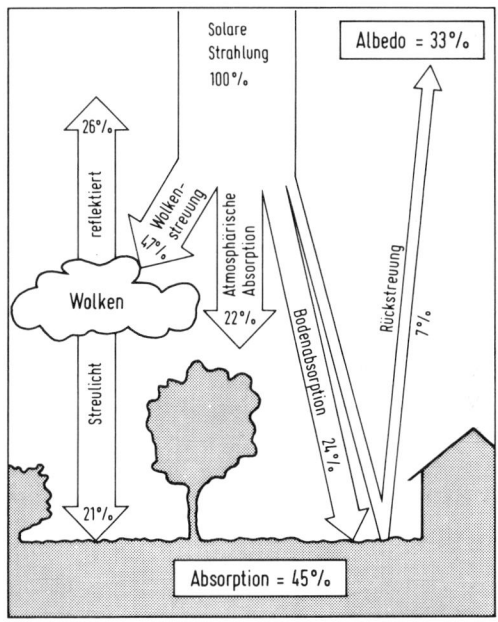

Abb. 10: Das Gleichgewicht zwischen in die Atmosphäre eingespeister Sonnenenergie und wieder abgegebener Strahlung, dem Albedo. Dieses setzt sich aus Reflexion an Wolken und Boden zusammen und erreicht nur 33 Prozent. Die restlichen 67 Prozent dienen der Aufrechterhaltung der von Sonnenstrahlung getriebenen irdischen Prozesse einschließlich des Lebens. Sie werden »verbraucht«, das heißt umgewandelt in Wärmestrahlung, die als Infrarotemission aus der Atmosphäre in den Weltraum entweicht und das Strahlungsgleichgewicht wiederherstellt.

chen atmosphärische Bewegungen aus, die überflüssig werden, wenn das Wasser den Transport übernimmt. Andererseits bilden die über den Ozeanen lagernden Luftmassen ein dynamisches und leicht bewegliches Luftreservoir, das zum Ausgleich nach allen Richtungen hin verschoben werden kann.

Diese Luftmassen werden verschoben, gepreßt, gesaugt, sind unablässig als Winde und vorwiegend horizontale Zirkulationssysteme unterwegs. Winde in der Vertikalen haben geringere Bedeutung; vertikale Druckgradienten werden sehr rasch von der Gravitationskraft der Erde durch Dichteänderungen ausgeglichen, und die vertikalen Windgeschwindigkeiten bleiben niedrig. Zum globalen Zirkulationssystem tragen sie wenig bei. Nun darf man nicht glauben, es gäbe keine Zirkulation in der Atmosphäre, wenn die Erde nicht rotierte. Es gäbe dann einen großen Temperaturunterschied zwischen Tag und Nacht, aber Ausgleichsvorgänge und mit ihnen Luftbewegungen liefen unvermeidlich ab. Die Venus ist das Beispiel eines sich sehr langsam drehenden Planeten. Das Zirkulationssystem in der Venusatmosphäre besteht aus vier raumfesten Zellen, den Hadley-Zellen, so benannt nach ihrem Entdecker. Am Äquator, dem gemeinsamen Zellenrand, steigt die warme und sich ausdehnende Luft bis zur Tropopause auf, wandert dann, sich dabei abkühlend, bis zu den Polen, wo sie, kalt und verdichtet, auf die Oberfläche des Planeten sinkt und, sich erneut langsam erwärmend, vom Pol zum Äquator zurückströmt, um dort den Kreislauf von neuem zu beginnen.

Solche oder ähnliche Verhältnisse würden auch in der terrestrischen Atmosphäre herrschen, drehte sich die Erde nicht oder nur langsam. Es wäre aber für den die Abwechslung gewohnten Menschen unsäglich langweilig ohne den Wechsel von Tag und Nacht, mit immer gleichgerichteten Nordwinden und ungefähr konstanten Temperaturen. Auf der beleuchteten Seite würden die Bewohner ständigen Tag und Wärme haben, auf der der Sonne abgewandten unbeleuchteten Nacht und Kälte. Einzig Schiffahrt, Luftfahrt und Industrie würden sich auf die konstanten Verhältnisse einstellen und sie den wechselhaften irdischen vorziehen. Aber die Erde ist nicht Venus; sie hat sich nicht dem trägen Dösen verschrieben, sondern einem geschäftigen Rotieren. Diese Rotation ruft eine Besonderheit der atmosphärischen Bewegung hervor, die das Zirkulationssystem entscheidend beeinflußt und moduliert. Warme Luft, die am Äquator aufsteigt und sich nach Norden oder Süden auf den Pol zu bewegt, hat noch dieselbe Rotationsgeschwindigkeit wie die Erde am Äquator, höher als die Rotationsgeschwindigkeit in subäquatorialen oder mittleren Breiten. Sie rotiert rascher und eilt der Erde *voraus*, und das um so stärker, je weiter sie sich vom Äquator entfernt. Kalte Luft aus hohen Breiten rotiert langsamer und bleibt hinter der Erde zurück, wenn sie sich in Richtung Äquator bewegt. In beiden Fällen wird die Luft seitwärts abgelenkt und beginnt zu rotieren. So entstehen die horizontalen atmosphärischen Zirkulationen und Windgürtel, die sämtlich parallel zu den Linien gleichen Drucks, den

Isobaren verlaufen und Strömungslinien der Atmosphäre darstellen: der Passatgürtel in den Subtropen mit Winden aus Nordost auf der Nordhemisphäre, aus Südost auf der Südhemisphäre, die wetterbestimmenden Westwindzonen in mittleren Breiten und die polaren Ostwinde. An den Grenzen dieser Zonen bilden sich in großer Höhe nach der Tropopause sehr rasche Strömungen aus, die *Strahlströme* oder *Jets*, wie zum Beispiel zwischen West- und Ostwindzone in der subpolaren Region, denen die atlantischen Fluglinien im Gegenflug von Europa nach Amerika ausweichen und deren Schubkraft sie im Mitflug auf dem Rückweg ausnutzen.

Karten der mittleren Strömungen in der Atmosphäre zeigen denn auch einige gut ausgeprägte Wirbelsysteme *(Zyklone)*, die sich in Lage und Ausbildung von Sommer zu Winter unterscheiden. Im Nordwinter gibt es über dem Nordatlantik einen großen rechtsdrehenden (im Gegenuhrzeigersinn) Wirbel mit Zentrum vor der Küste von Neufundland, auf dessen Südflanke von Nordwesten polare Luft auf den Atlantik strömt und den nordamerikanischen Kontinent kühlt, um dann von Florida aus als milder Südwest Westeuropa und Skandinavien polarwärts zu überqueren, während Zentralasien (Sibirien, Mongolei und China) unter einem großen stabilen Inlandwirbel liegt. Ein ähnlicher Wirbel befindet sich über den Aleuten im Nordpazifik. Auf der Südhalbkugel gibt es zu dieser Zeit drei weniger stark ausgeprägte Wirbel mit Zentren über den drei großen Ozeanen (Atlantik, Indischer Ozean, Pazifik). Äquatorwärts herrschen Südostwinde vor, südpolwärts liegt eine starke Westwindzone. Im Südwinter (Nordsommer) verlagern sich die ozeanischen Wirbel auf der Nordhemisphäre äquatorwärts und kehren ihre Polarität um. Der Atlantikwirbel wird zum Azorenhoch. Seine Nordseite führt warme Luft nach Skandinavien und ist für die Westwinde in Europa zuständig. Auf der Südhalbkugel rutschen die Wirbel gleichfalls leicht äquatorwärts, während die subpolare Westwindzone sich ausdehnt. Dank den größeren Kontinentmassen auf der Nordhalbkugel ist dort das Zirkulationssystem unbeständiger und variabler als auf der von Ozeanen dominierten milderen Südhalbkugel.

Die Unebenheit der Landmassen auf der Nordhalbkugel mit ihren Gebirgen, Ebenen, Waldbeständen, Wüstengegenden wirkt sich auf die Zirkulation aus. Und nicht zu vergessen: Die großen Konzentrationen der Bevölkerungen befinden sich vorwiegend auf der Nordhalbkugel. Hier liegen die großen Ballungszentren von Industrie und Städten mit ihren anthropogenen Einflüssen, hier betreibt die Menschheit den überwiegenden Teil der Landwirtschaft. Alle diese topographischen Unterschiede beeinflussen die Zirkulationssysteme destabilisierend und machen die Strömungsverhältnisse auf der Nordhalbkugel erheblich abwechslungsreicher als auf ihrer Zwillingshälfte im Süden, wo sie das ganze Jahr über mit nur wenigen Veränderungen erhalten bleiben. Andererseits aber verfügt die Südhalbkugel über den kältesten Kontinent, die Antarktis mit ihren Hochplateas am Südpol, die lokal ein permanent kaltes Zentrum der klimatischen Verhältnisse abgibt. Nord- und Südhalbkugel sind in ihrem atmosphärischen Verhalten keine eineiigen, ununterscheidbaren Zwillinge, sondern sehr verschiedene Geschwister.[18]

Launen: Wetter

Zirkulationen haben mit Wetter und Klima zu tun. Der Wind entscheidet über das, was wir als Wetter bezeichnen, weil er Luft aus Hochdruckgebieten in Tiefdruckgebiete transportiert. Die ins Tief einströmende Luft wird auf der Erdoberfläche abgelenkt und kreist um sein Zentrum: Es entsteht eine *Zyklone*, die auf der Nordhalbkugel im Gegenuhrzeigersinn, auf der Südhalbkugel im Uhrzeigersinn rotiert. Zyklonen haben horizontale Durchmesser von einigen Tausend Kilometern und leben Stunden bis Tage. In völliger Entsprechung zur Zyklone bildet sich um Hochdruckgebiete eine *Antizyklone* aus, die Luft aus dem Hoch abführt und in gleicher Richtung zu kreisen beginnt. Wieder ist die eigentliche Triebkraft des Systems Zyklone-Antizyklone der Temperaturunterschied zwischen Subtropen und Subpolargebiet, der die Luftmassen in Bewegung setzt.

An den Rändern von Zyklone und Antizyklone entstehen *Kalt-* und *Warmfronten*, die sich mit hohen Geschwindigkeiten fortbewegen und das großräumige Wetter bestimmen. Kaltfronten erreichen 200 Stundenkilometer, für Luftbewegungen sehr hohe Werte, doch liegen sie noch weit unter der Schallgeschwindigkeit. Man braucht nicht zu befürchten, es könne im Zusammenhang mit wetterbildenden Ausgleichsvorgängen zu Stoßwellen und deren zerstörender Wirkung kommen. Einzig und allein in Blitzdurchschlägen, die mit höheren Geschwindigkeiten in einer lokal elektrisch geladenen Atmosphäre den Ausgleich von elektrischen Ladungen vornehmen, werden Geschwindigkeiten über Schallgeschwindigkeit erzielt.

Wie von einem Kolben werden Kaltfronten von dichter Kaltluft vor sich hergeschoben. In ihnen kondensiert die in der warmen Luft, die sie durchqueren, gelöste Feuchtigkeit und wird zu Niederschlag. Hagelschauer sind der typische Ausdruck für krasse Temperaturunterschiede an Kaltfronten; und weil mit der Kondensation des Wassers Wolkenbildung einhergeht, treiben Kaltfronten turmhohe Kumuluswolken vor sich her, die oft weit hinauf in die Stratosphäre reichen und denen sich hinter der Front ausgedehnte Schlechtwetterwolkenfelder anschließen. Kumuluswolken tragen die kondensierte Luftfeuchtigkeit über Aufwinde in große Höhen. Solche Aufwinde, die zu räumlich eng begrenzten vertikalen Zirkulationen gehören, können sehr heftig werden. Das Durchqueren von Kumulustürmen mit Flugzeugen wird für Insassen und Besatzung zu einem

Schüttelerlebnis. Segelflieger, die gern unter Kumuluswolken ihre Kreise ziehen, um die unter ihnen herrschenden milden Aufwinde auszunutzen und sich in Höhen von einigen Tausend Metern hinauftragen zu lassen, vermeiden tunlichst, in den Sog im Inneren der Türme zu geraten, der tödlich enden kann. Er würde sie mit sich nach oben reißen bis nahe an die Tropopause, für die ihre Segler weder im Hinblick auf thermische, noch auf Druckisolation eingerichtet sind und wo das Segelflugzeug in Sekundenschnelle vereist, manövrierunfähig wird und wie ein Stein abstürzen kann. Aufwinde mit hohen Geschwindigkeiten erzeugen durch die erhöhte Reibung zwischen Luft- und Wassermolekülen in den Wolken Ladungstrennungen und vertikal gerichtete elektrische Aufladungen der Luft, die

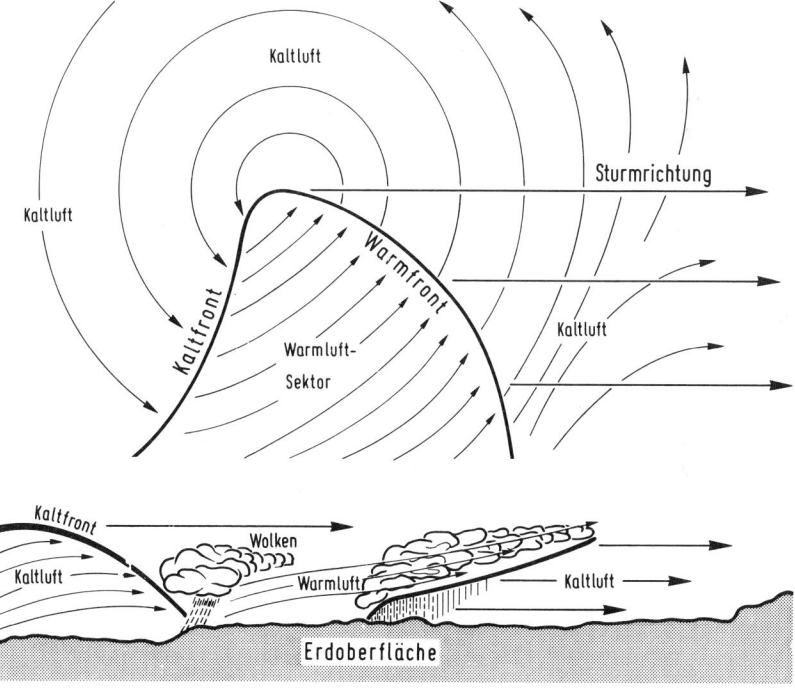

Abb. 11: Entwicklung einer Zyklone mit Warm- und Kaltluftfronten. Rasch aufsteigende Luft im Warmluftsektor treibt eine Warmfront, die die Kaltluft in große Höhen drückt. Die auf der Rückseite herabfallende Kaltluft ihrerseits treibt über eine Kaltfront die Warmluft an. Am Boden bilden sich im Kontakt der feuchten Warmluft mit Kaltluft ausgedehnte Wolkenfelder mit Regengebieten. Der Sturm wird zuerst als Kaltluftströmung mit nachfolgendem Regen, danach als warmer, schließlich als kalter Wind erlebt.

sich in Gewittern entladen und mit nachfolgender Abkühlung einhergehen.
Warmfronten, das Gegenstück zu Kaltfronten, transportieren warme Luft; sie
sind weniger wetterbestimmend als Kaltfronten, die in der Meteorologie den viel-
sagenden Namen *Kaltluftwalzen* tragen, weil sie sich, ohne aufgehalten werden
zu können, über die widerstandslose dünnere Warmluft hinwegschieben und das
»schöne« Wetter buchstäblich niederwalzen.

Was wir landläufig Wetter nennen und Tag für Tag erfahren, uns daran freuen
oder es beklagen, worüber wir unablässig reden und wovon wir unmittelbar betroffen werden und was wir – ach – so gern genau vorhersagen oder gar ändern,
nach unseren eigenen Wünschen und Bedürfnissen gestalten würden, ist also eine
lokale, an viele verschiedene räumlich und zeitlich begrenzte atmosphärische und
geographisch-topographische Gegebenheiten gebundene Erscheinung. Das Wetter einer Gegend wird vom *Klima* der Region festgelegt; aber das tatsächliche
Wetter heute oder morgen weicht mehr oder weniger stark von dem im Klima fest-
geschriebenen mittleren Zustand ab. Bestimmt wird das Wetter von morgen
durch das von heute. Dieses stellt nämlich den Ausgangszustand für eventuelle
Änderungen und erlaubt nicht jede beliebige Veränderung; doch treten zum au-
genblicklichen Wetter noch Einflüsse hinzu, die sich niemals vollständig erfassen
lassen: Einflüsse aus nahen und weiter entfernten Gebieten wie Variationen in der
Zirkulation, Temperaturstürze und -anstiege, auch Vegetationsänderungen, Ober-
flächenbeschaffenheiten der Erde, klimaunabhängige vulkanische Tätigkeit, Einflüsse von Meeresströmungen, Vereisungen und Schmelzen, Windänderungen,
die Zusammensetzung der Luft, wo menschliche Aktivität ins Wettergeschehen
eingreift, landwirtschaftliche Umstellungen, forstwirtschaftliche Veränderungen, anthropogene Veränderungen des Wasserhaushalts, städtebauliche und ver-
kehrstechnische Maßnahmen, und vieles andere mehr.

Aus dieser Aufzählung geht hervor, daß die Meteorologie, wollte sie das lokale
Wetter wirklich im einzelnen beschreiben, eine umfassende Wissenschaft sein
müße, die außer den natürlichen Gegebenheiten auch die humanen Tätigkeiten
vorhersagbar enthalten sollte. Das kann sie unmöglich leisten. Wettervorhersagen basieren auf der Auswertung von Boden- und Satellitenmessungen der momentanen oder täglichen Wetterlage und werden mit Hilfe umständlicher Com-
puterrechnungen in die Zukunft extrapoliert. Solchen Extrapolationen kommt
geringe Glaubwürdigkeit zu, weil in die Programme niemals auch nur annähernd
alle Faktoren, die das Wetter beeinflussen, aufgenommen werden können. Die
Vorhersagen sind nur begrenzt zuverlässig, auch wenn sie in den letzten Jahrzehnten an Glaubwürdigkeit gewonnen haben. Diesen Gewinn haben sie der verbesserten Computertechnik und der Raumtechnologie mit ihren festen meteorologischen Satellitenstationen zu danken, die die Erde umkreisen und genaue
Momentaufnahmen der Wolken-, Wind-, Temperatur-, Druckverteilungen und

Konzentrationen der verschiedenen Verunreinigungen in der Atmosphäre anfertigen, mit denen sie die am Boden stationierten Computerprogramme als Inputdaten füttern. Der ständige rasche Zugriff auf diese Synopsis der momentanen meteorologischen Situationen bildet die Stärke der heutigen Meteorologie und ihrer kurzzeitigen Trendrechnungen, mit denen das globale und regionale Wetter eine kurze Zeitspanne in die Zukunft prognostiziert werden kann. Aber bereits der Kurs eines Hurrikans, der sich von der Karibik die nordamerikanische Küste entlang bewegt und vielleicht auch ins Inland ausweicht, kann trotz genauester Verfolgung nicht vorhergesagt werden; ehe er sie nicht passiert hat, wird immer unbekannt bleiben, ob er diese oder jene Stadt heimsuchen oder im letzten Augenblick abdrehen und sie umgehen wird, selbst wenn man seinen Weg bis vor die Tore der Stadt minuziös registriert. Der Einzelfall ist nicht vorhersagbar.

Diese Unvorhersagbarkeit ist ein Naturgesetz. Sie ist eine Folge der Kompliziertheit des atmosphärischen Wettersystems. Die Meteorologie ist ihretwegen oft verspottet worden. Im Volksmund wie unter den Wissenschaftlern kursieren unzählige Witze, die die Sicherheit meteorologischer Prognosen betreffen: Auf Kosten der Meteorologie ist leicht sich belustigen. Häufig stimmt sie selbst, was sie ehrt, in das Gelächter ein, doch tut man ihr Unrecht, wenn ihr allein die Ungenauigkeit angelastet wird: Die Vorhersage der Zukunft ist ein prinzipiell ungenaues Geschäft, und nur als mittlere Aussage kann sie für einen limitierten Zeitraum Erfolg haben. Nicht umsonst sprach das Orakel von Delphi vorsichtshalber in vieldeutigen Sprüchen, die im nachhinein als zutreffend ausgelegt werden konnten. Der Wert der Meteorologie erschöpft sich nicht in ihren täglichen Wettervorhersagen und den auf längere Zeit immer ungenauer werdenden Prognosen; er besteht vor allem in den mittleren klimatischen Bestimmungen, deren prognostische Genauigkeit sehr hoch ist.

Noch ein anderes gereicht der Meteorologie zur Ehre: Obwohl sie sich niemals ernsthaft gegen die Vorwürfe, eine ungenaue Wissenschaft zu sein, gewehrt hat, fiel es doch bezeichnenderweise ihr zu, ja es fiel ihr buchstäblich in den Schoß, die gesamte Wissenschaft einen entscheidenden Schritt voran gebracht und möglicherweise sogar das Weltbild beeinflußt zu haben. Von ihr hat die moderne Chaostheorie ihren Ausgang genommen.[19]

4. Charakter

Wie von Wetter als von gutem und schlechtem, kaltem und trockenem, warmem und feuchtem, windigem und windstillem usw. geredet wird, so redet man gleichfalls vom Klima in seinen Eigenschaften, die sich unter größeren Begriffen subsumieren lassen wie tropisch, subtropisch, gemäßigt, subpolar, polar, Landklima, Küstenklima, maritim und kontinental, See- und Wüstenklima. Benennungen dieser Art deuten an, wie Klima als mittleres Wetter dem allgemeinen Sprachgebrauch folgend klassifiziert wird: einerseits nach seiner geographischen Verteilung, andererseits nach mehr lokalen Gegebenheiten wie etwa Küstennähe oder -ferne. Wer etwas über das Klima wissen will, muß den Landstrich, in dem er sich aufhält, in seinen geographischen, topologischen, biologischen Charakteristika kennen. Wer hingegen nur das Wetter beschreibt, schaut aus dem Fenster oder auf den Himmel oder mißt die Windgeschwindigkeit. Das Klima ist das Übergeordnete, das Wetter sein Bestandteil, sein Baustein, sein Element. Wetter wird von den momentanen Umständen bestimmt; Klima ist etwas Beständiges, existiert nur als mittlerer Zustand, als welcher es niemals absolut verwirklicht ist, sondern stets nur ungefähr. In gemäßigten Gegenden kann es sehr heiße, trockene, aber auch sehr heiße, feuchte oder sehr kalte, feuchte und sehr kalte, trockene Wetterlagen geben. Gemäßigt bedeutet dann nur, daß die *relative Häufigkeit* solcher Extreme gering ist. Klima sagt etwas über den mittleren Zustand des Wetters *und* die *erwartete* Häufigkeit seiner Extreme aus. Diesen Zustand herauszufinden, bedarf es einer viel eingehenderen Untersuchung als der Beschreibung des Wetters: Es bedarf einer Langzeituntersuchung aller verantwortlichen klimatischen Einflüsse, ehe ein Klima für eine Gegend, einen Landstrich, eine Zone ermittelt werden kann. Das Klima zu bestimmen, ist eine der übergeordneten Zielsetzungen der Meteorologie.

Mit diesem Wissen haben wir, was noch vor wenigen Jahrhunderten unvorstellbar gewesen wäre, keine Schwierigkeiten, einzusehen, daß das Klima keine beständige Angelegenheit ist, sondern sich im Laufe der Erdgeschichte geändert und entwickelt hat: Klimatologen reden im übertragenen Sinne vom Klima als von etwas »Lebendigem«, worunter sie natürlich nicht, wie es die Antike getan hätte, eine Person verstehen. Sie drücken damit nur seine entwicklungsgeschichtliche Tendenz zur Evolution auf ein stets Neues hin aus. Auch andere Planeten oder Sterne haben, soviel ist gewiß, ein Klima und Klimazonen, nur bedeutet dort Klima etwas ganz anderes als auf der Erde. Korrekterweise muß man darum von einem irdischen Klima reden, das sich auf die geordneten Wetterverhältnisse im irdischen Lebensraum bezieht.[20]

Es ist nicht notwendig, eine überragende Fantasie zu bemühen, um zu verstehen, daß klimatische Vorhersagen, die weit über die Wetterprognose hinausgehen, enorme soziale und ökonomische Implikationen haben. Das Klima beeinflußt Bevölkerungsverteilung, Nahrungsmittelproduktion, Ausgaben, die ein Staat für Erhaltung und Gewährleistung der Lebensqualität und der Umwelt einzuplanen hat. Fluktuationen des Klimas wirken sich günstig oder ungünstig aus und können soziale Konsequenzen nach sich ziehen, wie etwa die anhaltenden, von Überschwemmungen und Seuchen begleiteten übermäßigen Monsunregen in Bangladesh in den vergangenen Jahren. Kriegerische Auseinandersetzungen sind nicht selten die Folge klimatischer Schwankungen; demographische Verschiebungen können von ihnen ausgelöst werden. Beispiele finden sich in den verschiedenen Völkerwanderungen, die die Entwicklung der Zivilisation begleitet haben; aber auch im Tod ganzer Völker wie das Beispiel der anhaltenden Verwüstung der Sahelzone zeigt. Klimafluktuationen wirken sich unmittelbar auf die Biosphäre und über diese mittelbar auf die Menschheit aus. Selbst wenn diese Fluktuationen an fernen Stellen auftreten wie die warme Meeresströmung El Niño vor der Küste von Peru, die wir später besprechen werden, wird ihr Einfluß in einer sozial vernetzten Welt andernorts spürbar. Schließlich können menschliche Einflüsse auf das Klima nicht vernachlässigt werden und werden von der Klimatologie zunehmend berücksichtigt, wie zum Beispiel das systematische Abbrennen und Abholzen von tropischem Regenwald in Südamerika und der Südsee und anderes mehr.

Typen

Die Atmosphäre stellt nicht nur den physikalischen Raum des Klimas, ihre Dynamik dominiert den gesamten Klimaablauf. Doch bedeutet diese Feststellung nicht, daß es keine anderen als atmosphärische Komponenten des Klimasystems gäbe. Im Gegenteil, die Komplexität der Atmosphärendynamik ist, was das Klima betrifft, nicht auf das losgelöste Verhalten von Luft beschränkt, sondern bezieht Kopplungen zu anderen terrestrischen Komponenten ein: mit anderen Worten kann, klimatisch gesehen, die Atmosphäre nicht als losgelöstes System betrachtet werden, sondern ist stets in ihrem Bezug zur *Hydrosphäre*, die die Ozeane, die Seen und Flüsse und das unterirdische Wasserreservoir umfaßt, zur *Kryosphäre*, dem terrestrischen Schnee- und Eiskomplex, zur *Lithosphäre* und schließlich auch zur marinen und kontinentalen *Biosphäre* zu sehen. Schließlich darf eine letzte Kopplung nicht ganz ignoriert werden: die Anbindung der Atmosphäre an den extraterrestrischen Raum mit *Iono-* und *Magnetosphäre*, was die elektrische und magnetische Kopplung betrifft, und an den interplanetaren Raum, der sich gegebenenfalls in langen Zeiträumen über Meteor- und Kometeneinfälle bemerkbar macht und das Klima beeinflußt.

Alle diese Sphären differieren in Zusammensetzung, physikalischen Eigenschaften, Struktur, Dynamik und Verhalten, und ihr gekoppeltes Verhalten ist darum ungeheuer komplex und schwer zu durchschauen. Der Fachausdruck dafür heißt *nichtlinear*. Nichtlineare, komplexe Systeme von der Art des Klimasystems bieten wenig Aussicht, mathematisch auf einfache Modelle reduziert werden zu können. Alle Modelle, die sie beschreiben, können demnach bestenfalls numerische Simulationsmodelle sein. Das Klimasystem ist ein geschlossenes, auf die Erde beschränktes System. Sein Energiegeber ist die solare Einstrahlung von Licht. Es befindet sich im Strahlungsgleichgewicht. In seinem Inneren aber läuft eine komplizierte Energiekaskade, eine nur ungenau geklärte Energieübertragung von Atmosphäre zu Hydrosphäre, Kryosphäre, Biosphäre und Lithosphäre ab. Ein komplizierter Rückkopplungsmechanismus kontrolliert die Flüsse von Energie, Impuls und Materie durch die physischen Grenzen der jeweiligen Sphären hindurch. Der andere neben der Strahlung entscheidende Faktor ist die Schwerkraft (nicht nur der Erde, sondern auch des Mondes). Sie hat eine dynamische Funktion inne; sie ist für die Verschiebungen von Luftmassen, ihre dauernde Umordnung und Unruhe verantwortlich. Die Schwerkraft des Mondes wirkt sich über die Gezeitenkräfte auf Hydro- und Atmosphäre aus. Die schwer bewegliche Lithosphäre fungiert als langsam variabler, quasi statischer Untergrund und kann in der Dynamik des Klimasystems vernachlässigt werden.[21] Damit entartet das Klimasystem zur Schnittmenge seiner vier Hauptkonstituenten: Atmosphäre – Hydrosphäre – Kryosphäre – Biosphäre.

Die stärksten unmittelbaren Auswirkungen sind der Hydrosphäre und der Kryosphäre zuzurechnen. Die Hydrosphäre umfaßt alles, was an flüssigem Wasser auf der Erde vorkommt und in irgendeinem Kontakt mit dem Klimasystem steht. Da zwei Drittel der Erdoberfläche von Wasser bedeckt sind, kommt den Ozeanen entscheidende Bedeutung zu. Sie absorbieren und speichern den größten Teil der Sonnenenergie, so daß sie klimatisch ein riesiges Energiereservoir darstellen, dessen ausgleichende Wirkung für das globale Klima unverzichtbar ist; sie allein schafft die moderaten Temperaturverhältnisse an der Erdoberfläche, die das im großen und ganzen angenehme Leben auf der Erde ermöglichen.

Die höhere Dichte des Wassers macht die Ozeane bzw. die Hydrosphäre gegenüber der Atmosphäre träge; daher wirken die Ozeane beruhigend auf die heftigen Luftzirkulationen, die zum Ausgleich von Druckunterschieden in Bewegung gesetzt werden. Die Ozeane können zwar durch die Atmosphäre bewegt, Wellen und Strömungen erzeugt werden, doch bremsen sie die Zirkulation ab. Die mechanische Trägheit der Ozeane impliziert eine stärkere Schichtung und geringere Durchmischung der ozeanischen Wässer. Am aktivsten verhält sich die oberflächennahe Wasserdecke der Ozeane, die Mischungsschicht, so genannt, weil sie, angetrieben vom Wind, sich ununterbrochen turbulent durchmischt und sogar Luft in das Wasser einmischt. Ihre Dicke beläuft sich auf weniger als 100 Meter. Verglichen mit der Atmosphäre, zirkuliert das Wasser in der Mischungsschicht aber nur mäßig stark. Statt dessen existieren in ihr sehr langlebige, sich mit dem umgebenden Wasser nahezu nicht mischende Strömungen, die sich in Temperatur und Salzgehalt vom übrigen Ozean unterscheiden. Warme Strömungen, wie der in der Karibik entspringende Golfstrom, transportieren Wärme aus den tropischen Ozeanwässern in mittlere und polare Breiten; kalte Strömungen, wie der Labradorstrom vor der nordamerikanischen Küste, sorgen für den Rückfluß von polarem Wasser in den tropischen Ozean. Zuweilen haben sie unmittelbar meßbare klimatische Auswirkungen. Der Golfstrom sorgt zum Beispiel für das milde westeuropäische Klima, die Eisfreiheit der britischen und norwegischen Häfen bis hinauf zum Nordkap auch im Winter. An der Südküste von Irland und England ruft er eine fast mittelmeerische Vegetation hervor. Der Labradorstrom, von Grönland her kommend, ist hingegen für die eisigen Winter der südlicher als Westeuropa liegenden Provinzen Neuenglands verantwortlich. Man denke zum Beispiel an den klimatischen Unterschied zwischen der amerikanischen Hauptstadt Washington und Algier, die etwa auf gleicher Breite liegen.

Bemerkenswert ist die lange Lebensdauer solcher ozeanischer Strömungen: Sie beträgt Jahrtausende und weist die Strömungen als stabile, zuverlässige Konstanten des Klimas aus. Demgegenüber sind die Reaktionszeiten der Mischungsschicht mit Wochen bis Monaten kurz. An der Untergrenze der Mischungsschicht, der Thermokline, belaufen sie sich auf Zeitdauern von etwa einem Jahr: Nur die jahreszeitlichen Änderungen schlagen im Ozean bis in 100 Meter Tiefe durch. Darunter bleibt der Ozean still und ruhig und kümmert sich nicht um kurze klimatische Änderungen und Wetter; nur über geologische Zeiträume nimmt er am Klimawechsel teil.

Die Kopplung des Ozeans an die Atmosphäre erschöpft sich nicht in der Wechselwirkung von Strömung und Luftzirkulation, sie äußert sich vor allem in der Bereitstellung von Luftfeuchtigkeit. Die Ozeane stellen die Quelle nahezu allen atmosphärischen Wassers; sie sorgen für das zur Wolkenbildung erforderliche Wasser; Niederschläge gehen schließlich und endlich auf Kosten der Ozeane. Trockenzonen befinden sich darum meist weit von Küsten entfernt, so daß Niederschläge nur unter günstigen Bedingungen von Winden bis zu ihnen transportiert werden können. Doch gibt es auch Ausnahmen wie die Namibische Küste, vor der die vom kalten, von der Antarktis kommenden, die afrikanische Küste entlang nordwärts fließenden Benguelastrom aufsteigende Kaltluft die vom Atlantik anströmende Luftfeuchtigkeit zum Abregnen bringt; das Land leidet seit undenklichen Zeiten unter Regenmangel und ist zur Wüste Namib ausgetrocknet. Vom Strand gesehen liegt der Ozean dort meist unter einer dichten schwarzen Wolkendecke; aber nur in seltenen Fällen kommen die Wolken bis an die Küste heran und bringen dem Land, das vor Durst Tantalusqualen leidet, den langersehnten Regen. In solchen Zonen bedient der Ozean sich selbst, während das Land verdurstet. Eine ganz ähnliche klimatische Aufgabe erfüllen der kalte Humboldtstrom vor der chilenisch-peruanischen Küste und der bereits genannte Labradorstrom vor den kanadischen Provinzen Neufundland, Nova Scotia sowie den ostamerikanischen Staaten von Neuengland.

Der über dem Land niedergehende Regen speist Seen und Flüsse, soweit diese nicht aus großen unterirdischen Reservoiren ihr Wasser beziehen, oder füllt diese Reservoire auf, erneuert die Schnee- und Gletschergebiete und gibt die Bedingungen für die Biosphäre vor.

Auf den ersten und naiven Blick könnte der Eindruck entstehen, die Biosphäre, wenn man den Menschen aus ihr ausklammert, habe wenig mit Klima zu tun. Dieser Eindruck täuscht. Die Biosphäre hat in der Geschichte der Atmosphäre und der von ihr nicht ablösbaren Geschichte des Klimas eine zentrale Rolle übernommen und unter der Regie des Zusammenspiels und der Rückkopplung aller für das Klima zuständigen Sphären auch wie ein perfekter Akteur ausgefüllt. Sie setzt sich aus der kontinentalen wie maritimen Fauna und Flora zusammen. Die Landvegetation verändert die Oberflächenstruktur der Erde, schafft die feuchte oberste Schicht Muttererde, hält die Feuchtigkeit des Bodens, verändert seine Wärmekapazität, fördert oder hemmt die Verdunstung, setzt das Albedo herab, bremst die Bewegung der Luft. Sie wirkt sich auf die Zusammensetzung der Luft aus, indem sie die Kohlendioxid- und Sauerstoffkonzentrationen regelt, dient als Filter für Schadstoffe wie Schwefelgase und Stickoxide, als Absorber von Sonnenenergie, die sie für die Photosynthese braucht, und sie wirkt selbst als Thermostat, indem sie die Temperaturen lokal reguliert. In der Photosynthese tut sich vor allem die ungeheure Menge an Meeresflora hervor. Zudem beeinflußt diese den Salzgehalt und das thermische Verhalten, aber auch durch ihre massenhafte Ansammlung in gewissen Gebieten die mechanischen Eigenschaften des Wassers: Sie vermindert die Oberflächenspannung und fördert die Durchmischung mit der Atmosphäre, sie ändert die optischen Eigenschaften der Hydrosphäre, zum Beispiel die Reflexionsfähigkeit der Wasseroberfläche und anderes mehr. Die Fauna schließlich beeinflußt auf ihre Weise das Klima, indem sie die Vegetation in ihre Nahrungskette aufnimmt und modifiziert, und indem sie durch die Abgabe von gasförmigen Verdauungsrückständen, vor allem von Methan, die Zusammensetzung der Luft, deren Struktur und Absorptionsvermögen variiert. Beide, Fauna und Flora, sind empfindlich gegenüber klimatischen Änderungen, so daß sich hier der Zirkel der gegenseitigen Kopplungen schließt.

Schließlich gehört auch der Mensch zur Biosphäre. Seine Einflußnahme auf das Klima hat sich in den Jahrtausenden seiner Kultur zu einem nicht mehr vernachlässigbaren Faktor ausgewachsen. Wie und wann er Klima und Umwelt beeinflußt, wird offensichtlich, wenn man seine vielfältigen technischen Aktivitäten in Betracht zieht und seine Anstrengungen ins Auge faßt, sich die Natur, wo es nur geht, auf seine Weise gefügig zu machen und zurechtzuschneidern zu dem, was seinen Vorstellungen vom Leben auf der Erde entspricht. Er hat sich in den

Jahrtausenden des Wachstums seiner Zivilisation aus der Natur eine Enklave her-
ausgeschnitten, die in der Natur selbst ein Eigenleben führt, an das die Natur »nie
gedacht« hat, bevor der Mensch in sie eintrat. Diese Entwicklung soll und kann
nicht beklagt werden, will der Mensch seine Existenz nicht grundsätzlich in Frage
stellen; sie verlangt aber vom Menschen, auch die mit ihr verbundene Verantwortung nicht nur für die zivilisatorische Enklave, sondern für die gesamte irdische
Natur zu übernehmen. Diese Verantwortung ist ein aus der menschlichen Aktivität erwachsenes natur-ethisches Problem, vor dem der Mensch lernend und es
langsam begreifend steht, und das sich ihm in Zukunft als Problem immer dring-
licher stellen wird.

Hysterien

Klima entsteht im Wechselspiel der fünf verschiedenen Sphären. Jede Sphäre hat
ihre eigenen inneren zeitlichen Veränderlichkeiten, die auf das Klima rückkop-
peln. Über den gesamten Zeitraum der Erdgeschichte hinweg lassen sich die für
jede Sphäre typischen Schwankungszeiträume aus paläontologischen, stratigraphischen und geologischen Messungen ableiten. Eine dieser Größen ist die atmosphärische Temperatur. Sie erfährt außer den typischen täglichen, halb- und
ganzjährigen Variationen, die mit Erdrotation und Erdbahn zu tun haben, eine
Anzahl von mehr oder weniger scharf definierten Perioden von drei bis sieben Tagen, die von synoptischen Störungen der Atmosphäre in mittleren Breiten herrühren. Viel langsamere Temperaturschwankungen äußern sich in Warm- und
Kaltzeiten der Erdgeschichte. Im frühen 17. Jahrhundert deutet das rapide Wachstum der mitteleuropäischen Gletschersysteme den Einsatz der sogenannten »kleinen Eiszeit« an und zeigt, daß die atmosphärische Temperatur auch geringfügig
mit einer Periode von 100 bis 400 Jahren schwankt. Eine weitere Variation mit
2500 Jahren Periode wird mit der klimatischen Abkühlung verknüpft, die dem
»klimatischen Optimum«, dem offenbar idealen Klima in der Zeit vor ungefähr
5000 bis 6000 Jahren folgte. Die frühen Zivilisationen erlitten sie. Ihre wahrscheinliche Ursache ist in den in Kapitel II erwähnten außerirdischen Kometeneinfällen
zu suchen, jenen katastrophalen Ereignissen, die die Menschheit ins nomadische
Zeitalter der großen Völkerverschiebungen am Ende der protomythischen Epoche
stießen, die am Beginn der zivilisatorischen »Menschwerdung« stehen.
Temperaturvariationen mit 22000, 41000, 100000 Jahren Periode, die man aus
den stratigraphischen Untersuchungen erschlossen hat, werden durch die langsamen Änderungen der Erdbahn bedingt und sind möglicherweise nach einer Theorie von Milankovitch aus dem Jahre 1941 für Eiszeiten zuständig. Schließlich fallen zwei weitere prähistorische Perioden bei 45 und 350 Millionen Jahren auf, die
mit tektonischen Verschiebungen zu tun haben, in deren Gefolge offenbar riesige

Vergletscherungen der Erde stattgefunden haben. Diese Aufzählung macht deutlich, wie die Länge der Perioden wächst, in denen die Temperatur schwankt, wenn kosmische Einflüsse Bedeutung gewinnen oder der Erdkörper selbst seine langsame Dynamik entfaltet. Kosmische Einflüsse sind weitgehend unvorhersehbar. Die kurzzeitigen Variationen und Klimaänderungen können, von unvorhergesehenen Ereignissen abgesehen, fast ausschließlich dem in sich geschlossenen System von Atmosphäre, Hydrosphäre, Kryosphäre und Biosphäre zugeschrieben werden, in dem die letztere infolge von menschlichen Eingriffen zunehmend mitbestimmend zu werden beginnt.

Risse im Sonnenschirm

Unter den vom Menschen kommenden Einflüssen auf Atmosphäre und Klima hat sich seit Mitte der siebziger Jahre das öffentliche Interesse am meisten auf zwei Effekte konzentriert: das antarktische »Ozonloch«[22] und den »Treibhauseffekt«. In Höhen oberhalb 12 Kilometern trifft man in der Stratosphäre natürliches Ozon an. Seine Konzentration hat um 25 Kilometer Höhe herum ein Maximum. Künstliches Ozon entsteht in der Troposphäre vorwiegend in urbanen Gegenden, in Stadtluft, als giftige Substanz durch Oxidation von unverbrannten Kohlenwasserstoffen mit Stickoxiden als Katalysatoren. Dieser Prozeß überwiegt dort bei weitem den natürlichen Transport von natürlichem Ozon aus der Stratosphäre herunter in die Troposphäre. Das unerwünschte troposphärische Ozon mit seinem »überflüssigen« und aggressiven dritten Sauerstoffatom besitzt oxidierende Eigenschaften und spielt darum eine herausragende Rolle in der photochemischen Produktionskette von Smog und saurem Regen über Reaktionen mit Schwefeldioxid und Stickoxiden. Außerdem absorbiert es thermische infrarote Strahlung, die dann nicht aus der Troposphäre entweichen kann, und begünstigt so den Treibhauseffekt. Wie es sich von den industriellen und urbanen Verunreinigungszentren über den Globus ausbreitet, war lange nicht bekannt und ist auch heute noch nicht endgültig geklärt. Neuerliche Messungen in der Troposphäre auf der Südhemisphäre haben gezeigt, daß die massenweisen Verbrennungen von Biomasse in Afrika mit ihrer hohen Ozonerzeugungsrate mit dem rapiden Anstieg der troposphärischen Ozonkonzentration über der gesamten Südhalbkugel korrelieren.[23] Selbst die entferntesten Regionen werden von dem lokal erzeugten Ozon betroffen. Umgekehrt ist dieses Ozon der Indikator für den ausgezeichnet funktionierenden globalen Durchmischungsprozeß in der Troposphäre, der nicht nur Ozon, sondern auch andere Gase wie zum Beispiel die ozonabbauenden Chlorfluorkohlenwasserstoffe, die berühmt-berüchtigten FCKWs, die der stratosphärischen Ozonschicht gefährlich werden, über den Globus verteilt.

Stratosphärisches (natürliches) Ozon entsteht auf photochemischem Wege. Ultraviolettes Licht spaltet (dissoziiert) zwischen 20 bis 30 Kilometern Höhe einige zweiatomige Sauerstoffmoleküle in seine beiden Atome. In Gegenwart anderer Moleküle, die wie Katalysatoren wirken, lagern sich die freien Sauerstoffatome an andere Sauerstoffmoleküle an und bilden ein dreiatomiges Ozonmolekül. Das Gleichgewicht wird unter natürlichen Bedingungen durch die katalytischen Reaktionen mit Stickstoff, Wasserstoff und Chlorradikalen gehalten. Ein sehr kleiner Zusatz von Stickstoffmonoxid zum Beispiel genügt, um viele Ozonmoleküle zu zerstören.[24]

Polarer Ozonbuckel und Ozonloch

Naiverweise würde man, weil die ultraviolette Sonneneinstrahlung in der tropischen Atmosphäre am stärksten ist, die maximale Ozonkonzentration in der mittleren Stratosphäre in tropischen Breiten, über den Polen dagegen wenig Ozon erwarten. Die Beobachtung zeigt das Gegenteil: Unter normalen Umständen hat die polare Stratosphäre die höchste Ozonkonzentration. Verantwortlich für diese Inversion sind atmosphärische Transportvorgänge durch Wirbelbewegungen, die Ozon aus den Tropen in polare Breiten überführen. Dies war seit spätestens 1963 bekannt[25]. In den siebziger Jahren wurde klar, daß die menschliche Aktivität den stratosphärischen Ozongehalt beeinflussen kann. Die Einflüsse betreffen den technischen Ausstoß von Freonen (FCKWs) in die Atmosphäre in Form von Treibgasen in Sprühdosen, Kühlmitteln in Kühlschränken und Klimaanlagen usw., durch Erzeugung von Stickoxiden in Verbrennungsmaschinen wie Autos, Ausstoß derselben in die hohe Atmosphäre von Flugzeugen und Überschalljets aus sowie durch den intensiven Einsatz von stickstoffhaltigen Düngemitteln, bei dem Stickoxide freigesetzt werden. Längere Zeit glaubte man, diese Aktivitäten zögen die langsame Abnahme des stratosphärischen Ozons nach sich, und man müsse diesem Vorgang durch langsamen Abbau der FCKW-Produktion vorbeugen. Messungen in der antarktischen Stratosphäre gaben der Entwicklung eine dramatische Wendung, als im Südfrühling (Oktober) 1985 eine 50prozentige Abnahme des polaren Ozongehalts über der Antarktis bekanntgegeben wurde, die unter dem Namen *Ozonloch* in die Geschichte eingegangen ist. Inzwischen ist die gleichzeitige Zunahme von auf dem Boden eintreffender nichtabsorbierter und ungeschwächter ultravioletter Strahlung in der Antarktis aktenkundig geworden.[26]

Die Beobachtung des Ozonlochs über mehrere Jahre hinweg hat seine jährliche Wiederkehr im Südfrühling und sein kontinuierliches Wachstum bestätigt. Von August bis Oktober 1987 betrug die Abnahme bereits mehr als alarmierende 85

Prozent.[27] Inzwischen haben Satellitenmessungen[28] auch über der Nordpolkappe eine Ozonabnahme im Winter nachgewiesen, die zwar schwächer, doch signifikant ist und darauf hindeutet, daß sich das zerstörte Gebiet in der Ozonschicht zu gewissen Jahreszeiten ausweiten und die Ozonschicht »perforieren« kann.[29] Noch versteht man die Chemie und ihren Zusammenhang mit der atmosphärischen Dynamik nicht; man weiß allerdings um die Gefahren einer Ausweitung des Lochs auf mittlere Breiten, wenn die Nachlieferung von Ozon durch Photodissoziation nicht dem Abbau durch Chlor die Waage halten kann. Die Verhältnisse in der Arktis begünstigen die Ausbildung des Ozonlochs weniger, weil die arktische Winteratmosphäre durch das Fehlen eines großen arktischen Kontinents weniger stabil ist. In ihr kommt es leichter zu Durchmischungen. Doch sind die oben erwähnten Abnahmen des Ozongehalts im arktischen Winter eindrucksvoll bestätigt worden.[30] Auch hier bildet sich ein ausreichend starker Wirbel aus. Im Zusammenwirken mit dem vom Menschen stammenden, in große Höhen transportierten Chlor und der durch die niedrigen arktischen Temperaturen bewirkten Ausschaltung von Stickstoff, der die Ozonproduktion stützen würde, zeichnet dieser Wirbel gegenwärtig für die etwa 8 prozentige Reduktion des Ozongehalts verantwortlich, die vorläufig nur als Ausdünnung bemerkt worden ist und noch keine Gefahr für das Klima der Nordhalbkugel bedeutet. Der anhaltende menschliche Ausstoß von FCKWs zusammen mit der Langlebigkeit des stratosphärischen Chlors wird diesen Effekt voraussichtlich dramatisch verstärken und die arktische Perforation der Ozonschicht im Polarwinter vorantreiben.

Man hat die schlimmen Folgen der Ozonschichtausdünnung und womöglichen Ozonschichtvernichtung ausgiebig beschrieben. Tatsächlich wartet auf die Menschheit eine nicht leichtfertig zu nehmende Gefahr. Ob die gegenwärtig geplanten politischen und industriellen Maßnahmen zur Einschränkung der FCKW-Produktion und des Chlorausstoßes in Luft ausreichen, kann nicht abgeschätzt werden. Dazu ist erforderlich, daß sich die Industrie *weltweit* an die Vorgaben hält und keine Alleingänge veranstaltet werden. Eigentlich müßten Probleme dieser Art von einer übergeordneten globalen Instanz wie der UNO in die Hand genommen und durchgesetzt und nicht einzelnen Ländern, ihrer Einsicht, gutem Willen und Finanzlage überlassen werden.

Es gibt eine Reihe naiver Ansichten, die an Stammtischen und in halbinformierten Kreisen diskutiert werden und das Ozon-Problem zu bagatellisieren suchen. Eine von ihnen behauptet, die Natur reguliere sich selbst und finde schon einen Ausweg. Eine andere wiederum sagt, man müsse nur warten, bis das von den Abgasen produzierte Ozon in die Höhe der Ozonschicht in der Stratosphäre diffundiert sei und das dortige Ozonloch stopfe. Eine dritte weist darauf hin, daß der Mensch sich bisher allen Lagen angepaßt hätte und auch die Ozonbelastung für ihn auf Dauer kein Problem darstellte usw. Solche Meinungen, die auf Unkenntnis beruhen, zu widerlegen, ist müßig. Um wenigstens am Rande auf sie einzugehen, merken wir an, daß es zum Beispiel nicht das von den Abgasen in der unteren Troposphäre erzeugte Ozon ist, welches in die Stratosphäre aufsteigt. Lange bevor es aufsteigt, hat dieses Ozon seine umwelt- und gesundheitsschädigende Wirkung entfaltet und ist von Pflanzen und Lebewesen absorbiert worden, während ständig neues Ozon nachgeliefert wird. Dasjenige Ozon, das aufsteigt, reagiert unterwegs mit dem dichten atmosphärischen Gas in wenigen hundert Metern Höhe. Was in die Stratosphäre aufsteigt, sind die trägen FCKWs, die weder von Pflanzen noch von Organismen aufgenommen werden, sondern ungehindert über lange Zeiten in die Stratosphäre diffundieren können. Von einem Ersetzen des stratosphärischen Ozons durch künstliches kann keine Rede sein.

Was nun die Ansicht betrifft, die Natur reguliere sich selbst, so ist deren Richtigkeit nicht zu widerlegen. »Die Natur« wird in jedem Fall einen anderen Gleichgewichtszustand finden mit einer Atmosphäre ohne stratosphärisches Ozon; daß dieser Gleichgewichtszustand aber für die irdische Fauna und Flora zuträglich sein wird, muß angezweifelt werden. Wenn es um Gleichgewicht geht, kümmert sich »die Natur« nicht um die Anwesenheit des Menschen, seine Zivilisation, Bedürfnisse und Bequemlichkeiten. Diese sind Eigenschaften seiner von ihm selbst geschaffenen Enklave, für deren Erhaltung er allein die Verantwortung trägt.

Unter dem Glasdach

Die Meinungen der Spezialisten gehen, was die zukünftige klimatische Entwicklung der Erdatmosphäre betrifft, weit auseinander. Verständlich, aber nicht hilfreich ist dies Gezerre um die wahrscheinliche Zukunft des Klimas: Wetter und mit ihm Klima im großen und ganzen bleibt unvorhersagbar. Mit der zunehmenden menschlichen Einwirkung auf atmosphärische Zusammensetzung und Zirkulation hängt eine Gefahr am Himmel, für deren wenig wünschenswerten Endzustand uns der Liebesplanet Venus ein abschreckendes Beispiel liefert: der *Treibhauseffekt*.

Simpel gesagt, braucht lediglich das Strahlungsgleichgewicht der Erdatmosphäre gestört, entweder die Reflexion von Sonnenlicht verstärkt oder die Abstrahlung von Energie im Infraroten verhindert zu werden, dann kommt es klimatisch auf der Erde zur Katastrophe. Das ist leicht einzusehen. Wird die Albedo, die Rückstreuung von Sonnenlicht in der Atmosphäre, erhöht, so gelangt weniger Sonnenenergie auf die Erdoberfläche, und die Atmosphäre kühlt auf wahrscheinlich für das Leben unzuträgliche, zumindest unangenehme Temperaturen ab; wird die Abstrahlung verhindert, so heizt sich die Atmosphäre auf ebenso unangenehme wie unzuträgliche Temperaturen auf. Der erste Fall wurde bereits wäh-

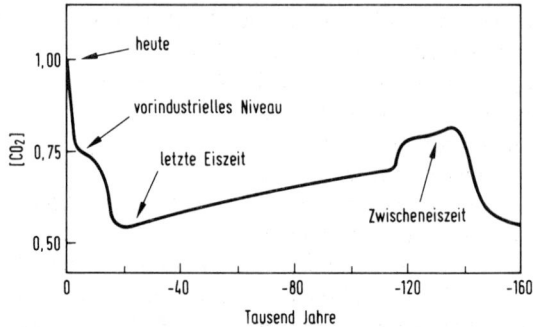

Abb. 12: Der Verlauf der Kohlendioxidkonzentration [CO₂] der Luft in den letzten 160 000 Jahren. Die Konzentration wird durch eckige Klammern gekennzeichnet und auf den heutigen Wert bezogen. Auf der Abszisse ist die Zeit negativ aufgetragen. Der Nullpunkt ist heute, die Zeit läuft (in Tausenden von Jahren) in die Vergangenheit. Wie man erkennt, ist der heutige Konzentrationswert der höchste der gesamten gezeigten Zeitspanne. In der Zwischeneiszeit vor 120 000 Jahren stieg er auf etwa 80 Prozent des heutigen Wertes an, um dann bis zur letzten Eiszeit vor 20 000 Jahren auf sein Minimum von 55 Prozent abzusinken. Im vorindustriellen Zeitalter lag er bei 75 Prozent des heutigen Wertes. Seither ist der Anstieg steiler als je zuvor.

rend Kalt- und Eiszeiten Wirklichkeit. Das Leben hat diese Perioden auf der Erde überstanden, sich auf die warmen Zonen zurückgezogen und »übereiszeitet«. Der zweite Fall steht dem Leben möglicherweise erst bevor. Warum?

Abstrahlung wird verhindert durch erhöhte Absorption. Es sind vor allem Kohlendioxid, Methan und Wasserdampf, die die atmosphärische Absorption im Infraroten verantworten. Natürlich steigt die Atmosphärentemperatur nicht *ad infinitum*, sondern nur so weit, bis sich ein neues Strahlungsgleichgewicht einstellt, das der erhöhten Wärmeaufnahme der Atmosphäre und ihrer höheren Temperatur entspricht. Die Konzentrationsschwankungen von Kohlendioxid, Methan und Wasserdampf (in Wirklichkeit treten noch einige Spurengase wie Lachgas, Kohlenmonoxid, die Stick- und Schwefeloxide und andere hinzu) gehen sämtlich großenteils auf die Anwesenheit von Leben zurück. Im Klimasystem hält sich Kohlenstoff als fossiler Brennstoff in der Lithosphäre, in der Biosphäre auf dem Lande, den Ozeanen und der Luft. Die Übertragung von Kohlenstoff zwischen diesen verschiedenen Reservoirs erfolgt über den *Kohlenstoffzyklus*. So unglaublich es klingt, Atmosphäre und terrestrische Vegetation enthalten gleich viel (!) Kohlenstoff, erstere in Form von Kohlendioxid. Gemessen an der atmosphärischen Luftmenge ist das aber ein verschwindend geringer Teil. Im Vergleich dazu ist der Kohlenstoffgehalt von Ozeanen und Erdkruste um vieles höher. Seit ungefähr 1850 allerdings, dem Beginn der Industrialisierung, ist mit der intensiven Ausbeutung fossilen Brennmaterials die Kohlendioxidkonzentration in der Atmosphäre kontinuierlich und rasch angestiegen. Die Konzentrationskurve weist in den letzten Jahrzehnten eine zunehmende Steigung auf. Industriezuwachs und Industrialisierung der Dritten Welt, tropische Rodungen, verstärkter Einsatz von Dünger in der weltweit intensiv betriebenen Landwirtschaft, Zunahme an Heizmittel- und Kraftstoffverbrauch, vor allem die Verbrennung organischer Abfälle und anderes mehr treten als Verursacher dieser Zunahme in Aktion.

Alle diese Zunahmen haben vermuten lassen, daß die Anreicherung von Kohlendioxid und Methan in der Atmosphäre einen Treibhauseffekt verursachen könnte, der demjenigen entspricht, den wir auf Venus beobachten. Die Ausgangsposition der Venus für die Entwicklung ihrer Atmosphäre war jedoch eine andere als die der Erde. Es steht nicht zu befürchten, daß gleiche Verhältnisse auf der Erde einsetzen oder realisiert werden könnten. Doch würde eine geringfügige Zunahme der Temperatur global um nur 2 bis 3 Grad Celsius einen klimatischen Umschwung nach sich ziehen. Ihre unmittelbare Folge wäre das Abtauen der polaren und alpinen Gletschermassen und die katastrophale Erhöhung des Meeresspiegels, der viele Küstenstreifen, aber auch Länder wie die Niederlande und große Teile des Nahen Ostens, zum Beispiel Israels, Kuweits, des Irak und Nordägyptens, zum Opfer fielen.[31]

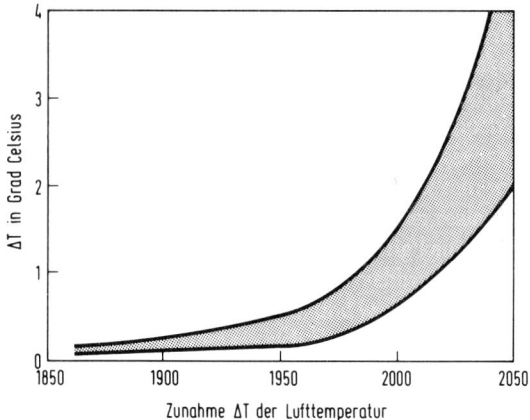

Abb. 13: Die vorhergesagte globale Zunahme (ΔT) der atmosphärischen Temperatur (in Grad Celsius), wie sie nach verschiedenen Modellen extrapoliert worden ist. Die Breite des Bereichs zwischen der oberen und der unteren Begrenzungskurve entsteht einmal durch die jahreszeitliche Temperaturschwankung, zum anderen durch die Unsicherheit der Vorhersagemodelle. Die Messungen gehen bis ins Jahr 1860 zurück. Nach den konservativsten Modellen wird der Temperaturanstieg im Jahre 2050 etwas mehr als 2 Grad Celsius betragen. Die mehr alarmierenden Modelle sagen Anstiege bis 4 Grad Celsius und mehr voraus. Wahrscheinlicher sind aber die niedrigeren Werte.

Es braucht wenig Fantasie, sich die weiteren Konsequenzen einer solchen Erwärmung zu vergegenwärtigen. Die Temperaturzunahme läßt vorher gut beregnete Gebiete vertrocknen und verwüsten. Die Tropen verschwinden zugunsten eines breiten, verwahrlosten Sand- und Steinwüstengürtels rings um die Erde herum, der den Mittelmeerraum einschließt. Die gemäßigte Klimazone verlagert sich nach Norden: Sibirien, soweit es nicht von Norden her überschwemmt wird, Kanada, Alaska und Skandinavien steigen zu bevorzugten Lebensräumen auf. Möglicherweise ist es in England noch auszuhalten, doch Mitteleuropa hat Sommertemperaturen wie Florida und die Karibik. Die gesamte Vegetation verschiebt sich von tropischen nach polaren Breiten und ändert ihren Charakter; wegen der ungewohnten Ökologie entstehen, soweit es die Zeit für die Entwicklung zuläßt, neue Pflanzenarten mit unbekannten Eigenschaften. Neue Völkerwanderungen setzen ein. Der Nordteil Asiens wird Siedlungs-, Agrar- und Industriezentrum. Und Afrika, Indien, große Teile Südamerikas, Zentralamerika und Australien kann man vergessen. Sie sterben aus, werden zu leeren Landstrichen, in denen einerseits – endlich – die riesigen Solarenergieanlagen aufgebaut werden können, die die Welt unabhängig vom Öl als Energieträger werden lassen, andererseits die an Einfluß stark gewinnenden Nomadenvölker der Wüstengebiete sich breitmachen, insofern sie nicht vorher kulturell »verwestlicht« sind. Die Erde schrumpft für den Menschen und seine Zivilisation. Einschränkungen, Dezimierungen der Population werden obligatorisch; auch die Kirchen werden sich damit abfinden und ihre Dogmen ändern müssen. Konflikte werden zunehmend wahrscheinlicher usw.

Die Konsequenzen in ihren Einzelheiten, die Wirklichkeit sind nicht vorstellbar; doch zweifellos würde eine Entwicklung der genannten Art nicht nur einige kleine thermische Konsequenzen haben, sondern auch gravierende industrielle, soziale, soziologische, bevölkerungspolitische, kulturelle und nicht zuletzt politische Probleme nachziehen. Selbst unerwartete neue Krankheiten träten auf, die medizinische Probleme[32] mit sich brächten, wie erst kürzlich notiert worden ist.

Erwärmung als Folge eines Treibhauseffektes ist demnach keine leichtzunehmende Angelegenheit. Man sollte sich nicht so sehr auf das mit ihm verbundene »warme Wetter« freuen. Eher haben wir es mit einer Horrorstory zu tun, die zu vermeiden, sollte sie sich wirklich bewahrheiten wollen, zur Überlebensnotwendigkeit werden kann. Doch gehen die Ansichten über das wirkliche Einsetzen des Treibhauseffektes auseinander; die verschiedenen meteorologischen Schulen widersprechen sich. Offenbar scheint das klimatische System der Atmo-Hydro-Biosphären zur Zeit noch ausreichend gut »gepuffert« zu sein, aufnahme- und ausgleichsfähiger als gemeinhin angenommen, so daß es die zusätzliche, auf dem Ausstoß vom Menschen gemachter Treibhausgase beruhende Erwärmung auffangen und kompensieren kann.[33]

Neben den Einwänden kursieren auch weniger ernst zu nehmende aber hart-
näckige Behauptungen, daß in der gegenwärtigen Zwischeneiszeit, dem Interglazial, die Temperaturen ohnehin stark fallen und auf diese Art dem Treibhauseffekt
auf natürliche Weise entgegenwirken werden; man könnte sich darum ruhig eine
künstliche Erwärmung »leisten«. Schließlich heizten wir im Winter ja auch! Niemand kann mit Sicherheit sagen, ob diese Behauptung stimmt; aber jede Art von
Heizung sollte abschaltbar, das heißt reversibel sein. Andere Behauptungen
schreiben die im letzten Jahrhundert nachgewiesene Erwärmung der Atmosphäre
Langzeitschwankungen der solaren Strahlung zu. Die sorgfältige Untersuchung
solcher Schwankungen hat ihren Einfluß bestätigt, sie hat aber auch gezeigt, daß
die Zunahme der Temperatur nicht auf dieselben, sondern auf den Treibhauseffekt
der Gase zurückgeht.[34]

Das letzte Wort ist noch nicht gesprochen. Da die Gefahren des Treibhauseffekts mit seinen Folgen die bisherigen Erfahrungen der Menschheit mit klimatischen Änderungen übersteigen, kann ein leichtsinniger und kurzsichtiger
Umgang mit diesem Problem unverantwortliche Konsequenzen nach sich ziehen.
Vorsicht ist angebracht, selbst wenn sie übertrieben scheint und unbekannt ist, ob
die erwarteten klimatischen Änderungen, die alle an der Temperaturerhöhung
festmachen, auch wirklich einsetzen werden. Wer aber möchte schon in einer tem-
perierten, sich im Gleichgewicht befindenden Welt wohnen, die von Treibhausgasen gewärmt, gleichzeitig aber von einer dichten reflektierenden Wolkendecke
über der Erde auf konstante Temperatur heruntergekühlt wird – stets bei grauem
Himmel, ohne Sonne und die gewohnte strahlende Bläue, wo man in Urlaub über
die Wolken in 15 Kilometer Höhe hinauf fliegen muß, damit man sich »sonnen«
und eine kurze Zeit von der Kabine aus oder im Raumanzug blauen Himmel ge-
nießen kann, auf einer Raumstation vielleicht, bevor man in den grauen Dunst
am Boden zurückkehrt, seine Arbeit zu verrichten! Sich einen solchen Zustand
zuzumuten, dazu gehört eine wahrhaft technologische Gleichgültigkeit gegenüber den sinnlichen Schönheiten der irdischen Natur. So machen sich ernsthaft
besorgte Leute in Wissenschaft und Politik bereits heute Gedanken über vereinte
Anstrengungen der Staaten zur Begegnung der Gefahren des Treibhauseffekts
und haben den Abschluß einer allgemeinen Vereinbarung über klimatische Änderungen zwischen den Staaten dieser Erde vorgeschlagen, die technologischen
Transfer, finanzielle Mittel und Rechtsbestimmungen über den Ausstoß von kli-
maverändernden Stoffen regeln soll.[35] Dies mag ein erster vernünftiger Schritt in
die praktische Umsetzung der Erkenntnisse über die möglichen Klimaveränderun-
gen sein, dem weitere konkrete Schritte werden folgen müssen.

Das Kind

Einen Vorgeschmack auf die klimatische Wirkung einer Erwärmung gibt der vor der peruanischen Küste in manchen Jahren auftauchende warme Meeresstrom El Niño, was im peruanischen Gebrauch des Spanischen mit Christkind gleichbedeutend ist. Unter gewissen pazifischen Bedingungen löst dieser warme Strom den kalten Humboldtstrom ab, der von Chile her an der peruanischen Küste nach Norden fließt und viel Fisch mit sich führt. Die Strömungen im Pazifik drehen sozusagen um. Wenn *das Kind* kommt, ändert sich das peruanische Klima: Es wird heiß und feucht anstelle des kühlen trockenen Herbstklimas, und der Fischreichtum versiegt. El Niño ist eine wirtschaftliche Katastrophe für diesen Teil des Kontinents, zur selben Zeit aber auch für Indien und einen Teil Indonesiens, wo die fruchtbaren Monsunregen ausbleiben und Dürre einsetzt.

Der Mechanismus, der El Niño in Gang setzt, ist nicht bekannt. Das *Kind* hat mit dem Umkehren des Windes und mit bestimmten Erwärmungen der obersten Wasserschicht im Pazifik zu tun. El Niño ist keine Ausnahme; Peru kennt es in abgeschwächter Form jedes Jahr im Herbst um Weihnachten herum, wenn sich die oberste Wasserschicht des Ozeans geringfügig erwärmt und die Fischschwärme für wenige Wochen aussetzen, weil das südwärts fließende Oberflächenwasser das Aufsteigen des kalten nahrungsreichen Tiefenwassers des Humboldtstroms verhindert. Unter normalen Bedingungen endet El Niño für die peruanischen Fischer, die sich diesem unfreundlichen göttlichen Weihnachtsgeschenk, das sie um Arbeit, Einnahmen und Nahrung bringt, in tiefer katholischer Gläubigkeit demütig ergeben, im März oder April des folgenden Jahres. In unregelmäßigem Abstand aber wächst El Niño sich zu einer starken, langandauernden Strömung aus, die länger als ein ganzes Jahr anhält. Dann wird El Niño zu einer regelrechten Strafe wie im Herbst 1982/1983, als es zwei Jahre lang anhielt und die Fische wegen Nahrungsmangel nahezu ausstarben. Nur für diese extreme Erscheinung hat die Wissenschaft den Namen El Niño adoptiert.

Man hat lange geglaubt, daß das Umschwenken des äquatorialen Ostpassats auf den Westpassat für El Niño verantwortlich sei. Der Ostpassat hebt den Meeresspiegel in Indonesien und vor Australien an und senkt ihn vor Peru, so daß die Übergangszone vom fischreichen kalten Tiefwasser des Humboldtstroms zum warmen Oberflächenwasser, die Thermokline, im Ozean vor Peru hoch zu liegen kommt. Der einsetzende Westpassat läßt das Wasser vor Peru um 20 Zentimeter steigen, unterdrückt die Thermokline und verhindert das Aufsteigen des kalten Wassers. Über der warmen Meeresoberfläche vor Peru bilden sich Regenwolken und beregnen die peruanische Küste, während der Regen in Indonesien, Indien und Australien ausbleibt. Diese Theorie hat sich nicht bestätigt. Heute glaubt man eher, daß eine Menge kleiner Westwindwirbel über dem westlichen Pazifik, welche kleine Zyklone bilden, in ungünstigen Situationen gemeinsam mit Oberflächenwellen instabil werden und eine Westströmung an der Pazifikoberfläche erzeugen, die zur Ursache von El Niño wird. El Niño läßt seine Einflüsse auf das Klima auch in großen Entfernungen und in mittleren Breiten spüren. Regelmäßig mit El Niño treten lange Trockenzeiten in der Sahelzone in Afrika auf; die Erwärmung der oberen Troposphäre durch aufsteigende Warmluft über El Niño bringt über Nord-Süd-Zirkulationen (sogenannte Hadley-Zellen) und starke, strahlförmig gerichtete Westwinde Warmluft in mittlere Breiten mit nachfolgenden Trockenheiten. El Niño wird darum für alle klimatischen Untersuchungen, die mit dem Treibhauseffekt zu tun haben, zum Testfall.

Überraschungen: Vulkanische, nukleare und kosmische Winter

Klimatische Änderungen wie Treibhauseffekt und Ozonverminderung laufen langsam ab und wirken sich bestenfalls über einige menschliche Generationen auf Klima und Biosphäre aus. Von Zeit zu Zeit kann Ariel, der Gott der Lüfte, sich aber eines anderen besinnen, Hera einen Schabernack spielen, sie kurzzeitig ärgern, ihr den Schleier entreißen oder auch sie mit Asche oder einem dieser modernen dunkelfarbigen Sprays aus den überall erhältlichen Dosen, an denen auch ein Gott nur schweren Herzens vorübergehen kann, vollsprühen wollen. Dabei stellt er sich nicht geschickter an als die Stümper, die in den U-Bahnschächten die Wände beschmieren. Er ärgert Vulkan, und der läßt ungezielt und unvorbereitet einen seiner inzwischen seltener werdenden noch tätigen Vulkane irgendwo auf der Welt explodieren, oder er ruft Zeus, der sich wieder einmal über Heras Launen mokiert, um Hilfe an, der ihm einen Asteroiden in die Atmosphäre wirft, der, gut gezielt, vielleicht sogar den Erdboden trifft, vielleicht schickt Zeus auch einen Kometen vorbei, auf den die Menschheit schon lange wartet, wie den Kometen Swift-Tuttle, und der dann vielleicht in der Erdatmosphäre auseinanderbricht; wenn es ganz schlimm kommt, bittet er die nationalen Dämonen, die menschliche Zwietracht zu schüren. Das ist eine einfache und wirksame Methode, die unweigerlich in einer kriegerischen Auseinandersetzung endet. Ariel ist noch nie darin enttäuscht worden. Nur waren bislang die atmosphärischen und klimatischen Auswirkungen dieser kollektiven Diadochenkämpfe gering, über deren Sinnlosigkeit und Opfer Ariel nur den Kopf schütteln kann, schlimmer als bei den schlimmsten Titanenkämpfen, bei denen immer nur ein paar Mann (oder Frau) draufgingen. Hera, der das ungeziefrige Geplänkel lästig war, wurde nicht besonders stark davon in Mitleidenschaft gezogen. Seit einigen Jahren aber verfügen die Menschen über wirksamere Methoden: Sie haben die Technik der Entlaubung und Abholzung erlernt; sie beherrschen das Abbrennen von Wald im großen Maßstab; sie sind als Mittel ihrer Auseinandersetzung darauf verfallen, die raren und wertvollen natürlichen Ölquellen abzubrennen. Schließlich haben sie nukleare Waffen erfunden und gebaut – Ariel ist ihnen dankbar dafür –, die Heras Befinden außerordentlich stören, so sehr, daß (was Ariel am Ende auch nicht gefiele) sich das gesamte Ungeziefer auf einen Schlag selbst vernichten könnte, es von der Erde verschwände. Man kann, sagt Ariel, ja schließlich nicht alles haben. Danach, nun, danach wird man sehen und sich etwas Neues einfallen lassen; aber vielleicht überlebt durch Zufall auch dieser und jener von dieser zählebigen Population – und dann ginge es eben wieder von vorne an.

Worüber Ariel hier gelangweilt und necklustig sinniert, sind die drei Möglichkeiten für rasche und katastrophale Klimavariationen: vulkanische Riesenausbrüche oder Explosionen, Asteroiden- oder Kometeneinfälle, nukleare Kriege. In allen drei Fällen werden Litho-, Hydro- und Atmosphäre in Mitleidenschaft gezogen und entweder das Klima der Erde lokal oder gar global für einen gewissen Zeitraum geändert.

Drei klimatisch wirksame Vulkanausbrüche sind in den letzten 100 Jahren bekannt geworden: der Krakatauausbruch, die Explosion von El Chichòn und diejenige von Mount St. Helens im Mai 1980. Mount St. Helens wurde von einer Gasexplosion zerrissen, die klimatisch weniger anrichtete als befürchtet. Der kleine, unbedeutende Vulkan El Chichòn jedoch brachte eine riesige Staub- und Aschenwolke in die hohe Atmosphäre ein. Vulkanausbrüche dieser Art wirken klimatisch vor allem durch die von ihnen in die Stratosphäre hinaufgeschleuderte Asche und Staub, die das Sonnenlicht abschirmen und so den Strahlungshaushalt der Erde beeinflussen. Krakatau war die größte untersuchte derartige Explosion.[36] In historischer Zeit hat es andere und wahrscheinlich größere gegeben. So explodierte 1815 auf der indonesischen Insel Sumbawa der Vulkan Tambora. Doch wurde diesem Ereignis aus Unkenntnis klimatischer Zusammenhänge keine Aufmerksamkeit geschenkt. Der Vulkan injizierte zwischen 150 und 180 Kubikkilometer Asche und Staub in die Stratosphäre, das Acht- bis Neunfache des Krakatau. 90000 Menschen starben in den Flutwellen. Doch der Haupteffekt bestand im Ausbleiben des Sommers im folgenden Jahr 1816 auf der Nordhalbkugel. Im Juli und August schneite es. Es gab keine Ernten. Tausende verhungerten und erfroren im darauffolgenden, ungemein kalten Winter in Rußland und Skandinavien. In vorantiker Zeit ist wahrscheinlich der Untergang der minoischen Kultur auch auf eine solche Explosion zurückzuführen, und vielleicht ist das sagenumwobene Atlantis gleichfalls Opfer eines ähnlichen Ereignisses geworden.

Asteroiden, wenn sie auf die Erde aufschlagen, setzen Energieäquivalente von Megatonnen hochexplosiven Sprengstoffs frei, die sich lokal über die Atmosphäre bis in große Höhen ausbreiten. Der bekannteste derartige Asteroideneinschlag war der Tunguska-Asteroid vom 30. Juni 1908 in Sibirien. Seine Explosion, so hat man rückwirkend errechnet, entsprach 10 bis 20 Megatonnen TNT in 10 Kilometern Höhe. Dieser Asteroid war ein typischer kleiner steinerner Asteroid von nur 30 Metern Radius, der auf einer hyperbolischen Bahn in die Erdatmosphäre eintrat und auf den Boden aufschlug. Kometen, die aus Eis bestehen, brechen in der oberen Atmosphäre auseinander, verteilen sich über eine sehr große Fläche, speisen ihr Wasser in die Atmosphäre ein, wenn sie durch Reibung verdampfen, und heizen die Atmosphäre auf. Wenn sie groß genug sind, kann diese Aufheizung gefährlich hohe atmosphärische Temperaturen hervorrufen. Doch sind sie größer als einen Kilometer im Durchmesser, brechen sie nicht mehr auf, sondern prallen ebenso wie ein Steinasteroid auf dem Boden auf und haben verheerende Wirkungen, wie das spektakuläre, aber, da es in einsamer Gegend niederging, nur am Rande registrierte und ohne globale Auswirkungen gebliebene Tunguska-Ereignis zeigte.[37] Asteroideneinfälle wiederum stören die Atmosphäre durch Staub- und Gasinjektionen. Die Menge dieser Injektionen hängt empfindlich von der Größe des Asteroiden ab. Große Asteroiden bringen enorme Mengen von Staub in die obere Stratosphäre ein. Der Staub dunkelt die Erde ab und streut das Sonnenlicht zurück. Damit wird wieder die atmosphärische Temperatur in Mitleidenschaft gezogen. Die Folge sind ausgedehnte Winter und erntelose ausbleibende Sommer. Glücklicherweise kommen solche Einfälle selten vor. Zuweilen werden größere Asteroiden in Erdnähe gesehen; erst 1992 zog ein (namenloser) hellleuchtender Asteroid von etwa 80 Metern Durchmesser in 58 Kilometern Höhe über dem Staate Montana an der Erde vorüber. Sein Einschlag hätte dem von Tunguska entsprochen und eine lokale Katastrophe verursacht, aber keine globalen Auswirkungen gehabt. Ein sehr viel größeres Ereignis ist für den 14. August 2126 vorhergesagt, wenn der Komet Swift-Tuttle dicht an der Erde vorbeiziehen wird und sie unter ungünstigen Umständen treffen könnte. Er hat einen Durchmesser von etwa acht Kilometern[38] und führt eine Menge explosiver Energie mit sich heran. Aber nach neueren Berechnungen[39] lassen auch große Kometen zwar spektakuläre Schauspiele und heiße obere Atmosphärenschichten erwarten; doch sie sollten im Kontakt mit der Atmosphäre in viele Teile auseinanderbrechen, so daß die auf die Erdoberfläche auftreffenden Bruchstücke wohl über eine große Fläche verteilt werden, Brände auslösen und kleinere Explosionen verursachen, nicht aber die ganze Erdbevölkerung auslöschen sollten.[40] Trotzdem ist bei einem wirklich erfolgenden Zusammenstoß mit Swift-Tuttle, der in keiner Weise feststeht, neben dem Schauspiel auch eine Reihe begrenzter Katastrophen nicht ausgeschlossen.

Wenn natürliche Ereignisse, bei denen explosiv große Mengen Staub in die Atmosphäre gelangen, klimatische Auswirkungen haben, was geschieht dann im Falle einer künstlichen, vom Menschen verschuldeten, gewollten oder ungewollten Explosion von vulkanischem oder asteroidischem Ausmaß? Die korrekte Antwort lautet: Sie hätte die gleichen Folgen. Eine nukleare Auseinandersetzung mit vielen kleinen oder einigen großen Kernexplosionen, aber auch ein GAU, die unbeabsichtigte Explosion eines oder mehrerer Kernkraftwerke, setzen riesige Energiemengen frei und injizierten Gas und Staub hoch in die Atmosphäre. Verunreinigungen, Wasserdampf und bestimmte Reaktionsprodukte, die sekundäre Verunreinigungen erzeugen, »verdunkeln« unabhängig von der freigesetzten Wärme und Radioaktivität den Himmel auf lange Zeiten. Die Folge ist eine Art »negativer Treibhauseffekt«, der als der klimatische Effekt eines nuklearen Krieges, als Nuklearer Winter, bezeichnet worden ist und schlimme Nachwirkungen haben kann, weil er die Landwirtschaft auf großen Teilen der Erde lahmlegt. [41] Wie makaber es auch ist, sich über solche Folgeerscheinungen eines nuklearen Krieges Gedanken zu machen: Ihr rein wissenschaftliches Resultat suggeriert mit der unfreundlichen Reaktion der Atmosphäre auf diese Art menschlichen Verhaltens ein weiteres Mal seine Absurdität.

5. Genealogie

Die Entstehung der Atmosphäre kann nicht losgelöst gesehen werden von der Entstehung der Erde, und diese steht in einer Reihe mit der Entstehung der übrigen Planeten. Darum sind wahrscheinlich die Entstehungsgeschichten der primären Atmosphären, zumindest der erdähnlichen Planeten, verwandt. Die originalen Atmosphären waren in ihrer Zusammensetzung »sonnenähnlich«. Von ihnen gibt es aber keine Spuren mehr, weil sie durch verschiedene Prozesse verlorengingen. Die heutigen Atmosphären entstanden sekundär aus dem Gestein der Planeten selbst, das im Laufe der Zeit »ausgaste« [42]. Inzwischen haben sich die Atmosphären je nach den jeweiligen planetaren Bedingungen weiterentwickelt. Einige der ursprünglichen flüchtigen Komponenten sind heute noch in ihnen zu finden, andere, wie das Wasser, sind auskondensiert und bilden auf der Erde ausgedehnte Ozeane oder sind wie auf dem Mars in geringer Menge als »untermarsischer« Permafrost gebunden. Das Kohlendioxid der Erdatmosphäre hat sich nach einer organischen Umwandlung im Gestein abgelagert; in den Atmosphären anderer Planeten hingegen findet es sich als Hauptbestandteil wieder, ohne irgendeine Wandlung durchgemacht zu haben.

Die Geschichte der irdischen Atmosphäre hat vier Stadien durchlaufen. [43] Das erste dieser Stadien umfaßt den Zeitraum, in dem der Atem Vulkans, die »Ausdünstungen« der Erde, den originären Atmosphärengürtel schufen. Das zweite bezeichnet den Folgezustand der Atmosphäre, bevor es auf der Erde irgendwelches organisches Leben gab; es ist die Ära der Chemie, das dritte die der Mikroben. Das letzte und vierte ist die Ära der Biologie, das geologische Zeitalter.

Die Erde war anfänglich, *nachdem* sie ihre Ur-Atmosphäre verloren hatte, heiß, aufgeheizt durch die in ihrem Inneren ablaufenden radioaktiven Zerfälle und aus diesem Grunde, verglichen mit heute, tektonisch hyperaktiv. Die allerorts ausbrechende Lava, die entstehenden Risse und Spalten in der langsam abkühlenden, sich verschiebenden und zu ersten Kontinenten auftürmenden Kruste stießen enorme Mengen Gas in die Umgebung aus, bis die Kruste eine zusammenhängende, relativ dichte, langsam kühl werdende Schicht bildete, aus der nur noch an einigen »offenen« Stellen, den verbleibenden Vulkanen und Spalten, Gas austrat. Der Zeitraum der Entstehung der sekundären Atmosphäre durch Ausgasung beschränkte sich auf die geologisch kurze Zeitspanne von wenigen 100 Millionen Jahren. Nach dieser Zeit kann man nicht mehr von einer merklichen Ausgasung reden; was die Vulkane heute noch an Gas in die Atmosphäre abgeben, ist nicht der Rede wert. Vulkans stinkender Atem, der sich als ursprüngliche Lufthülle um die Erde legte, erstarb in den nachfolgenden fallenden Temperaturen, mit denen das Wasser zu Ozeanen auskondensierte.

Natürlich gibt der Erdkörper auch heute noch Gas und Wasserdampf an die Atmosphäre ab; doch ist die einhellige Meinung, daß sich Atmosphäre und Erdkörper im Gleichgewicht befinden, daß also die gleiche Menge Gas und Wasserdampf, die die Erde in die Atmosphäre einspeist, durch tektonisches Absinken von feuchtem und luftangereichertem Material in den Mantel wieder in die Erde zurückgeführt wird. Wenn der Ausgasungsvorgang wie vorgestellt verlief, bestand die ursprüngliche Atmosphäre vor allem aus Kohlendioxid und Wasserdampf, und mit ihr setzte sofort die Verwitterung der primitiven Basaltkruste der Erde ein: Sedimente entstanden und verbrauchten einen Teil der flüchtigen Bestandteile, in erster Linie Kohlendioxid zum Aufbau von Kalziumkarbonat, das heißt Kalkstein. Die ursprüngliche Atmosphäre enthielt keinen Sauerstoff.

Die folgende Ära sorgte über verschiedene chemische Prozesse für die Umwandlung der atmosphärischen Zusammensetzung. Die Kontakte der Luft mit Krustenmaterialien banden die reaktiven Gase ins Gestein ein. Und ganz natürlich entwickelte sich der reaktionsarme Stickstoff als chemisch schläfriger Rest zum Hauptbestandteil der späteren Atmosphäre. Ein Teil des Wasserstoffs, des leichtesten Elements, entwich in den Weltraum, solange die Temperaturen noch höher waren; sein Anteil an der Luft mag damals ein Prozent betragen haben. Die hohen Temperaturen sind plausibel, wenn man den hohen Gehalt der Atmosphäre an Wasserdampf und Kohlendioxid, den beiden Treibhausgasen, bedenkt. Sie absorbierten die infrarote Rückstrahlung und schufen genügend hohe Temperaturen, unter denen die chemischen Reaktionen abliefen, vergleichbar den uns heute den Kopf beschwerenden Treibhausstadien.

Der große Umschwung auf der Erde kam mit dem Leben. Bilden wir uns nicht ein, der Mensch allein könnte sich die großen Umwandlungen des Planeten zugute halten. Das Leben hat, im Gegensatz zur unbelebten Natur, die sich in einer Abfolge von Gleichgewichtszuständen zu entwickeln sucht, sofort nach seinem Auftauchen begonnen, aktiv in das Entwicklungsgeschehen einzugreifen und sich seine Umwelt nach seinem Belieben zurechtzuformen. Das geschah nach einem Anpassungsmuster, dem so weit gefolgt wurde, wie die Anpassung opportun war und die Umwelt sich nicht sofort nach den Bedürfnissen des Lebens abändern ließ.

Bereits die ersten Mikroben, die das noch lebensunfreundliche gedämpfte Licht der Welt erblickten, leiteten die biologischen Prozesse ein, die sich in kurzer Zeit zum wichtigsten Faktor in der Entwicklung der Atmosphäre aufschwangen. Dieses dritte Stadium der Atmosphäre, in dem die Mikroben ihren Stoffwechsel zur geochemischen Umwandlung einsetzten, dauerte bis ins Präkambrium vor einer Milliarde Jahre an. Die atmosphärische Zusammensetzung reagierte vor allem passiv auf die raffinierte stufenweise Einführung der Stoffwechsel, die schließlich in der Photosynthese der Grünpflanzen kulminierte, die im Anschluß an diese Entwicklung den Anstieg der atmosphärischen Sauerstoffkonzentration verantwortete. Sie verwandelte das Treibhausgas, den verbliebenen, nicht in Kalk gebundenen Kohlendioxidgehalt der Luft, in Kohlenstoff und Sauerstoff. Den Kohlenstoff baute sie in die organischen Moleküle ihrer Zellen ein, den Sauerstoff gab sie an die Luft ab, wo er sich ansammelte, aufstieg und mit der frisch entstandenen Ozonschicht den für Mikroben und erste Grünpflanzen zuträglichen ultravioletten Sonnenschirm erfand, unter dem das pflanzliche Leben, verstärkt Sauerstoff freisetzend, wild zu sprießen begann.

Allmählich blaute der Himmel, allmählich, nun durch die vom Sauerstoff verstärkte Reflexion und die durch den Abbau von Kohlendioxid herabgesetzte Infrarotabsorption begünstigt, kühlte die Atmosphäre auf zuträgliche Temperaturen ab. Am Ende des Präkambriums war dieser Prozeß abgeschlossen: Die Atmosphäre der Erde hatte ihre ungefähre heutige Zusammensetzung. Der Weg war frei für biologisches Leben, das auf der Ausnutzung des verfügbaren Sauerstoffs im Atmungsvorgang basierte. Mikroben und Grünpflanzen ermöglichten schließlich das Kommen des Menschen. Es war der frische und liebliche Atem Floras, dem er die Möglichkeit seiner Existenz verdankt.

In der bis heute anhaltenden biologisch-geologischen Epoche wird die Zusammensetzung der Atmosphäre durch biologische Prozesse kontrolliert. Neue Stoffwechselfähigkeiten entwickelte das Leben in den letzten zwei Milliarden Jahren nicht. Die Zusammensetzung der Atmosphäre änderte sich kaum mehr. Wohl verschoben sich die Klimazonen, die Verteilung von Kontinenten und Ozeanen veränderte sich, mit ihr die Teildrücke, die sogenannten Partialdrücke, der Gaskomponenten der Atmosphäre und deren Gleichgewichtszustände. Was die Verschiebungen bewirkte, waren die natürlichen geologischen Faktoren, doch sie zeugten nur schwache Variationen mit aus geologischen Untersuchungen ablesbaren, klimatisch bedingten minimalen Sauerstoffkonzentrationen vor etwa 250 Millionen Jahren am Ende des Paläozoikums und einer maximalen Konzentration vor etwa 100 Millionen Jahren. Seither hat der biologische Kontrollmechanismus die Atmosphäre in ihrer Zusammensetzung stabil gehalten. Es ist dem Menschen überlassen geblieben, mit seiner technisch fortgeschrittenen Zivilisation in den letzten 100 Jahren in diese Stabilität einzugreifen und sie in Frage zu stellen.

6. Göttermoden

Das Wort Atmosphäre heftet unser Denken automatisch an die Erde und ihre Lufthülle, als wäre die Erde der einzige Ort des Universums, wo es Atmosphäre gäbe. Dabei sind Atmosphären eher die Regel als die Ausnahme. Im übertragenen Sinne besitzen alle festen Dinge eine Atmosphäre, nur ist diese meist nicht feststellbar: Sie »atmen« Atome oder Moleküle aus, die einen dünnen Film an ihren Oberflächen bilden, weil stets ein paar der im Kristallgitter gebundenen Teilchen genügend hohe Energie haben, um das Gitter dank ihrem eigenen »Gasdruck« verlassen zu können. Das »Gas«, das diese Art Atmosphäre bildet, hat denn auch nichts mit dem der irdischen Atmosphäre zu tun; es besteht aus den Ionen oder Molekülen des Stoffs, aus dem der Körper aufgebaut ist, und einer Anzahl Elektronen. Die Anzahl dieser Verlustteilchen ist bei festen Körpern meist so gering, daß man nicht von Atmosphäre reden kann.

Ausgefallene Trachten

Große heiße Körper, das heißt Sterne, besitzen Atmosphären, die als von der Gravitation gehaltene Gashüllen über dem eigentlichen Stern schweben. Sie sind sämtlich hoch ionisiert und dicht und entsprechen genau aus diesem Grunde nicht der irdischen. Ein Musterbeispiel eines solchen Sterns ist die Sonne, deren Atmosphäre wir im nächsten Kapitel eingehend behandeln werden. Noch größere schwere Sterne wie die Roten Riesen bestehen fast nur aus einer Art ionisierter, aber dichter Atmosphäre. Auch die sehr schweren kleinen Sterne, die Neutronensterne, haben Atmosphären, die sich aus gasförmigen Bestandteilen zusammensetzen. Diese Atmosphären sind sehr dünn, nur wenige Zentimeter erheben sie sich über die Sternoberfläche, weil ihnen die ungeheure Schwerkraft eine größere

Entfernung nicht erlaubt. Weil Neutronensterne über sehr starke Magnetfelder verfügen, haben die Gase in ihren Atmosphären eigenartige Eigenschaften: Ihre Moleküle bzw. Atome sind durch die Schwerkraft auseinandergezogen, richten sich parallel zum Magnetfeld aus und können sich nur entlang diesem bewegen. Exotischen Gasen wie jenen begegnet man in der Umgebung der Erde nicht, und vorläufig ist es auch nicht gelungen, die dafür notwendigen starken Magnetfelder von milliarden- bis billiardenfacher Stärke des erdmagnetischen Feldes im Labor zu erzeugen und Gase unter dem Einfluß solcher Magnetfelder zu untersuchen. Die einzigen Informationen über ihr Verhalten entstammen Theorien und einigen wenigen, doch ungenauen Beobachtungen von Neutronensternen.

Eine Art Atmosphäre, die auf der Erde ebenfalls unbekannt ist, sind parasitäre, geborgte Atmosphären. Auch sie sind vollständig ionisiert und darum Plasmen und nicht die uns bekannten neutralen Atmosphären. Sie entstehen, wenn ein sehr massiver Stern in die Nähe eines anderen Sterns kommt, dessen Masse weniger fest gebunden ist. Dann beginnt der erste Stern das Material des anderen mit seiner starken Gravitationskraft aufzusaugen: Er frißt den lose gebundenen Stern förmlich auf. Gewöhnlich strömt das Material des letzteren nicht einfach auf den gefräßigen Stern über, weil beide Sterne unterschiedlich rotieren. Infolge dieser Rotationen setzt sich das angesaugte Material wie auf einer Töpferscheibe in Bewegung und ordnet sich scheibenförmig um den hungrigen Stern an. Aus der Scheibe tröpfelt es sodann im Laufe der Jahrmillionen langsam auf den Stern herunter: es akkretiert, wie man sagt. Scheiben dieser Art, Akkretionsscheiben, wie die Wissenschaft sie nennt, hat man im Weltraum um Neutronensterne herum, um Weiße Zwerge und andere stark gravitierende Objekte gesehen und ihre Eigenschaften ausgemessen. Im allgemeinen werden, weil sie heiße Materie enthalten, die Scheiben nur im Röntgenlicht sichtbar, doch kann man auch aus dem Torkeln von schweren Sternen, aus Unregelmäßigkeiten ihrer optischen und Radiostrahlung auf die Existenz von Scheiben folgern. Massive »Schwarze Löcher«, jene exotischsten, immer noch hypothetischen Objekte im Universum – von ihnen vermutet jene Mehrheit der Wissenschaftler, die an ihre Existenz glaubt, daß sie gleichfalls rotierende Akkretionsschreiben aus sehr heißer Materie um sich herum ansammeln, jenes unglückliche Material, das im gewaltigen Gravitionsfeld des Schwarzen Lochs wie auf Prokrustes' Streckbett zu unendlich langen, hauchdünnen Fäden aufgerissen auf Nimmerwiedersehen aus dem Sicht- und Wirkungsbereich des Universums irgendwohin ins »Innere« des Schwarzen Lochs verschwindet, wo bislang unsere Physik sich nicht einmal hypothetisch vorstellen kann, wie es dort aussieht. Bevor sie dorthin entschwindet, leuchtet die Materie einen letzten Strahlungsaufschrei ins Weltall hinaus, den die irdischen Instrumente an verschiedenen Stellen des Universums zu sehen glauben, unter anderem auch in der Nähe unseres galaktischen Zentrums. Parasitäre Atmosphären der erwähnten Sorten sind keine Atmosphären im herkömmlichen Sinne und interessieren uns im Zusammenhang unserer Darstellung weniger. Sie zeigen, wie dehnbar der alte Begriff des Elements Luft ist, wie weit er gestreckt werden kann; im Prinzip umfaßt er alles, was wir als »verdünnte« oder »gasähnliche« Schicht an der Oberfläche von Körpern bezeichnen, das durch die Gravitation des Körpers gehalten wird. Da nur genügend schwere, also auch genügend große Körper genügend Gravitation aufbringen, eine Atmosphäre an sich zu binden, finden sich Atmosphären ausschließlich bei Himmelskörpern.

Nackter Götterbote

Da Sternatmosphären ionisiert sind und sich darum anders als »echte« Atmosphären verhalten, begegnen wir den letzteren ausschließlich bei Planeten und Monden, die nur im infraroten Licht strahlen, dessen Photonen zuwenig Energie besitzen, um ihre Atmosphären zu ionisieren. Die voneinander verschiedenen Zusammensetzungen der Planeten lassen vermuten, daß auch ihre Atmosphären sich unterscheiden. Diese Vermutung erweist sich als richtig. Die drei erdähnlichen Planeten haben bereits unterschiedliche Atmosphären. *Merkur*, der »Götterbote«, ist nackt, wie es sich für ihn gehört; seine Atmosphäre, sollte er jemals eine besessen haben, ist mit seiner Kruste zusammen verlorengegangen. Merkurs Gravitation war zu klein, sie zu halten, und der Sonnenwind[44] hat ein übriges getan und den letzten Rest einer Atmosphäre weggeblasen. Auch die aus seinem Körper austretenden Gase erliegen diesem Schicksal. Nur ein wenig Wasser hat sich halten können, das, wie man erst seit 1992 weiß[45], Merkur mit kleinen Polkappen aus Eis versieht, die sich trotz der Sonnennähe halten können und nicht aufschmelzen, weil das Sonnenlicht in der atmosphärenfreien Umgebung des Merkur an den Polen nur streifend einfällt, nicht gestreut wird und keine Wärmeübertragung stattfindet.

Die rote Haut des Kriegsgottes

Von der Entstehungsgeschichte der Atmosphäre her würde man vermuten, daß die heutige Menge eines jeden gasförmigen Bestandteils der planetaren Atmosphäre der Masse des Planeten entspräche. Dem ist aber nicht so. Eingehende Untersuchungen der Atmosphären von Venus und Mars mit Hilfe von Raumsonden *(Mariner, Viking, Pioneer Venus)* ergaben einen gravierenden Mangel an flüchtigen Stoffen wie Kohlenstoff, Sauerstoff, Stickstoff und den Edelgasen Neon, Krypton und Argon im Vergleich mit der irdischen Atmosphäre. Die Konzentrationen waren bis zu 200mal (!) geringer. Dies Resultat hat man als Fehlen von Gasen im Marskörper interpretiert. Der Grund dafür ist unbekannt. Vielleicht hat er mit der leicht unterschiedlichen Bildungsgeschichte der verschiedenen Planeten zu tun, mit dem gänzlichen Fehlen von Leben auf Mars, von dem wir inzwischen wissen, wie wichtig es für die atmosphärische Zusammensetzung ist. Auch dürfte die größere Sonnendistanz von Mars für seinen atmosphärischen Aufbau verantwortlich sein. Die tieferen Temperaturen begünstigen die Abgabe von Gasen nicht. Dafür spricht die niedrige Konzentration der Marsatmosphäre. Ihr Druck an der Marsoberfläche ist niedriger als der der Erdatmosphäre in 30 Kilometern Höhe, weniger als 1 Prozent des atmosphärischen Drucks an der Erdoberfläche. Normales Leben bei derartigem Unterdruck gibt es nicht. Klimatisch gesehen hat darum die Kopplung zwischen Marsatmosphäre und -oberfläche für das Marsklima keine Bedeutung. Die Wechselwirkung ist zu gering; Strukturen auf der Oberfläche weisen noch vier Milliarden Jahre alte Formen auf, die auf der Erde längst nicht nur durch tektonische, sondern vor allem durch klimatische Einwirkungen erodiert wurden. Die vorhandene Marsatmosphäre besteht aus Kohlendioxid mit wenigen Prozent Stickstoff und Argon als Beimischungen.[46] Trotz der geringen Dichte ist der Kohlendioxidgehalt 30mal höher als der ihres irdischen Pendants. Wasserdampf gibt es nur in Spuren; dann aber bildet er Wolken aus Eisnadeln. Das übrige, sehr wenige Wasser liegt im Permafrost.

Vollkommen inaktiv ist die Marsatmosphäre jedoch nicht. Obwohl sie so wenige Moleküle enthält, trägt sie zum Materialtransport bei, indem sie kleine Teilchen beim »Springen« von Ort zu Ort unterstützt, fein verteiltem Staub beim Schweben hilft, Suspensionen und riesige Wolken zu bilden, die lange als Dunst über der Oberfläche hängen. Über solch lange Zeiträume wirken sie sich oberflächenformend und klimatisch aus, absorbieren Sonnenlicht beziehungsweise hemmen die Abstrahlung. Doch sind Kohlendioxid und Suspensionen nicht in der Lage, auf Mars eine Art Treibhauseffekt hervorzurufen. Die Temperatur ist mit minus 70 Grad Celsius zu niedrig, wenn auch leicht höher als die Oberflächentemperatur, der leichte »Treibhauseffekt« des Kohlendioxids. Die Atmosphäre befindet sich im Strahlungsgleichgewicht mit der Oberfläche. Mars reflektiert nahezu alles einkommende Licht. Er ist, auch atmosphärisch gesehen, der Erde extrem unähnlich: Mars verhält sich eher wie Mond und Merkur.

Die staubigen Schleier der Liebesgöttin

Anders die Venus. Sie war gravitativ stark genug, ihre Atmosphäre zu verteidigen. Diese ist dicht, optisch undurchdringlich. »Niemals sehen wir ihre Oberfläche«, schrieb der Königliche Astronom E. W. Maunder noch 1908: »Wir haben keine Ahnung, ob ihre Atmosphäre klar oder bewölkt ist oder was hinter dem flimmernden Licht liegt.«[47] Von der Erde erscheint Venus in ihrem atmosphärischen Schleier hell, aber strukturlos. Die Raumsonden *Mariner 10* und *Pioneer Venus Orbiter*[48] haben die Natur der Venusatmosphäre aufklären können. Sie besteht vorwiegend (zu 96 %) aus Kohlendioxid, zu etwa 4 Prozent aus Stickstoff, einigen Spurenelementen wie Argon, Krypton, Neon und enthält nur zu etwa 0,1 Prozent Wasserdampf und praktisch keinen Sauerstoff. Sie enthält also 300 000mal soviel Kohlendioxid wie die irdische Atmosphäre. Dieser Atmosphäre ist Schwefelsäure in Tropfenform beigemengt. Welch ungastlicher Ort! Hätte man nicht auf Venus eine gastliche, liebevolle, vielleicht schwüle Atmosphäre vorzufinden erwartet?

Noch überraschender verhalten sich Druck und Temperatur der »Venushaut«. Diese Haut ist nichts weniger als einladend: Der Druck an der Venusoberfläche erreicht 100mal höhere Werte als der Atmosphärendruck der Erde; die Temperatur aber liegt mit 475 Grad Celsius, invariabel über die gesamte Planetenoberfläche, weit über dem Zuträglichen. Es ist drückend heiß, ohne jegliche klimatischen Schwankungen. Venus ist kein Liebesplanet, sondern eine Hölle.

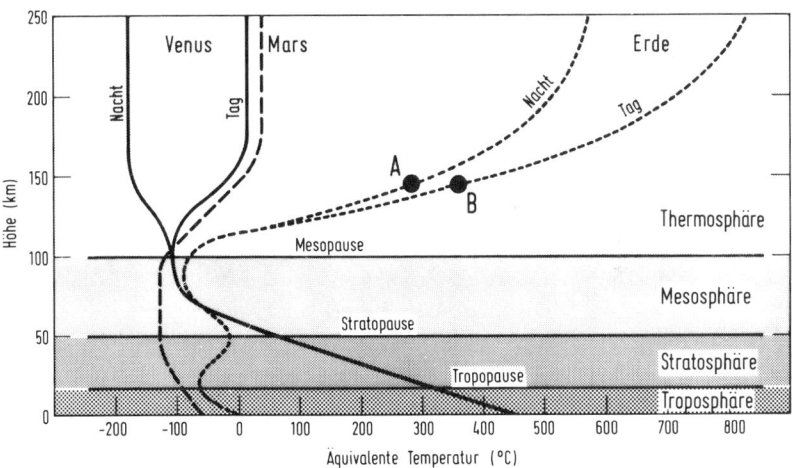

Abb. 14: Luftschichtung der erdähnlichen Planeten. Beim Mars sind die Temperaturunterschiede zwischen Tag und Nacht nicht von Bedeutung. Die hohen Temperaturen in der Erdthermosphäre entsprechen nicht Temperaturen im herkömmlichen Sinne. Die Luft ist dort bereits stark verdünnt. Die angegebene Temperatur bezieht sich auf die Bewegungsenergie der einzelnen Luftmoleküle. In 150 Kilometer Höhe (Punkt A) beträgt die Temperatur circa 280 Grad Celsius in der Nacht, in gleicher Höhe (Punkt B) etwa 360 Grad Celsius am Tage.

Ein Planet ohne Atmosphäre am Ort der Venus könnte sich im Strahlungsgleichgewicht bestenfalls auf minus 43 Grad Celsius erhitzen. Die hohe Temperatur muß daher Folge der atmosphärischen Zusammensetzung sein. Es ist der Treibhauseffekt, der auf Venus für die enorme Temperaturerhöhung verantwortlich zeichnet. Die dichte Bewölkung der Venus unterscheidet ihre Atmosphäre von außen von der irdischen. Diese Bewölkung besteht aus vielen Staubschichten.[49] Den ganzen Planeten verschleiert ein allgegenwärtiger, aus mikroskopisch kleinen Teilchen bestehender Dunst. Die bis in mittlere Venusbreiten ausgedehnten Polkappen löst ein im Ultravioletten helleuchtender Dunstring ab. Dort hat die Staubteilchenkonzentration ihr Maximum. Eigenartig gebogene dunkle Absorptionsbänder schlingen sich um die Atmosphäre in mittleren und äquatorialen Breiten, wo sie sich in etwa fünf Tagen einmal um den Planeten bewegen, teilweise vergehen, doch immer wieder neu aufbauen. Sie bestehen vorwiegend aus Zellen von 200 bis 300 Kilometern Durchmesser mit einem dunklen Kern und hellen Rändern. Hier besteht der Dunst vorwiegend aus Schwefelsäuretröpfchen.[50] Natürlich reflektiert eine Atmosphäre wie die der Venus mit ihrer dichten Wolken- und Dunstdecke einfallendes Sonnenlicht in großer Menge, stärker als die Erde, da der größte Teil des Lichtes die Oberfläche nicht erreichen kann und diese für den äußeren Betrachter unsichtbar macht. Licht, das eindringt, wird auf sehr kurzer Strecke absorbiert und wieder emittiert, so daß das Strahlungsgleichgewicht des Planeten erhalten bleibt. Gleichzeitig entwickelt die dichte, schwere und heiße Atmosphäre eine Eigendynamik.[51] Es gibt kaum vertikalen Austausch und darum auch kaum Instabilität in der Atmosphäre, so daß die übereinanderliegenden Schichten mit unterschiedlichen Geschwindigkeiten zirkulieren. Das Klima bleibt global unverändert, doch darf aus der Stabilität nicht gefolgert werden, die Atmosphäre bewege sich überhaupt nicht. Ganz im Gegenteil: Wärme- und Energieausgleich läuft in atmosphärischen Zirkulationszellen ab, den Hadley-Zellen, die ihren Motor in Sonneneinstrahlung und fast fehlender Rotation des Planeten haben. Diese Zellen nähren konstante Staubstürme, die über Venus hinwegfegen und sie gänzlich unwirtlich machen.

Die Mäntel der Kings von Himmel und Hölle

Venus, nicht die liebliche, sondern die unfreundliche, abweisende, tödliche, deren helles Strahlen am Himmel täuscht und dem zum Verhängnis würde, der sich von ihr einladen ließe, sie zu besuchen, auf ihr zu landen und Wohnung bei ihr zu nehmen – sie ist der letzte der erdähnlichen Planeten. Und welche Differenz haben wir bemerkt zwischen ihrer Atmosphäre und der der Erde! Sind, vielleicht, die großen, äußeren Planeten des Sonnensystems freundlicher, ihr atmosphärischer

Aufbau dem der Erde ähnlicher? Wir wissen, daß es sich auf ihnen nicht leben ließe schon allein wegen der viel zu großen Gravitation, die nicht erlaubte, sich aufzurichten. Jeder von uns brauchte wie ein Spastiker einen Apparat, der seine Knochen stützte, damit er nicht unter seiner eigenen Schwere zusammenbräche; nicht einmal Intensivkurse in Bodybuilding könnten uns mit einer ausreichend starken Muskulatur versorgen, die gegen diese Schwere ankäme. Wären wir platt wie Würmer, so würde an einen Besuch auf Jupiter oder Uranus zu denken sein, könnte man sich vorstellen, wie wir an ihrer Oberfläche herumkröchen. So aber würde unser Herz im Liegen das Blut nicht einmal vom Rücken in die Brustmuskulatur zu pumpen vermögen. Wie steht es um die Atmosphären dieser Planeten?

Jupiter und Saturn sind von *Pioneer* und *Voyager* besucht worden und haben sich als ähnliche Planeten entpuppt. Ihre Atmosphären bestehen fast ausschließlich aus molekularem Wasserstoff (90 % auf Jupiter, 94 % auf Saturn) und atomarem Helium (10 % auf Jupiter, 6 % auf Saturn), dem Spuren von Wasser, Methan und Ammoniak beigemengt sind. Saturns Atmosphäre, weiter entfernt von der Sonne und mit weniger Energie versorgt, ist kälter als die Jupiters. Jupiter, dreimal schwerer als Saturn, von stärkerer Gravitation, hat eine entsprechend weniger ausgedehnte Atmosphäre. Im Gegensatz zu Venus wird in den Atmosphären der beiden großen Planeten die Wärme durch Konvektionsbewegungen vertikal transportiert.[52]

Die Außenaufnahmen der beiden Planeten zeigen großräumige Wolkenbänder in ihren Atmosphären. Wolken der beobachteten Art haben nichts mit den uns bekannten Wasserwolken der irdischen Atmosphäre gemein. »Wolken« eines bestimmten atmosphärischen Gases entstehen jeweils in der Schicht, wo das Gas am kältesten wird und kondensiert. Bei Jupiter und Saturn gibt es drei voneinander getrennte Wolkendecken: Die niedrigste besteht trotz der sehr geringen Konzentration von Wasser in den Atmosphären aus Wassereis, ist also den irdischen Wolken vergleichbar. Die nächste Schicht besteht aus einem Komplexkristall aus Ammonium und Schwefelwasserstoff. Die oberste Wolkendecke ist reines Ammoniumeis. Konvektion in der Vertikalen durchmischt die verschiedenen Komponenten; Abkühlung und weitere Kondensation lassen dabei sowohl Wasser als auch Ammonium abregnen. Schwefelwasserstoff regnet bereits unterhalb der Wolkendecke ab oder wird unter dem Einfluß von Sonnenlicht in Wasserstoff und Schwefel getrennt. Wahrscheinlich kreisen in beiden Planetenatmosphären nur Ammoniakwolken. An einigen Stellen kann man zum Beispiel auf Jupiter durch Löcher in der Wolkendecke in die unterliegende »warme« Atmosphäre hineinsehen, die auf Jupiter die angenehme Temperatur von etwa 27 Grad Celsius hat, aber nur Wasser und Schwefelwasserstoff enthalten sollte. Doch man findet hier kein Anzeichen dieser Gase. Vielleicht sind diese »heißen Flecke« die »Wüsten« des Planeten, wo die Luft staubtrocken ist.

Chemisch gesehen können die Atmosphären der Planeten sich nicht im Gleichgewicht befinden; denn dann sollte sich aller Kohlenstoff gebunden in Methan, aller Stickstoff in Ammonium finden. Es werden aber kompliziertere Molekülverbindungen beobachtet, die zum Beispiel durch Photodissoziation aus Methan entstehen. Eine Schwierigkeit bereitet das gemessene Kohlenmonoxid, das nicht vorhanden sein sollte, weil es keinen frei verfügbaren Sauerstoff in einer Wasserstoffatmosphäre geben kann und weil Wasser selbst bestenfalls in den tiefliegenden Wolken existiert. Daher glaubt man, daß zumindest auf Jupiter die Schwefeloxidausbrüche des Mondes Io die Jupiteratmosphäre sowohl mit Schwefel als auch mit Sauerstoff versorgen. Auch die spektakulären Farben der Jupiter- und Saturnatmosphären deuten auf chemisches Nichtgleichgewicht und aktive chemische Prozesse in den beiden Atmosphären hin. Blaue Farben haben die höchsten Temperaturen, liegen der Oberfläche am nächsten und werden nur in Löchern in der Wolkendecke sichtbar. Rote Strukturen liegen hoch und sind kalt wie zum Beispiel der »Große Rote Fleck«, *Jupiters Auge,* jener riesige permanente Wirbel auf der Südhalbkugel des Planeten Jupiter, mit dem er einäugig und unter verhangenem Lid ins dunkle, leere Weltall stiert.

Die wahrscheinlichste Ursache für die Färbung dürfte die Anreicherung von chemisch aktivem Schwefel in den Atmosphären sein; bessere Gründe sind bisher von niemandem gefunden worden. Möglicherweise dürfen Farbgebung der Atmosphären, Chemie und ablaufende Reaktionen nicht losgelöst von der atmosphärischen Dynamik gesehen werden, die die Schichten immer wieder miteinander in Kontakt bringt, Spurenelemente, die sich an der Farbgebung beteiligen, verteilt und transportiert. Ihr wollen wir uns für einen Augenblick zuwenden.

Von außen gesehen und in den Satellitenaufnahmen, besonders wenn sie als rascher Film im Zeitraffer vor dem Auge des Zuschauers ablaufen gelassen werden, wie sie die Experimentatoren des *Voyager*-Teams als erste sahen und sie kurz darauf im Fernsehen gezeigt wurden, beeindrucken die gegenläufigen ost- und westwärts fließenden Strömungssysteme der Jupiteratmosphäre den Betrachter. Die Erde kennt nur ein westwärts gerichtetes Windsystem in niedrigen, ein ostwärts gerichtetes in hohen mittleren Breiten: den Passat und den Strahlstrom. Jupiter dagegen besitzt fünf oder gar sechs Ströme von jeder Sorte in beiden Hemisphären! In Saturns Atmosphäre gibt es gleichfalls mehrere solche Ströme, weniger als bei Jupiter, aber mehr als auf der Erde. Die ostwärts gerichtete Geschwindigkeit an Saturns Äquator beträgt 1800 Stundenkilometer, weit über der irdischen Schallgeschwindigkeit und etwa zwei Drittel der dortigen. Wer sich dort aufhält, muß einen zehnmal stärkeren Sturm ertragen als die stärksten Stürme auf der Erde – allerdings haben weder Jupiter, noch Saturn, wie wir gesehen haben, feste Oberflächen, da ihre Planetenkörper dicke Mantelzonen aus flüssigem Wasserstoff besitzen, ein unangenehm unwirtlicher Untergrund.

Man kann die atmosphärischen Bewegungen mit diesen Geschwindigkeiten und ihrer faktisch zeitlichen Konstanz – in den vergangenen Jahrhunderten haben sich die Geschwindigkeiten kaum geändert – nicht mehr als Winde bezeichnen; sie werden deshalb, gleichmäßig, wie sie sich bewegen, als hätte ein Triebwerk sie ausgestoßen, im Jargon der Planetologen auch einfach *Jets* genannt. Die Beständigkeit der Bewegung in einer Richtung und der Lage der bewegten Bänder auf der Oberfläche ist bemerkenswert. Während den vier Monaten Beobachtungszeit von *Voyager* änderten sie sich praktisch überhaupt nicht. Die Jets sind in Lage und Geschwindigkeit bedeutend stabiler als die Färbungen der Atmosphäre, die mit ihnen korrelieren; denn diese variieren innerhalb von einigen Jahren. Das ist erklärlich, wenn die Farbchemie durch Spurenelemente, die globale Dynamik aber durch die Hauptbestandteile der Atmosphäre bestimmt werden. Andererseits stoßen mit sehr hohen Geschwindigkeiten in entgegengesetzte Richtungen rotierende Jets aneinander.

Nun weiß man aus der Hydrodynamik, daß in solchen Fällen immer eine ganz bestimmte, von Hermann von Helmholtz und Lord Kelvin im vergangenen Jahrhundert entdeckte, Instabilität der Strömung angeregt wird, die Kelvin-Helmholtz-Instabilität. Ihr Mechanismus läßt sich intuitiv sehr einfach verstehen: An der Grenze zwischen zwei entgegengesetzten Strömungen bilden sich »Röllchen« aus, Wirbel, die in entgegengesetzte Richtungen rotieren und das Material zu beiden Seiten der Grenze vermischen. Die Wirbel, wenn sie nicht zu sehr großen Wirbeln anwachsen und sich selbst stabilisieren, leben nur begrenzte Zeit; auf Jupiter existieren sie etwa zwei Tage. Die Durchmischung beeinflußt aber das Strömungsverhalten nicht, da nur der Austausch von Spurenelementen, der Chemie und Färbung beeinflußt, variiert.

Jupiters Auge ist ein Riesenwirbel, der sich selbst stabilisiert hat und nun jahrhundertelang zwischen zwei entgegengesetzten Jets mitrollt. Ein paar andere ähnliche Wirbel weisen die Atmosphären von Jupiter und Saturn noch als langlebige weiße Ovale auf. *Voyager* hat beobachtet, wie sich am *Auge* kleine Wirbel bildeten, die es innerhalb von fünf bis sechs Tagen umrundeten, ehe sie verschwanden. Es bleibt ein ungeklärtes Phänomen, auf welche Weise die zonalen Jets und die großen Wirbel so lange überleben können. Offenbar verwandeln die Wirbel wegen der geringen Reibung ihre Bewegungsenergie nicht in Wärme, sondern geben sie bei ihrem Zerfall an die Jets zurück, so daß diese immer wieder angetrieben werden. Es handelt sich dann nur um eine quasi reversible mechanische Energieumlagerung und reversiblen Impulsaustausch. Vielleicht auch werden die Wirbel aus der flüssigen Mantelzone des Planeten gespeist, wenn Energie aus dem Inneren vertikal nach außen in die Atmosphäre aufsteigt. Dann sind sie Ausdruck für eine Art »Tektonik« im flüssigen Mantel des Planeten und zeigen die starke Ankopplung der Atmosphäre an denselben. Die Stabilität der Jets aber muß zu

199

tun haben mit der großen atmosphärischen Masse, die in ihnen transportiert wird. Wenn dieser Gedanke richtig ist, sind sie vertikal bedeutend dicker als die Wirbel mit ihrer Kurzlebigkeit und kleinen Masse; sie reichen dann vielleicht sogar tief in den Mantel hinein und sind in Wirklichkeit nur der atmosphärische Ausdruck einer permanenten Auf- und Abströmung – der Konvektion – im Mantel.[53]

Poseidons wäßriges Gewand

Je weiter man sich von der Erde entfernt, desto ungenauer werden unsere Kenntnisse, desto spärlicher rinnt die erhältliche Information. Neptun, der äußerste der großen Planeten, hatte bis Juni 1989 auszuharren, ehe *Voyager 2*, die erste irdische Raumsonde, ihm ihren Besuch abstattete.[54] Die technische Leistung dieses Unternehmens ist in der Presse verdientermaßen hervorgehoben worden. Sie ist ein Musterbeisiel für die erreichbare Präzision und Signalauflösung aus großen Entfernungen wie für die Sparsamkeit im Energieverbrauch eines hochempfindlichen Geräts wie dieser Raumsonde, die nach der Umrundung von Neptun im Herbst 1989 ihren Weg aus unserem Sonnensystem hinaus in den freien Weltraum nahm und deren Signale mit der Entfernung langsam vergehen und in Bälde nicht mehr aufgelöst werden können.

Manche unter den Weltraumromantikern werden sentimental beim Gedanken daran, etwas vom Menschen Gemachtes auf Nimmerwiedersehen im Universum verschwinden zu sehen, und sie hoffen darauf oder trösten sich mit dem anderen Gedanken, eine unbekannte, ferne, technische und intelligente Zivilisation könnte den Satelliten einfangen und Nachricht von der Menschheit erhalten. Sie haben deshalb *Voyager* mit Codes und Bildern von der Erde, ihrer Zivilisation und ihrem technischen Leistungsstand bestückt. So schön ein solcher Traum sein mag, er hat etwas von den infantilen Spielen einer unreifen Jugend an sich, die sich am Fernen und Unerreichbaren aufrichtet und die naheliegenden Dinge vernachlässigt. Der Trost, der gesucht wird, hat vieles gemeinsam mit dem Trost, den die Menschheit in der Religion sucht. Anstelle Gottes wird aber von den Weltraumromantikern, die sämtlich exzellente Techniker und Wissenschaftler sind, sich größtenteils Atheisten nennen, jene hypothetische Zivilisation gesetzt, die ihrem Tun einen Sinn geben soll – falls sie existiert und falls sie ausgerechnet in der praktischen Unendlichkeit des galaktischen Raums auf diesen winzigen Erdenboten stößt, eine nahezu abstruse Hoffnung auf eine irrelevante Möglichkeit, von deren Verwirklichung die Menschheit ebensowenig Nachricht erhalten dürfte wie von der Existenz Gottes. Es bleibt nichts weiter, als an sie zu glauben als an einen kläglichen Gottesersatz – oder auch nicht.

Bis *Voyager* war Neptuns Atmosphärenstruktur unbekannt; sie mochte der Saturns entsprechen. Man wußte nur, daß sie mehr von der solaren Strahlung absorbiert als Jupiter und Saturn, doch mag das einfach mit der geringeren Menge an in Strahlung angebotener Sonnenenergie zusammenhängen, die den Planeten trifft, so daß er nicht mehr reflektieren muß, um sein Strahlungsgleichgewicht zu halten. *Voyager* präzisierte diesen ersten äußeren Eindruck mit ein paar handfesten gemessenen Fakten. Er bestätigte den hohen Wasserstoff- (85 %) und Heliumgehalt (15 %) sowie die geringen Beimischungen von Methan und Kohlenwasserstoffen. Aber er fand, daß Neptun, obwohl er ein kalter Planet von minus 213,8 Grad Celsius Temperatur ist, für seine Sonnenentfernung eine »zu hohe« Atmosphärentemperatur hat. Das klingt zwar komisch, doch sollte die Temperatur des fernsten Riesenplaneten im Gleichgewicht noch niedriger als dieser ohnehin kleine Wert sein.

Des Rätsels Lösung liegt im Inneren von Neptun. Seine Dichte ist hoch für einen Planeten, dessen dicke Hülle vorwiegend aus Wasser in verschiedenen Formen von Eis besteht. Neptuns steiniger Kern ist offenbar groß genug, mit seiner selbstentwickelten Radioaktivität die Atmosphäre *von unten* zu heizen. Unter den Planeten stellt er somit die Ausnahme dar, bei der die innere Heizung der Atmosphäre stärker ist als die Heizung durch solaren Strahlungseinfall. Neptun strahlt mehr Wärme in den Weltraum ab, als er erhält: genauer das 2,7fache der einfallenden Strahlung.

Noch ein weiterer Befund macht Neptun interessant: Ihn umrundet der erst spät entdeckte große Mond *Triton*, der einzige Mond im Sonnensystem, der sich in umgekehrter, der Umlaufrichtung des Neptun (und aller Planeten) um die Sonne entgegengesetzter Richtung um den Planeten dreht. Triton ist in der Frühzeit Neptuns eingefangen worden; er ist dichter als Neptun, hat einen schweren Steinkern. Ansonsten besteht er aus Eis, dem eine feste, stark reflektierende Schicht von festem Stickstoff aufliegt, und er hat eine eigene Stickstoffatmosphäre mit einer atmosphärischen Bodentemperatur von minus 235 Grad Celsius. Sie enthält Beimengungen von Methan. Ihren Wasserstoff konnte die Tritonatmosphäre nicht halten. Er verflüchtigte sich im Weltraum. Wenn die Sonne seine Tagseite längere Zeit beleuchtet, schmilzt an einigen Punkten die feste Stickstoffschicht, und Stickstofffontänen von bis zu acht Kilometern Höhe ergießen sich über die Tritonoberfläche: eisige »Geysire« aus flüssigem Stickstoff, der wieder »gefriert«, wo er die Oberfläche berührt und die Tritonatmosphäre mit Stickstoffdampf sättigt.

Des Ur-Vaters löchriges Fell

Uranus hatte früher als Neptun Besuch erhalten und war von den Technikern benutzt worden, *Voyager* aus seiner Bahn zu werfen und auf Neptun zu lenken. Wir wissen bereits, daß Uranus ein Riesenplanet mit sehr kleiner Masse ist, die nur 5 Prozent der Jupitermasse ausmacht, sein Inneres kaum dichter als Wasser auf der Erde ist, sein steinerner Kern entweder von einem flüssigen Mantel umgeben wird, auf dem die dichte Wasserstoff-Helium-Atmosphäre lagert, oder Mantel und Atmosphäre eine dicke gemeinsame Gas-Eis-Schicht bilden. Wir sehen nur die äußerste Wolkendecke, die aus Methan besteht. Uranus ist so kalt (an der oberen Wolkendecke −209 °C), daß Methan kondensiert. Die eisigen Methanwolken verbergen die Ammoniak- und Wasserwolken, die wahrscheinlich darunterliegen. Die dünne, durchsichtige Wasserstoffatmosphäre, die darüberliegt, ist unsichtbar. Die grüne Farbe des Planeten wird durch die Absorption von Rot aus dem Sonnenlicht durch das in der Atmosphäre kondensierte Methan hervorgerufen. *Voyager* hat eine Heliumkonzentration von 27 Prozent gemessen, viel höher als auf irgendeinem anderen der Planeten des Sonnensystems, doch sehr gut vergleichbar mit den 28 Prozent des Solaren Nebels, aus dem unser Planetensystems hervorgegangen ist. Also ist Uranus' Atmosphäre noch quasi ursprünglich.

Uranus hat keine innere Wärmequelle. Während der weiter entfernte Neptun Methanwolken und photochemischen Dunst wie Jupiter und Saturn besitzt, die seine Atmosphäre wärmen, ist Uranus' Atmosphäre klar. Die stark geneigte Achse des Planeten – mit 98 Grad liegt sie praktisch in der Bahnebene der Planeten um die Sonne, in der Ekliptik – setzt jede Polkappe 21 Jahre lang der direkten Sonneneinstrahlung und für den gleichen Zeitraum der Dunkelheit aus, während die Äquatorgegend zwei Jahreszeiten bei tangentialer Beleuchtung erlebt. Die Temperaturen am dunklen Pol scheinen aber 3 Grad höher zu sein als am beleuchteten. 700 Jahre dauert die Abstrahlung, darum kühlt die Winteratmosphäre so langsam ab. Trotz der Resultate von *Voyager* weiß man wenig über Wind, Zirkulationen und Klima. Ungeachtet dieser Unkenntnis lautet die Folgerung, daß sich die Atmosphäre des Uranus anders als die Atmosphären aller übrigen Riesenplaneten verhält, was im inneren Aufbau des Uranus, aber auch in der Sonderstellung seiner planetaren Rotationsachse seine Ursache haben kann.

Der Vergleich der planetaren Atmosphären lehrt vor allen Dingen, wie wenig selbstverständlich der Aufbau der irdischen Atmosphäre und wie unsinnig es ist, ihre Verhältnisse naiv auf andere Planeten zu übertragen. Erstaunliche Unterschiede zeichnen die Atmosphären der Planeten aus. Wir haben Planeten ohne, aber auch Planeten mit höllisch heißen und tödlich kalten Atmosphären kennengelernt, solche, die mit giftigen Gasen angereichert sind, andere, die aus nichts als

Wasserstoff bestehen. Keine dieser Atmosphären lädt das Leben zum Verweilen ein. Kein Augenblick könnte in diesen eisigen Regionen, in denen sich nicht einmal die nackte Logik zu Hause fühlte, oder in den Höllen der Kohlendioxid-, Stickoxid- und Schwefeldämpfe schön genannt werden. Nur Apparate funktionieren in solchen Zonen, keine Wesen. Es verwundert nicht, daß auf keinem der Planeten Leben entstanden ist. Als Zufluchtsort für den Menschen scheiden sie aus. Wie singulär schön haben wir es dagegen hier auf der kleinen Erde. Hätte Goethe eine Ahnung von den Unfreundlichkeiten des Weltraums gehabt, wahrscheinlich hätte seine Sorge weniger der Himmelfahrt des Faust und der Rettung seiner Seele gegolten als dem viel simpleren und profaneren Anliegen der Erhaltung der vielen schönen Augenblicke, die das irdische Leben beschert und die weniger bedroht sind von einer unwirtlichen äußeren, feindlichen Natur als vom Menschen und seinem unbedachten und gehässigen Treiben selbst.

Es läßt sich angesichts der kosmischen Differenzen leicht ins Moralisieren verfallen; wir wollen uns darum jeden weiteren Kommentar versagen. Doch weisen wir darauf hin, daß zu den falschen Propheten nicht nur diejenigen zählen, die das friedliche und förderliche Zusammenleben der Menschen durch kulturelle Intoleranz und religiösen Eifer gefährden, sondern auch diejenigen, die sich unbedacht an der Vernichtung der schönen Geschenke beteiligen, mit denen die Natur unsere Erde bedacht hat, und uns womöglich einreden, daß es darauf nicht ankommt, weil die Menschheit mit ihrem angeblich unendlichen Erfindungsreichtum stets einen Weg des Überlebens ersinnen wird, und wenn es denn als letzter Ausweg die Flucht auf einen anderen Planeten oder noch weiter hinaus ins Weltall wäre. Dieser Weg ist von einer hohen und wahrscheinlich unüberwindlichen Barriere versperrt, hinter der nichts als die Leere empfindungslos, ja bestenfalls neidvoll auf die Erde herunterstarrt mit den toten Augen eines unerbittlichen und nichts weniger als gnädigen Gottes, der dem Menschen seine Vernachlässigung der Erde und seine eventuelle Flucht von ihr nicht nachsehen wird.

7. Kinder des Dädalus

Es ist an der Zeit, sich über das Schicksal der irdischen Atmosphäre Gedanken zu machen. An ihm hängt das Schicksal der gesamten Biosphäre und mit ihr das des Menschen, da es auf Atmung und Kohlenstoffumsatz angewiesen ist. Deutlicher läßt es sich kaum sagen: Die drei für die alte Philosophie unwesentlichsten alten Elemente sind für seine Zukunft und die des Lebens auf der Erde überhaupt zuständig. Wir haben sie darum an den Anfang dieser Betrachtung gestellt. Mit ihnen schließt der das Leben und den Menschen betreffende Teil. Was folgt: das Feuer, der Äther und das Chaos, behandeln ein geistiges, fast esoterisch zu nennendes Kapitel, das mit dem nackten Dasein nichts gemein hat, dem Überleben, der Existenz, die die wichtigste Voraussetzung jeglicher übergeordneten, sogenannten höheren Betätigung überhaupt ist, ohne die es, um der hochtrabenden Sprache des Idealismus treu zu bleiben, nichts »Wesentliches« gibt. Leben in der uns bekannten Form – und von einer anderen, da sie für den Menschen nur akademisches Interesse besitzt, kann nicht die Rede sein – lebt auf und von der Erde, von Wasser und Luft. Doch wie lange noch?

Die Lebensdauer der Sonne gibt der irdischen Existenz eine Lebensspanne von weiteren fünf Milliarden Jahren. Dies ist die längste denkbare, zur Verfügung stehende Zeit. In ihr kann, was die Evolution betrifft, vieles geschehen. Lange vorher, so ist errechnet worden, wird die irdische Biosphäre an ihrem Ende angekommen sein. Der Grund dafür ist, so absurd es klingen mag, ein akuter Mangel an Kohlendioxid. Dasselbe Kohlendioxid, dessen Anreicherung in der Atmosphäre wir als Hauptursache des in den kommenden Jahrzehnten und Jahrhunderten die biologische Existenz gefärdenden Treibhauseffekts beklagen, hat über lange geologische Zeiträume gesehen, wie aus paläontologischen und paläoklimatischen Untersuchungen bekannt ist, die Tendenz zur Abnahme. Die von der menschlichen Zivilisation forcierte gegenwärtig vorherrschende Überproduktion von Kohlendioxid stellt ein Durchgangsstadium dar. Eines Tages wird der Kohlenstoffvorrat der Erde erschöpft sein. Hinzu kommen die durch kontinentales Wachstum abnehmenden geothermischen Wärmeflüsse, die die Verwitterung der Erdoberfläche über geologische Zeiträume fördern, und die durch stetige Zunahme des solaren Energieflusses im Laufe der Entwicklung der Sonne getriebene Dynamik des Kohlendioxidgehalts der Atmosphäre. Die ersten Abschätzungen ergaben als Zeitpunkt für die Erschöpfung des Kohlendioxidvorrats und ein Absinken seiner Konzentration unter das für die Photosynthese erforderliche Minimum den geologisch erschreckend kurzen Zeitraum von 100 Millionen Jahren. Genauere neuere Abschätzungen[55] ziehen den Treibhauseffekt, eine erhöhte photosynthetische Effizienz von bestimmten Pflanzen und Wechselwirkungen zwischen der Verwitterung von Kies und der Wiederherstellung und Konservierung durch Wurzelpflanzen und Bodenorganismen in Betracht. Diese Vorgänge erweisen sich als außerordentlich wirksam und verlängern die Lebenserwartung der irdischen Biosphäre um das Zehnfache auf ein bis zwei Milliarden Jahre, einen für die heutige Zivilisation unvorstellbar langen, doch immerhin endlichen und viel kürzeren Zeitraum, als ihn die astronomische Lebensdauer der Sonne bereitstellt. Luft zum Atmen wird demnach noch für eine weitere Milliarde Jahre zur Verfügung stehen. Dann aber werden die Bodentemperaturen auf einen für die meisten primitiven Mikroben unzuträglichen Wert steigen, die Erde wird innerhalb relativ kurzer Zeit eine Art Sterilisationsprozeß durchmachen und ihren Wasserstoff durch photosynthetische Aufspaltung von Wasser (Photolyse) an den Weltraum verlieren und als totes Gebilde auf das Ende der Sonne und des Sonnensystems warten.

So die Prognosen, die eine passive Biosphäre annehmen. Doch ist die Evolution nie passiv gewesen, sondern hat sich unter dem Druck der Überlebensnotwendigkeit den Verhältnissen angepaßt. Wie könnet das geschehen? Die Flora lehrt, daß es Kohlendioxid anreichernde und speichernde Pflanzen gibt, die sich ganz offensichtlich unter dem Druck der geologischen Kohlendioxidabnahme in der Atmosphäre selbst geholfen haben. Dies sind die C4-Pflanzen. Sie konzentrieren Kohlendioxid in ihrem Inneren in Bündeln von Speicherzellen, die weit entfernt von den Respirationszonen der Pflanze angelegt sind. Diese C4-Pflanzen haben sich in den letzten 100 Millionen Jahren entwickelt. Die Evolution könnte sich also selbst durch Entstehung neuer, Kohlendioxid speichernder Arten von Lebewesen behelfen, um das Kohlendioxid an der Erde zu halten. Es ist aber kaum anzunehmen, daß die Fauna diesem Beispiel folgen wird.

Der Mensch kann an rein technische Möglichkeiten denken: Er könnte die Erde mit Raumsegeln versehen, die einen Teil der verstärkten Sonneneinstrahlung abschirmen und reflektieren und so die Reflexionsfähigkeit der Erde künstlich erhöhen. Er könnte die Erde (wie Christo seine Skulpturen) unter einer Folie »verpacken« und den Verlust von Kohlendioxid und Wasser verhindern, um die Lebensdauer um eine oder weitere Milliarden Jahre hinaus auszudehnen. Dieses Unterfangen kommt an Problemen etwa dem Ausweichen auf den nächsten Planeten Mars gleich, der bei erhöhter Sonnenstrahlung möglicherweise genügend aufgewärmt werden wird, um dem Leben die Existenz zu ermöglichen. Dorthin könnte der Mensch oder sein Nachfolger, zu dem er sich entwickelt haben wird, wenn er sich bis dahin gehalten haben sollte, mit seiner gesamten Zivilisation ausweichen, den irdischen Wasser- und Kohlendioxidvorrat mitnehmen und sich dort ansiedeln. Als echte Kinder des Dädalus planen wir bereits heute mit technischen Mitteln und Einfällen unsere Flucht.

Doch lange bevor das akut werden würde, wird die Menschheit auf ihre Überlebensfähigkeit geprüft werden, wenn die Erde mit einem Kometen oder Asteroiden zusammenstößt. Das sollte etwa alle 500000 Jahre einmal vorkommen, und jedesmal würde das Klima katastrophal geändert, die Biosphäre teilweise vernichtet, die Menschheit entweder völlig ausgerottet oder auf einen Bruchteil ihrer Population dezimiert werden. Dieser hätte dann die Aufgabe eines Neuaufbaus der Zivilisation in einer möglicherweise drastisch geänderten Umgebung. Mit den verfügbaren technischen Kenntnissen scheint dieser Aufbau nicht unmöglich.

Die erdgeschichtlichen Untersuchungen der Elemente Erde, Wasser und Luft haben gelehrt, daß die Entwicklung der menschlichen Zivilisation seit Entstehung der Erde in der Umgebung eines normalen Sterns 3 bis 4 Milliarden Jahre in Anspruch genommen hat. Wir haben andererseits gesehen, daß eine Zivilisation wie die menschliche für ihre Entwicklung ebenfalls eine Zeitspanne dieser Länge benötigt, um sich voll entfalten, ihre Fähigkeiten entwickeln zu können, die Natur beherrschen zu lernen bis hin zu der Möglichkeit, sich selbst zu vernichten oder auch sich nach einem anderen Platz im Universum umsehen zu können. Die Übereinstimmung der beiden Zeitskalen ist verwunderlich. Muß es vielleicht immer so sein? Besagt die Übereinstimmung vielleicht, daß die kosmischen Entwicklungszeiten im Universum gerade so lang sind, daß eine mit Intelligenz begabte Art von Lebewesen zur vollen Entfaltung kommen kann? Es wäre dann zwar nicht verständlich, warum es so wäre, warum die Natur so beschaffen wäre und wer sie so eingerichtet hätte. Aber es würde verständlich werden, daß wir nur in einer Welt existieren können, die nach Gesetzen konstruiert ist, welche Entwicklungen in solchen Zeiträumen ermöglichen. Diese Folgerung wird das »anthropische kosmologische Prinzip«[56] genannt. Bei flüchtiger Betrachtung klingt sie so, als wollte man die Existenz der Welt durch die des Menschen erklären. Aber der Eindruck täuscht. Die Aussage lautet nur, daß wir in einer Welt leben, die die Entwicklung des Menschen zuläßt, während es »andere Welten« geben könnte, in denen sich kein ähnliches intelligentes Leben entwickeln kann, von denen also weder wir noch sie selbst Kenntnis haben können.

Der Zeitraum, aus dem unsere Erfahrungen stammen, ist die Vergangenheit, die so alt ist wie unser Universum. In die Zukunft können wir nur extrapolieren und spekulieren, wie wir es jeweils am Ende der drei letzten Kapitel getan haben. Was genau die Zukunft der Erde, dem Wasser und der Luft und mit ihnen dem Menschen bringen wird, können wir jedoch nicht mit Bestimmtheit sagen. Doch hat es bisher so ausgesehen, als hätten diese drei Elemente des Irdischen und Äußerlichen, die materiellen Elemente, ausgereicht, um den Menschen zu schaffen und seine Existenz zu ermöglichen. Wozu also dann haben die Altvorderen sich noch auf das vierte Element, das Feuer berufen? Was für eine Rolle spielt es in der Kette der Erscheinungen, die den Menschen schufen? Verlassen wir darum die irdischen Elemente, und wenden wir uns dem Feuer zu.

V. Feuer: Das Innere der Hölle

Am Abend war der Kardinal Inquisitor zu ihm in die Zelle tief unten in die Engels-
burg gekommen und hatte ihn gefragt:

»Warum hast du nicht widerrufen? Mit deinen aufsässigen Reden und deinem
Beharren hast du uns zu viel Ärger gemacht, als daß wir es hätten durchgehen
lassen können. Wenn du Christus wärest, würde ich dir anbieten, zu gehen. Aber
du bist nicht Christus, nur ein gewöhnlicher Mensch.«

»Jeder Mensch ist Christus«, hatte er geantwortet, »ihr wollt es nicht wahr-
haben. Ihr seid erbärmliche Lügner. Eines Tages wird Gott mit euch ins Gericht
gehen. Weil euch die Macht wichtiger ist als die Berufung, wird die Kirche unter-
gehen, wie bisher jedes Machtsystem auf der Welt untergegangen ist: Persien,
Ägypten, Rom, zuletzt Byzanz.«

»Du versündigst dich. Die Kirche ist ewig.«

»Nichts ist ewig auf Erden. Die Kirche hat einmal begonnen, und so wird sie
auch enden: in Heulen und Zähneklappen.«

»Du versündigst dich«, hatte der Kardinal geantwortet.

»Ich habe nichts zu verlieren. Ihr habt mich bereits verdammt. Womit könnt
ihr mir noch kommen?«

»Mit der Hölle.«

»Darüber seid ihr machtlos. Die Hölle, das ist die Kirche, und die Teufel, das
seid ihr, die ihr uns eures Machtanspruchs wegen quält und die Wahrheit verleug-
net.«

»Du bist verstockt und unverbesserlich. Wir haben dich zu Recht verurteilt«,
hatte der Kardinal gesagt.

»Was hülfe es mir, nicht verstockt zu sein? Ihr würdet mich doch verbrennen.«
Und er hatte dem Kardinal, der beim Gehen das Kreuz schlug, vor die Füße ge-
spuckt.

An Händen und Füßen gefesselt, versuchten die drei Henkersgehilfen, ihn die
kleine Leiter auf den Reisighaufen hinaufzubringen. Er stieß mit den Beinen nach
ihnen und bäumte sich auf bis zur Erschöpfung. Die Knechte fluchten und schlu-
gen nach ihm. Ein Mönch in brauner Kutte schrie auf ihn ein und hielt ihm das
Kreuz vor. Er spuckte aus und traf ihn mitten ins Gesicht. Der Mönch sprang zu-
rück. In weitem Ring stand in gebührendem Abstand das Volk. Weil sie ihn nicht
bewegen konnten, schlug ihm einer der Henkersgehilfen von oben eine dreizin-

kige Mistgabel in die Brust. Das Blut spritzte nach allen Seiten. Er schrie auf, und
sein Widerstand ließ nach. So zerrten sie ihn an der Gabel und von unten nach-
schiebend hinauf und schleiften den bereits halb Bewußtlosen zum Pfahl, an dem
sie ihn festbanden, während von allen Seiten Feuer an den Stoß gelegt wurde. Bevor das Feuer den ganzen Stoß erfaßte, kamen die Gehilfen heruntergesprungen;
darin waren sie geübt. Er hing mit gesenktem Kopf und fast ohne Bewegung am
Pfahl, und das weiße Hemd, das sie ihm gegeben hatten, tränkte sich mit Blut.
Das Schreien und Stöhnen der Opfer war niemals zu vernehmen; es wurde stets
vom Krachen des Holzes und Prasseln des Feuers übertönt. Der Tod sah im Schein
der Flammen und im nebligen Rauch fast friedlich aus, wenn die Verurteilten sich
mit dem Blick nach oben zurück an den Pfahl lehnten, ehe der dichte schwarze
Rauch sie der Neugier der Zuschauer entzog. Nur mußte man genügend Holz auf-
geschichtet haben, damit auch der Pfahl, an dem sie standen, mitverbrannte und
nichts als ein hoher, stinkender Haufen Asche übrigblieb, den die Knechte hinter-
her wegzuräumen hatten. Seit Urzeiten beherrschten sie diese Technik.

Der Kardinal Inquisitor, der von seinem hohen Stuhl aus den Vorgang verfolgte, dachte daran, daß es eigentlich ein heidnischer Brauch war, den sie übernommen hatten, umfunktioniert zu ihren Zwecken. Er sah nach dem Scheiterhaufen hinüber. Langsam stieg bläulicher Rauch von ihm auf. Die Hitze im
Zentrum mußte bereits unerträglich werden.

»So ginge es uns in der Hölle, wenn uns Gerechtigkeit widerführe«, dachte der
Kardinal, während er wartete, »doch zum Glück gibt es weder sie, die Gerechtigkeit, noch die Hölle. Es gibt nur uns und die kurze Zeitspanne unseres Lebens, und
die höchste Lust im Leben besteht darin, die verfügbare Macht auszukosten. Es
gibt zweierlei Arten von Menschen. Die einen werden immer verurteilt werden.
Die anderen verstehen es, immer zu den Mächtigen zu gehören. Jener gehört zu
den ersteren, doch wir zu den letzteren. Käme es anders und stürbe die Kirche,
uns berührte es nicht; unter den neuen Machtverhältnissen fänden wir unseren
Platz bei denen, die die Macht ausüben. Er hatte recht gestern nacht; aber er hat
nicht alles durchschaut. Das war sein Fehler. Sonst hätte er sich mit uns arran-
giert.«

Der Kardinal Inquisitor sah unverwandt nach dem Feuerstoß. Der Verurteilte
kam jetzt offenbar kurz zu Bewußtsein. Er richtete sich auf, doch nur, um diese
kleine Bewegung auszuführen, die wie ein kräftiges Niesen aussah und auf die
der Kardinal gewartet hatte. Danach sank er schlaff am Pfahl in sich zusammen,
während sein Hemd sich entflammte und das Feuer hoch über ihm zusammen-
schlug. Das war der Tod. Es war die Lunge, die dem Verurteilten platzte, wenn die
Hitze um ihn herum zu groß wurde, hatten den Kardinal die Ärzte gelehrt.

»Eigentlich ein rascher Tod«, dachte er erleichtert, denn das andere, auf das er
auch gewartet hatte, war wieder nicht eingetreten: ein mögliches Wunder, ein

Engel oder dergleichen, vielleicht ganz einfach ein Sturm oder Regenguß, der das Feuer gelöscht hätte. Dann hätte man ihn als Heiligen deklarieren müssen, seine Rettung als Gottes Willen. Man mußte darauf vorbereitet sein. Aber es war noch nirgends anders vorgekommen als in den Legenden von den Heiligen, die das Martyrium durch die Heiden erlitten hatten und die – bei aller Kenntnis der Natur –, soviel gestand der Kardinal Inquisitor sich ein, wohl kaum der Realität entsprachen und deshalb von ihm auch nicht geglaubt wurden. Sie waren etwas für das Volk, das sich jetzt still zu zerstreuen begann, und sie stärkten die Position der Kirche. Eine Art Wunder dieser Sorte würde ihr zu schaffen machen. Doch sie war schon mit schwierigeren Dingen fertig geworden. Man hätte sich seiner dann auf andere Weise entledigen müssen, ihn in ein Kloster stecken, ihm ein Gelübde zuschreiben oder dergleichen. Für diesmal war es vorüber.

»Gern wüßte ich«, dachte der Kardinal, sich langsam erhebend und sein Ornat zusammenraffend, bevor er die Stufen hinunterstieg und sich zu seinem Wagen mit den unruhig scharrenden Pferden begab, »was eigentlich mit dem Menschen geschieht bei dieser Verbrennung.« Ob sich die Elemente, aus denen der Mensch bestand, wieder trennten: Erde zu Erde, Wasser zu Wasser, Luft zu Luft und schließlich das fein im Körper verteilte Feuer, von dem jener offensichtlich, wie sein Temperament und sein Starrsinn verraten hatten, viel gehabt hatte, sich zum Feuer gesellt und mit ihm davongeflogen war? Ob auch seine feurige Seele mit davongeeilt war und nun, fein verteilt als Feuer, im Universum schwebte? Denn Seele hatte er gehabt, wenn es so etwas überhaupt gab.

Vielleicht aber war all das Humbug, was aus den alten Philosophien zu lernen war, was Aristoteles behauptet hatte. Vielleicht gab es gar keine Seele. Vielleicht gab es gar nicht all diese Substanzen im Körper, war alles viel mechanischer und simpler, war dieser Trennungsvorgang von einer Art, die man sich bis dato gar nicht vorgestellt hatte. Das wäre ihm am liebsten gewesen: eine Welt ohne Seele.

»Meine eigene Seele, sollte ich eine besitzen«, dachte er, »ist ohnehin verkümmert, gefühllos und nur vom Machtanspruch besessen, den ich um nichts in der Welt, nicht einmal an Gott abtreten würde.« Und während er in seinem Wagen Platz nahm und sich zurück in den Vatikan fahren ließ, war er stolz auf diesen seinen eigenen Starrsinn, der ihm versicherte, daß er von nichts anderem als von diesem einen einzigen, unlöschbaren Feuer erfüllt war.

1. Prometheus

Im Unterschied zu den minderen Elementen der Existenz Erde, Wasser und Luft und zum Ur-Element Chaos, denen die Mythologie Götter zuordnet: Gaia, Rhea oder Hera der Erde, Poseidon dem Wasser, Ariel der Luft, gibt es keinen eigenen Feuergott, will man nicht jene Attribute der Macht wie Blitz und Donner, die die Mythologie den obersten Göttern zuerkennt, als Zeichen dafür nehmen, daß jeweils der oberste der Götter der Gott des Feuers war. Bei den Griechen wäre das Zeus gewesen, aber das Feuer war nur eines seiner Attribute, ein fast nebensächlich zu nennendes, und Helios, der das himmlische Feuer regierte, war Zeus in gewisser Weise, sofern er ihn interessierte, untertan und nur für die himmlische Sphäre zuständig, die eine unter vielen war. Mythologisch gesehen ist das Feuer in der europäischen Geistesgeschichte »gottlos«. Weil keiner der Götter es unmittelbar für sich beanspruchte, schrieben sie ihm später im Mittelalter eine Menge innewohnender Dämonen zu, die sie aus den Abbildern der flackernden Schatten bildlich herauslasen, heraustreten und sich auflösen sahen. Die optische Fantasie des Menschen setzt ihn einer weitgefächerten Einbildung aus, der er sich nur in gut geleiteter Ausbildung entziehen kann. Wo es keine solche gibt, wie auch heute noch die von tausenden mittelalterlichen Denkstrukturen durchsetzten und vergifteten großen religiösen, fundamentalistischen Systeme beweisen, wenn sie sich mit unsinnigen Behauptungen in die tägliche Realität einmischen, bleibt der Mensch Sklave der optischen Eindrücke, die in Wurzeln Geister, in Schatten Dämonen und in Lichtreflexen Ufos zu erkennen glauben und sich – nur zu verständlich zwar, aber bedauerlich – der nüchternen Einsicht verschließen. Denn die nüchterne Einsicht ist trocken und langweilig, und es gehört eine ganze Portion Anstrengung dazu, Interesse an ihr zu gewinnen.

Was ist schon langweiliger als eine Welt, die sich aus ein paar simplen Prinzipien aufbaut und gar noch daraus berechnen läßt? Man darf sich wirklich fragen, was an einer solchen Welt noch interessant sein und warum man sich anstrengen soll, sie zu verstehen, wenn diese simplen Prinzipien auch noch in hochtrabender Sprache vorgetragen werden, die nur ein paar Eingeweihte verstehen und verstehen wollen und darum auch für sich behalten. Diese Sprache entlarvt ihr Interesse als reinen Eigennutz, das Vergnügen an Wissenschaft als Mittel zur Beherrschung. Wem dieser Zugang zur Herrschaft verschlossen bleibt, der sucht nach anderen Möglichkeiten der Selbstbehauptung, nach Legenden, Fantasien. Und doch ist es ein Unterschied, wenn jemand heute in einer aufgeklärten Welt unsinnigen Fantasien anhängt oder in der Antike eine Legende zur Umschreibung von einem (noch) nicht anders Erklärbaren aufruft. Die antike Legende hat den gleichen Stellenwert wie die höchste wissenschaftliche Theorie der Gegenwart, und diese ist nichts anderes als eine Legende, nicht besser verständlich als jene, möglicherweise noch komplizierter und uneinsichtiger formuliert. Wie einfach dagegen jene der Bringung des Feuers: die Legende des Prometheus.

Nicht ein Gott hat dem Menschen das Feuer gebracht, sondern einer jener Gottähnlichen, deren Unzufriedenheit mit den Göttern sie zur Aufsässigkeit bewog, ein abtrünniger Unsterblicher im Range eines Halbgotts: der Titan Prometheus. Die Welt ist voller Streit, Neid, Haß, Auflehnung gegen Vorgesetzte, voller Bevormundung der laut deren Definition und kraft ihrer Machtposition zu Unmündigen erklärten. Nach dem Götterbild der Griechen als Vorbild und Spiegel der Wirklichkeit geht es auf dem Olymp nicht anders zu. Aber manchmal gibt es Auflehnung ohne Grund: aus Trotz. Die Legende macht nicht klar, welches die Gründe für Prometheus' Aufbegehren gegen Zeus sind. Sie schweift ab, erzählt hundert verschiedene Nebensächlichkeiten, kommt nie zum Thema, bis man schließlich nicht mehr fragt und die Auflehnung hinnimmt als selbstverständlich. Das ist, nebenbei bemerkt, auch die Taktik des natürlichen Verhaltens: vor vollendete Tatsachen stellen, ohne zu erklären, ohne Gründe zu nennen. Tatsachen überzeugen, nicht Erklärungen, Begründungen; Experimente, nicht Theorie.

Prometheus ist neben Atlas, der fürderhin als Stütze des Himmelsgewölbes Dienst tut, der einzige überlebende Titan, weil er sich im Kampf der Götter und Titanen schlau auf die Seite des Zeus geschlagen hat. Der späterhin ob seiner Auflehnung vielgepriesene *Vordenker*, wie sein Name in der Übertragung gelesen werden kann, hat nur schlecht vorausbedacht, was seine Revolte für Folgen haben wird. Die Flamme, die die Auflehnung nährt, der Trotz wird zum Macher des Menschen. Er will Zeus einen Streich spielen und erweist ihm einen Dienst, indem er die tote, langweilige Welt mit für den Allwissenden, der es vielleicht selbst so eingerichtet hat, wer weiß, mit ihn verehrenden Akteuren bevölkert, unter denen Zeus sich Geliebte und Favoriten auswählen wird. Aus Trotz stiehlt Prometheus das Feuer und übergibt es der unreifen Obhut seiner Wesen. Das wird sich rächen. In der alten Denkweise gibt er ihnen mit dem Feuer zusätzlich zum Leben, das er dem Lehm einhaucht, auch Seele und Geist. Doch der Geist, der durch die Hände des listigen und diebischen Titanen geht, kann nur ein Abklatsch des göttlichen Geistes sein. Wer weiß, vielleicht hat auch das der Allwissende in seiner undurchschaubaren Voraussicht gewollt: neben den ihn langweilenden Unsterblichen sich mühende, halbfertige Gegenüber, neben dem aufsässigen Neunmalklugen und Möchtegern Prometheus eine Spezies zu haben, deren Beobachtung für einen Gott in ihrer Anstrengung zu lernen, zu wissen, Welt und Gott zu verstehen, ein unschätzbares Vergnügen sein muß. Prometheus, der bestenfalls seinen Gebilden vorzudenken vermag, denkt nicht weit genug. Sein Name ist eher Parodie seiner selbst und Aufforderung, denn Bezeichnung – denn wäre er *vorbedacht* gewesen, er hätte seinen Trotz, den Ausdruck seiner Unmündigkeit, überwunden. Es wird sich rächen. Prometheus will sich Verbündete machen und wählt die Falschen; denn der Mensch, der nur gewinnen kann, ist skrupellos. Mit dem Feuer, das er den Menschen aushändigt und das sie nie wieder hergeben werden, händigt er ihnen ein Stück Macht aus. Das Feuer wird ihr Leitbild werden. Mit dem Geist, den er dem Menschen schenkt, spricht er die Verdammung der Götter durch den Menschen und zugleich die eigene Verdammung aus. Von nun an werden sie die Geschicke der Welt selbst in die Hand nehmen. Er und die Götter werden überflüssig werden. Prometheus, in der unverwundbaren Hand die flackernde Flamme, angeschmiedet zur Strafe im Kaukasus, ist das beklagenswerte Abbild der Auflehnung gegen die Natur. Und weil sie es nicht besser weiß, weil sie nicht mehr, sondern nur weniger wissen kann als ihr Schöpfer, wird die Menschheit ihm auf diesem Wege folgen als schlechte Kopie seiner selbst zum Gespött der Götter.

Prometheus ist nicht der Künstler, der aus genialischer Eingebung schafft. Eher ist er der Ingenieur, der nach Regeln konstruiert, der Wissenschaftler, der etwas Vorgefundenes beschreibt, eine Prognose abgibt. Er macht wohl den Menschen, nicht aber das Feuer. Er findet es vor. Wahrscheinlich haben die Griechen seinen Namen aus dem Sanskrit übernommen, wo *pramantha* Feuerreiber heißt.[1] Er scheint auch nichts über das Feuer zu wissen. Er transportiert es nur zum Menschen: in einem hohlen Stengel des Riesenfenchels, wie man sie noch in diesem Jahrhundert auf Kreta zum Transport von offenem Feuer benutzt haben soll. So hergenommen und ungedeutet also übergibt er das Feuer, kurzsichtig, wie er ist, ohne weitere Gebrauchsanleitung an den Menschen zur weiteren Verwendung.

2. Das alltägliche Feuer

Die Folgen, deutet man das Feuer als Geist, waren ungeheuer. Primär aber hat Feuer nichts mit Geist zu tun: Es ist eine Jahrtausende lang unverstanden gebliebene physikalische Erscheinung. Es hat die Entwicklung der modernen Physik, vor allem die Atomphysik gebraucht, bevor das Feuer als Naturphänomen einer Beschreibung zugänglich werden konnte, und diese hat die Erkenntnis abwarten müssen, daß die Welt aus vielen miteinander wechselwirkenden Teilchen und Feldern besteht und nur einer statistischen Behandlung zugänglich ist. Feuer hat sich als ein Sammelbegriff für eine Vielzahl von Erscheinungen herausgestellt. Das alltägliche Feuer, das wir in der Flamme kennen, ist nur die Spitze des Feuerbergs. Seine anderen bekannten Formen sind die des himmlischen Feuers in den Sternen, von denen die Sonne der uns nächste ist, das im Atomkern verborgene Feuer und schließlich das unsichtbare Feuer der Plasmen.

Flammen

Das Feuer ist dem Menschen zuerst als Flamme begegnet, flackernd und leuchtend, vor allem aber heiß. Die Flamme ist das Elementarereignis unserer Erfahrung des Feuers. Immer noch denken wir bei Feuer zuerst an sie. Immer noch, weil Feuer in Wirklichkeit nur sehr eingeschränkt mit Flammen zu tun hat.

Als heiß empfinden wir alle Temperaturen von Gegenständen, mit denen wir in Berührung kommen, die höher sind als ungefähr 60 Grad Celsius. Das ist eine sehr niedrige Temperatur, die uns nur deshalb heiß erscheint, weil die Körpereiweiße sich bei höheren Temperaturen als 40 Grad Celsius zu zersetzen beginnen. Flammen haben viel höhere Temperaturen, die heißesten von ihnen einige 1000 Grad Celsius. Welche Temperatur sie erreichen, hängt von der Entzündungstemperatur ihres Brennstoffs ab, das ist diejenige Temperatur, bei der die spontane Oxidation des brennenden Materials einsetzt. Was in der Flamme abläuft, ist in erster Linie eine Oxidation: die Verbindung des Brennstoffs oder eines seiner Bestandteile mit dem Sauerstoff der umgebenden Luft. Die Flamme ist nichts anderes als der sichtbare und fühlbare Ausdruck einer spontan und rasch verlaufenden Oxidation; Feuer, wie wir es traditionell kennen, ist ein Spezialfall dieses weitverbreiteten Vorgangs. Denn im Prinzip können alle Stoffe oxidiert werden, der eine langsamer, der andere schneller, der eine bei niedrigen Temperaturen, der andere bei hohen. Wenn aber Oxidation Feuer ist, so ist überall dort, wo etwas oxidiert, Feuer; wenn Flammen mit Oxidation zu tun haben, dann gibt es überall, wo Oxidation stattfindet, Flammen, zum Beispiel bei den in unserem Organismus ablaufenden Verbrennungsvorgängen. Winzige, unsichtbare Flammen. Sind sie, in der alten Lesart, das Feuer in uns? Wir dürfen es nicht so deuten, denn von dieser Art Verbrennung wußten die Altvorderen nicht. Flammen und Feuer mußten physisch sichtbar sein und müssen es auch heute noch in unserem Alltagsverständnis, um als solche erkannt zu werden.

Wir werden uns ein wenig mit dem Verbrennungsvorgang befassen müssen, um diese einfache Form von Feuer verstehen zu können. Wenn zum Beispiel zwei Wasserstoffatome sich mit einem Sauerstoffatom spontan zu Wasser vereinigen, so ist dieser Vorgang die Oxidation von Wasserstoff, seine Verbrennung, Feuer. Wir haben in Kapitel III gesehen, daß ein im richtigen Verhältnis gemischtes Wasserstoff-Sauerstoffvolumen zu Wasser explodiert und dabei Wärme freisetzt. Den Blitz der Explosion haben wir dort nicht genannt. Wärme und Licht sind typisch für Flammen. Die Knallgasexplosion ist eine kurzzeitige Flamme. Was geht dabei vor?

Der physikalische Verbrennungsablauf ist simpel, und im Falle der Wasserstoffoxidation haben wir ihn bereits beschrieben. Die beiden freien Hüllenelektronen der beiden Wasserstoffatome springen auf die beiden noch freien Plätze der äuße-

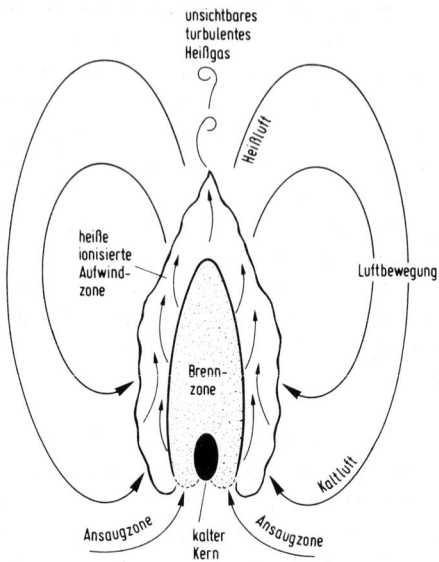

unsichtbares
turbulentes
Heißgas

Heißluft

heiße
ionisierte
Aufwind-
zone

Luftbewegung

Brenn-
zone

Kaltluft

Ansaugzone

kalter
Kern

Ansaugzone

Abb. 15: Ein schematisches, vereinfachtes Bild einer Kerzenflamme mit ihrem kalten dunklen, nicht leuchtenden Kern um den Docht herum, wo das Wachs erhitzt wird und verdampft. Darüber befindet sich die helle leuchtende Brennzone, wo das verdampfte Material oxidiert wird. Das heiße Gas, vorwiegend CO_2, steigt auf und ist, wo es ionisiert ist, unsichtbar. Es erzeugt eine turbulente Aufwärtsströmung über der Flamme. Abkühlendes Gas fällt zu beiden Seiten herunter.

ren, nicht voll belegten Sauerstoffelektronenhülle, die acht Elektronen fassen kann, aber nur sechs enthält. Da dieser verknüpfte Zustand der drei Atome weniger Energie benötigt als ihr Ausgangszustand, in dem sie alle drei frei waren, kann Energie abgestoßen werden. Das geschieht in zweierlei Weise: einmal, indem beim Einspringen der beiden Elektronen in die Sauerstoffhülle Energie in Form von Licht abgestrahlt wird, zum anderen, indem die spontane Verbindung der drei Atome wie ein mechanisches Zusammenstoßen wirkt und das Gesamtatom in Schwingungen versetzt, die es heiß erscheinen lassen. So entstehen Licht und Wärme bei der Oxidation und beim Brennen.

Genau den gleichen Vorgang macht sich die Flamme, beispielsweise eine Kerzenflamme, zunutze. Wird der Docht (mittels einer anderen heißen Flamme) entzündet, so wird dem Wachs (oder Stearin) von außen Wärme zugeführt, die es aufschmilzt und an der Kontaktstelle mit der fremden Flamme verdampfen läßt. Als heißes Gas können die Moleküle nun mit dem Luftsauerstoff reagieren und oxidieren. Dabei erzeugen sie genügend Wärme, um weiteres Wachs zu schmelzen und zu verdampfen und den Oxidationsvorgang fortzuführen. Die Kerze brennt. Sie leuchtet, weil der Oxidationsvorgang mit Lichtaussendung verbunden ist, weil aber auch Fremdmoleküle, die keineswegs oxidieren müssen, durch die hohe Temperatur zum Leuchten angeregt werden. Kerzenflammen leuchten wie viele andere Feuer auch gelb. Dieses gelbe Licht kommt von Spuren von Natrium, die im Wachs (bei anderen Feuern wie Holzfeuern im Material, meist in Salzbeimengungen) enthalten sind und zum Leuchten angeregt werden. Bei diesem Leuchten wird ein Hüllenelektron im Natriumatom durch Anregung von einer Schale auf eine höhere gehoben, wo es sich aber nur den 100millionsten Bruchteil einer Sekunde aufhalten kann und danach wieder zurückfällt auf seine ursprüngliche Schale. Die ihm zugeführte Wärmeenergie gibt es bei Rücksprung als Lichtwelle (oder Photon) einer bestimmten festen Wellenlänge im gelben Licht ab. Andere Farbgebungen der Flammen stammen von anderen angeregten Elementen, doch ist das Natriumlicht, wenn der brennende Stoff Kochsalz enthielt, stets das intensivste und überdeckt alle übrigen spektralen Linien, die im Feuer enthalten sind, die man aber mit Hilfe von spektralen Untersuchungen ausblenden kann. Licht verrät daher die atomare oder chemische Zusammensetzung desjenigen Stoffs, der brennt. Das macht sich der Mensch an vielen Stellen zunutze, indem er von Orten empfangenes Licht, an die er nicht gelangen kann, analysiert. Die gesamte optische Astronomie lebt von dieser Untersuchungsmethode: Sie ist sozusagen auf das Feuer der Sterne spezialisiert.

Weiter unten werden wir sehen, daß das »wahre« Feuer etwas anderes ist als das Feuer der Flammen, daß das Feuer der Flammen nur einen winzigen Ausschnitt aus den Möglichkeiten des Feuers erfaßt. Doch bevor wir zu deren Beschreibung übergehen, wollen wir die Struktur von Flammen untersuchen. Sie ist es, die uns im Alltag so fasziniert. Warum sind Flammen immer aufgerichtet? Warum flakkern sie? Warum sind sie dort, wo man sie nicht mehr sieht, an ihrer Spitze, am heißesten? Warum sind sie in ihrem Kern dunkel und offenbar kühl?

Flammen zeichnen sich durch drei Eigenschaften aus: Sie sind trotz ihrer von uns als heiß empfundenen hohen Temperatur relativ »kalt«; sie enthalten große Mengen von ursprünglichen Gasmolekülen; sie sind inhomogen. Wegen diesen drei Eigenschaften haben Flammen für uns den Charakter des alltäglichen Feuers. Schon im täglichen Leben ist Wärme nur eine relative Größe; was dem einen warm erscheint, beispielsweise einem von draußen Hereinkommenden ein winterlich geheizter Raum, ist für den anderen, der sich den ganzen Tag in diesem Raum aufgehalten hat, vielleicht kühl. Ebenso steht es um die Flammentemperatur: Mit ihren wenigen 1000 Grad Celsius ist sie, schon verglichen mit der Temperatur des Elektronen-Ionengases in der Hochatmosphäre (Kapitel IV), die mehr als 10000 Grad Celsius beträgt, ein kaltes Gebilde. Niemand aber wird davon reden, daß die Hochatmosphäre der Erde flammt und brennt.

Temperatur ist ein Maß für Bewegung. In einer Flamme, im alltäglichen Feuer, das wir sehen können, befinden sich die Gasmoleküle und Atome nur in mäßig rascher Bewegung. Diese Bewegung reicht gerade aus, sie im verdampften Zustand zu halten und die Oxidation zu treiben. Oxidation ist ein Vorgang, der nur wenig Energie benötigt, gerade soviel Energie, wie der Bewegungsenergie entspricht, die als Wärme ein paar 1000 Grad Celsius ausmacht. Besäßen die Gasteilchen in der Flamme eine höhere Bewegungsenergie, wäre die Flamme also heißer, dann würde keine Oxidation mehr erfolgen können, weil die Teilchen so stark schwingen würden, daß jedes Molekül, das als Produkt der Oxidation entsteht, augenblicks wieder zerrissen werden würde. Dann gäbe es keine Flamme mehr; das alltägliche Feuer hört, wenn es zu heiß wird, auf zu existieren. Auch würde diese zu heiße Flamme nicht mehr leuchten, weil die Elektronen der angeregten Atome nicht mehr in die Atomhüllen zurückspringen könnten. Sie hätten zuviel Energie erhalten und fänden ihre alten Atome nicht wieder, nachdem sie sie, mit ihrer hohen Energie versehen, verlassen haben würden. Ein Elektron, das nicht wieder zurückspringt, strahlt nicht, weil es seine überschüssige Energie nicht wieder abgeben kann. Zu heißes Feuer ist unsichtbar. Das ist der Grund, warum Flammen kalt sind.

Weil sie kalte Gebilde sind, erfüllen Flammen auch die zweite Eigenschaft. Sie enthalten große Mengen heißes Gas; man sagt, sie hätten eine hohe Dichte. Dieses Gas wiederum verteilt sich sehr ungleichmäßig über den Körper der Flamme. Das ist ihre dritte Eigenschaft: ihre Inhomogenität. In einer Flamme gibt es verschiedene Zonen. Die erste Zone befindet sich nahe dem brennbaren Material. Dort reicht die Flammentemperatur gerade zur Verdampfung des brennbaren Materials aus. Die Bewegungsenergie der Gasmoleküle der Flamme wird hier aufgebraucht, den Brennstoff aufzuheizen, bis er verdampft. Die Flamme ist darum hier kaum heißer als die Temperatur des Brennstoffs an seinem Siedepunkt. Es ist klar, daß diese Temperatur zu niedrig ist, um die Moleküle zum Leuchten anzuregen. Dafür benötigt man nicht ein paar 100, sondern schon ein paar 1000 Grad Celsius. Die Flamme bleibt in dieser ersten Zone dunkel. Das hat jeder von uns schon am Feuer beobachtet: Dicht über dem Holzscheit im Kamin, nahe am Docht der Kerze, vor dem Munde des Feuerspeiers ist kein Leuchten zu sehen, existiert kein Feuer. Es beginnt erst in größerer Entfernung, dort, wo die Moleküle ihre durch Zusammenstöße erworbene Energie nicht zur Verdampfung verbrauchen müssen, sondern beibehalten, und der chemische Vorgang der Oxidation einsetzt. In dieser zweiten, hellen Flammenzone leuchtet die Flamme. Hier ist sie heiß genug, die Elektronen zum Leuchten anzuregen. Diese Zone ist für uns die eigentliche Flamme. Darüber, in der dritten Zone, wird es wieder dunkel, nur gelegentlich züngelt ein Stück Flamme in sie hinein. Doch, wie jeder weiß, ist hier die Flamme am heißesten: Es ist das Gebiet, in dem die Temperatur höher ist als die Oxidationstemperatur. Nur die heißesten Teilchen entweichen hierher nach oben. In noch größerer Höhe oberhalb der Flamme kommt man schließlich in die kalte Luftzone, die keine Moleküle des Brennstoffs mehr enthält. Ruß oder Verbrennungsgase erreichen diese Zone wohl noch, doch gehört sie nicht mehr zur Flamme.

All diese Zonen liegen übereinander, weil die Strömung des heißen Gases in einer Flamme gegen die Schwerkraft gerichtet ist. Das heiße Gas dehnt sich aus. Seine Energie ist hoch genug, die Schwerkraft zu überwinden. So steigt es auf. Die heißesten Teilchen bewegen sich am schnellsten und kommen am höchsten hinauf. Darum züngeln Flammen immer nach oben. Aber auch horizontal sind sie strukturiert. Selbst Feuerstürme, Steppen- und Waldbrände kommen nicht als eine gleichmäßige, hohe, geschlossene Feuerwand daher, sondern zeigen eine horizontale Struktur. Diese wird bestimmt durch die Verteilung von brennbarem Material. In einer Kerzenflamme ist dieses gegeben als zylindrisch geformter Brennstoff. Darum ragt die Flamme, die sich am Docht bildet, kaum weit über den Rand der Kerze hinaus. Jeder weiß, daß die Flamme am Rande heiß ist. Auch hier gelangen die raschesten Teilchen und darum das heißeste Gas am weitesten nach außen, wenn das Gas in der Flamme bei Aufheizung expandiert. Im großen und ganzen ist aber die Strömung in einer Flamme nach oben gerichtet, gegen die Schwerkraft. Doch gibt es daneben Strömungen von kalter Luft in die Flamme hinein, die der Flamme den benötigten Sauerstoff zuführen, sowie Rückfall von abgekühltem, schwerem Gas in die Flamme neben dem Abtransport von unverbrauchtem Material wie Ruß, mit denen wir uns nicht beschäftigen wollen, weil sie mit dem Feuer nichts zu tun haben.

Das sichtbare Verhalten der Flamme, des uns allen aus der unmittelbaren Anschauung bekannten Feuers, ist also vor allem durch die Auseinandersetzung des brennenden, oxidierenden Materials mit der Schwerkraft und seine Wechselwirkung mit der umgebenden Luft bestimmt. Sie bringen die Flamme zum Flackern und erzeugen die gesamte Romantik des Feuers. Im wahren Feuer verliert die Schwerkraft ihre zentrale Bedeutung, und auch die Inhomogenität wird zweitrangig.

Und noch eins: Wahres Feuer ist dunkel für das Auge. Die Hölle ist schwarz.

Kernfeuer

Immer schon hat man gewußt, daß im Inneren der Materie wie ein wertvoller Schatz ein verborgenes Feuer lodert, an das heranzukommen das größte Glück bedeutete. Dem 20. Jahrhundert war es vergönnt, den Schlüssel zu diesem Feuer zu finden und die Tür, die zu ihm führt, zu entriegeln. Was wir meinen, ist die

Kernenergie. Sie ist uns heute so alltäglich geworden wie eine gewöhnliche Flamme. Wir haben uns an sie gewöhnt, die einen im Glauben an ihre Unentbehrlichkeit, die anderen im Widerstand gegen ihre Verbreitung, die meisten in Gleichgültigkeit, Unwissen und trotzdem in Angst vor der von ihr ausgehenden Bedrohung.

Die Entwicklung der Atomtheorie und die Erkenntnis, daß schwere Atomkerne durch starke Kräfte zusammengehalten werden, deren Energie bei einer Spaltung der Kerne freigesetzt und vielleicht nutzbar gemacht werden kann, haben die Hoffnung geweckt, den Energiebedarf der menschlichen Gesellschaft mit Hilfe der Kernenergie auf unbegrenzte Zeit hinaus decken zu können. Die Entdeckung der künstlichen Kernspaltung von 1938 durch Otto Hahn und Fritz Straßmann gab dieser Hoffnung ein vermeintlich sicheres Fundament. Man mußte nur einen Weg finden, diese Spaltung langsam und gesteuert ablaufen zu lassen. Alles schien lediglich ein technisches Problem. Rein historisch ging die Entwicklung jedoch vorerst andere Wege. Sie griff die Möglichkeit, eine riesige Menge Energie in sehr kurzer Zeit freisetzen zu können, begierig als eine Gelegenheit auf, eine Waffe von noch nie zuvor dagewesener Zerstörungskraft zu planen, zu entwerfen und zu bauen. Daß die Konstruktion dieser Waffe in den USA und später auch in Rußland gelang, während in Deutschland alle Bemühungen an finanziellen und technischen Unzulänglichkeiten scheiterten, muß als unverdienter Glücksfall für die Menschheit gewertet werden. Man kann sich nur schwer ausmalen, was die Atombombe in den Händen Hitlers und seiner Kumpane bedeutet haben würde. Doch auch der Abwurf der Atombomben über Hiroshima und Nagasaki durch die USA war schockierend genug, um die Welt für Jahrzehnte vor einer großen militärischen Auseinandersetzung zu bewahren, die die Gefahr des Einsatzes von Atomwaffen nicht ausgeschlossen hätte.

Atombomben funktionieren auf dem spontanen Zerfall eines superschweren Atomkerns in kleinere Kerne. Bei diesem Zerfall werden elektrisch neutrale Elementarteilchen, die Neutronen, freigesetzt. Wenn die vorhandene Menge an superschwerem Material, in der Regel ein Uran- oder ein Plutoniumisotop, groß genug ist, dann werden die vom ersten zerfallenden Atom freigesetzten Neutronen im Material absorbiert, spalten andere Kerne und lösen eine Kettenreaktion aus. Die von jedem Kern freigesetzte Energie erwärmt das Material auf Temperaturen von Millionen Grad Celsius, heizt die Luft am Explosionspunkt auf und erzeugt eine sich radial vom Explosionszentrum nach allen Seiten ausbreitende Überschallstoßwelle, einen Feuerball, der alles niederbrennt und vernichtet, über das er hinwegrast. Dies ist, in wenigen Worten, die zerstörerische Seite der Kernspaltung.

Von Wissenschaftlern in aller Welt vorangetrieben, konzentrierte sich nach dem Zweiten Weltkrieg die Anstrengung auf die Konstruktion von Kernreaktoren zur friedlichen Nutzung der Kernspaltung. Die technischen Probleme wurden im Prinzip gelöst, und Kernreaktoren, die elektrische Energie produzierten, gingen ans Netz. Das Prinzip aller solchen Reaktoren ist einfach. Man kontrolliert auf irgendeine Weise die Menge an spaltbarem Material und sorgt dafür, daß von den frei werdenden Neutronen die meisten abgesaugt werden und keine unkontrollierte Kettenreaktion auslösen können. Technisch kann das auf unterschiedliche Weise geschehen, und hierin unterscheiden sich die verschiedenen Reaktortypen. Wie es in jedem einzelnen Fall realisiert wird, ist für uns nicht von Interesse. Allein wichtig ist, daß man technisch in der Lage ist, das »Kernfeuer« unter Kontrolle zu halten und in nutzbare Energie zu verwandeln. Letzteres geschieht, weil die Energie als Wärme anfällt, die über Heißwasser- oder Dampfkraftwerke elektrische Energie erzeugt.

Wenn auch diese Zähmung des unsichtbaren Kernfeuers, das da im Inneren der schweren Materie schwelt, ein technisch beeindruckendes Kunststück darstellt, so bleibt es doch nur ein technisches Kunststück und bringt uns wenig Einsicht in die Natur des Feuers. Schwere Kerne, wie sie für die Kernspaltung gebraucht werden, sind in der Natur sehr selten. Sie müssen entweder angereichert oder künstlich durch Beschuß mit sehr langsamen Neutronen erzeugt werden. Dabei handelt es sich um sehr kostspielige, ungeheuer komplizierte und nicht ungefährliche Technologien. Radioaktive Materialien fallen an, radioaktiver Abfall muß entsorgt werden. Absolute Sicherheit kann aus vielen Gründen nicht garantiert werden, weder für die in solchen Institutionen Beschäftigten, deren Risiko eigenverantwortlich ist, noch für die Menschheit. Störfälle sind nicht auszuschließen; ihre Vermeidung erfordert eine ausgefeilte Kontrolltechnik und kontinuierliche Überwachung. Auf die Wahrscheinlichkeit, daß ein großer unkontrollierter Störfall, der zur lokalen Katastrophe führen kann, höchstens bei einem ununterbrochenen Betrieb von 10000 Jahren einmal auftritt, kann man sich nicht verlassen. Rechnet man die Betriebszeit aller irdischen Atomkraftwerke zusammen, so kommt man leicht auf diese Zahl, was soviel heißt, daß ein solcher Störfall durchaus vorkommen kann. Die registrierten Störfälle, Harrisburg und Tschernobyl eingeschlossen, sind vergleichsweise glimpflich abgelaufen. Die Kontrollen in den hochindustrialisierten Staaten sind hochkarätig. Doch wie steht es um die Kontrollen von Kernkraftwerken in den Entwicklungsländern? Wie steht es um die Gefahren, die von unqualifiziertem, aus Gründen der Rentabilität unterbezahltem und darum uninteressiertem und unzuverlässigem Personal und Wachpersonal ausgehen?

Diese Fragen lassen an der Sicherheit und damit der Nützlichkeit der Kernspaltung zweifeln. Spezialisten neigen zur Fachblindheit; sie sind zu sehr interessiert an ihrem Metier. Schließlich hängen Lebenswerke daran. Auf die Produktion von Kernkraftwerken eingefahrene Industrien verfolgen ihre eigenen Interessen. Die Betreiber der Kraftwerke wiederum sind an kontinuierlichem Betrieb interessiert.

Das Bild, Nutzen, Gefahren und Sinn der kontrollierten Kernspaltung zu beschreiben, ist getrübt. Es ist fraglich, ob nicht die Menge der durch Kernspaltung erzeugten Energie auch auf andere, alternative, weniger risiko- und emotionsbeladene Weise erzeugt werden könnte. Wir haben uns mit der Kernkraft sehr einseitig auf eine Art von Technologie festgelegt. Einseitigkeit zahlt sich selten aus, weil der Umstieg auf Alternativen kaum rasch genug erfolgen kann.[2] Unter diesen Alternativen, die sich anbieten, ist die Sonnenenergie wohl die vornehmste. Sie ist in jeder Hinsicht sauber, unabhängig von Radioaktivität und unabschätzbaren Risiken. Was sie ausnutzt, ist die von der Sonne ohnehin gratis angebotene Strahlung, die die Erde trifft. Im Gegensatz zur Kernenergie und zu allen Formen der Energiegewinnung aus fossilen Rohstoffen stört sie den Energiehaushalt der Erde nur wenig. Es scheint daher, daß eine verantwortliche energetische Denkweise und Energiepolitik sich von der Kernenergie abwenden und alternativen Formen der Energiegewinnung, in erster Linie der Ausnutzung der direkten Sonneneinstrahlung, zukehren und die Forschung auf diesem Gebiet verstärkt fördern sollte.

3. Feuerball Sonne

Die Überlegungen des vorigen Abschnitts zur Energiefrage führen uns zum himmlischen Feuer, von dem uns die Gestirne sichtbar Nachricht geben: Sterne leuchten. Solche Objekte sind, wie wir schon von den Flammen erfahren haben, wenigstens äußerlich relativ kalte Feuerstätten. Was auf und in ihnen vor sich geht, können wir am besten an unserem nächstgelegenen Gestirn untersuchen, der Sonne, dem Zentralfeuer unseres Planetensystems, einem eher kleinen Stern, der zu den Durchschnittssternen zählt. Auch die Sonne gehört im Grunde zum alltäglichen Feuer, zu den Selbstverständlichkeiten, die wir hinnehmen.

Weißes Licht

Die Sonne strahlt in einem weiten Bereich des elektromagnetischen Spektrums: von Radiowellen bis hin zu kosmischer Strahlung mittlerer Energie. Von all dieser Strahlung nehmen wir unmittelbar nur die optische wahr; sie ist die beständigste, nahezu nicht variabel; sie ist das, was die Sonne für uns zur Sonne, zum dominanten, lebenspendenden, unverzichtbaren Gestirn macht, dem der Mensch in allen Kulturen und Religionen göttliche Eigenschaften zugesprochen hat. Die belebte Natur hat sich in einer Unzahl von Formen auf diese Strahlung eingestellt; das vielleicht sichtbarste Beispiel für unsere Affinität zur solaren Strahlung ist das Auge. Es existiert nur deshalb, weil die Sonne das optische Spektrum anbietet. Dieses Spektrum hat es sich zunutze gemacht in seiner Optik und der photochemo-elektrischen Anregung der optischen Sensoren in der Netzhaut. Strahlte die Sonne beispielsweise im Radiobereich mit gleicher Konstanz und einer auf der Erde nachweisbaren Intensität, so trügen wir vielleicht statt des Auges lange Antennen und verfügten über einen internen Verstärker. In diesem Falle wäre unsere nach unserem geläufigen Verständnis dunkle Welt hell in einem anderen Sinne: Wir »sähen« sie im Lichte der Radiowellen, in dem sie sich uns anders böte, als wir sie kennen; und dementsprechend wäre unsere gesamte Erkenntnisentwicklung in eine uns unbekannte, andere Richtung gelaufen. Wir wären nicht vom Sichtbaren, sondern vom »Radiobaren« ausgegangen; wir hätten als erstes die Radiowellen entdeckt und verstanden und mit ihnen den Elektromagnetismus und nicht die Gravitation. Wir hätten von vornherein mit der Relativität gelebt, bei der Geschwindigkeiten sich nicht einfach addieren. Wir hätten die Geschwindigkeit der Radiowellen gemessen und sie als größte mögliche Geschwindigkeit identifiziert. Statt der Mechanik hätten wir mit elektrischen Geräten hantiert und deren mechanisches Verhalten mit Hilfe der allgemeinen Relativitätstheorie erklärt. Wir wären vielleicht viel klüger geworden, in einer Welt, in der es uns die Gesetze der Optik, die einfache Strahlgesetze sind, nicht so leicht gemacht hätten – oder wir hätten nie etwas von unserer Umgebung verstanden. So nahe liegen die Möglichkeiten der Existenz des Menschen und seiner Nichtexistenz beieinander, getrennt nur durch die physikalisch gesehen unbedeutende, winzige Tatsache, wo das Strahlungsmaximum unseres Zentralsterns liegt.

Das Sonnenspektrum kann in eine Reihe von Farben zerlegt werden, wie Newton und nach ihm Fraunhofer es zuerst getan haben. Je größer der Sprung ist, den das Elektron in der Atomhülle ausführt, desto höher ist die verfügbare ausgestrahlte Energie und dementsprechend die Frequenz des vom Atom emittierten Lichts, desto blauer ist die Farbe des Lichtes. Die höchste Frequenz, die das Elektron aussenden kann, entspricht einem Sprung aus dem Unendlichen, von außen in das Atom hinein auf die dichtestmöglich am Atomkern gelegene Bahn. Solche Sprünge sind selten; sie erfordern eine hohe Energie des hereinkommenden Elektrons. Im »Normalfall« führt das Elektron nur sehr kleine Sprünge aus und strahlt geringe Energien ab, größenordnungsmäßig den winzigen Betrag von weniger als $10^{-19} = 0,0000000000000000001$ Joule (die Energieeinheit ist 1 Joule = 1 kg m^{2}s^{-2}) je Sprung, der vollständig ausreicht, um Licht zu erzeugen mit Wellenlängen von einigen 100 Nanometer (nm, der milliardste Teil eines Meters). In Temperatur umgerechnet entspricht diese geringe Energie des Elektrons 11 000 Grad Celsius oder auch einer Elektronensprunggeschwindigkeit von 400 Kilometer pro Sekunde.

Sonnensphären

Zu solchen Sprüngen werden Elektronen durch Stöße, gegebenenfalls auch durch Einstrahlung von Licht angeregt. Die Materie an der Sonnenoberfläche, in der für uns sichtbaren *Photosphäre*, ist dicht genug, um durch häufige Stöße der Atome untereinander das Leuchten der Sonne aufrechtzuerhalten. Gleichzeitig ist diese Materie aber auch »kühl genug«, so daß die Atome keine energiereichen Stöße erleiden, bei denen Elektronen aus den Atomhüllen herausgelöst werden. Ihre Durchschnittstemperatur liegt bei ungefähr 5500 Grad Celsius – heiß nach unseren Begriffen, aber unvergleichlich viel kälter als das Innere oder die äußere Atmosphäre der Sonne. Nach beiden Seiten steigt die Temperatur rapide an; unter der Photosphäre, bereits in einer Tiefe von drei Vierteln des Sonnenradius, liegt sie bei 2 Millionen Grad Celsius und steigt zum Zentrum der Sonne auf 15 Millionen an; in die andere Richtung, in 1000 Kilometern Höhe über der Photosphäre, dem Zentrum der *Chromosphäre*, erreicht sie 10000 Grad, springt zwischen 1600 und 2000 Kilometern, der *Übergangszone* von Chromosphäre zur Korona, auf 0,5 Millionen, um in der Korona mit zunehmendem Abstand von der Sonne langsam auf 2 Millionen Grad anzuwachsen. Die Photosphäre stellt also die kälteste Region der Sonne. Ihre Dicke beläuft sich auf nur 500 Kilometer, einen winzigen Bruchteil des Sonnendurchmessers, der mit 1,392 Millionen Kilometern 109mal so groß ist wie der Erddurchmesser.

Beim Abstieg aus der Photosphäre ins Sonneninnere gelangt man zunächst in die Konvektionszone (den Vorhof der Hölle), die in ein breites Übergangsgebiet zum eigentlichen Sonnenkern einmündet (das Fegefeuer), der im Abstand von einem Viertel Sonnenradius vom Mittelpunkt der Sonne beginnt (die Hölle). Dort laufen die Vorgänge ab, die die Sonne am Leben halten: das eigentliche Brennen, das Feuer, das ihre Strahlung erzeugt und nach außen Licht, Wärme und Leben spendet.

Weit gefehlt zu glauben, nur der Kern sei wichtig und das Äußere könne entfallen. Im Gegenteil, liefen die Prozesse auch nach Wegnahme von Übergangsschicht, Konvektionszone und Photosphäre im Kern noch so ab wie in der unverletzten Sonne, so würde die Erde nicht mit angenehmen Wechseln von kühlen Nächten und hellen warmen Tagen regelmäßig bedacht werden, sondern einem enormen Strahlungsstrom sehr hoher Energie ausgesetzt sein; die Sonne wäre dunkel wie die Nacht, das Strahlungsmaximum befände sich irgendwo im Röntgen- und Gammabereich und würde alles Leben in der Umgebung der Sonne auslöschen. Preßte man andererseits die äußeren Schichten auf den Radius des Kerns zusammen, so stiege die Temperatur im Sonneninneren so enorm an, daß der Stern rasch auf seinen jetzigen Radius expandierte, weil die Sonne sich im Druckgleichgewicht zwischen zwei Kräften befindet: der eigenen Gravitationskraft, die sie auf einen Punkt zusammenziehen will, und dem Druck, der durch den Brennprozeß in ihrem inneren Kern entsteht und sie auszudehnen versucht. Das Gleichgewicht wird so lange anhalten, wie Material in der Sonne vorhanden ist, das verbrannt werden kann, eine sehr lange Zeit noch, um die wir uns keine Sorgen zu machen brauchen. Dabei handelt es sich nicht um ein starres Gleichgewicht: Die Sonne ist ein brodelnder und pulsierender Gasball, an dem das Leben eines Sterns studiert werden kann.

Brennen

Die für das Brennen erforderliche Energie stammt aus der Gravitation; der Brennstoff ist der Wasserstoff, das häufigste chemische Element im Universum. Tief im Inneren der Sonne wird in einem raschen, aber lang anhaltenden, von der Gravitation angetriebenen Fusionsprozeß reiner Wasserstoff zu Helium »verbrannt«, wobei je zwei Wasserstoffatome zu einem Heliumatom werden. Dies ist die gewaltigste uns bekannte Art von »Feuer«, der wichtigste Mechanismus zur Energiezeugung. Daß dabei schwerere Elemente entstehen, ist ein wichtiges Nebenprodukt, das uns verstehen läßt, auf welche Weise im Universum Elemente »gekocht« worden sind in den Großküchen der Sterninneren.[3] 5 Millionen Tonnen Wasserstoff verbrennt die Sonne pro Sekunde. Bis ihr Wasserstoffvorrat aufgebraucht sein wird, dauert es aber noch sehr lange. Danach komprimiert die Gravitation die Sonne kurzzeitig so lange weiter, bis die Temperatur über die Zündtemperatur des Heliums steigt, Helium anfängt zu brennen und Kohlenstoff erzeugt wird. Diese Zeit ist kürzer, weil Helium bei den sehr viel höheren Temperaturen schneller verbrennt als Wasserstoff. Am Ende dieser Brennkette verwandelt sich die Sonne für einige Zeit in einen roten Riesenstern, der unter seinem hohen Innendruck so lange expandiert, bis seine Oberfläche in der Nähe unserer Erdbahn liegen dürfte. Dabei kühlt die expandierende Sonne unter ihre heutige Temperatur ab und leuchtet nur noch rot und nicht mehr weiß. Schwerere Sterne als die Sonne erleben im Anschluß daran eine Explosionsphase, die sie in eine Supernova verwandelt, die wir unten besprechen. Die Sonne ist dafür zu leicht; ihr Schicksal erschöpft sich mit dem langsamen Abkühlen.

Wir wollen diesen langsamen Todesgang der Sonne nicht mitgehen, sondern die Strahlung verfolgen, die in ihrem Inneren entstanden ist. Sie hat die schwere Aufgabe, sich durch das über ihr liegende Material, das sie von der Außenwelt abschirmt, hindurchzufressen. Vom Kern bis zur Konvektionszone geschieht das in einem langsamen Diffusionsvorgang der Photonen. Die energiereiche Gammastrahlung, die beim Brennen des Wasserstoffs entsteht, wird bei dieser Diffusion viele Male von den Wasserstoffkernen der Übergangsschicht absorbiert und re-

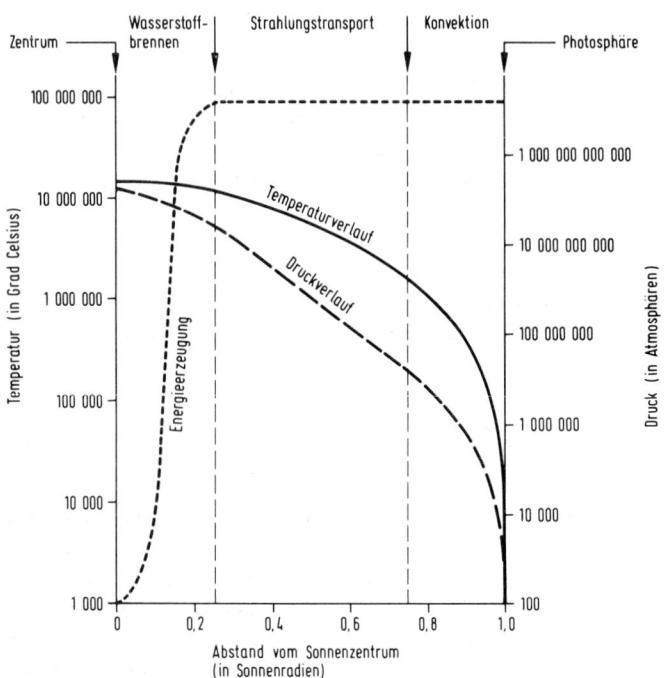

Abb. 16: Temperatur und Druckverlauf im Inneren der Sonne in Abhängigkeit vom Abstand zum Sonnen-
mittelpunkt. Im Zentrum ist die Sonne 15 Million Grad Celsius heiß, an ihrer Oberfläche nur noch etwa
6000 Grad. Ebenso fällt der Druck von innen nach außen rapide ab, doch nur in der Strahlungstransport-
zone zwischen Kern und Konvektionszone folgt er einem Exponentialgesetz. Hier wird die Energie in einem
langsamen Vorgang durch Diffusion vom Inneren an die Oberfläche befördert. Die gestrichelte Kurve gibt
die Gebiete der stärksten Energieerzeugung an. Dort, wo sie steil ansteigt, wird in der Sonne Energie gewonnen, wie wir wissen, aus Verbrennen von Wasserstoff zu Helium. Das geschieht im äußeren Sonnenkern. In der Transportzone und der Konvektionszone wird keine Energie erzeugt. Dort ist die Kurve dementsprechend konstant.

emittiert. Jeder einzelne Absorptions- und Emissionsprozeß verbraucht einen Teil
der Strahlungsenergie, um die Übergangsschicht aufzuheizen; die Strahlung verliert Energie, wird langwelliger: Sie verwandelt sich in Röntgenstrahlung, danach
in ultraviolette Strahlung, und ganz am Ende, schon in der Konvektionszone, in
Licht der sichtbaren Wellenlängen, das in der Konvektionszone durch Materiebe-
wegung an die Oberfläche der Sonne in die Photosphäre »gespült« wird, von wo
es in den Weltraum abgestrahlt werden kann.[4]

Turbulenz und Flecken

Die über dem Kern liegende Konvektionszone verhält sich wie ein auf eine heiße Kochplatte gestelltes, mit Wasser gefülltes, von unten geheiztes Gefäß: Ihr Material kocht, steigt auf und schäumt über. Wir haben es mit einem Fall ausgebildeter Turbulenz zu tun. Aber wie bei jedem Kochvorgang, bei dem von unten geheizt wird, stellt sich ein gewisser Ordnungszustand ein; es entstehen Konvektionszellen, die sogenannten Granulen und Supergranulen, in denen das heiße Material gesammelt aufsteigt, um abgekühlt von der Oberfläche wieder nach unten zu sinken. All dieses Aufsteigen und Absinken läßt die Sonne in ihren äußeren Schichten als Ganzes vibrieren – die in der Konvektionszone erzeugten Wellen laufen durch den Sonnenkörper hindurch und versetzen ihn in Schwingungen. Die Granulen erkennt man auf Fotos der Sonnenoberfläche als dunkles Netz. Neben den Granulen zeigt die Photosphäre die viel bekannteren, dunklen Sonnenflecken, die bereits Galilei entdeckt hatte, der die Sonnenscheibe mit Vorliebe beobachtete – er tat dies durch ein rußgeschwärztes Glas.

Für Galilei hatte die Sonne nichts Göttliches mehr; weil er ein gläubiger Anhänger der neuen kopernikanischen Lehre vom Umlauf der Planeten um die Sonne als Zentralgestirn der Welt war, verstand er sie als Himmelskörper. Galilei behauptete, es handelte sich um Wolken, die über der Sonnenoberfläche hinzögen, ein Glaube, der sich lange gehalten hat. Sonnenflecken sind Gebiete mit starken magnetischen Feldern, in denen magnetische Feldlinien unterschiedlicher Polaritäten gebündelt die Photosphäre durchbrechen und in die darüberliegende Sonnenatmosphäre und den interplanetaren Raum vorstoßen.[5]

Sonnenflecken und mit ihnen die solaren Magnetfelder sind unbeständig. Zuweilen leben sie lange, wandern mit der Sonnendrehung von einem Horizont zum anderen und tauchen nach einer weiteren halben Sonnenumdrehung von dreizehneinhalb Tagen wieder hinter dem Sonnenhorizont, der *Limb*, auf. Gewöhnlich vergehen sie aber in wenigen Tagen, verändern sich, zerfallen oder verschmelzen mit benachbarten Flecken. Flecken entstehen zu Beginn eines Sonnenfleckenzyklus, der elf Jahre dauert, meist fern vom solaren Äquator in höheren solaren Breiten. Ihr Entstehungsgebiet wandert im Zyklus zum solaren Äquator, wo es am Ende des Zyklus vergeht. Die Lage der Sonnenflecken, über mehrere Zyklen in Abhängigkeit von der Zeit aufgezeichnet, ergibt die berühmten Maundersschen Schmetterlingsdiagramme, als säßen viele Schmetterlinge mit ausgebreiteten Flügeln regelmäßig aufgereiht hintereinander auf der Linie des solaren Äquators.

Die Sonne besitzt ein großräumiges, relativ schwaches Oberflächenmagnetfeld, das sich in die Atmosphäre hinaus erstreckt. Nur in Flecken wird das Feld sehr stark, tausendmal stärker und mehr als in ihrer Umgebung. Ein Fleck hat nur eine Polarität, entweder Nord oder Süd; in seiner Nähe befindet sich stets ein anderer Fleck oder wenigstens eine ausgedehnte Zone mit der entgegengesetzten Polarität, wo die aus dem ersten Fleck austretenden magnetischen Feldlinien einmünden. Zuweilen liegt dieser andere komplementäre Fleck auf der entgegengesetzten Hemisphäre der Sonne jenseits des Äquators oder, wenn der Fleck nahe an der Limb ist, auf ihrer Rückseite und ist unsichtbar. Flecken mit ihren starken Feldern tragen den Hauptteil des oberflächlichen Magnetfeldes der Sonne. Sein großräumiger Anteil ist nur ein übrigbleibendes Restfeld, das sich aus der Überlagerung aller Streufelder der Flecken zusammensetzt. Die Magnetfelder kommen aus dem Inneren der Sonne, aus der breiten Konvektionszone, die sich zwischen Photosphäre und Kern befindet. Sie können nicht im Sonnenkern entstehen, weil dort, wo der Brennvorgang abläuft, kein Vorgang existiert, der Magnetfelder erzeugen könnte. Die untere Konvektionszone ist dasjenige Gebiet, wo, wie bei der Erde, der Dynamo läuft: Es ist die turbulente Bewegung der Konvektionszone, die das Magnetfeld generiert. Die Konvektionszone ist voll von kleinen Wirbeln, in denen elektrische Ströme fließen. Zu jedem derselben gehört ein eigenes kleines Magnetfeld. Bei der Vermischung verstärken und überlagern sich die Felder zu einem großräumigen Feld, das in den Flecken, wo es besonders stark ist, die Sonnenoberfläche durchbricht. Das Druckgleichgewicht verlangt dann, daß der Fleck kälter ist als seine Umgebung und darum dunkel. Das Material in seinem Inneren wird gekühlt und fällt, da es dichter und schwerer ist, in die Konvektionszone zurück.

Grob besehen wechseln in der Konvektionszone zwei Zustände des Feldes miteinander ab. Im ersten nimmt das Feld überwiegend ringförmige Konfiguration im Inneren der Sonne an. Dieser Zustand gehört zum Sonnenfleckenmaximum, wenn überall fadenförmige Ausläufer des Feldes an die Oberfläche dringen, wo sie Flecken erzeugen. Im zweiten, am Ende des Zyklus, wenn sich das Innenfeld entspannt, hat es die Form eines Dipolfeldes mit nur an den Polen nach außen tretendem Feld. Der Übergang zwischen beiden Zuständen wird durch die Sonnenrotation gesteuert, die am Äquator schneller ist als an den Polen und darum die Dipolfeldlinien dort nach der Entspannung erneut aufzuwickeln beginnt. Das Hin und Her zwischen diesen Zuständen äußert sich in der Breitenwanderung der Flecken von hohen zu niedrigen Breiten, dem Maunders-Diagramm.

Magnetfühler

Viel interessanter als dieses ist jedoch, was mit dem Feld geschieht, wenn es die Sonnenoberfläche verläßt. Außerhalb derselben wirkt kein vergleichbarer Druck mehr auf das Feld. Infolgedessen expandieren die zu einem Fleckenpaar gehörenden Magnetfeldlinien und formen ausgedehnte, breite magnetische Schläuche, die weit über die Sonnenoberfläche hinausragen und mit heißem *Plasma* aus dem Inneren der Sonne gefüllt sind. Solche Plasmen werden wir im nächsten Abschnitt genauer beschreiben. Für den Augenblick begnügen wir uns mit dem Hinweis, daß sie ein Gemisch aus zwei Flüssigkeiten sind, von denen eine sich aus negativ elektrisch geladenen Elektronen, die andere aus positiv geladenen Protonen zusammensetzt.

Die Atmosphäre der Sonne, in die die Feldschläuche eingebettet liegen, ist selbst ein sehr stark verdünntes Plasma, das aus der von der Photosphäre verdampfenden Sonnenmaterie besteht. Nur die heißesten Teilchen können sich über die Photosphäre erheben und die Gravitationskraft überwinden. Nur sie finden sich in der äußeren Sonnenatmosphäre, der *Korona*. Deren Temperatur ist sehr hoch; ihre Dichte, die Zahl der Teilchen pro Volumeneinheit, dagegen niedrig. Diese Teilchen strahlen nicht mehr im optischen Bereich, sondern im Ultravioletten oder Röntgenlicht. Chromosphäre und Korona sind unsichtbare, durchsichtige Schalen, die die Sonne umgeben. Deckt man die Sonnenscheibe beim Betrachten ab, so wird allerdings ein schwach leuchtender Ring außen um die Sonne sichtbar, der sich radial nach außen streifenförmig strukturiert. Dieses Leuchten ist das Restleuchten der optischen Korona, ihre radiale Struktur die des großräumigen Magnetfeldes.

Im weichen Röntgenlicht, wie man den zu kürzeren Wellenlängen ans Ultraviolette anschließenden Bereich des elektromagnetischen Spektrums nennt, zeigt sich eine zusätzliche Eigenschaft des großräumigen Feldes: Es hüllt den Sonnenkörper nicht gleichmäßig ein, sondern besitzt *Löcher*, in denen es offenbar die heiße Materie, das Plasma, nicht halten kann. Die Löcher liegen vorwiegend in Nähe der solaren Pole, wo sie ein großes zusammenhängendes Gebiet formen, doch reichen sie an einer Stelle der Sonnenoberfläche auch nahe bis an den solaren Äquator heran. Aus diesem Lochsystem strömt das solare Plasma in den interplanetaren Raum hinaus und bildet den nahezu stationären *Sonnenwind*. Dieser ist ein Sternwind, wie man ihn bei vielen Sternen vermutet. Er reißt das solare, beziehungsweise im Falle der Sterne das stellare Magnetfeld mit sich fort in den interplanetaren oder interstellaren Raum hinaus. Der Sonnenwind existiert noch weit außerhalb der Bahn des letzten Planeten Pluto, wo er sich entweder mit dem interstellaren Gas vermischt oder mit diesem an einer scharfen Begrenzung zusammentrifft. Der Raum innerhalb dieser Begrenzung, der das gesamte Planetensystem einschließt, ist die *Heliosphäre*, der Einflußbereich der Sonne. Bis zur Grenze der Heliosphäre erstreckt sich ihre Herrschaft, bis dorthin streckt sie ihre Finger aus. Weiter hinaus ins Universum ist Helios nicht vorgedrungen. Dort gibt er sich der weiten Dunkelheit des Weltraums geschlagen. Aber im Inneren der Heliosphäre bestimmt er weiterhin das energetische Geschehen, sorgt mit seiner

Gravitationskraft, mit seinem Magnetfeld für eine gewisse Ordnung, mit seiner Strahlung für Energieversorgung und mit dem Sonnenwind dafür, das die Heliosphäre zwischen den Planeten kein leerer Raum, sondern mit einem stark verdünnten Plasma angefüllt ist.

Ausbrüche

Kehren wir zur Sonne zurück. Unter den vielen Überraschungen, die sie als Stern zur Verfügung hält und die Einblick in Leben und Entwicklung eines Stern gewähren, findet sich eine Erscheinung, die unser Interesse beansprucht. Sie betrifft das Verhalten der aus dem Feuerball an seine Oberfläche austretenden magnetischen Schläuche. Zuweilen haben die Schläuche Ausdehnungen von bis zu einem halben Sonnenradius und gewaltige Durchmesser von Zehntausenden Kilometern. *Skylab,* die Raumstation der NASA, der Satellit *Solar Maximum Mission* und kürzlich erst der japanische Satellit *Kohtoh* haben solche Schläuche in den Röntgenaufnahmen der Sonne fotografiert und ihr Zeitverhalten im weichen Röntgenlicht verfolgt. Sie haben gefilmt, wie Sonnenflecken aus der Sonnenoberfläche herausbrechen, Schlauchsysteme bilden, die sich entwickeln, miteinander in Kontakt kommen, aufbrechen, explodieren und sich wieder neu arrangieren.

Bei den »Explosionen«, den *solaren Flares,* werden kurzzeitig auch sehr energiereiche Röntgenstrahlen, manchmal sogar Gammastrahlen emittiert. Sie stammen von der Abbremsung sehr schneller Elektronen. Schnelle Protonen, die auf andere Protonen aufschlagen, geben Anlaß zur Emission von Gammalinien. Seltener werden aus den getroffenen Atomkernen Neutronen ausgesandt, die die Sonnenatmosphäre geraden Weges verlassen. Es ist ein spektakuläres Ereignis, wenn solche »prompten« Neutronen auf der Erde in einem Neutronenmonitor wie demjenigen auf dem Jungfraujoch in der Schweiz nachgewiesen werden, nachdem ein Sonnenausbruch mit Gammalinien erfolgte. Da schwere Neutronen sich viel langsamer als Gammaphotonen bewegen, stellt man sie erst mit einer Zeitverzögerung fest.

Nur wenige solche Koinzidenzen sind bekannt; denn Gamma- und Röntgenstrahlung von der Sonne und aus dem Weltraum kann nicht auf der Erdoberfläche gemessen werden. Die Atmosphäre schirmt diese Strahlung zu unserem Glück vollständig ab. Sie zu beobachten, werden, seit es die Raumforschung gibt, unbemannte Satelliten auf Umlaufbahnen um die Erde stationiert, mit Photonenzählern bestückt, mit selbsttätigen Computern ausgestattet, die die Photonenereignisse aufsammeln und dann ihre Anzahlen, Energien und die Richtung, aus der sie kamen, zur Erde funken. Diese Instrumente zählen jedes einzelne Photon, jedes einzelne Lichtquant und verlangen eine hohe technische Fertigkeit in Entwurf und Herstellung. Weniger technisch entwickelte Zeitalter als das unsere könnten Messungen dieser Art nicht ausführen und wüßten dementsprechend wenig nicht nur über die physikalischen Vorgänge auf der Sonne, sondern auch über das natürliche Weltbild. Ihre Vorstellungen würden blumiger, magischer und mystischer sein als die unsrigen.

4. Plasma: Das wahre Feuer

Das Feuer der Flammen und das Feuer der Sonne – oder allgemeiner der Sternoberflächen – ist nicht das wahre Feuer im Universum. Es gehört immer noch zu unserem unmittelbaren anschaulichen und sichtbaren Erfahrungsbereich, doch obwohl es heiß ist, hat es noch nicht den Qualitätssprung getan, der es in einen neuen Zustand mit von normaler Materie vollkommen verschiedenen physikalischen und chemischen Eigenschaften überführt. Dieser Sprung geschieht erst, wenn die Temperatur weit über die Oxidationstemperatur des normalen Brennens gehoben wird. Die bekannten, sichtbaren Feuererscheinungen sind nur Vorstufe zum wahren Feuer, das Purgatorium, nicht die wirkliche Hölle, in der es nicht nur unerträglich, sondern unvorstellbar heiß ist, viel heißer als 10 000 Grad Celsius. Solche Temperaturen erträgt nicht einmal ein Atom. Es wird durch sie in derartige Schwingungen versetzt, daß seine Hüllenelektronen abreißen und sich selbständig machen.[6] Was übrigbleibt, sind viele positiv geladene Atomrümpfe, Ionen, und viele freie, negativ geladene Elektronen. Weil wir gleiche Anzahlen von positiven und negativen Ladungen haben, ist dieses Elektronen-Ionengas nach außen hin elektrisch neutral. Aber es ist kein simples Gas mehr, sondern ein elektrisch aktives Gas, ein neuer Aggregatzustand. Feuer bezeichnet einen Aggregatzustand, den wir *Plasma* nennen.

Ganz richtig hatte die antike Naturphilosophie Feuer als etwas Eigenes begriffen, etwas, das nicht mit den drei anderen Aggregatzuständen zu vereinen war. Aber sie hatte keine Ahnung, worum es sich physikalisch gesehen beim Feuer handelte, noch wo der potentielle Zusammenhang zu den drei anderen Elementen zu suchen gewesen sein könnte. Einzig und allein die Vermutung eines solchen Zusammenhangs, einer Eigenständigkeit der Elemente zwar, nicht aber einer Unabhängigkeit, genügte nicht, zeigt aber die großartige Intuition der antiken Denker.

Plasma, ein Begriff, der der Physiologie entstammt, meint etwas Gallertartiges, Schleimiges, Ungeformtes. Von dieser Vorstellung gingen die beiden Amerikaner Langmuir und Tonks[7] 1929 aus, als sie dem Feuer den Namen Plasma gaben. Sie fragten sich, wie sich ein Gas von freien Elektronen verhält, wenn die Elektronen alle gleichzeitig in eine gemeinsame Richtung um eine kleine Strecke aus ihrer Gleichgewichtslage ausgelenkt werden. Die Elektronen werden von der elektrischen Anziehungskraft der positiven, aber großen und viel schwereren Ionen gezwungen, in ihre Ausgangslage zurückzukehren. Elektronen sind leicht und schießen bei der Rückkehr über ihre vormalige Ruhelage hinaus, müssen von der anderen Seite wieder zurückkehren und geraten so in eine endlose Schwingung, die die beiden Forscher eine Plasmaoszillation nannten. An einem hauchdünnen Spinnwebfaden hatten sie aus der Menge der Erscheinungen die eine herausgefischt, die das Fenster in die Welt des Feuers öffnete, die Tür in die Hölle aufstieß oder, wenn man so will, in den Ofen, in dem die eigentlichen Vorgänge im Universum brodeln.

Plasmen senden kein Licht aus, sie sind unsichtbar für das Auge. Die Strahlung, die von ihnen ausgeht, weil sie als sehr heiße Gebilde nach den Regeln der Thermodynamik strahlen müssen, kommt von der gegenseitigen Abbremsung der Elektronen, die sie erfahren, wenn sie aneinander oder an einem Ion vorüberfliegen. Diese Strahlung heißt im Jargon (auch im Englischen!) *Bremsstrahlung* oder Frei-Frei-Emission, weil sie von freien, nicht im Atomverband gebundenen Elektronen erzeugt wird. Nun zeigt eine sehr einfache Überlegung, daß diese heiße Strahlung eine viel kürzere Wellenlänge und daher eine viel höhere Frequenz als Licht haben muß.[8] Unser Auge kann sie, die im Ultravioletten und im Röntgenbereich angesiedelt ist, nicht sehen. Heiße Plasmen sind Röntgenstrahler. Wahres Feuer sendet Röntgenlicht aus.[9]

Elektronen und Ionen im Plasma verhalten sich wie unabhängige Gase; aber weil die einzelnen Teilchen elektrisch geladen sind und Ladungsansammlungen Quellen von elektrischen Feldern, bewegte Ladungen aber Ströme, Ströme wiederum Quellen von magnetischen Feldern sind, enthalten Plasmen stets magnetische und elektrische Felder, die die beiden Teilchensorten zusammenkoppeln und ihnen nicht erlauben, sich unabhängig zu verhalten. Vor allem in dieser Eigenschaft besteht die Besonderheit eines Plasmas, besteht die faszinierende Vielfalt der Erscheinungen, die in ihm ablaufen können. Wir können hier nur einen kurzen und unvollständigen Abriß dieser Erscheinungen präsentieren, die ihre Fühler in alle Bereiche des physikalischen Universums erstrecken, angefangen mit dem Beginn unseres Universums, dem *Big Bang*, bis hin zu den Erscheinungen im Elektronengas im Inneren eines Festkörpers. Überall stoßen wir auf Plasmen, auf das Feuer, von dem die alten Philosophen behaupteten, später die Mystiker glaubten, es erfülle alles und jedes.

Die Berufung auf das Universum bedarf in diesem Zusammenhang der Rechtfertigung; denn obwohl die Philosophie des Grundsätzlichen, um das es ja in der Philosophie des Elementaren immer geht und gegangen ist, das Universum im

Blick hat, kann nicht von vornherein klar sein, was das Plasma oder im erweiterten Sinne das Feuer mit dem Universum zu tun hat. Die alten Philosophen stellten sich zwar den Himmel von Wasser, ganz außen aber von Feuer erfüllt vor und glaubten darum an ein im wesentlichen feuriges Universum. Wie aber verhält sich eine solche Deutung zu dem, was die heutige Naturwissenschaft vom Universum weiß?

Die Antwort ist auf den ersten Blick verblüffend. Die *normale* Materie im Universum befindet sich zu mehr als 90 Prozent im Plasmazustand. Wo die Magnetfelder sehr stark sind, zum Beispiel in der Nähe magnetisierter Planeten, magnetisierter Sterne usw., spielt die Gravitation keine Rolle. Wo die Magnetfelder schwach und die Massen groß sind, regiert die Gravitation. Je größer also die Massenansammlung, desto unbedeutender werden die elektromagnetischen Eigenschaften des Plasmas – und desto heißer wird das Plasma.

Die Betonung der Normalität der Materie hat einen tiefen Grund. Alle Beobachtungen des Weltraums legen nahe, daß es neben der normalen Materie, die wir sehen können, deren Licht wir in verschiedenen Strahlungsbereichen (Radio, Licht, Röntgen, Gamma oder kosmische Strahlung) empfangen, noch eine uns bislang unbekannte Form von Materie gibt, die keine Strahlung irgendeiner Art aussendet und darum *dunkle* Materie genannt wird. Sie stellt den Hauptanteil der Materie im Universum: etwa 60 bis 90 Prozent. Niemand weiß bisher, woraus sie besteht; es dürfte aber so gut wie ausgeschlossen sein, daß es sich bei ihr um die uns bekannten Teilchen handelt, aus denen irdische Materie zusammengesetzt ist und deren Anwesenheit die Strahlung auch in allen anderen uns bekannten Gegenden des Universums verrät. Gegenwärtig rätselt die wissenschaftliche Welt an diesem Problem herum. Von den mindestens ein Dutzend verschiedenen Vorschlägen hat sich bislang keiner bestätigt; so ist die Hypothese von der Existenz großer Mengen von schweren Neutrinos im Universum, deren Gravitationseffekt meßbar wäre, ausgeschieden. Solche Neutrinos gibt es nicht, und ob die leichten Neutrinos Masse haben, weiß vorläufig niemand; besäßen sie Masse, was wahrscheinlich ist, so reichte dieselbe wahrscheinlich nicht aus, den ungeheuren Überschuß an dunkler Materie zu liefern. Des Rätsels Lösung wird von der Hochenergiephysik der Elementarteilchen, den nächsten zig Milliarden schweren Beschleunigern und Speicherringen erwartet, die an einigen Stellen der Erde unter enormem finanziellem, technischem und personellem Aufwand und wissenschaftspolitischer Reklame gebaut werden und über deren Sinn man sich streitet, da sie für einen zwar fundamentalen, aber vom Aufwand her nur schwer zu rechtfertigenden Zweck Gelder binden, die in lebenswichtigen Forschungszweigen dringend gebraucht würden. Aus der diesen Punkt betreffenden Polemik halten wir uns heraus. Es ist ohnehin erstaunlich, daß eine Welt, die an philosophischen Fragen ein äußerst geringes Interesse bekundet und sich vor allem ökonomischen

Problemen, dem Markt und der Werbung verschrieben hat, mit großem finanziellem Aufwand ein nur vom Gesichtspunkt der theoretischen Erkenntnis bedeutsames Forschungsgebiet zu tragen bereit ist. Die Ursachen für diese Bereitschaft sind historisch in der Aufmerksamkeit zu suchen, die der Kernforschung und damit der Teilchenphysik seit den dreißiger Jahren gezollt wird. Erhoffen wir uns von ihr wenigstens einen Beitrag zur Klärung der Natur der dunklen Materie.

Dunkle Materie, da sie nicht normal sein kann, befindet sich nicht im Plasmazustand, sonst würde sie ionisiert sein und strahlen und wäre für uns sichtbar. Allein die bedeutend geringer im Universum vertretene normale Materie ist vorwiegend Plasma. Die Orte, an denen sich diese im Plasmazustand vorfindet, sind weit gestreut. Vom sehr dichten Inneren von Sonne und Sternen über die extrem verdünnte Materie des interstellaren Raums bis zum Inneren von Neutronensternen, dem heißen, auf sie aufschlagenden Material ihrer Umgebung, der Nachbarschaft von den immer noch halb hypothetischen Schwarzen Löchern bis zum ionisierten Gas in Galaxien und Galaxienhaufen reicht seine räumliche Spannweite, seine zeitliche vom Beginn des Universums im Big Bang bis zu seinem Tode im Neutrino-Photonen-See (oder seiner rhythmischen Wiederentstehung). Alle diese Plasmen haben unterschiedliche Eigenschaften. Im Inneren eines normalen Sterns wie der Sonne hat es Temperaturen von vielen Millionen Grad Celsius und ist sehr dicht. Im interplanetaren Raum ist es verdünnt, nur wenige Teilchen finden sich in einem Kubikzentimeter; dort ist es auch kälter, nur einige 100000 Grad Celsius heiß. Schließlich war das Plasma zu Beginn der Geschichte unseres Universums ein anderes, als wir es kennen: ein *Chromoplasma*, in dem die freien Teilchen nicht Elektronen und Ionen waren, sondern Quarks und Gluonen. Und dann gibt es noch eine andere Art von Plasma, das aus ganzen Galaxien besteht und allein der Gravitationskraft unterliegt, das Gravitationsplasma, von dem man glaubt, mit seiner Hilfe könne die Strukturbildung im Universum auf den riesigen Skalen der Weltraumdistanzen beschrieben und verstanden werden. Alle diese Plasmen bestehen aus einer riesigen Anzahl von »Teilchen«, deren jedes den im Plasma wirkenden Kräften unterliegt. Es ist diese ungeheure Zahl von Wechselwirkungen, mit der eine lange Zeit übersehene Komplexität ins Spiel kommt, die die wissenschaftliche Aufmerksamkeit auf die Plasmavorgänge gelenkt hat.

In einem Plasma laufen unzählige solcher Prozesse gleichzeitig ab: alle die Teilchenbewegungen im Magnetfeld, die von ihnen erzeugten elektrischen Felder und Ströme, die die Teilchen selbst wieder abbremsen, die abgestrahlten Röntgenwellen, die man von außen sehen kann, und die Schwingungen, die von den sich bewegenden Teilchen angeregt werden, sie machen aus dem Plasma ein brodelndes Etwas, das sich nicht ruhig und gleichmäßig verhält, sondern beständig am Kochen ist, in turbulenter Bewegung. Wenn der Weltraum damit angefüllt ist, so begegnet man dieser Art Feuer auf der Erde doch kaum. Aber der Mensch kann

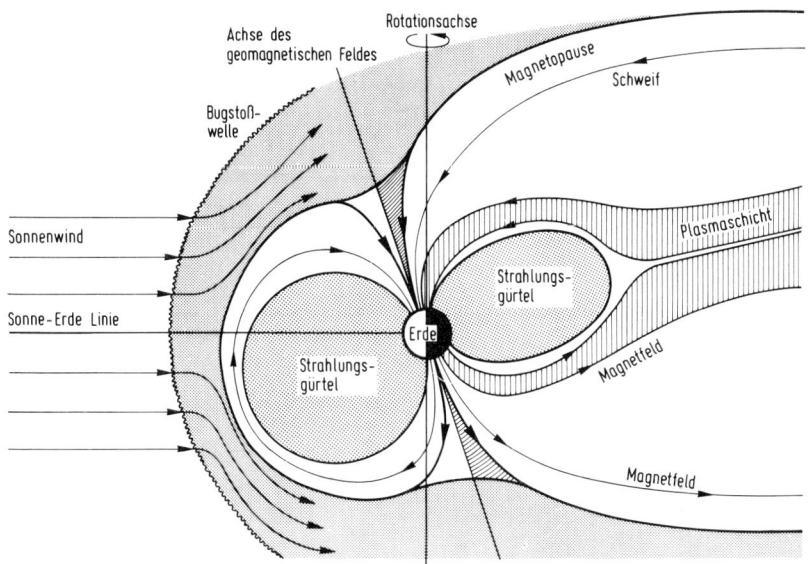

Abb. 17: Die Gestalt der irdischen Magnetosphäre, die durch die Wechselwirkung des geomagnetischen Dipolfeldes mit der Überschallströmung des Sonnenwindes zustande kommt. In Richtung Sonne entsteht eine Stoßwelle. Sie lenkt den Sonnenwind ab, der das geomagnetische Feld auf der Tagseite der Erde zusammenpreßt, auf der Nachtseite aber zu zu einem langen Schweif auszieht. Die Begrenzung der Magnetosphäre heißt Magnetopause. Im Inneren der Magnetosphäre befinden sich die Strahlungsgürtel, die sehr energiereiche Teilchen enthalten, und auf der Schweifseite die Plasmaschicht mit energiearmem Plasma. Dem Auge ist diese Struktur der Erdumgebung nicht sichtbar, da das Plasma nicht im sichtbaren Licht leuchtet. Man benötigte Satelliten und Raketen, um sie zu entdecken. Daher weiß man erst seit etwa 30 Jahren von ihr.

Plasmen herstellen und im Labor erforschen; er kann die von ihnen im Weltraum ausgesandte Strahlung auffangen, analysieren und aus ihr Information über die Vorgänge in Sternen, Sternatmosphären, dem Inneren unserer Milchstraße und fernen Galaxien gewinnen. Mit Hilfe der Röntgenstrahlung kann er deren Temperaturen und Dichten ermitteln, die Menge an Masse bestimmen, die sich in ihnen angesammelt hat. Das Plasma in der unmittelbaren Umgebung der Erde kann er mit Hilfe von Satelliten und Raketen, die vom Erdboden aus gestartet werden, direkt vermessen.

Alle diese Plasmen haben im wesentlichen wissenschaftliches Interesse für ihn. An ihnen erforscht er das Verhalten des Feuers. Anders steht es um die Plasmen, die er im Labor erzeugt. Einige davon haben technische Anwendungen. Da Plasmen sich in gekreuzten elektrischen und magnetischen Feldern beschleunigen lassen, ist er zum Beispiel auf die Idee gekommen, Plasmatriebwerke zu bauen, mit deren Hilfe durch einfachen Rückstoß Raketen angetrieben werden können. Die wichtigste Anwendung aber sieht man in der Benutzung von Plasmen, den Traum des Menschen von der unbegrenzt verfügbaren Energiemenge zu verwirklichen, sich die Hölle nutzbar zu machen, den Teufel zu überlisten und ihn als dienstbaren Geist für die Zwecke des Menschen einzuspannen. Fausts alter Traum zielt auch heute noch auf die Bändigung des Feuers.

5. Der Versuch, die Hölle zu zähmen

Schon deshalb, weil die Hölle keine Verluste erleidet, weil sie keine Strahlung aussendet, kann sie nicht heiß sein. Den Tartaros haben sich die Alten nicht so heiß vorgestellt, wie es die Kirche später erfunden hat. Man konnte ihn besuchen, und einige hatten sogar die Chance, aus ihm in die Welt zurückzukehren: Herakles, der Charakter genug hatte, sich diese Chance nicht entgehen zu lassen, Orpheus, dessen Charakter den psychischen und körperlichen Beanspruchungen nicht gewachsen war und der deshalb versagte, Eurydike, von der niemand weiß, ob sie nicht konnte oder vielleicht auch nicht wollte. In der Erinnerung, die ihr vor dem fast gelungenen Ausbruch aus der Unterwelt wiedergegeben wurde, gellten ihr noch die Ohren von Orpheus' Gesängen, die sie in den Schatten stellten. Vielleicht wollte sie lieber, wie auch Persephone, die Frau des Hades, bleiben, wo sie war, lieber ein begehrter und besungener Schatten sein, als von Orpheus verdunkelt vergessen werden. Heiß ist es nur in ihrer Seele zugegangen, nicht im Schattenreich. Und ob Herakles, wie die Sage behauptet, Theseus nun wirklich aus dem Tartaros befreit, von seinem Stuhl, auf dem er angewachsen war, losgerissen hat (wobei Theseus' Sitzfleisch am Stuhle klebengeblieben sein soll) oder nicht, steht in den Höllenflammen; das angeblich lächerlich flache, fleischlose Hinterteil[10], das Theseus' männliche Nachfahren besitzen sollen, ist nur ein schlechter Beweis für die Richtigkeit dieser Behauptung.

Die moderne Technologie, unterstützt von der Wissenschaft vom Feuer, der Plasmaphysik, hat sich heute vorgenommen, die Hölle zu bändigen, Nutzen aus ihrem scheinbar unermeßlichen Energievorrat zu ziehen, einen Bruchteil davon zum Wohl der Menschheit abzuzweigen. Dieser Versuch läuft unter der – gewiß aus der Sicht des Teufels, denn Hades ist für Flammen nicht zuständig, blasphemischen – Bezeichnung *gesteuerte thermonukleare Reaktion* oder kurz *Kernfusion*. Es ist einer der Versuche des Menschen, den »Teufel zu reiten«, vergleichbar den mittelalterlichen Versuchen, das Gold aus dem Feuer zu extrahieren, weil es doch so golden leuchtete, und dazu den Teufel zu bemühen. Welche Enttäuschung, hätte er verraten, Flammengold sei nur die billige Lichtemission des im unvermeidbaren Kochsalz gebundenen Natriums. Diesbezüglich verfuhr der Teufel gnädig mit unseren wissenschaftlichen Vorläufern; er beließ ihnen den Glauben, mit dem sie selig wurden – bis in die Zeit der Atomtheorie.

Mit der Fusion geht es sachlicher und weniger mystisch zu, nur ist sie von der nutzbringenden Energieerzeugung fast noch ebensoweit entfernt wie seinerzeit die Alchimisten von ihrem Traum, und vorläufig kann niemand sagen, ob der Versuch erfolgreich ausgeht, und wenn ja, welcher Grad von Effizienz erreicht werden wird. Die technischen Schwierigkeiten sind enorm. Das Plasma »will« sich nicht in das Extrem zwingen lassen, das die kontrollierte Fusion erst ermöglicht: Temperaturen von Hunderten von Millionen Grad Celsius und gleichzeitig ungeheure Dichten, riesige Teilchenzahlen je Kubikzentimeter, aufrechterhalten über sehr lange Zeiträume. Daß dieser Vorgang in der Natur an zig Milliarden Orten abläuft, sagen uns alle die helleuchtenden Sterne, angefangen bei unserer Sonne. Das Universum hält uns allerorts die Wurst der langsamen Fusion vor die Nase, doch gelingt das Zubeißen nicht, obwohl wir genau wissen, wie es in den Sternen dazu kommen kann, daß die Fusion funktioniert.

Das Prinzip der Fusion ist einfach: Die Kernbausteine zeigen ein eigenartiges Verhalten beim Aufbau der Elemente. Aufsteigend vom leichtesten Element, dem Wasserstoff, zum Eisen setzt die Addition jeweils eines weiteren Protons zum Atomkern Energie frei. Der zwei Protonen und zwei Neutronen enthaltende Kern des Heliumatoms zum Beispiel ist leichter als zwei Wasserstoffkerne plus zwei Neutronen, das heißt die Summe aus zwei einzelnen Protonen und zwei Neutronen. Die Verbindung ist *exotherm*: Sie gibt Energie ab. Vom Eisen an aufwärts verkehrt sich dieses Verhalten in endothermes: Damit schwerere Elemente aufgebaut werden können, muß Energie addiert werden. Schwere Kerne brechen leicht auf und können unter Energiegewinn gespalten werden. Davon lebt die Kernspaltung. Nur gibt es relativ wenig spaltbares schweres Material, weil es im Laufe der Erdgeschichte zum großen Teil bereits von selbst zerfallen ist. Es muß mühsam gewonnen und in einer schwierigen Prozedur angereichert oder aus anderen stabilen Elementen künstlich erzeugt werden. Wasserstoff und leichte Elemente gibt es sehr viel mehr. Könnte man sie zum Fusionieren bringen, so ließe sich der frei werdende Energieüberschuß kommerziell nutzen.

Dieser Gedanke steht hinter der Fusionsforschung. Wenn der Energieüberschuß den Energieaufwand übersteigt, wird die Fusion lukrativ. Protonen miteinander zu verschmelzen zu einem Heliumkern ist aber nur in einem heißen Plasma möglich, wo genügend freie Protonen pro Volumeneinheit pro Zeiteinheit mit genügend hohen Geschwindigkeiten aufeinanderprallen und die Chance erhalten, eine Liaison einzugehen. Man hat abgeschätzt, daß das Plasma etwa 100 Millionen Grad Temperatur haben und über die Zeit von etwas weniger als eine Sekunde in dichtem Zustand bleiben muß, damit es zu fusionieren beginnen kann. Die günstigste Mischung ist aber nicht reiner Wasserstoff, also ein reines Protonenplasma, sondern sind schwere Wasserstoffplasmen, die aus Deuterium und Tritium bestehen. Bei der Fusion entstehen dann in der Regel Helium, freie Neutronen und freie Energie in Form von Wärmeenergie, die das Plasma dann theoretisch selbst auf der gewünschten Temperatur hält und den Brennvorgang fortführt.

Was theoretisch so einfach klingt, ist in der praktischen Ausführung kaum realisierbar. Dessen war man sich aber in den fünfziger Jahren des 20. Jahrhunderts nicht bewußt. Die Wasserstoffbombe hatte die Realität der *unkontrollierten* Fusion eindrücklich bewiesen. Die Welt stand noch unter dem Schock ihrer möglichen Vernichtung und radioaktiven Verstrahlung in einer großen Auseinandersetzung zwischen den Supermächten und ahnte nicht, wie einfach sich dieses Problem vorerst mit dem inneren Zusammenbruch des Ostblocks lösen – und neue, nicht weniger gefahrvolle Probleme aufwerfen – würde. Die Konstruktion der Wasserstoffbombe war relativ simpel gewesen. Das Rezept lautet: man nehme eine kleine Kernspaltungsbombe, also im täglichen Sprachgebrauch eine Atombombe; man hülle sie in einen Mantel aus schwerem Wasserstoff; man bringe sie zur Explosion. Die Detonation erzeugt genügend hohe Temperaturen über eine genügend lange Zeit, um im dichten Wasserstoffmantel Fusion auszulösen. Die dort freiwerdende Energie ist viel höher als die der kleinen Spaltungsbombe im Inneren und potenziert die zerstörerische und radioaktive Wirkung um ein vielfaches. Um die letztere nochmals zu erhöhen, kann man der größeren Gemeinheit halber noch einen weiteren Mantel von Materialien um die Bombe legen, die bei dem während den beiden Detonationen freiwerdenden Neutronenbeschuß radioaktiv werden und je nach Material verschieden lang strahlen und das betreffende Gebiet über die gewünschte Zeit verseuchen. Es wurde aber rasch klar, daß nicht nur der Westen, sondern auch der Osten auf den gleichen Gedanken gekommen war[11] und über die Fusionsbombe verfügte. Historisch gesehen leitete diese Erkenntnis den Entschluß zum Verzicht auf absolute wissenschaftliche Geheimhaltung ein, der natürlich auch diktiert war von der Neugierde, wie weit die andere Seite in ihren Kenntnissen vorgedrungen war. Gleichzeitig kam der Wunsch nach bewußter Steuerung der Fusion zum Zwecke einer zivilen Energiegewinnung auf, ein Wunsch, der von den kleineren Staaten und Nichtatommächten begrüßt und mit finanziellen Beiträgen unterstützt wurde.

Seither gab es Dutzende von Vorschlägen für eine Fusionsmaschine. Der einfachste sah vor, einen starken Strom durch ein Deuterium-Tritium-Plasma zu schicken. Dieser sollte wie jeder andere Strom ein ringförmiges Magnetfeld um sich aufbauen, das den Strom und mit ihm das Plasma so stark komprimieren, dabei verdichten und aufheizen würde, bis die Bedingung für das Zünden der Fusion erreicht sein würde. Der Vorschlag schlug fehl. Das Plasma, das von seinem eigenen Magnetfeld komprimiert werden soll, verhält sich *instabil*. Der anfänglich geradlinige Strom deformiert sich, knickt ab, und das Plasma entweicht aus dem Feld und erreicht die Wand des Behälters in einer Zeit, die kürzer ist als die Kompressionszeit. Andere Vorschläge wie Spiegelmaschinen, in denen das Plasma in einem an den Enden des Behälters stärker werdenden Magnetfeld wie in einem Spiegelsystem reflektiert und gefangen sein sollte, funktionieren aus ähnlichen Stabilitätsgründen ebenfalls nicht. Stets diffundiert das Plasma aus dem Magnetfeld heraus und entzieht sich der Fusion.

Die heute aussichtsreichste Maschine ist das Tokamak, ein riesiger von stromführenden Spulen umwundener Speicherring, in dem sich das Plasma in einem kompliziert geformten Magnetfeld befindet, dessen Geometrie diffusive und andere Verluste unterdrücken soll. Mit diesem Gerät ist es gelungen, das Plasma über Bruchteile einer Sekunde zu halten und in die Nähe der Selbstzündung zu bringen. Doch ist man nach nunmehr 40 Jahren intensiver Forschung immer noch weit von einer kontrollierten Fusion im Labor, geschweige denn der technischen und kommerziellen Ausnutzung entfernt. Es ist nicht einmal klar, inwieweit die Ausbeute an Energie höher sein wird als die für Aufrechterhaltung des Brennvorgangs, die Konstruktion der Maschine, die Sicherheitsvorkehrungen und die Abschirmung der auch bei der Fusion unvermeidlichen Radioaktivität erforderliche eingespeiste Energie.

Eine andere Methode basiert auf der Ausnutzung der Energie eines intensiven Laserstrahls, der ein sehr kleines Zielvolumen verdampfen und dabei lokal ein sehr heißes, durch seine eigene Trägheit zusammengehaltenes dichtes und heißes Plasma erzeugen soll. Die Hoffnung geht dahin, dieses kleine Volumen als Zünder für ein größeres Plasmavolumen verwenden zu können. Hier wie auch beim Tokamak sind Strahlungsverluste durch Plasmaturbulenz von enormer Bedeutung. Laser- oder Trägheitsfusion ist ein noch relativ junges Gebiet. Wenn es ihr gelingt, den mikrokopischen Rahmen zu verlassen und der enormen Strahlungsverluste Herr zu werden, dann wird sie ebenfalls vor dem Problem der Wirtschaftlichkeit stehen, von dem man kaum einen Schimmer hat, ob es sich rentabel gestalten läßt. Niemand hätte zu Beginn der Fusion gedacht, daß dieser simple Vorgang, den wir auf der Erde in der Bombe, am Himmel aber überall in den Sternen vorgeführt bekommen, sich allen Versuchen, ihn mit menschlichen Mitteln zu steuern, mit solcher Vehemenz und Raffinesse entgegenstemmte. Das Feuer ist ein eigenwilliges Element, und wer es aus der Hölle holen und sich dienstbar machen will, läßt sich anscheinend auf ein undurchsichtiges, vielleicht aussichtsloses Geschäft ein, wer weiß. Der Trick, der den Teufel an die Leine nimmt, ohne die Seele zu verkaufen, ist jedenfalls noch nicht gefunden worden, auch nicht im

Falle der Fusion, obwohl es zuweilen immer wieder mal optimistisch dabei zugeht. Meistens hat es sich dabei jedoch um Genasführungen seitens der Hoffnung gehandelt.

6. Supernova

Sterne von der Art der Sonne sind langlebige, mäßig heiße Feuerbälle, die von der langsamen Kernfusion in ihrem Inneren am Leben erhalten werden. Im Gegensatz zur versuchten gesteuerten Fusion, deren Realisierung dem Menschen Schwierigkeiten bereitet, ist die Fusion im Stern ein natürlicher, permanenter Prozeß, der von der Eigengravitation angetrieben wird. Fusion und Gravitation gemeinsam halten den Stern heiß, leuchtend und stabil. Von etwas Ähnlichem können die Fusionsspezialisten auf der Erde nur träumen. Doch haben alle Sterne nur einen endlichen Vorrat an Wasserstoff, der im Fusionsvorgang zu Helium verbrannt wird. Dieser Vorrat ist nach einiger Zeit aufgebraucht. Bei normalen Sternen von der Masse der Sonne und wenig mehr hält die Fusion Milliarden Jahre an. Der Stern ist ruhig und läßt vielleicht sogar in seiner Umgebung die Entwicklung eines Planetensystems zu. Schon die Sonne aber, wie wir erwähnt haben, sieht dem Ende ihres Wasserstoffvorrats entgegen.

Schwerere Sterne mit ihrer viel stärkeren Gravitation werden heißer als sie. Das Brennen in ihnen geht nicht so langsam vonstatten wie dort, wo man es als ein Schwelen bezeichnen könnte. Im Gegenteil, sie brennen hell, leuchten wegen der höheren Temperatur blau oder violett oder erscheinen gar als weiche Röntgensterne im Ultravioletten. Dabei verbrauchen sie ihre Energie und die brennbare Masse verhältnismäßig rasch. Wenn dann der Wasserstoff verbrannt ist, kann nichts mehr die Gravitation aufhalten. Der Energie abstrahlende Stern verliert an innerem Druck, komprimiert sich unter Schrumpfung immer mehr. Dabei steigt die Temperatur weiter an, bis andere, weniger häufige Materialien wie Kohlenstoff und Stickstoff, von denen der Stern gleichfalls Anteile enthält, zu verschmelzen beginnen. Deren Vorrat wird bei den stark erhöhten Temperaturen rasch aufgebraucht. Wieder komprimiert sich der Stern kurzzeitig weiter, bis eine neue Schranke für schwerere und seltenere Elemente wie Beryllium überschritten wird und diese den Stern kurzzeitig stabilisieren. Die Zeiten zwischen den stabilen Phasen werden immer kürzer, bis am Ende nichts Brennbares mehr vorhanden, der Fusionszyklus erschöpft ist: Dann hält nichts mehr den Kollaps des Sterns auf. Das Material stürzt auf das Zentrum des Sterns zu, wird in Sekundenschnelle heißer und heißer, erreicht Überschallgeschwindigkeit, so daß die äußeren

Schichten des Sterns rascher fallen, als sich der Kern bewegt. Sie überstürzen sich, prallen auf den Kern auf und werden von diesem reflektiert. In diesem Augenblick »stirbt« der Stern: Er explodiert in einer gewaltigen Explosion. Sein Kern stürzt nach innen weiter, seine Hülle aber wird radial nach außen weggeschleudert und blitzt gleißend hell auf. Der Stern wird zur *Supernova*, dem größten Feuerball in der Geschichte des Universums nach dem Feuerball, der es ins Leben brachte, dem *Großen Glockenschlag*, dem der nächste Abschnitt gewidmet ist.

Supernoven treten im Universum sehr häufig auf. In unserer Galaxis aber hat man sie nur selten beobachtet. Etwa eine mit freiem Auge sichtbare Supernova alle drei Jahrhunderte ist die Regel. Kepler sah die letzte mit eigenen Augen. Vor ihm hat eine Supernova im ersten Jahrhundert dieses Jahrtausends im Jahre 1054, die von chinesischen Astronomen beobachtet wurde, den berühmten Krebsnebel erzeugt. Mit Teleskopen aber werden ständig neue Supernoven gefunden. Besondere Schlagzeilen hat die Supernova 1987a in der Magellanschen Wolke gemacht, der unserer Galaxis nächsten Galaxie im Weltraum. Ihre Entwicklung konnte aufmerksam verfolgt, ihr Ausgangsstern identifiziert werden, und man erhielt Aufschluß über die einzelnen komplizierten Vorgänge bei der Explosion der Hülle, ihrer Abkühlung und Ausdehnung in den den sterbenden Stern umgebenden Raum, wo die Hülle auf bereits vorhandenes Plasma stößt und mit diesem interagiert. Der Schein des äußersten kühlen Plasmas der Sternhülle ist dasjenige, was man beim Supernovaausbruch mit optischen Teleskopen sieht. Nur der äußerste, dichte Rand der Hülle leuchtet. Unter diesem treibt unsichtbares heißes Plasma mit seinem Druck die Hülle nach außen, kühlt ab und verdünnt sich. Eine Weile lang wird dieses Plasma noch von radioaktivem zerfallendem Kobalt mit Energie gespeist und geheizt, solange es so dicht ist, daß die Strahlung nicht aus ihm entweichen kann. Später, wenn sich die Hülle verdünnt hat, entweicht die Strahlung, und die Plasmatemperatur fällt rapide, bis ein nur noch schwach leuchtender, zerfaserter Nebel wie der Krebsnebel am Himmel hängt.

Indessen ist der ursprüngliche Kern des Sterns weiter geschrumpft und, wenn er noch genügend Masse besaß, aus dem Gesichtsfeld des Menschen verschwunden, zu einem *Schwarzen Loch* geworden, das weder Strahlung noch Materie aus sich entläßt, den Raum lokal so krümmt, daß auch Lichtstrahlen nicht mehr entweichen. Doch war der Kern leichter, nur wenige Sonnenmassen schwer, dann entsteht aus ihm ein gigantischer Atomkern, in dem sich nur Neutronen und Protonen, die Kernbausteine (und eine entsprechende Zahl Elektronen zum Zwecke der Kompensation der elektrischen Ladung der Protonen) aufhalten, die sich praktisch frei bewegen. Der Durchmesser eines solchen Neutronensterns, wie er in den dreißiger Jahren berechnet und Mitte der sechziger Jahre von Jocelyn Bell entdeckt wurde, beträgt ungefähr zehn Kilometer. Der innere Druck der Neutronen reicht aus, um die immer noch wirkende Gravitationsanziehung, die den Stern weiter zu komprimieren versucht, zu kompensieren und den Stern zu stabilisieren, so daß er uralt werden kann: Sein inneres Feuer hält ihn am Leben. Aus dem bei der Supernova gestorbenen Stern, dem ungeheuren Feuerball, den die Explosion am Ende seines Lebens erzeugt, geht wie Phönix ein neuer Stern hervor, aufgebaut aus einem beständigeren Material, dem Kernplasma, dem es beschieden ist, so gut wie ewig zu leben. Er wird die diffuse Hülle seines Muttersterns bei weitem überdauern, eines Tages vielleicht sogar einen vorüberziehenden großen Stern einfangen, an sich binden und dessen Plasma langsam und hungrig absaugen und im Röntgenlicht dieses, wenn es auf seine Oberfläche auftrifft, zerstrahlenden und sich ganz in Energie umwandelnden Plasmas sichtbar werden. Vorher aber wird er mit seinem ungeheuer starken Magnetfeld kurze und sehr gleichmäßige Signale in den Weltraum hinaussenden, wenn er sich um seine Achse dreht: Er wird ein Pulsar geworden sein und die irdische Zivilisation zum Narren halten, die als erstes beim Empfang seiner Signale geglaubt hat, eine ferne Zivilisation wolle ihr eine Nachricht zukommen lassen, ehe sie den wahren Grund für die Signale in seinem Magnetfeld erkannte.

7. Der Große Glockenschlag

Sterne, Supernoven und Neutronensterne sind die großen überlebenden Feuerbälle im Universum. Aber im Vergleich mit dem Feuerball, der am Anfang unseres Universums aufgeflammt sein soll, stellen sie nur kleine Kerzenflammen dar. Die Temperatur zu diesem Zeitpunkt hatte den höchsten physikalisch möglichen Wert; schreibt man ihn auf, so steht da eine Eins gefolgt von 32 Nullen. Woraus die Materie in diesem Zustand bestand, weiß niemand so recht: Es war das heißeste denkbare Plasma, das sich da ins Leben stahl in einer Explosion ohnegleichen, ein Glockenschlag, der das Nichts erzittern ließ und es zum Verschwinden brachte, es durch die Welt ersetzte: der allererste Beginn. Als sich der mit ihm entstandene Raum rasend schnell ausdehnte, kühlte sich dieses himmlisch-höllische Plasma ab, die uns bekannten Teilchen entstanden, fanden sich zu den einfachen chemischen Elementen zusammen. Für die meisten von ihnen blieben die Temperaturen so hoch, daß die Materie zwar verschiedene Zustände durchlief, den Plasmazustand aber beibehielt. Schließlich sank die Temperatur auf normale Plasmatemperaturen von einigen 100 Millionen Grad Celsius ab. Doch war das Plasma noch so dicht, daß die sich in ihm ausbreitende Strahlung von den einzelnen Teilchen so oft gestreut, reabsorbiert und reemittiert wurde, daß sie sich mit der Materie im Gleichgewicht befand. So verblieb der Zustand eine runde halbe Million

Jahre, sehr kurz, gemessen am heutigen Alter des Universums von ca. 20 Milliarden Jahren, aber lange Zeit nach dem Großen Glockenschlag des Beginns, dem *Big Bang*. Erst nach Ablauf dieser Zeit sank die Materiedichte so weit ab, daß die Materie für die Strahlung *dünn* und durchlässig zu werden begann. Es fand keine Reabsorption mehr statt, und von nun an entwickelten sich Materie und Strahlung unabhängig voneinander: der große Feuerball des Beginns hatte aufgehört zu existieren. Von nun an läuft die eigentliche und sichtbare Geschichte des Universums, der Welt. Die großen Teleskope auf der Erdoberfläche und das auf einem Satelliten montierte Hubble-Space-Teleskop können nicht so weit in die Urgeschichte des Universums zurückblicken, um den damaligen Feuerschein zu sehen. Dazu müßten sie tausendmal weiter »schauen« können, als sie es derzeit vermögen, und Teleskope solcher Empfindlichkeit sind nicht in Aussicht. Aber in den sechziger Jahren ist der heute noch bei uns sichtbare Widerschein des Lichtes des großen Feuerballs entdeckt worden in einer homogen über den Himmel verteilten, sehr schwachen Radiostrahlung von sehr geringer Intensität, die einer Temperatur von etwa 3 Grad Kelvin, das heißt minus 270 Grad Celsius entspricht. So weit hat sich die Temperatur der Strahlung abgekühlt, seit das Universum sich nach der Entkopplung von Materie und Strahlung ausdehnte. Die Entdeckung dieser Reststrahlung ist stets als unumstößlicher Beweis für diesen ersten Feuerball, den Großen Glockenschlag, angesehen worden. Vielleicht ist der Beweis auch schlüssig, obwohl in jüngster Zeit auch Zweifel vorgebracht werden.

Der Satellit Cobe, der auf die Untersuchung dieser Strahlung spezialisiert ist, hat in den frühen neunziger Jahren die Drei-Grad-Kelvin-Strahlung, wie sie im Jargon heißt, vermessen und bestätigt, daß sie eine Reststrahlung von Gleichgewichtsform ist, wie man sie nach dem Big Bang erwarten würde. Er hat auch ihre Homogenität bestätigt. Was er zusätzlich gefunden zu haben scheint, sind kleine räumliche Schwankungen, die die Strahlung aufweisen sollte, wenn frühe Fluktuationen im Universum für die Bildung von Galaxien verantwortlich wären. Langzeitbeobachtungen mit Hilfe einer antarktischen Bodenantenne scheinen in jüngster Zeit die Cobe-Messungen zu bestätigen und wirkliche Strukturen in der Verteilung der Strahlung über den Himmel zu erkennen. Bei weiterer Erhärtung dieser Befunde werden der anfängliche Feuerball und der Große Glockenschlag zu den Triumphen der Wissenschaft zu rechnen sein, die dem Verständnis der Entstehung unseres Universums auf eine geringe Distanz nahe gekommen sein wird. Schon sieht man die Götter anerkennend nicken; doch ist es noch nicht endgültig soweit, und wir wissen nie, was sie sich noch für Schikanen haben einfallen lassen, den Menschen, der das Feuer ihrer Meinung nach nicht verdient, an der Nase herumzuführen.

»So habt ihr nach allen euren komplizierten Messungen und Berechnungen endlich herausgefunden, daß die Welt doch aus Feuer besteht?«, würden die alten Philosophen fragen, und sie hätten damit nicht einmal ganz unrecht, wie wir ihnen beschämt zugestehen müßten, auch wenn sie sich das Feuer und die Welt ganz anders vorgestellt haben und das Feuer, das wir kennen, nicht das ihrige ist, mit dem es so gut wie nichts zu tun hat. Sie hatten intuitiv wohl eine Idee von seiner allgemeinen Verbreitung; aber sie haben seine ideelle Bedeutung übertrieben und die reale verkannt. Letzteres können wir ihnen nicht anlasten: Wir müssen ihnen im Gegenteil zugute halten, daß sie trotz der Verkennung der realen Natur des Feuers eine Ahnung davon hatten, welche Potentialitäten im Feuer verborgen sind.

VI. Äther: Die Leichtigkeit des Daseins

Wenn es Elemente geben sollte, und daß es sie gab, daran war kein Zweifel, denn wie sollte sonst überhaupt etwas real existieren, gäbe es keine Bestandteile, aus denen es bestehen konnte, höchstens noch als Idee, wie Platon behauptete, aber das lehnte er ab, er mußte es ablehnen, denn, wenn er sich selbst in den Arm kniff, dann war der Schmerz keine Idee, sondern wirklich, und wenn er ein Stück Holz in die Hand nahm, dann war auch das wirklich, und wenn der Kopf des Thrakers, den sie gestern auf dem Marktplatz enthauptet hatten, wie ein Ball über die Steine gesprungen war, dann war auch das wirklich geschehen, vor allem wohl für den Thraker, dessen wirkliches Leben damit beendet gewesen war – wer weiß, ob er überhaupt bei dieser Schnelligkeit des Sterbens Zeit gefunden hatte, den Lethe zu überqueren und ins Reich der Schatten zu gelangen. Wenn es also Elemente geben sollte, Elemente von allem und jedem, die sich zu den Dingen zusammensetzten, dachte Aristoteles, dann konnten sie nicht gleichzeitig überall sein, dann mußte es etwas zwischen ihnen geben, das eine Verbindung herstellte, ihre Eigenschaften vom einen zum anderen übermittelte, damit eins vom anderen wußte, wieviel es beizusteuern hatte, damit zum Beispiel ein Mensch mit seinen feuchten und trockenen, schweren und leichten Eigenschaften entstehen konnte, mit seinem ganz speziellen Charakter, oder eine Blume oder ein Stein. In den Zwischenräumen zwischen den Elementen mit ihren Eigenschaften existierte etwas, das nicht einfach nur Leere sein konnte. Er nannte es Äther. Es mußte fein verteilt und nicht nachweisbar sein. Aber, davon war Aristoteles grundsätzlich überzeugt, es war ebenso wichtig wie die Elemente selbst, weil es die Leere zwischen ihnen auffüllte und gleichzeitig die Vermittlung unter ihnen herstellte. Vielleicht, dachte er, würde man irgendwann einmal etwas Genaueres darüber erfahren, so wie er eben durch einfaches Nachdenken etwas Genaueres über die Notwendigkeit der Existenz eines solchen Äthers in Erfahrung gebracht hatte. Des Menschen Verstand war scharf, die Götter hatten ihn so eingerichtet. Mitunter halfen sie mit Eingebungen nach, auch wenn sie sparsam damit umgingen. War das nicht eine gute Idee, dachte er stolz, den Äther ins Spiel zu bringen?

Gerade hatten Michelson und Morley mit ihrem neuen, raffiniert ausgedachten Instrument, das die modernste Meßtechnik ausnutzte, die Geschwindigkeit des Lichts parallel zur Rotationsachse der Erde gemessen. Wie ungeheuer weit entwickelt doch die Technik inzwischen worden war, und wie genau man messen konnte. Dachte man an Olaf Römers erste Bestimmung der Lichtgeschwindigkeit, so wunderte man sich, wie er überhaupt einen brauchbaren Wert hatte finden können. Ihr frisch gemessener Wert war der bislang beste gemessene Vakuumswert der Lichtgeschwindigkeit. Nun drehten sie ihr Gerät um neunzig Grad, so daß es die Lichtgeschwindigkeit parallel zur Erddrehung messen würde. Sie waren auf das Ergebnis gespannt. Wenn die Erde sich, wie anzunehmen, gegen den Äther bewegte, mußte das Ergebnis der Messung von dem der vorigen verschieden ausfallen. Michelson war vor kurzem in Cambridge gewesen, hatte Maxwell besuchen und mit ihm über seine Theorie des Elektromagnetismus diskutieren wollen, über den Verschiebungsstrom, vor allem aber über den Äther. Er war etwas zu spät gekommen. Maxwell war gerade in einem Hospital einem Krebsleiden erlegen. Aber Michelson hatte auf Maxwells Schreibtisch eine Notiz gefunden, in der Maxwell kurz angedeutet hatte, auf welche Weise man eventuell den Einfluß des Äthers auf die Lichtgeschwindigkeit nachweisen und den Äther als das absolute Bezugssystem im Universum identifizieren könnte. Diese Idee hatte Michelson seither beschäftigt. Zurück in den Staaten, war er sofort mit Morleys Hilfe an ihre Realisierung gegangen. Jetzt stand der große Augenblick bevor, der das Geheimnis enthüllen mußte. Sie führten den Versuch mehrere Male durch, um eine genügende Statistik zu haben. Dann verglichen sie die Zahlenkolonne mit der vorigen. Die Werte stimmten bis auf winzige Schwankungen in der letzten Dezimalen, die nichts anderes als Messungenauigkeiten waren, praktisch ideal überein. Michelson und Morley sahen sich überrascht an. Sie hätten alles mögliche erwartet, nur nicht dieses Ergebnis. Das Licht war unempfindlich gegen die Bewegung der Erde relativ zum Äther. Es reagierte so, als gäbe es keinen Äther, als wäre seine Ausbreitungsgeschwindigkeit von dessen Existenz unabhängig. Die beiden Experimentatoren setzten sich kopfschüttelnd. Es gab keinen Zweifel: Das Experiment war korrekt durchgeführt, sein Ergebnis unanfechtbar. Nur war es unverständlich. Aber über seine Bedeutung sollten sich die Theoretiker den Kopf zerbrechen. Sie nahmen Papier zur Hand und schrieben eine kurze Notiz, in der sie das Prinzip, die Meßanordnung und ihr Resultat darlegten und der wissenschaftlichen Welt mitteilten. Dieser Augenblick, sie wußten es nicht, war die Geburtsstunde der Relativität.

1. Leere und Nichts

Die unvollziehbare Vorstellung vom Nichts hat auf den Menschen eine eigenartige Faszination ausgeübt. Weil er es sich nicht vorstellen kann, fühlt sich der Mensch vom Nichts, vom verbegrifflichten Anti der Existenz angezogen. Das Nichts ist das Unvorstellbare schlechthin. In der bis ins Mittelalter hinein lebendig gebliebenen Anschauung der Antike »ist« das Nichts der Raum zwischen den Atomen, den Teilchen, den »wahrhaft« (was immer das ist) Seienden. Wenn aber das Nichts – ein Widerspruch in sich selbst – »ist«, so kann es diesen Raum auch nicht anders geben denn als Negation der Anwesenheit der Teilchen, des Seienden.

Weder Demokrit noch Epikur, noch irgendeiner der alten Atomisten haben diese Konsequenz durchdacht. Es brauchte erst Aristoteles' scharfen Verstand, zu erkennen, daß die Atome einen leeren Raum, das Vakuum, zwischen sich legen mußten, um existent zu sein. Doch kann dieser leere Raum seinerseits, positiv gesehen, kein Nichts sein, sondern nur ein »Etwas«, nicht leer im wirklichen Sinne, sondern angefüllt mit, nein besser, selbst eine Substanz, die alles und jedes durchdringt und dicht ist: der *Äther*. Diese Substanz stellte für Aristoteles die Verbindung zwischen den Seienden her, war darum selbst ein fundamentales Element, ebenso wichtig wie die anderen vier und von ihnen nicht losgelöst zu denken: eine körperliche Substanz, da Verbindung nur körperlich und Wirkung nur als Wirkung von etwas auf ein anderes gedacht werden konnte.

Seiendes und Äther werden von Aristoteles im ebenfalls seienden Raum positioniert. Man fragt sich, warum er noch diese Unterscheidung zwischen Äther und Raum trifft, zwei verschiedene und beide Male unerklärliche, seiende Substanzen anzunehmen, statt sie zu identifizieren. Doch wirft diese Frage nur zurück auf das ureingesessene, schwer zu überwindende Gefühl der Selbstverständlichkeit des »physikalischen« Raumes, »in« dem allein alles, was ist, sein kann. Der Raum als Hintergrund des Geschehens: das ist die elementare naive Erfahrung, die anzuzweifeln nicht in den Sinn kommt. Die Identifikation, die Gleichsetzung, hätte erst den Raum als Absolutum in Frage zu stellen oder abzuschaffen gehabt, ehe sie möglich geworden wäre. Verlangen wir nicht zuviel. Es hat zwei volle Jahrtausende gebraucht, das zu erkennen und den antiken Irrweg zu verlassen.

Natürlich läßt man einen Irrweg nicht sofort fahren, um sich auf dem »richtigen« Wege wiederzufinden. Es ist in allen Revolutionen das gleiche, die erst einmal, nachdem sie das Bestehende zerstört haben, vor der Leere stehen und – wie die Jakobiner – die Schreckensherrschaft errichten: das Chaos, die Unordnung, die sich mühsam auf den Weg der Ordnung begeben muß, der zuweilen, wie die Geschichte des Kommunismus in diesem Jahrhundert erschreckend gezeigt hat,

Jahrzehnte anhalten kann, sich konsolidiert und erst wieder mit Gewalt und unter Opfern aufgebrochen werden muß.

Der dominierende Irrweg im Falle des Raumes und des Äthers zeichnete sich aus durch die einstweilige absolute Setzung des Raumes durch Newton, Descartes und Kant im 17. und 18. Jahrhundert und die ihr folgende absolute Verbannung des Äthers, nachdem die berühmt gewordenen Experimente von Michelson und Morley zu Ende des 19. Jahrhunderts keinen »Transport« von Licht im Äther hatten nachweisen können. Die Fäden der weiteren Entwicklung verknoteten sich in einer Person: Einstein.[1]

Einstein akzeptierte die Elimination des Äthers und formulierte sie selbst in aller Schärfe; gleichzeitig aber demolierte er das Bild des absoluten Raumes. Nach ihm gab es nun nichts meßbar Absolutes mehr: keinen Raumhintergrund und in ihm keinen Transporteur. Es war auf der einen Seite hell geworden um die physikalisch meßbaren Phänomene Lichtausbreitung und Messung von Ort und Geschwindigkeit. Andererseits aber war nun gänzlich unklar, *wie* der Transport von Licht, Energie, Masse, der Austausch zwischen den kleinen und großen Körpern und *wo* er vonstatten gehen sollte. Welcher Natur ist ein Raum, der nur vom Bewegungszustand des Beobachters abhängt? De facto, das hatte Einstein erkannt[2], hatte er den Raum gar nicht abgeschafft: Er hatte ihn nur, wie er sagte, relativiert. Der relative Raum war immer noch ein Raum, der aus irgendeinem Grunde existierte. Das Ergebnis beunruhigte ihn, während doch seine Zeitgenossen, mit Ausnahme von Ernst Mach in Wien, von dem Einstein seine Zweifel übernahm, wenn sie denn die Relativität nicht gänzlich ablehnten oder gar nicht verstanden, beglückt und mit dem Zustand höchst zufrieden waren und, wie etwa Hermann Minkowski, der einer von Einsteins Lehrern an der Eidgenössischen Technischen Hochschule in Zürich gewesen war und mit dafür verantwortlich, daß Einstein keine Assistentenstelle erhielt, sich in der sogenannten vierdimensionalen Raumzeit wohl und zu Hause fühlten und sich mit deren Ausarbeitung groß taten. Minkowski glaubte gar, Raum und Zeit gleich gemacht zu haben, indem er sie zur vierdimensionalen Raumzeit vereinigte[3], von der die Philosophie und Science-fiction im Anschluß an ihn überschwenglichen, aber verständnislosen Gebrauch machten.

Einsteins Bohren und Insistieren in die wahre Natur des Raumes brachte ihn schließlich zur Erkenntnis, daß die Struktur jenes Hintergrunds, auf dem sich das in den uns zur Verfügung stehenden Naturgesetzen kodierte »natürliche« physikalische Geschehen, die Phänomene *(events)*, abspielt, eine rein logische Konstruktion, Geometrie ist, die selbst wieder, welch wundersamer Zirkel, einem sich selbst bestimmenden, von allen Massen und Energien im Universum beeinflußten Naturgesetz genügt, dessen mathematische Formulierung Einstein fand. Niemand weiß, *was* dieser Raum ist; aber wenn er sich in einer menschlichen Sprache überhaupt logisch beschreiben läßt, dann mathematisch so. Die Beschreibung materialisiert ihn jedoch nicht, sie idealisiert ihn eher als mathematisches Konstrukt, als Geometrie, als gedankliche Realität, der Einstein physikalische Realität, Wirklichkeit insofern zusprach, als sich auf dieser zufriedenstellend streng formulierten gedanklichen Realität, die ihrer eigenen, von der echten Realität nicht unabhängigen Dynamik unterliegt, die echte Realität des physikalischen Geschehens abspielt. Doch worin besteht diese echte Realität? Wieder war es Einstein[4], der mit traumwandlerischer Sicherheit mit seiner Teilchenhypothese des Lichts, mit der er eine frühe Vermutung Newtons auf sicheres Fundament stellte, sowie mit seinen eine Dekade später abgeleiteten quantenstatistischen Gesetzen die Grundlage auch für das Verständnis dieses Geschehens, die echte Realität, legte. Ganz im uralten, antiken philosophischen Sinne findet in dieser Realität, also in der *wirklichen* Welt, die sich in Raum und Zeit abspielt, Wirkung nur als *Wechselwirkung*, als unmittelbarer Stoß zwischen Körpern, als Austausch statt. Körper sind *Teilchen*, und Teilchen sind Zustände von *Feldern*, Hilfsgrößen, die eine Beschreibung von Teilchen und ihren Wechselwirkungen, sprich: *Stößen*, ermöglichen.

Auf diesem fruchtbaren Prinzip der gegenseitigen Stöße gründet die gesamte moderne physikalische Theorie. Nach ihr ist der Raum angefüllt mit Teilchen und Feldern. Teilchen sind entweder *massiv,* das heißt haben eine gravitierende Masse, oder sie sind leicht, *masselos,* und befinden sich in ständiger Austauschbewegung, kaum anders, als es das alte philosophische Prinzip der Bewegung behauptete. Nur weiß man heute besser, *wie* diese Bewegungen ablaufen: Sie genügen einem *Minimal*prinzip, einem Prinzip, das die *kleinste Wirkung* bevorzugt und das in seiner einfachsten Form schon von Fermat und Le Chatelier im 18. Jahrhundert entdeckt, von Hamilton im 19. allgemein formuliert wurde und sich als Grundprinzip durch alle modernen Theorien zieht. Mit seiner Hilfe lassen sich die Gesetze der Bewegung gewinnen, seien sie nun exakt oder statistisch gültig. Man weiß heute auch, daß es eine Menge von Teilchen gibt, die sich in verschiedene Gruppen teilen. Auch hier besteht Parallelität zur alten antiken Vorstellung von den verschiedenen atomaren Elementen; dort jedoch gab es Elemente für alles und jedes und von der verschiedensten geometrischen Formung, damit sie sich zu Körpern »ineinanderhaken« konnten. Das ist heute anders. Die unendliche Vielheit und Vielgestaltigkeit der antiken Elementstückchen ist heute durch ein System von Regeln ersetzt worden: Den entscheidenden sinngebenden Unterschied macht die Zusammenfassung der Teilchen und Felder zu *wenigen einheitlichen,* aus wenigen Grundbausteinen bestehenden und wenige bestimmte Eigenschaften besitzenden Gruppen aus, die sich einer einheitlichen Theorie unterwerfen, aus der sie physikalisch zwanglos, mathematisch aber in höchst komplizierter Weise hervorgehen.

Für die sogenannte elektromagnetische und die schwache Wechselwirkung (letztere zeichnet für die Radioaktivität verantwortlich) sind diese Vereinheitlichungen zwischen 1960 und 1975 geleistet worden: Man hat die einheitliche *elektroschwache* Theorie konstruiert, und diese hat sich experimentell weitgehend bestätigen lassen. Der letzte ihr fehlende Baustein waren die sogenannten W- und Z-Bosonen, Teilchen, die Anfang der achtziger Jahre in CERN in Genf gefunden wurden. Die Vereinigung der elektroschwachen mit der die Kernbausteine zusammenhaltenden Kernkraft, der sogenannten starken, und die Vereinigung dieser mit der gravitativen Wechselwirkung, der geometrischen Theorie des Raumes oder allgemeinen Relativität, wie sie im älteren Sprachgebrauch auch heute noch heißt, steht vorläufig aus, doch gibt es begründete Ansätze und Vorschläge für derartige Vereinigungen, so daß in gewissen Kreisen bereits der Glaube Wurzel zu fassen beginnt, die Physik werde *in ihren Prinzipien* in absehbarer Zeit abgeschlossen werden.[5] Von einem anderen, formalen und mehr allgemein philosophischen Standpunkt aus hatte das schon vor zwei Jahrzehnten von Weizsäcker behauptet.[6] Über diesen Punkt zu spekulieren, ist im Augenblick müßig, auch wenn bei Zutreffen der Behauptung die Konsequenzen für die praktische Wissenschaft und ihre Interpretation schwerwiegend ausfallen dürften. Die Zukunft ist unvorhersehbar insbesondere dort, wo keine Gesetzmäßigkeiten existieren, auf Grund derer Prognosen angestellt werden können. Die sicherste Behauptung, daß die Wissenschaft, weil sie einmal begonnen hat, auch ein Ende haben muß, dürfte wohl stichhaltig sein, doch weiß niemand, ob die Erkenntnis fundamentaler Gesetze bis zum Ende der Menschheit anhalten und fortschreiten wird, wo sie ihr natürliches Ende findet, oder ob dieser Zeitpunkt früher liegt. Es ist wahrscheinlich, daß die Natur mit ein paar wenigen einfachen Grundprinzipien auskommt; es ist jedoch nicht klar, ob die vom Menschen erkannten Prinzipien wirklich die der Natur sind oder diese nur in einem unendlichen, zeitweilig sprunghaft fortschreitenden Regreß annähern. Einstein hätte sich wahrscheinlich für die letztere Möglichkeit entschieden, schon aus seiner immanenten Bescheidenheit heraus, die ihm nicht gestattete zu glauben, er oder irgendein anderer Mensch könne jemals irgend etwas endgültig erkennen. Gegenteiliges hätte er als Anmaßung empfunden. Das heißt aber nicht, daß Einstein um jeden Preis recht behalten muß. Es ist durchaus möglich, daß die vereinheitlichende Tendenz zu immer größerer Symmetrie am Ende zum Abschluß der Physik führt.

2. Dynamische Leere

Unter den Teilchen unterscheiden die neuen Theorien der Physik zwei Sorten: Die massiven Teilchen tragen die Materieeigenschaften; die normalerweise leichten, masselosen Teilchen transportieren die Informationen zwischen den massiven Teilchen durch den Raum und übertragen deren Eigenschaften von einem zum anderen; über sie tauschen Teilchen Information und Eigenschaften aus. Das bekannteste der masselosen Teilchen ist das *Photon*, das Lichtteilchen oder Lichtquant. In der elektroschwachen Theorie hat das Photon aber eine endliche Reichweite und ist daher gleichfalls schwer: Es geht auf in den oben genannten Bosonen, die die elektroschwache Kraft übertragen. Ihr Äquivalent in der starken Kernkraft heißt *Gluon* und vermittelt unter den im Sprachgebrauch schon modisch gewordenen *Quarks*, die nicht »frei« existieren, sondern sich nur in den Kernbausteinen vorfinden. Die Kraft, sie zu trennen, so weiß die gegenwärtige Theorie zu sagen, würde alle vorstellbaren Energien übersteigen. Der größte denkbare Beschleuniger vermöchte es nicht. Der Weg, den die Gluonen zurückzulegen haben, ist kurz: von einem Quark zum anderen, kürzer als ein Milliardstel eines Millionstel Zentimeters, doch ist das eine endliche Strecke, die leerer Raum ist, wo sich nur die starken Felder aufhalten. Das Photon hingegen durchläuft kosmische Distanzen von leerem Raum, um seine Information an Elektronen und positiv geladene Teilchen weiterzugeben. Dieser leere Raum, das Vakuum im Universum, das vom Photon durcheilt wird, oder im Kern, in dem die Gluonen herumrasen, ist nicht leer, sondern angefüllt mit *Feld*, und das Feld, das ihn ausfüllt, wird von den schweren und mit verschiedenen Ladungen behafteten Teilchen, den Protonen und Elektronen im elektromagnetischen Fall, den Quarks im Fall der starken Kernkraft, die man die *chromodynamische* nennt, erzeugt.

Wie das geschieht, ließ sich bislang nur zu einem kleinen Teil erhellen. Wahrscheinlich sind die Felder die Reaktion des Vakuums auf die Anwesenheit von Teilchen. Das hat die Schwierigkeit gezeigt, ein einzelnes Elektron mit negativer Ladung in den leeren Raum zu setzen und mit den Mitteln der Quantentheorie sein eigenes, von ihm selbst im Vakuum erzeugtes Feld auszurechnen. Dieses Vorhaben hatte erst Erfolg, als man erkannte, daß Vakuum nichts Totes, kein reaktionsloses, leeres Nichts ist. Wir verdanken diese Einsicht P. A. M. Dirac, der 1930 eine auf der Relativität basierende Gleichung für das Elektron fand, die überraschenderweise auch Lösungen für die eigentlich physikalisch nicht zulässigen negativen Energien besaß. Negative Energien würden bedeuten, daß positive Energie, also reale Materie, absorbiert, vernichtet, spurlos verschwinden würde. Da das in der Welt nur in den seltensten Fällen beobachtet wird, müssen Lösungen mit negativen Energien in einer Theorie normalerweise ausgeschlossen werden. Aber die

Natur kennt kein Negativ oder Positiv; diese Begriffe beruhen auf unseren Festlegungen eines Nullpunkts. Dirac folgerte deshalb kühn und richtig, daß die negativen Energien nur deshalb ausgeschlossen sind, weil Elektronen mit negativen Energien im Universum keine »freien Plätze« haben, weil alle negativen Energieniveaus *im Vakuum* mit Elektronen belegt sind, das Vakuum also ein voller Elektronensee ist. Diese Behauptung erwies sich als richtig. *Löcher* im Vakuum traten als *positive Elektronen* oder *Positronen*, als Antiteilchen der Elektronen in Erscheinung und wurden bald darauf im Experiment nachgewiesen.

Bringt man also ein einzelnes Elektron in das Vakuum ein, so reagiert das Vakuum hypersensibel auf seine Anwesenheit. Es polarisiert sich sofort; es nimmt zur Anwesenheit des Elektrons Stellung, und diese Stellungnahme besteht in seinem Versuch, die elektrische Ladung des Elektrons zu kompensieren. Kompensation bedeutet Erzeugung von Ladung des umgekehrten Vorzeichens. So entsteht spontan in der unmittelbaren Umgebung des Elektrons eine positive Ladungswolke im Vakuum, die nicht aus wirklichen positiven Teilchen besteht, sondern aus *virtuellen*, die entstehen und vergehen und nur im Mittel einen meßbaren Effekt liefern. Dieser meßbare Effekt ist die endliche Elektronenladung, die *Elementarladung*, die einen ganz bestimmten konstanten Wert besitzt. Nur dank dem Polarisationsverhalten des Vakuums, des leeren Raumes, hat das Elektron eine endliche Ladung. Gäbe es diese Reaktion nicht, wäre das Vakuum ein reaktionsloses Nichts, so hätte das Elektron unendliche, unmeßbare Ladung: Es gäbe kein Maß, sie zu messen. Das Vakuum beschränkt die Ladung auf ein endliches Maß. Das Feld, dessen Quelle das Elektron ist, ist der gemeinsame, über eine Distanz wirkende Effekt aller dieser virtuellen Teilchen, die entstehen und vergehen: Es ist die Störung des Vakuums. Ein Photon, das eine bestimmte Polarisation besitzt, kann darum bei seiner Ausbreitung vorgestellt werden als von Ort zu Ort transportierte Reaktion des Vakuums auf seine Anwesenheit: als laufende Polarisation, Erzeugung und Vernichtung von virtuellen Teilchen im Vakuum, die das Photon absorbieren und reemittieren, so daß es in der Richtung, in der es ausgesandt wurde, weiterläuft, das heißt *vom Vakuum*, das aus den bei seiner Polarisierung entstehenden und vergehenden virtuellen Teilchen besteht, *transportiert* wird. Äther erscheint somit nicht abwesend: Er kann vielmehr verstanden werden als das Vakuum selbst mit allen seinen Reaktionen. Er bzw. das Vakuum ist der Nullzustand des Universums, sein Minimalzustand.

Es gibt keinen Äther, aber die Fähigkeit des leeren Raumes, in sich virtuelle Teilchen zu erzeugen, die die Transporteure der Signale sind, ist genau das, was der Eigenschaft des Äthers entspricht; weil dieser leere Raum bis ins Kleinste, ins Innere der Kernbauteile, in den Raum zwischen den Quarks hineinreicht und dort eine ähnliche, nur über sehr kurze Distanzen spürbare und viel kompliziertere als die elektromagnetische Polarisation bewirkt, die die Quarks inseparabel macht, ist der leere Raum, das Vakuum, der eigentliche Akteur der physikalischen Welt. Die Physik hat sich angewöhnt, diese Fernwirkung im Vakuum nicht mit dem verpönten und diffamierten Begriff des Äthers zu belegen; sie hat an seine Stelle den Begriff des Feldes gesetzt. *Felder* sind begriffliche Vehikel, um eine Kontinuität auszudrücken, die sich anders nicht formulieren läßt; zum anderen sind sie aber mathematische Größen, die in genau festgelegter Weise behandelt werden müssen, um physikalischen Sinn zu ergeben. Dieser Sinn ist die Konstruktion des Vakuums, des Äthers in der modernen Form, die der Sprache entspricht, die den Begriff des Äthers nicht leidet. Felder denkt man sich raumfüllend, Information transportierend und Teilchen erzeugend und vernichtend, eben weil diese ihre Quellen und Senken sind.

Die längste Reichweite von allen hat das geometrische »Feld«, die Gravitation, deren Quelle die Massen (und Energien) im Universum sind und die deshalb Raum erzeugen. Absolut leere Geometrie, absolut leerer Raum ist nicht vorstellbar; nichts würde ihn erzeugen. Es gäbe ihn nicht. Gibt es aber ein massives Objekt, ein Teilchen mit Masse oder einer der Masse äquivalenten Energie oder eine andere Struktur als Energieträger, so entsteht um dieses Objekt Raum als Geometrie, und gleichzeitig reagiert dieser Raum auf die Anwesenheit der (positiven) Energie, indem er negatives Gravitationspotential von gleicher Größe erzeugt, das die Reichweite der Wirkung der Masse angibt. Durch die Masse, die auf eine andere über das Potential anziehend *wirkt*, wird der Raum »sichtbar«. Dieser Raum ist das Vakuum des Universums, und wiederum ist er kein Nichts.

Das einzige Nichts, von dem wir jedoch nie Information erhalten können, ist das »Außerhalb« unseres Universums. Wir sehen also, daß das Vakuum je nach Betrachtungsweise, je nach untersuchter Kraftwirkung oder je nach der verfügbaren Wechselwirkungsenergie ein anderes Gesicht hat. Es ist ein Chamäleon: auf den kleinsten Skalen ein bislang unbekannt gravitatives, geometrisches Feld, dann ein chromodynamisches, dem die Quarks und Gluonen gehorchen, auf den mittleren ein elektroschwaches, dann ein elektrodynamisches, dessen Träger das Photon ist, auf den Skalen des Universums erneut ein geometrisches. Jeweils schwimmen die Substanzen in ihm und tauschen sich mit ihm aus: beide existieren nur gemeinsam.

3. Der leere Raum: Ort des Universums

Dennoch besteht ein grundlegender Unterschied zwischen der kosmischen Form des Vakuums und seinen meso- und mikroskaligen Erscheinungsformen. Die beiden letzteren setzen die kosmische voraus; sie setzen voraus, daß ein Raum existiert, *über* dem sich die Erscheinungen der mesoskaligen und der mikroskaligen Welt abspielen. Das meso- und mikroskalige Vakuum hat sozusagen seinen Ort im Raum, und weil es sich als im Raum existierend vorstellen läßt, können die jeweiligen Ladungen wie zum Beispiel die elektrische Elementarladung der Elektronen oder die unanschaulichen Ladungen der Quarks und Gluonen, denen die Physiker Namen wie *Farbe* und *Charme* und *Seltsamkeit* gegeben haben, aus dem Abschirmungseffekt des Vakuums, aus seiner Reaktion auf die Anwesenheit der Ladung berechnet werden. Die Theorien sind *renormalisierbar*, sagt der Jargon, was soviel heißt, daß alles, was an ihnen irreal zu sein scheint, also nicht mit der Wirklichkeit in Einklang gebracht werden kann, durch einen mathematischen Trick zum Verschwinden gebracht werden kann. Übrig bleibt nur der wirkliche gemessene Wert der jeweiligen Ladung. Wenn eine Theorie dies leistet, dann ist man zufrieden; dann ist die Theorie konsistent.

Die geometrische Theorie des Universums leistet das nicht. Sie ist *nicht* renormalisierbar. Der geometrische Raum, der durch die Massenverteilung im Universum erzeugt und von den meso- und mikroskaligen Vorgängen vorausgesetzt und benötigt wird, dessen Ladungen die Massen und Energien aller Teilchen im Universum sind, kann nicht von Massen und Energien abstrahiert werden, und weil eins das andere bedingt: der Raum die Massen und die Massen den Raum oder genauer die Raumzeit, kann die Massenverteilung nicht unabhängig von der Raumzeit ausgerechnet werden. Hier steht die Physik vor einer grundsätzlichen Schwierigkeit, die andeutet, daß sie offenbar mit der Frage nach dem Grund für die Existenz des Raumes an die Grenze des Erklärbaren stößt. Vorläufig führt von hier nur reine Spekulation weiter, vorläufig greift man auf das Hilfsmittel zurück, den Raum selbst aus kleinsten Teilchen zu konstruieren. Das löst zwar das Problem der Gravitationstheorie nicht, eröffnet aber andere Aussichten wie die Existenz fremder Universen, die von unserem unabhängig, vielleicht durch Raum-Zeit-Kanäle, sogenannte Wurmlöcher, untereinander und vielleicht auch mit dem unsrigen verbunden sind. Möglicherweise ist unser Universum von einem Schwarm von *Babyuniversen* »umgeben«, was immer das heißt, denn geometrisch vorstellen läßt es sich nicht. Hier kann nur noch mathematisch argumentiert werden; eine anschauliche Vorstellung läßt sich nicht erreichen. Kurz, der Äther, der einmal als feine Materie postuliert worden war, die alles durchsetzt, hat sich als der »geometrische« Raum selbst entpuppt, und am interessantesten ist er als Raum sowohl im Kleinen als auch im Großen.

Der Raum im Großen – das kosmische, das geometrische Feld oder, wie der Fachausdruck heißt, die *Metrik*, deren Quellen die Massen und Energien im Universum sind – unterliegt einer ganz bestimmten Eigendynamik: Er entwickelt sich. Diese Entwicklung hängt ab von der Materiemenge im Universum. Obwohl nicht klar ist, wieviel Materie das Universum beherbergt, legen die astronomischen Beobachtungen der Galaxienbewegung nahe, daß das Universum kontinuierlich expandiert, und das seit 10 bis 20 Milliarden Jahren. Wenn dies so war, muß es einmal sehr klein, sehr massiv und sehr heiß gewesen sein, so heiß, daß beim Zurückgehen in der Zeit zuerst die mesoskaligen, noch früher die mikroskaligen Vorgänge und Feldtheorien Bedeutung gewannen. Im mesoskaligen Zustand, der etwa bis zu $1/2$ Million Jahre nach dem »Beginn« dauerte, dominierten die Photonen, das Licht, das Verhalten der Materie und des geometrischen Feldes. Diese Zeit heißt die strahlungsdominierte Epoche. Im mikroskaligen, der bestenfalls ein paar Minuten dauerte, war es so heiß, daß die Kernvorgänge ungehindert im gesamten Universum ablaufen konnten.

Das Universum machte also während seines kosmischen Lebens eine Reihe von Transformationen durch. Zumindest im Anfang bestimmte die Mikrophysik sein Verhalten mit, später nur noch die Gravitation. Es bleiben aber einige Ungereimtheiten bestehen, wenn man diese Entwicklung physikalisch verfolgt. Zum Beispiel ist das Universum zu homogen: Die aus der Zeit des strahlungsdominierten Raumes übriggebliebene Strahlung ist zu gleichmäßig im Raum verteilt, als daß es mit den normalen Vorgängen erklärt werden könnte. Kürzlich erst haben Satellitenmessungen und Messungen dieser Reststrahlung, die vom Boden aus in der Antarktis vorgenommen wurden, die ersten Abweichungen von dieser Homogenität der Strahlung nachgewiesen. Um die Homogenität (und einige weitere Effekte) erklären zu können, muß man zu einer ungewöhnlichen Entwicklung des kosmischen Raums Zuflucht nehmen.

Man erinnert sich daran, daß ein Vakuum der Grundzustand des Feldes ist, über dem die (angeregten) materietragenden Zustände ablaufen: Wenn das Vakuum Materie enthält, ist es »angeregt«: polarisiert usw. Nun kann es aber vorkommen, daß der Grundzustand zu einem Zeitpunkt nicht der »tiefste« mögliche Ruhezustand ist. Wenn das kosmische Vakuum durch ein Materiefeld gestört wird, wie es am Anfang des Universums wohl vorgekommen sein mag, dann könnte es sich in einem höheren als dem tiefst möglichen Ruhezustand befunden haben, einem Zustand, den es anfangs gerade »zufällig« einnahm, so wie jemand beim Wandern, wenn er müde ist, sich irgendwo an einem gerade vorhandenen Plätzchen niederläßt und nicht erst stundenlang nach dem besten und bequemsten Platz sucht. In den tieferen Ruhezustand (den man sich allegorisch wie eine talabwärts am Hang gelegene Mulde vorstellen kann) könnte es im Anschluß daran zu einem bestimmten Zeitpunkt, sehr kurz nach dem Großen Glockenschlag, dem *Big Bang*, »hinuntergerollt« und dort zu einer Art Ruhe gekommen sein. Rechnungen haben gezeigt, daß, wenn dies passiert, die Metrik unseres Universums sich während des Hinüberrollens unglaublich weit und rasch ausgedehnt haben muß. Dabei haben sich die Skalen gestreckt, der Raum hat sich homogenisiert: Das Universum hat eine *Inflation* erlebt, sagt man. Diese Inflation steht zur Zeit ziemlich gut im

Einklang mit den Beobachtungen. Allerdings sagt sie für die Menge der Materie einen genauen, nicht unplausiblen, aber mit Problemen verbundenen Wert voraus. Denn sollte dieser Wert wirklich gefordert sein, so besteht das Gros der Materie im Universum nicht aus den uns bekannten Formen, sondern aus einer unbekannten, nicht strahlenden, sondern nur gravitierenden Form von *Dunkler Materie*, für die es, obwohl aus logischen und ästhetischen Gründen die meisten Physiker und Astronomen an ihre Existenz glauben, keinen sinnvollen Kandidaten unter den Elementarteilchen gibt. Doch das ist, wie gesagt, kein Grund für die Ablehnung des Inflationsmodells und der Vorstellung von der Sensibilität des kosmischen Vakuums gegenüber Einflüssen anderer Felder, sondern eher eine Herausforderung an Theorie und Experiment.

4. Kosmische Kosmetik

Die verbleibende Frage betrifft die Existenz von Struktur im Universum: Warum gibt es relativ gleichmäßig verteilte Galaxien und Haufen von Galaxien im Universum, die auf dem kosmischen Vakuum schwimmen, und wie konnten sie sich in der ihnen zur Verfügung stehenden Zeit nach der Inflation und nach der Loslösung von der Strahlung entwickeln? Dieses neben der Inflation weit nebensächlichere, jedoch praktisch zur Bestätigung der Vorstellung von der Expansion wichtige Problem ist von einer großen Zahl von beobachtenden Astronomen angegangen worden, die in der homogenen Struktur der Materieverteilung im Universum verschiedene sich wiederholende Formen gefunden haben. Das Universum scheint wabenförmig aufgebaut; die Galaxien und Galaxienhaufen befinden sich an den Wänden dieser Waben, deren Inneres materiearm ist. Eine noch größere Zahl von Computerspezialisten versucht, diese Struktur durch Simulation nachzubilden. Man hat gefunden, daß dazu eine Anfangsfluktuation im Vakuum, ein Zappeln der Metrik, des Raumes selbst, erforderlich ist, welches die Inflation überleben können muß. Genauer: Wenn das Universum aus seinem höher gelegenen Vakuumszustand in die tiefer gelegene Mulde bei der Inflation hinunterrollt, so kommt es darin nicht augenblicks zur Ruhe, sondern schwingt eine Weile um die Ruhelage hin und her. Dieses Schwingen, diese kleine Fluktuation der Metrik, des Vakuums, ist die Quelle der Fluktuationen. Die Inflation erzeugt sie selbst. Das kosmische Vakuum ist demzufolge im Anfangszustand des Universums ein hochgradig waberndes, turbulentes Etwas gewesen; die Geometrie hat lokal geschwankt und geschwungen. Während der Inflation sind die meisten dieser Schwingungen geglättet worden, doch hat der kleine verbleibende Rest an

Schwankung ausgereicht, um für die Materie, dunkle wie leuchtende, als Kondensationskern zu wirken und Masse auf sich zu konzentrieren. Da Gravitation nur anziehend und nicht abstoßend wirkt, haben lokale Potentialvertiefungen, die von solchen zufällig verteilten Fluktuationen herstammten, die Masse nach ihrer Entkopplung von der homogenen elektromagnetischen Strahlung, dem Licht, angezogen und zu Galaxien kondensieren lassen. Die numerischen Computersimulationen liefern ausreichend kurze Zeiten für die Entstehung von Struktur im Universum durch diesen Prozeß.

Wieder ist es die Unruhe und die Wirkung des kosmischen Vakuums, die für diese Entstehung von Struktur verantwortlich zeichnet und schließlich und endlich auch die Entstehung von Leben »auf dem Gewissen« hat. Wahrscheinlich ist sogar, daß die Fluktuation des Nichts im nicht vorhandenen Raum vor aller Zeit das Universum selbst ins Leben gerufen hat, als das Nichts, das sich offenbar in höllischer Unruhe befindet, »plötzlich« für eine ausreichend lange Zeitspanne eine genügend starke Vakuumfluktuation, kompensiert durch ein negatives Potentialfeld, erzeugte, so daß diese so lange überleben konnte, bis sie sich gegen den Drang zurück ins Nichts behauptete und ihn überwand. Das war der *Big Bang*, der Große Glockenschlag am Beginn unseres Universums, mit dem Raum und Zeit entstanden und von dem alle Schönheit und alle Misere in dieser Welt ihren Ausgang nahm.

5. Am Anfang der Zeit

Warum aber die Expansion, warum die Zeit? Die Zeit ist das große und ungelöste Problem aller Wissenschaft. Nicht genug, daß alle Wissenschaften, von den Natur- bis zu den Humanwissenschaften, sie ununterbrochen beschwören und berufen. Da wir nichts ohne Zeit und außerhalb der Zeit denken können und alle Entwicklung *in Zeit* abläuft, jede Erkenntnis, die auf Messung und Veränderung beruht, notwendig Zeit in Anspruch nimmt und Zeit »zu sehen« benötigt, setzt alle Theorie stets Zeit voraus. Es scheint, als könne unser menschliches Begriffssystem diese Kategorie nicht loswerden. Einzig Gleichgewichte sind zeitlos. Sie enthalten nur Gleichgewichtsfluktuationen. Das Nichts, weil es zeitlos ist, ist im Gleichgewicht. Doch *fluktuiert* es, schwankt unentschlossen zwischen Erzeugung und Vernichtung hin und her. »Zufällig einmal« kann eine solche Fluktuation so groß gewesen sein, daß sie sich selbst als »reale« entdeckte, als Universum, winzig, aber vorhanden. Im selben »Augenblick« also, wenn das Universum aus dem Nichts auftaucht, im selben »Augenblick«, wenn das anfängliche Vakuum als

Wirklichkeit erscheint, setzt notwendigerweise, da die eine durch den Zufall, jedenfalls durch etwas Unbekanntes und nie Erfahrbares, ausgezeichnete Fluktuation sich aus dem Gleichgewicht ins Sein erhebt, der gegenteilige Vernichtungsprozeß ein, der offenbar genug *Entropie*[7] erzeugt, um die Rückkehr ins Nichts unmöglich zu machen. Die Entropie ist das Zuviel; sie ist der Widerstand gegen den Rückfall ins Nichts. Die eine entscheidende Fluktuation wird überleben auf Kosten eines Nicht-mehr-zurück, das eine Richtung auszeichnet: hinaus aus dem Nichts. Da der Weg zurück ins ursprüngliche Nichts abgeschnitten ist, gibt es nur noch ein Voran ins Ungewisse, eine Produktion von mehr an Entropie: Entwicklung, Ausdehnung: Raum.

Es ist die Geburt nicht nur des Raumes: Es ist die Geburt auch der Zeit aus dem Nichts – und sie ist es, die die Entstehung des Raumes erst ermöglicht. Von da an läuft der Raum *in* die Zeit, fällt das Universum in die Zeit. Raum und Zeit sind nicht dasselbe, wie Anfang des Jahrhunderts fälschlich geglaubt wurde, als man den Äther abgeschafft hatte. Im Gegenteil, der Raum entwickelt sich in der Zeit, die diese Entwicklung ermöglicht; aber die Zeit ist die Konsequenz der »Entstehung« des Raumes aus dem Nichts. Das kosmische Vakuum, das am Anfang entsteht, ist der Jungbrunnen allen wirklichen Geschehens. Es ist der sich in der Zeit entwickelnde, in der physikalischen Wirklichkeit real ausdehnende Raum, der *entstanden* ist als die nicht mehr abzuschaffende Konsequenz jener naseweisen Fluktuation des Nichts, jener positiven Menge an sich zu Masse kondensierender Energie, die genügend Widerstand mitbrachte, um nicht mehr ins Nichts zurückfallen zu können, der Hintergrund, auf dem diese Masse überleben konnte, der ihr Gestalt und eine meßbare Größe verleiht, die in der Naturwissenschaft Wert[8] genannt wird.

So wissen wir um die Zeit und ihre Verschiedenheit vom Raum, aber niemand weiß, was sie ist: eine Eigenschaft des Vakuums oder einfach die Reaktion des Nichts auf den unerhörten Wunsch der Materie, sich in die Realität zu stürzen? Das Nichts, das sie nicht zurückhalten kann, versieht sie schmollend mit Zeitlichkeit. Will sie bestehen, so muß sie sich entwickeln. Aus dieser Notwendigkeit gibt es keinen Ausweg. Und erst Entwicklung, Veränderung oder Bewegung, wie es bei den Alten hieß, macht Zeit sichtbar. Raum und Zeit, und mit ihr unser Universum und alles, was es positiv gibt, entstammt daher wahrscheinlich selbst dem Nichts. Was das Nichts war oder ist, wissen wir nicht. Philosophisch dürfte man gar nicht von seiner Existenz reden; aber die Naturwissenschaft kümmert sich, da sie alles bezeichnen muß, nicht um solche Spitzfindigkeiten. Das Nichts ist das totale Durcheinander, in dem nichts zur Geltung kommt, nichts über ein anderes dominiert. Das Nichts ist das Chaos – teils als tödliche Unordnung, teils aber auch als Potentialität der Entwicklung zur Ordnung. Ihm wenden wir uns im folgenden letzten Kapitel zu.

VII. Tohuwabohu: Das alte
und das neue Chaos

Seit zwei Jahrhunderten regierte nun schon die Mechanik mit ungeheurem Erfolg. Alles glaubte an sie. Aber die Gleichungen, aus denen sich die verschiedenen Bewegungen errechneten, hatten es in sich! Sie sehen so einfach aus, dachte Poincaré, aber sie richten mathematische Hindernisse auf, von denen sich der normale Mensch auf der Straße, der alle Wohltaten der in Technik umgesetzten Mechanik genießt, nichts träumen läßt. In unschuldiger Naivität hält er die Welt für ein mechanisches, berechenbares System. Und wir, die Mathematiker, sitzen Tage und Nächte hindurch, bis uns die Köpfe bersten, und versuchen diese Gleichungen zu lösen, eine Mathematik zu erfinden, die die Hindernisse beseitigt und die Schwierigkeiten meistert. Ohne Zweifel haben wir Erfolg gehabt. Wären wir erfolglos gewesen, so hätte es keinen Fortschritt gegeben. Die Entwicklung stößt uns überall handgreiflich auf unsere kleinen Siege. Und doch, die Menge der gefundenen mathematischen Lösungen der mechanischen Gleichungen ist wahrscheinlich verschwindend gering, gemessen an denjenigen Lösungen, die wir nicht gefunden haben.

Poincaré zündete seine Zigarre an, rückte die Brille vor den kurzsichtigen Augen zurecht und beugte sich wieder über seine Papiere. Er hatte ein besonders kniffliges Problem am Rockzipfel gefaßt. Er untersuchte die Fixpunkte bestimmter, sehr einfach aussehender mechanischer Gleichungen, die Punkte also, die bei allen möglichen Formen von Bewegungen unverändert bleiben sollten oder auf die eine Bewegung hinstrebte. Mathematisch war das ein wichtiges Problem, auch wenn sich außer ihm kein Mensch darum kümmerte. Es hatte mit der Stabilität von Bewegungen, mit ihrer Sicherheit zu tun, und Sicherheit hatte in der Technik einen hohen Stellenwert. Poincaré schrieb Formel auf Formel, dachte nach und schrieb wieder. Und dann legte er den eleganten goldenen Füllfederhalter, auch eine dieser neuen, durch die Mechanik ermöglichten Erfindungen, die er besonders genoß, zur Seite und lehnte sich zurück. Seit er ihn besaß, trennte er sich nicht mehr von seinem Füllfederhalter, der alle seine Kalkulationen begleitet und seine Bücher geschrieben hatte. Was er heute gefunden hatte, konnte es in Wirklichkeit nicht geben. Es mußte sich um ein rein mathematisches Verhalten einiger Lösungen der Gleichungen handeln, das die Natur unmöglich erlauben konnte. Die Gleichungen der Mechanik sagten einen eindeutigen Zusammenhang zwischen Ursache und Wirkung voraus. Kannte man den Ausgangszustand, so mußte es einen genau bestimmten Endzustand geben, auf den die Lösungen zusteuerten. Das war sonnenklar. Die Mathematik hatte ihm gerade weismachen wollen, einige Fixpunkte wären nicht stabil und einige, nein, die meisten Lösungen der mechanischen Gleichungen besäßen keinen definierten Endzustand. Wo liefe die Welt hin, wenn es so wäre! Poincaré schüttelte lächelnd den Kopf: Hier konnte man sehen, auf welche Abwege man geriet, wenn man der Mathematik, dieser rein menschlichen Erfindung, blind vertraute. Die Natur mußte Wege finden, solche Lösungen von der Realität auszuschließen. Es beunruhigte Poincaré nur, daß ihm kein Grund dafür einfiel. Doch konnte das, was er da gerade mit mathematischen Überlegungen herausgefunden hatte, nicht die Wirklichkeit sein.

Er hatte seine Zigarre fast zu Ende geraucht. Den Stummel drückte er im Aschenbecher aus, griff nach seinem Füllfederhalter und schrieb: »Wäre es so, wie es uns die Mathematik zu lehren scheint, wären alle diese Lösungen in der Natur realisierbar, so täten sich Abgründe auf, wir blickten mitten hinein in das Chaos. Nichts mehr wäre gesichert; wir könnten der Mechanik, dieser Königin der Wissenschaften, nicht mehr vertrauen. Weil die Erfahrung uns lehrt, daß das nicht sein kann, müssen wir die Augen davor verschließen und diese Lösungen als zusätzlich ansehen. Sie sind überflüssige Produkte der Mathematik, die ihrerseits nur ein Produkt unseres Denkens ist. Die Mathematik gibt sie uns ein, wir aber müssen sie als irrelevant aussortieren ebenso, wie die Natur es tut.« Poincaré richtete sich wieder auf. Ganz wohl war ihm nicht dabei, aber da er keine andere Möglichkeit sah und es in der Mechanik nicht willkürlich, sondern nach wohlgeordneten Gesetzen zuging, gab er sich mit dem Geschriebenen zufrieden. Und doch ahnte er, daß er eben an etwas gerührt hatte, das vor ihm noch kein Mensch auch nur vermutet hatte, an ein Geheimnisvolles und Unheimliches, das er für sich selbst den Schrecken vor dem Chaos nannte.

1. Der Urgrund

Die Griechen haben es geahnt, und sie haben es aus den Mythen, die vor ihnen da waren und an denen sie nicht vorbei konnten, übernommen, daß, gleichgültig, welchem der Elemente sie den Vorzug einräumten, ihnen allen der dunkle Urgrund vorherging, aus dem die Welt, alles Existierende hervorkam: das Chaos, von dem niemand weiß, was es ist, und das doch allem Existenten unterliegt. Was sich so uneinsehbar stellt, muß notwendig ein Kompliziertes, ein durch und durch Komplexes sein. Wer unter uns ehrlich war und mit sich allein, hat immer schon gewußt, daß die Welt kompliziert aufgebaut ist und nicht einfach. Aber wir haben alle mehr an unsere eigene Fähigkeit, sie zu beschreiben, an die Mathematik und die simplen Methoden geglaubt, als an die Welt selbst: daß sie anders ist, als wir sie uns vorstellen und vorzustellen vermögen, ein einziges Tohuwabohu, ein Chaos durch und durch, und die geordneten Zustände, die wir für die wahren gehalten haben, sind nur seltene Sonderfälle einer komplexen Wirklichkeit. Wir haben das weitmaschige Netz unserer Simplifizierungen über die Welt gelegt und nur die Punkte gesehen, wo es sie berührt. Das haben wir für die Wirklichkeit gehalten, während die wahre Wirklichkeit uns durch die Maschen gerutscht und entwischt ist.

Nun hat die Welt uns selbst überrumpelt und uns keine andere Wahl gelassen. An der Schwelle des Komplexen angelangt, haben wir erkennen müssen, daß das Komplizierte das Eigentliche ist. Nichts ist einfach. Die Rede vom Einfachen hat uns verblödet. Das Komplizierte wird unfaßbar mit unseren einfachen Mitteln. So gehen wir die ersten Schritte in eine Welt, die wir erst jetzt als unsere eigentliche Heimat erkennen, die uns selbst in den kleinsten Dingen wieder fremd erscheint. Es ist ein Abenteuer, von dem niemand weiß, wie es ausgehen wird: ob nicht die vermeintlich schönen Bilder, die wir von dieser Welt aus einfachen Formeln konstruieren, das einzige bleiben werden, was wir von ihr verstehen. Das Chaos, das Tohuwabohu, aus dem der alten Mythologie zufolge die Welt hervorgegangen ist, hat sich als der elementare Ursprung bewahrheitet: Die Schöpfung nahm ihren Ausgang in einer gewaltigen Walpurgisnacht des Ungeordneten, um sich von dort auf den abenteuerlichen Weg der geordneten Form zu begeben.

2. Begriff

Aller Anfang ist Chaos. Der Anfang des Denkens wurzelt im Mythos. Der Mythos, welcher es auch sei, beginnt chaotisch, angefangen bei den Urmythen der Inder, der Griechen, der Hebräer bis hin zum modernen wissenschaftlichen Mythos vom *Big Bang* und der Inflation des Universums. Im Sinne von Wissen waren deshalb die historischen Mythen von ebenbürtigem wissenschaftlichen Rang. Ihr Vergehen zeigt die Historizität von Wissenschaft an.

Im Mythos steht das Chaos am Anfang; aus ihm geht alles hervor: der Ur-Gott oder die Ur-Göttin und die Welt (nur nicht bei den Hebräern). Aber dann ist da noch etwas anderes, von dem man nicht sagen kann, woher es kommt: der Nordwind, mit dem die Göttin sich paart, nachdem sie ihn, wie einen Penis, zwischen ihren Händen gerieben, vor ihm getanzt hat, um ihn lüstern zu machen; oder ein anderer Gott, der zur Paarung benötigt wird; sonst würde die Welt nicht entstehen. Woher sind diese anderen, woher haben sie die Lüsternheit, dieses Wissen um Zeugung, die Notwendigkeit der Begattung zum Zwecke der Schöpfung, Vermehrung; warum überhaupt Vermehrung, Entwicklung; wer gibt ihnen das ein? Handelt es sich um notwendige Eigenschaften des Chaos?

Der Mythos hüllt sich in Schweigen, verweigert die Antwort. Erhaben steht er da, undurchdringlich, uneinsehbar. Nach ihm die Ordnung, in ihm das Chaos, das Durcheinander, das Tohuwabohu. Er beschwört das Chaos, um, was danach kommt, zu erklären: die Welt, die Natur, die Existenz und die Evolution des Menschen, der Gesellschaft. Was Chaos ist und warum zu derlei Dingen fähig, darüber läßt sich der Mythos nicht aus. Es zu erklären ist nicht seine Sache. Der hebräische Mythos setzt an den Anfang Ihn – und das Tohuwabohu; ohne Ihn vermag das Tohuwabohu nichts. Aber warum und wie vermag Er, und woher ist Er überhaupt?

Mit dem Chaos allein ließe sich leben; damit fänden wir uns ab, wenn es nur aus sich heraus es zu etwas Beständigem brächte, das wir kennen. Warum dann noch ein Prinzip, ein Anderes, ein ganz und gar nicht Plausibles? Vom Mythos ist nichts zu erfahren; er selbst ist chaotisch, dunkel gähnend, geheimnisvoll oder geheimnisleer, konfus, durcheinander. Er beschreibt das Chaos nicht, nicht, was es war, woher es kommt, wer es gemacht hat. Chaos ist da, war da; es erklärt sich selbst. Jedes Fragen danach ist müßig. Aber weil der Mythos durch der Menschen Münder geht, muß er es benennen. Die Hebräer reden vom Tohuwabohu, dem Durcheinander und der Leere. (Was geht da durcheinander, wenn es doch leer ist; ist die Leere nun leer oder nicht? Das ist die alte Frage, auf die die moderne Physik wieder stößt, wenn sie vom Vakuum spricht.) Die Griechen greifen zu einem Spiel, einer Metapher. Chaos kommt von *chainein*, gähnen; das Wort verdeutlicht das Klaffen der Leere als Sprung über das ganze Alphabet hinweg von Chi zu Alpha und danach beliebig zurück, schlägt auf Omikron auf und endet auf Sigma: gähnende Leere und Willkür in einem, und weil der Rücksprung gerade die substantivische Endung ergibt, wird aus ihm ein Wort, ein Bezeichnendes, das sich in der ausgeführten Figur selbst enthüllt, aus dem Hin und Her einen gewissen Sinn erhält. Weil Chaos sich aber auf etwas Wirkliches, in der Natur zumindest im Anfang Aufgetretenes bezieht, erschöpft sich sein Sinn nicht in der Kunstfigur des Wortes, sondern nimmt umgekehrt diese zum Symbol für das in der Natur Vorkommende, nicht anders Bezeichenbare.

Das lateinische Äquivalent zu »chaotisch« ist »erratisch«, hat die Bedeutung von verstreut, irrig, fehlerhaft und zeigt den Abstieg aus dem archaischen, bedeutungsgeladenen Hochland des in der allumfassenden Gebärde der Tragödie universalen griechischen Denkens ins banale Flachland der pragmatischen römischen Begriffe, auf dem sich für den Rest der europäischen Kulturgeschichte das Denken niedergelassen und eingeigelt hat und wo sich die Erkenntnis in seltsamen Mäandern träge dahinfließend und doch überaus geschäftig bewegt.

3. Die Tragödie des Determinismus

Als Natürlichstes von der Welt sollte sich das Chaos in demjenigen Zweig menschlichen Denkens wiederfinden, der sich als Naturerkenntnis konstituiert hat, in der Naturphilosophie, wie sie früher hieß: in den Naturwissenschaften. Weil die Natur aus dem Chaos herkommt, sollte das Chaos ihr Gegenstand sein. Das war bis heute nicht so. Im Gegenteil, die Naturwissenschaft hat bis vor wenigen Jahren das Chaos aus ihrem Denken als unnatürlich verbannt, als etwas gebrandmarkt, das vermieden werden muß und nicht ihr Gegenstand sein darf. Ihr Ziel ist die Rückführung aller Phänomene auf einige aus der Erfahrung extrahierte, streng symbolisch formulierbare Regeln, sogenannte Naturgesetze, unter der einzigen Voraussetzung der Existenz eines wohldefinierten Kausalzusammenhangs als elementarer logischer Annahme: daß nämlich die Ursache der Wirkung vorhergehe. Diese Regeln sollen zum einen eine befriedigende Erklärung der Phänomene, aus denen sie erschlossen worden sind, durch den evidenten, von sich aus vernünftigen und einsichtigen Kausalzusammenhang vermitteln. Sie sollen zum anderen präzise Vorhersagen ermöglichen. In beiden Fällen ist Chaos höchst unerwünscht. Darum verstand Naturwissenschaft sich von Anfang an als chaosfrei, als die Methode, aus den scheinbar willkürlichen Erscheinungen streng definierte Regelmäßigkeiten herauszulesen und mit deren Hilfe das Chaos als etwas Scheinbares, Nichtexistentes zu entlarven. Daß dies irgendwo widernatürlich sein mußte, äußerte sich nur in einigen meist gleichfalls ignorierten Randerscheinungen: Sobald die Wissenschaft das mythische Zeitalter hinter sich gelassen und die ersten Naturgesetze formuliert hatte, stand sie vor der etwas beunruhigenden Erkenntnis, daß sie weder in der Lage war, die Anfänge zu beschreiben, noch in irgendeiner Art und Weise, wenn schon nicht dem Chaos, so doch wenigstens einer begrenzten Entscheidungsfreiheit des Menschen Raum zu geben. Die Naturgesetze versklavten alles, was in ihren Geltungsbereich fiel; bis in alle Ewigkeit. Epikur, der letzte griechische Atomist, sah das als erster: »Es wäre besser, den Mythen über die Götter zu folgen, als wie der Physiker ein Sklave des Schicksals zu werden. Die Mythen sagen uns, daß wir hoffen können, die Herzen der Götter zu erweichen, wenn wir sie verehren, während das Schicksal von unerbittlicher Notwendigkeit geprägt ist.«[1]

Die Naturwissenschaft (Physik) hatte etwas von der Unabänderlichkeit, der Unausweichlichkeit der griechischen Tragödie an sich und behielt dies Odeur bis tief hinein in unser Jahrhundert, über Alfred North Whitehead hinaus, dem die Vision der großen Tragödiendichter des alten Athen von einem unerbittlichen und gleichgültigen Schicksal, das einen Vorfall bis zu seinem unausweichlichen Ende treibt, genau die Anschauung ist, »die von der Wissenschaft Besitz ergriffen hat. Das Schicksal der griechischen Tragödie wird im modernen Denken zur Ordnung der Natur.«[2] Die einmal gefundenen Naturgesetze lassen keine Abweichung im Geschehen mehr zu, das sie regieren. Dieser Zustand war vielen entsetzlich, nicht nur war Naturwissenschaft schwer zu verstehen, mußte man die Geometrie, die Mathematik beherrschen, scharf logisch denken lernen; nun fand sie auch noch heraus, daß das Dasein unausweichlich, unabänderlich nach den von ihr gefundenen Gesetzen ablief – wenn es nicht da noch ein anderes Prinzip gab, das den Ausbruch aus dieser sklavischen Hölle ermöglichte: die Götter.

Anderen war es ein Vergnügen, in den Termini einer vollständig prästabilisierten Weltharmonie zu denken, insbesondere nachdem Newton die mechanischen Bewegungsgesetze gefunden, seine bedeutenderen Schüler die dynamische Theorie des Planetensystems und der Maschinen entwickelt hatten und Kant sogar noch eine Entwicklungstheorie der Welt schuf, die fast allein mit den Newtonschen Gesetzen auskam und als Zusatz »nur« noch eine für Kant plausible ungeordnete *turbulente* Bewegung des Urgases benötigte, aus dem Planeten und Sonne entstanden, das Universum nach dem damaligen Vorstellungsstand. Newtons Mechanik schien für eine vollständige Beschreibung der Welt auszureichen; sie erwies sich darüber hinaus wegen ihrer Symmetrie, inneren Einfachheit und Konsistenz als überaus befriedigend. Und weil dem menschlichen Empfinden das Ebenmäßige, Symmetrische, das Einfache gleich dem Schönen ist, wurde sie auch als schön empfunden. Das Schöne ist seiner Einfachheit wegen das scheinbar leicht Verständliche, das leicht zu Vereinnahmende, Besitzbare, das jeder begreift und deshalb greifen und haben will, so wie eine nach allgemeinen Begriffen schöne Frau mit dem gleichförmigen und konturenlosen, von Ebenmäßigkeit, Symmetrie und »klassischer« Einfachheit gezeichneten Allerweltsgesicht der Covergirls anziehend ist, weil sie als so leicht zu haben erscheint. Das Komplizierte ist demgegenüber verworren, nicht auf einfache Weise auflösbar, schwer verständlich und darum häßlich.

4. Inkonsistenz und Glaube

Die Mechanik, enthalten in den Newtonschen Gesetzen, ist eine deterministische Theorie. Was sie voraussetzt, ist allein die Kenntnis des Anfangszustandes des zu beschreibenden physikalischen Systems; alles weitere, alle weitere Entwicklung des Systems ist dann in allen Einzelheiten bekannt und kann im Prinzip aus den Grundgleichungen der Mechanik mit beliebiger Genauigkeit errechnet werden.

In dieser bis vor kurzem für unumstößlich gehaltenen Aussage besteht die Behauptung des Determinismus. Für jeden mathematisch ausreichend Vorgebildeten läßt sie sich relativ leicht einsehen; denn die Gleichungen der Mechanik sind Differentialgleichungen, deren Lösungen für alle Zeiten einzig und allein durch die Anfangsbedingungen, den vollständig bekannten Ausgangszustand festgelegt werden. Wenn also diese Gleichungen die gesamten Vorgänge in der Welt beschreiben und auch der Mensch zur Welt gezählt wird, wird sofort verständlich, welche Widersprüche die Frage nach der persönlichen Entscheidungsfreiheit aufwirft; aber auch andere Erscheinungen in der Welt, die sich nicht ohne weiteres aus den Newtonschen Gleichungen ableiten lassen, bereiten Verständnisschwierigkeiten. Zu diesen Erscheinungen gehören zwei gut bekannte: die Wettervorhersage und das Phänomen der Turbulenz in einer Flüssigkeit oder einem Gas. Beides sind grundsätzlich mechanisch bestimmte Vorgänge in Systemen, die man gut zu kennen glaubt und deren Anfangsbedingungen sich mit eigentlich ausreichender Genauigkeit ermitteln lassen sollten. Aber löst man die Gleichungen, so verhält sich weder das Wetter noch die turbulente Strömung so, wie es die Lösungen vorhersagen.

Diese Lösungen sind regulär, Wetter und Turbulenz verhalten sich jedoch ganz offensichtlich chaotisch. Genaue Wetterprognosen sind praktisch unmöglich; sucht man ein System, das sich chaotisch verhält, dann bietet sich das Wetter als ausgezeichnetes Beispiel förmlich an. Ganz ähnlich verhält es sich mit der Turbulenz. Niemand kann vorhersagen, wohin ein kleines Flüssigkeitselement in einer turbulenten Strömung sich im nächsten Augenblick, geschweige denn nach längerer Zeit bewegen wird. Das Element benimmt sich willkürlich; in seiner Bewegung ist keinerlei Ordnung zu erkennen; es springt scheinbar wahllos herum, während es doch nach den Gleichungen eine wohlgeordnete Bewegung ausführen sollte.

Gewöhnlich schreibt man ein solches prinzipiell unvorhersagbares Verhalten nur intelligenten Spezies zu, deren Angehörige frei entscheiden können, was sie tun wollen. Daß die exakte Naturwissenschaft solche Beispiele kennt, deutet auf die innere Inkonsistenz der Theorie hin, die auf irgendeine Weise behoben werden muß. Wie das zu geschehen hatte, blieb sehr lange Zeit unklar; ja man war sich in der Naturwissenschaft nicht einmal über das Vorliegen dieser Inkonsistenz einig. Vielmehr schrieb man die Unfähigkeit der genauen Wettervorhersage oder der Beschreibung der Turbulenz der noch nicht genügend entwickelten Rechenkunst, der mangelnden Fähigkeit, richtige Lösungen aus den Gleichungen abzuleiten, zu und vertraute auf die Zukunft, ohne an der Richtigkeit der Behauptung zu zweifeln, daß die Gleichungen bei genügendem Rechenaufwand die entsprechenden Lösungen liefern und Wetter und Turbulenz vorhersagbar machen würden.

Der Glaube in die Richtigkeit dieser Behauptung war felsenfest und verschonte auch die größten Gelehrten nicht. Der Marquis Pierre Simon de Laplace, einer der bedeutendsten Physiker des 18. Jahrhunderts, vertrat stellvertretend für seine und mehrere nachfolgende Generationen die Meinung, die Welt sei eine Maschine, eine höchst komplizierte zwar, aber eine berechenbare, die nach den Newtonschen Gesetzen funktioniere; sie bestehe aus vielen kleinen Maschinen, die teilweise voneinander abhingen, teilweise aber auch völlig selbständig seien, und auch der Mensch sei nur eine derselben; bei genügendem Rechenaufwand ließe sich diese Maschine in ihrem Verhalten und allen Reaktionen bis ins kleinste und in die Unendlichkeit beschreiben und festlegen. Anläßlich einer Audienz bei Napoleon informierte er den Kaiser über die Newtonsche Theorie und trug ihm anschließend auch dieses Weltbild vor. Von der Theorie und ihren Erfolgen war Napoleon sehr beeindruckt, aber was das aus ihr angeblich folgende Laplacesche Weltbild betraf, stellte er dem Gelehrten nur die eine einzige Frage, wo denn in diesem System Gott noch einen Platz habe. Laplace setzte ein mokantes Lächeln auf, ehe er mit der Arroganz des von seiner Anschauung überzeugten Wissenschaftlers antwortete: »Majestät, diese Hypothese benötige ich nicht.«

Laplace drückte so auf seine Weise den generellen Glauben des Jahrhunderts der Aufklärung und der Revolution an die mechanische Determiniertheit des Geschehens aus. Dem stand auf der anderen Seite die vom naiven Glauben der ungebildeten Bevölkerung getragene Kirche gegenüber, der diese Determiniertheit, solange sie gottgegeben war, wohl gefiel, da sie den Menschen als unveränderlich, sündhaft und willensunfrei erkennen ließ und auch insofern, als sie nur von Gott durchbrochen werden konnte, der andererseits aber die von der Wissenschaft vorgeschlagene Welterklärung ein Dorn im Auge war, da sie den Herrschaftsanspruch der Kirche in Frage stellte. Das Problem der Determiniertheit und Entscheidungsfreiheit stand als Streitobjekt im Raume. Wie sehr beide Parteien irrten, hat erst die Entwicklung der Naturwissenschaft der letzten beiden Jahrzehnte aufgedeckt, als sie den Weg zum Sturz des Determinismus gegangen ist. Vorher aber beschritt sie noch viele Irrwege.

5. Andeutungen

Bereits in der Newtonschen Physik, gar nicht zu reden von den Erfahrungen des täglichen Lebens, gab es außer Wetter und Turbulenz eine Menge beunruhigender scheinbarer Ausnahmen und Abweichungen von den strengen Gesetzen. Die wichtigsten waren das Würfelspiel und das Roulette, zwei durchaus mechanische Systeme, die eigentlich den Gesetzen der Mechanik gehorchen sollten, es aber nicht in dem erwarteten Maße taten. Pascal erfand für sie die Wahrscheinlichkeitsrechnung, eine Methode, mit der sich sehr genau angeben ließ, in wie vielen Würfen z. B. die Eins auftreten sollte, und die verständlich machte, daß beim Roulette die Bank nahezu immer gewinnen muß. Das verteufelte Spiel des Zufalls stellte einen Fremdkörper in der Naturwissenschaft dar. Dann kam die Entdeckung der elektromagnetischen Kraftwirkungen, die mit den Newtonschen nichts zu tun hatten; aber sie erwiesen sich wieder als Wirkungen einer rein deterministischen Theorie und störten lange Zeit die Harmonie nicht.

Der wirkliche Einbruch kam mit der Formulierung der Thermodynamik Mitte des vorigen Jahrhunderts und der Einführung der Entropie als ständig wachsender und den Zustand der Unordnung messender Größe durch Rudolf Clausius. Unordnung und Entropie waren Fremdkörper im der Mechanik und Elektrodynamik zugrunde liegenden Newtonschen Weltbild. Die Biologie tat mit der Formulierung der Darwinschen Evolutionstheorie ein übriges dazu. Scheinbar stand sie im Widerspruch zur Thermodynamik, nach der die Unordnung zunehmen sollte; die Biologie aber redete von Höherentwicklung, die man als zunehmende Ordnung verstand. Gleichzeitig aber widersprach sie auch der Newtonschen Physik, nach der es keine Entwicklung geben konnte und keine Änderung, die nicht vorhersagbar war. Schließlich führten Maxwell, Boltzmann und Gibbs die Thermodynamik auf die ungeordnete mikroskopische Bewegung der Gasatome zurück, die den Newtonschen Gleichungen gehorchen, deren Kompliziertheit aber die irreversi-

blen Erscheinungen hervorrufen sollte. Diese Rückführung basierte auf einer un-
bewiesenen Ad-hoc-Annahme und wurde sehr stark angegriffen; aber die Statistische Mechanik, die statistische Theorie von Vielteilchensystemen, erwies sich
in allen Anwendungen als unbezweifelbar richtig, und obwohl niemand es verstand, mußte etwas an der Kompliziertheit der Bewegung wahr sein, wenigstens
dann, wenn sehr viele Teilchen mit im Spiel waren.

Die beiden großen theoretischen Entdeckungen dieses Jahrhunderts, die Relativitätstheorie und die Quantentheorie, trugen zu diesem Problem wenig bei. Die
Relativitätstheorie korrigierte die Aussage der Newtonschen Mechanik über die
Gleichzeitigkeit und die Absolutheit von Raum und Zeit; die Quantenmechanik
korrigierte die Newtonsche Physik im Bereich des Mikrokosmos. Beide entdeckten prinzipielle Grenzen des menschlichen Erkenntnisvermögens: im Makrokos-
mos war das die Beschränkung auf Geschwindigkeiten kleiner als die Lichtgeschwindigkeit, die Begrenztheit des Raumes auf das Gebiet des Universums, im
Mikrokosmos entdeckte sie die Unmöglichkeit der gleichzeitigen »genauen« Messung von Ort und Impuls eines Teilchens.

Besonders diese letzte, unter dem Namen der Unbestimmtheit in das Bewußtsein eingedrungene Entdeckung, hat lange Zeit Aufsehen erregt, nicht nur deshalb, weil sie schwer zu verstehen ist, sondern weil man sie fälschlich als Beweis
für die Existenz der Entscheidungsfreiheit des Menschen genommen hat. Im Atomaren aber hat der Mensch nichts zu entscheiden, und die dort vorhandene Ungenauigkeit bezieht sich allein auf die Messung der mikrophysikalischen Größen
und auf deren exakte Angabe. Die Quantentheorie hat sich als ebenso deterministische Theorie erwiesen wie die Newtonsche Mechanik. Damit stand die Physik
und mit ihr die gesamte Naturwissenschaft vor dem Problem, mit einer deterministischen Theorie konfrontiert zu sein, deren Grundlagen vernünftig zu sein
scheinen, gleichzeitig aber einer offenbar nicht determinierten Welt gegenüberzustehen, in der sich nur die simpelsten Aufgaben aus der deterministischen
Theorie vorherbestimmen lassen.

6. Auswege

Wenn man die Richtigkeit der Naturgesetze anerkennt, kann es aus dieser mißli-
chen Lage nur drei Auswege geben. Der erste ist der von der Religion vorgeschlagene der Existenz einer allesumspannenden, allmächtigen göttlichen Intelligenz,
die das Geschehen in der Welt, wenn auch nicht in allen Einzelheiten, so doch in
wesentlichen Zügen in der Hand hat und regelt und zu jeder Zeit eingreifen kann.
Ihrem Wirken wären die Abweichungen und Ausnahmen vom Naturgesetz zuzu-

schreiben. So schwer es vorstellbar ist für den begrenzten menschlichen Verstand, wo die Herkunft dieser Intelligenz liegen könnte, so ist doch dieses Modell eine ernst zu nehmende Lösung, die interessanterweise auch von einigen der großen Naturwissenschaftler wie von Newton selbst, Kant, und in gewissem Umfang Einstein vertreten wurde.

Das einleuchtende Argument bezieht sich auf zwei Dinge: erstens ist die menschliche Intelligenz, wenn sie auf evolutionärem Wege entstanden ist und deshalb bestenfalls eine Untergruppe der möglichen Intelligenzen darstellt, überhaupt nicht in der Lage, die Welt vollständig zu erkennen. Sie kann sich gar kein Modell vorstellen, das das Universum mit all seinen Phänomenen erfaßt. Unsere logischen Voraussetzungen mögen nur für einen begrenzten Teil des Universums, für sein Inneres etwa gelten, außerhalb, was immer das sein soll, brauchen sie nicht anwendbar zu sein. Daß dies mit hoher Wahrscheinlichkeit der Fall ist, vermuten wir aus rein mathematischen und physikalischen Gründen; wir benennen darum das Außen als das Nichtexistente – für unsere Erkenntnis. Dort, auf jeden Fall, fände die umfassende Intelligenz Platz, einen kläglichen zwar, aber möglicherweise ausreichend, um in das Universum einzugreifen, wann immer sie will. Da eine solche Intelligenz für uns prinzipiell unerkennbar ist, hätte sie beliebigen Spielraum, uns mit Effekten wie der Existenz des freien Willens, der Zufälle, der Naturgesetze überhaupt zu verblüffen.

Der zweite Ausweg lautet, daß die Existenz der Naturgesetze und des mindestens begrenzt logischen Aufbaus der Welt ein Rätsel an sich bleibt, das sich nicht erklären läßt. Die Naturgesetze, wenn man schon nicht die absolute Intelligenz akzeptieren will, spielen dann zwangsläufig selbst die Rolle derselben.

Der dritte Ausweg besteht darin, die genaue Kenntnis der Anfangsbedingungen zu bezweifeln. Tatsächlich ist es praktisch gar nicht möglich, alle Anfangsbedingungen in der Welt genau anzugeben. Um Anfangswerte zu kennen, müssen sie gemessen werden. Messungen sind aber notwendig immer mit, wenn auch kleinen, Fehlern verbunden, Ablesefehlern an Maßstäben, Zeigern und dergleichen. Es ist unmöglich, diese Fehler zu vermeiden. In der Praxis kommt es gewöhnlich nur darauf an, sie möglichst klein zu halten, damit der gewonnene Wert eine erträgliche Vertrauensbasis hat.

Die Physik hat trickreiche Verfahren entwickelt, diese Vertrauensbasis zu verbessern, also den Fehler zu verkleinern. Sie hat phantastisch genaue Instrumente erfunden, phantastisch kleine Maßstäbe; sie hat aber auch phantastisch ausgefeilte mathematische Techniken ersonnen. Doch selbst die besten Instrumente und feinsten Maßstäbe haben noch Ablesefehler; sie müssen darum mit mathematischen Methoden gekoppelt werden, um die Fehler so klein wie möglich zu halten. Diese Methoden basieren sämtlich auf einer großen Zahl von Messungen, die jede für sich viel Zeit beanspruchen. Wenn sich das System während dieser

Zeit verändert, kommt bei jeder Messung ein neuer Wert heraus. Also muß das System stationär sein, sonst wird die Messung verfälscht.

Anfangswerte für komplizierte Systeme bestehen aus vielen Größen, die alle gleichzeitig gemessen werden müßten. Da das unmöglich ist, ohne große Fehler zu machen, können die Anfangswerte grundsätzlich nicht genau genug angegeben werden, und demzufolge wird die Vorhersage fehlerbehaftet bleiben. Was das Universum betrifft, ist eine solche Messung aller Größen prinzipiell ausgeschlossen, da nicht jeder Punkt erreicht werden kann. Zwar können durch die Beobachtung der auf der Erde ankommenden optischen Strahlung oder der Strahlung aus einem anderen Bereich des uns bekannten Spektrums Aussagen über den Zustand des Universums an entfernten Stellen gewonnen werden; diese Stellen müssen aber selbst Strahlung aussenden; »denn man siehet die im Lichte / die im Dunkeln sieht man nicht« (Brecht). Tun sie das nicht, so stehen wir im Dunkeln. Die ausgesendete Strahlung benötigt aber, wie man seit Einstein und der Relativitätstheorie weiß, selbst geraume Zeit, um zu uns zu gelangen. Vom Rande des Universums bis zu uns beträgt diese Zeitspanne ein Weltalter, und inzwischen hat sich dort alles verändert. Das macht die Ungenauigkeiten sehr groß. Die Supernova in der großen Magellanschen Wolke, die 1987 ein Jahresgespräch war und von den Astronomen als das Jahrhundertereignis bezeichnet wurde, weil beobachtbare Supernovae in nicht zu großer Entfernung von unserem Sonnensystem nicht häufiger als alle paar Jahrhunderte auftreten (die letzte war die von Johannes Kepler 1604 beobachtete) – diese Supernova 1987a, wie sie genannt wird, fand tatsächlich vor 163 000 Jahren statt. Was inzwischen an ihrem Ort abgelaufen ist, kann man nur mit Hilfe von Theorien notdürftig rekonstruieren, die auf Messungen an anderen Supernovae in entfernten Galaxien und auf physikalisch plausiblen Annahmen beruhen und notwendigerweise sehr ungenau sind.

Die Bedeutung dieser Ungenauigkeit ist zwei Jahrhunderte lang unterschätzt worden. Und niemand hätte von ihr angenommen, sie könne zu irgendeinem Zeitpunkt aus dem Schatten der großen Theorien treten und die einzige echte wissenschaftliche Revolution, vielleicht die einzige seit der kopernikanischen auslösen. Relativitätstheorie und Quantentheorie waren Korrekturen der Newtonschen Theorie und der Elektrodynamik von weitreichender Bedeutung, die die Grundbehauptung des mechanischen Weltbildes, die Determiniertheit, nicht angriffen; die neue Theorie des deterministischen Chaos[3] aber, wie sie fälschlicherweise genannt wird – eigentlich sollte sie einfach die Theorie der nichtlinearen oder komplexen Systeme genannt werden –, ist im Begriff, dieses Weltbild umzustoßen und durch ein sogenanntes »evolutionäres« zu ersetzen – auch das eine eher falsche, hochtrabende Bezeichnung, die verschleiert, daß es sich nur um ein Weltbild handelt, daß sich der Kompliziertheit der Welt bewußt zu werden beginnt.

Die Tragweite dieses Schrittes läßt sich noch nicht ermessen; denn er betrifft nicht allein die Physik, sondern alle Gebiete des menschlichen Daseins, was nicht soviel heißt, daß die menschliche Existenz nun berechenbar oder die Welt total beherrschbar und die Erkenntnis abschließbar würde; aber die neue Theorie zeigt Ansatzpunkte auf, die zum einen ein tieferes Verständnis aller Entwicklungs- und Ordnungsvorgänge in der Welt ankündigen, zum anderen den Menschen zurechtweisen auf seine Position eines nur begrenzten Erkenntnisvermögens, ihm gleichzeitig aber auch das Bewußtsein seiner Entscheidungsfreiheit zurückgeben.

7. Der Himmelssturz des Determinismus

Die Human- und Geisteswissenschaften haben immer schon an der totalen Determiniertheit gezweifelt. Selbst die Husserlsche Phänomenologie, die sich als Ziel gesetzt hatte, Philosophie so exakt wie die Naturwissenschaften zu entwickeln, hat nie Zweifel an ihrer Opposition gegen den Determinismus gelassen. Die Diktatur des Determinismus kommt einzig und allein aus der Physik. Die Physik ist der große Vereinfacher unter den Wissenschaften, der *terrible simplificateur*, vor dem der Basler Philosoph und Zeitgenosse Nietzsches, Jacob Burckhardt, gewarnt hat. Newton war sich dessen wohl bewußt und maß seiner Mechanik nicht mehr Bedeutung bei als seinen mystischen Überlegungen, und Einstein betonte, daß die Klarheit und Einfachheit der Physik nur auf Kosten der Vollständigkeit der Erkenntnis zu erreichen sei.

In der realen Welt ist Einfachheit eine sehr seltene Sache. Die Physik hat sich eine Kunstwelt des Einfachen gebaut, in der die realen Dinge, weil sie kompliziert und komplex sind, den Beigeschmack des Schmutzigen erhielten, mit dem sich kein intellektueller Anspruch verband; »Dreckeffekte«, wie sie genannt werden, werden vernachlässigt oder »wegdiskutiert«. Und aus pragmatischen Gründen, damit überhaupt ein temporärer Fortschritt erzielt werden kann, müssen sie auch wegdiskutiert, dürfen aber nicht vergessen werden. Es ist die ungewöhnliche und ungeheuerliche Einsicht des letzten Jahrzehnts, daß es gerade diese Effekte sind, auf die es ankommt, daß die Realität kompliziert ist und die physikalischen vereinfachten Modelle ihr nicht entsprechen – außer in einigen Sonderfällen, die weite technische Verbreitung gefunden haben. Diese kleinen Dreckeffekte wachsen sich in realen Systemen zu großen Wirkungen aus und sind für unvorhergesehene Entwicklungen verantwortlich.

Exkurs

Diese Behauptung läßt sich ohne mathematische Hilfsmittel nicht leicht verständlich machen; man wäre sonst wahrscheinlich schon viel früher auf sie gestoßen. Beweisbar wurde sie erst mit der Verfügbarkeit über leistungsstarke Computer, die die Rechenarbeit übernehmen konnten. Der erste Ansatz stammt bereits von Poincaré, dem genialen französischen Mathematiker aus dem Anfang des Jahrhunderts, der die Newtonschen Bahnen von Teilchen im Phasenraum untersuchte.

Der *Phasenraum* ist ein gedachter Raum, der außer den drei Raumkoordinaten auch noch mit Achsen versehen ist, auf denen die drei Komponenten des Impulses (der Geschwindigkeit) aufgetragen werden. Der Zustand eines Teilchens zu einem bestimmten Zeitpunkt ist ein Punkt in diesem Raum; alle Zustände, die das Teilchen im Laufe der Zeit annimmt, liegen dann auf einer Kurve. Viele Teilchen bilden eine Punktwolke, die sich im Phasenraum bewegt und die ein bestimmtes Volumen besitzt. Die Vereinfachung, die die Physik vornimmt, ist der Versuch, diese Bewegung durch nur sehr wenige Größen eindeutig zu beschreiben, was immer dann möglich ist, wenn die Teilchen beieinander bleiben, gemeinsame Bahnen ausführen oder sich alle Bahnen sehr leicht aus einer einzigen errechnen lassen. Die Bewegung eines Pendels wird zum Beispiel durch die Angabe seiner Frequenz hinreichend beschrieben; sie ist das, was am Pendel interessiert, gleichgültig, aus wie vielen Teilchen das Pendel aufgebaut ist. Reale physikalische Systeme bestehen immer aus mehreren Elementen, die im allgemeinen über komplizierte Kräfte miteinander wechselwirken und sich gegenseitig beeinflussen. Damit sie einfache Systeme bleiben, dürfen sich ihre Bahnen im Phasenraum nicht stark voneinander unterscheiden.

Lange Zeit hat die Physik nur Systeme dieser Art untersucht. Ihr Zeitverhalten im Phasenraum kann sehr einfach qualitativ beschrieben werden. Ein stabiles System wie ein gedämpftes Pendel kehrt nach seiner Auslenkung aus der Ruhelage nach einer Reihe von Schwingungen wieder in die Ruhelage zurück. Diese ist ein Punkt im Phasenraum. Ein periodischer Prozeß, bei dem sich sowohl die Geschwindigkeit als auch der Ort periodisch ändern, entspricht einer einfachen geschlossenen Kurve im Phasenraum. Nach einer Auslenkung erreicht das System diese Kurve wieder. Mehrfach periodische Systeme haben kompliziertere, aber stets geschlossene Kurven als Abbilder im Phasenraum. In allen diesen Fällen »zieht der am Ende erreichte Ruhezustand das System an«; die stationäre Endkurve im Phasenraum wird aus diesem offensichtlich bildhaften Grunde *Attraktor* genannt.

Der gesamte Phasenraum, den das System theoretisch ausfüllen könnte, schrumpft auf diesen nur wenige Dimensionen besitzenden Attraktor zusammen und gestattet deshalb die Beschreibung des Systems durch nur wenige Größen. Anders ist es um ein System bestellt, das keinen Attraktor besitzt. Seine Bewegungskurve im Phasenraum wird mit der Zeit den ganzen Phasenraum mit allen seinen Dimensionen ausfüllen. Solche Systeme verhalten sich zufällig oder *stochastisch*. Man kann sie mit den Methoden der Wahrscheinlichkeitsrechnung behandeln. Die einzelnen Punkte des Phasenraums, die ihren Zuständen entsprechen, haben keine Beziehung zueinander; sie nehmen ihre Lage zufällig ein. Beide Arten von Systemen kommen in der Physik und in der Realität vor. Ein Beispiel für ein System mit geschlossenem Attraktor ist die zyklische Bewegung der Planeten in unserem Sonnensystem, ein solches für ein stochastisches System die ungeordnete Zitterbewegung der Moleküle in einem Gas, etwa in Luft, für die Einstein in seiner berühmten, nur 17 Seiten langen Dissertation von 1905 eine elegante Erklärung als Wärmebewegung gab.

Die überwiegende Mehrzahl der realen Systeme aber gehört einer anderen Klasse an, die zwar Attraktoren besitzt, deren Attraktoren jedoch weder Punkte noch in sich geschlossene Kurven sind, sondern einen Unterraum des Phasenraums mit weniger Dimensionen vollständig ausfüllen; solche Attraktoren heißen *seltsam*, und die zu ihnen gehörenden Systeme sind die *chaotischen*. Das seltsame Verhalten der chaotischen Attraktoren kommt durch das Wechselspiel zwischen zwei Effekten zustande, den dissipativen, bei denen Energie in Wärme umgesetzt wird, und den nichtlinearen, die dafür sorgen, daß die Energie unter den Teilbewegungen durch Rückkopplungen aufgeteilt wird. Da die meisten realen Vorgänge solche nichtlineare Wechselwirkungen enthalten, verstehen wir, warum chaotische Systeme unter allen realen Systemen die häufigsten sind.

Seltsamkeit, Fraktal und Dimensionen

Seltsame Attraktoren haben seltsame Eigenschaften. Nehmen wir zum Beispiel an, zur Beschreibung eines speziellen nichtlinearen chaotischen Systems genüge ein Phasenraum von drei Dimensionen. Sein Attraktor wird sich in den dreidimensionalen Phasenraum einbetten lassen; aber er kann weder die Dimension zwei, noch die Dimension drei haben, denn in beiden Fällen würde das System ganzzahlig periodisch sein, der Attraktor sich in sich selbst schließen und seinen chaotischen Charakter verlieren. Die Dimension des Unterraums des Phasenraums, der vom chaotischen Attraktor vollständig ausgefüllt wird, kann deshalb nur zwischen zwei und drei liegen; sie ist keine ganze Zahl.

Von solchen nichtganzzahligen, *fraktalen* Dimensionen, die uns im täglichen Leben abwegig erscheinen, sind wir überall umgeben, auch wenn wir sie nicht als Dimensionen wahrnehmen. Die Welt, von der wir gewohnt sind zu reden, hat die

Dimensionen eins (die Linie), zwei (die Ebene) und drei (der Raum). Aber sehen wir uns beispielsweise ein Wollknäuel an und fragen nach der Dimension seiner Oberfläche. Die naive Antwort lautet, sie ist eine Fläche und hat deshalb die Dimension zwei. Ist es aber wirklich eine vollständige Fläche? Die von dem Wollfaden eingenommene Fläche füllt ja die Oberfläche der von uns mit dem Knäuel assoziierten Kugel überhaupt nicht voll aus, sondern nur einen Bruchteil davon. Demzufolge ist die Dimension der Wollknäueloberfläche kleiner als zwei, wie durch eine exakte mathematische Rechnung bestätigt werden kann. Ebenso verhält es sich mit dem Volumen des Knäuels: seine Dimension ist kleiner als drei. Wie wir sehen, sind die fraktalen Dimensionen ganz natürliche Eigenschaften unserer Umgebung; wir finden sie überall wieder, wenn wir nur genau hinschauen.

Der zweiten Eigenschaft eines seltsamen chaotischen Attraktors begegnen wir, wenn wir die Reihenfolge der Punkte mit der Zeit betrachten, aus denen er gebildet wird. Im Gegensatz zum geschlossenen Attraktor einer periodischen Bewegung, bei dem die Punkte, aus denen er besteht, sich kontinuierlich mit der Zeit auf dem Attraktor verschieben, zeitlich also genau einer auf den anderen kommen, springen auf dem seltsamen Attraktor die Punkte regellos umher, und es kann nicht vorausgesagt werden, welchen Ort der Punkt im nächsten Augenblick anvisiert.

Diese Eigenschaft ist äußerst wichtig: Obwohl der Attraktor insgesamt auf einen bestimmten Unterraum des Phasenraums eingeschränkt werden kann, dessen Punkte er im Laufe der Zeit vollständig ausfüllt, kann nicht vorhergesagt werden, wo der das System darstellende Punkt zu einem bestimmten Zeitpunkt liegen wird. Die Eigenschaft der prinzipiellen Unvorhersagbarkeit des Einzelereignisses ist die charakteristische Eigenschaft des seltsamen Attraktors, und gerade sie ist es, die ihn an das Chaos anbindet und mit der Wirklichkeit in Zusammenhang bringt.

Es ist die *Nichtlinearität* der deterministischen physikalischen Gesetze, die die Unvorhersagbarkeit des Systems bewirkt, das durch den seltsamen Attraktor dargestellt wird. Das System scheint sich zufällig zu verhalten, obwohl es doch von den deterministischen physikalischen Gesetzen beschrieben wird und es nicht offensichtlich ist, an welcher Stelle der Zufall ins Spiel kommen sollte. Unvorhersagbarkeit ist eine Eigenschaft zufälliger Systeme. Diese Eigenschaft haben chaotische Systeme mit den zufälligen gemein; aber in anderer Hinsicht unterscheiden sie sich von ihnen. Sie besitzen einen Attraktor, der nur einen Teilraum des Phasenraums ausfüllt, während stochastische Systeme keine Attraktoren haben und den gesamten Phasenraum ausfüllen. Die Existenz eines solchen Attraktors bedeutet, daß sie einen trotz aller Unvorhersagbarkeit geordneten Zustand besitzen, während stochastische Systeme sich wirklich *nur* rein zufällig verhalten.

Ungenauigkeit und Stabilität

Nun läßt sich natürlich fragen, ob es nicht zwischen diesem unvorhersagbaren Verhalten und der Determiniertheit eine Ungereimtheit gibt. Wie entsteht Unvorhersagbarkeit in einem durch die Grundgleichungen vollständig determinierten System? Es ist genau diese Frage, an der das physikalische Denken sich im vergangenen Jahrzehnt revidieren mußte, und die Antwort auf sie hat bei der Unmöglichkeit der absolut genauen Kenntnis der Anfangsbedingungen anzusetzen.[4] Kolmogorow und Arnold in Rußland und Jürgen Moser in Göttingen untersuchten in den sechziger Jahren die Phasenraumbilder schwach nichtlinearer Bewegungsgleichungen und stellten mit dem KAM-Theorem die Bedingungen für das Vorliegen geschlossener, nicht-seltsamer Attraktoren auf. Wenn diese Bedingung verletzt wurde, mußten zwangsläufig andere, damals noch unbekannte Bewegungsformen auftreten. Auf solch ungewohnte und gleichzeitig unvorhersagbare Bewegungsformen, die offensichtlich Lösungen der deterministischen Gleichungen waren, stieß zur selben Zeit am MIT in Boston der Meteorologe Edward Lorenz beim Versuch, auf dem Computer Wetterprognosen zu erzeugen. Verschwindend kleine Änderungen der Anfangsbedingungen in seinen Gleichungen führten zu sprunghaften Änderungen in seinen Lösungen für das Wetter. Diese Beobachtung gab den Startschuß für die Chaostheorie, und gleichzeitig versetzte sie dem weitverbreiteten Glauben an die schließliche Machbarkeit der Langzeitwetterprognose den Todesstoß.

Die Theorie des deterministischen Chaos, auf das Lorenz stieß, hängt eng mit der Theorie der Stabilität einer Bewegung gegenüber Störungen zusammen. Ein System, in dem eine Störung mit der Zeit»ausstirbt«, so daß das System in seinen Ausgangszustand zurückkehrt, ist *stabil*, und sein Ausgangs- und gleichzeitig Endzustand ist sein (nicht-seltsamer) Attraktor. Wenn aber die Störung in einem System mit der Zeit anwächst, entfernt sich das System immer mehr von seinem Ausgangszustand: es wird *instabil*. Stabilität und Instabilität lassen sich am einfachsten am Beispiel einer Kugel auf einer nicht ebenen Unterlage vorstellen. Liegt die Kugel in einer Schüssel auf deren tiefstem Punkt, so ist sie stabil gelagert. Lenkt man sie aus ihrer Ruhestellung aus, dann kehrt sie immer wieder dorthin zurück. Liegt sie dagegen auf der Spitze eines Berges, dann genügt ein winziger Anstoß, und sie rollt den Berg hinab, ohne jemals selbständig an ihren alten Ort zurück gelangen zu können. Dieser Zustand ist ein instabiler. Begrenzt stabil ist der Zustand einer in einer Mulde auf einem abschüssigen Hang liegenden Kugel. Eine kleine Auslenkung aus der Ruhelage befördert sie wieder in die Mulde zurück; aber eine große hebt sie über deren Rand hinaus und läßt sie den Hang hinunterrollen. Systeme, die sich so verhalten, sind nur für kleine Auslenkungen aus der Ruhelage stabil. Dieses Verhalten ist typisch für nichtlineare Systeme.

Deterministisches Chaos hat mit der Instabilität gegenüber kleinen Abweichungen in den Anfangsbedingungen zu tun. Ist das System chaotisch, so wird es bei einer minimalen Abweichung zweier Anfangsbedingungen voneinander nach Ablauf einiger Zeit zwei Zustände annehmen, die sich so unähnlich sind wie Kinder verschiedener Eltern. Das ist es, was Lorenz fand. Dieses Resultat ist so verblüffend, weil es aus unbestritten deterministischen Gleichungen hervorgeht. Der mathematische Beweis basiert auf der Untersuchung des *linearen* Verhaltens der Gleichungen mit nichtlinearen Wechselwirkungen gegenüber kleinen Störungen.

Wenn die Änderung einer Größe in der Zeit in direkter Porportion zur Größe selbst zu- oder abnimmt, spricht man von linearer Wechselwirkung. In diesem Fall wächst die Größe exponentiell mit der Zeit an oder klingt exponentiell mit der Zeit ab. In Systemen mit Dissipation, d. h. Energievernichtung, kommt nur das Abklingen in Betracht. Nichtlineare Wechselwirkungen verkoppeln zwei oder mehrere Komponenten des Systems miteinander und machen sie gegenseitig abhängig. Nicht weit entfernt vom Anfangszustand ist diese Verkopplung noch schwach, und das System kann wie ein lineares behandelt werden. Seine Lösung wird durch eine Anzahl von (negativen) Abklingraten beschrieben, die die Schnelligkeit des Abklingens jeder einzelnen seiner Komponenten angeben. Diejenigen Komponenten der Störung mit den größten Abklingraten sterben am schnellsten aus. In einem komplizierten nichtlinearen System aber sterben einige Störungen mit positiven Anwachsraten nicht aus, sondern wachsen exponentiell an: Das System ist gegenüber diesen Störungen instabil. Zwei zu solchen positiven Anwachsraten gehörende, anfänglich dicht benachbarte Bahnen im Phasenraum mit nahezu, aber nicht ganz identischen Anfangswerten werden sich mit der Zeit unendlich weit voneinander entfernen. Der große Abstand bedeutet, daß das System »vergißt«, woher es gekommen ist; es erinnert sich nicht mehr an seinen Anfang, weil es die anderen Bahnen aus dem Auge verloren hat und die ausgestorbenen nicht mehr kennt. Das ist die Aussage der Chaostherie.

Um das Verhalten eines chaotischen Systems klassifizieren zu können, muß man demnach nur die positiven Anwachsraten auffinden. Die Summe aller positiven Anwachsraten nennt man K oder Kolmogorow-Entropierate. Wenn K positiv und nicht unendlich ist, verhält sich das System deterministisch chaotisch, was wiederum bedeutet, daß sein Verhalten deterministisch ist, daß es aber auf Ungenauigkeiten in den Anfangsbedingungen chaotisch reagiert und deshalb nicht vorhersagbar ist. Ungenauigkeiten in den Anfangsbedingungen sind unvermeidbar, auch dann, wenn der Mensch nicht eingreift; denn ein physikalisches System wie zum Beispiel das Wetter reproduziert niemals denselben Ausgangszustand: Im Prinzip genügt ihm das leicht geänderte Schwanken einer Blume, der anders schaukelnde Flug eines Schmetterlings, der verzögerte Flügelschlag eines Vogels, um es zu einer veränderten Entscheidung über seinen künftigen Verlauf zu veranlassen.

Auch unser Planetensystem *ist* ein chaotisches deterministisches System. Das läßt sich für jedes aus mehr als zwei Körpern bestehende Newtonsche Bewegungssystem beweisen; das Sonnensystem besteht aus neun Planeten mit all ihren Monden und Ringen, der Sonne, Kometen und einer Menge kleinerer, sich im Asteroidengürtel bewegender Körper. Aber die große Masse der Sonne und die großen Abstände der Planeten voneinander, welche die Planeten sich gegenseitig nur äußerst schwach beeinflussen lassen, sorgen für seine Stabilität. Wahrscheinlich haben die stark chaotischen Bewegungen bei der Entstehung des Sonnensystems für das Abstoßen aller sich ungeordnet bewegenden größeren Himmelskörper gesorgt, und alle kleineren sind von Sonne und Planeten aufgesaugt, gefressen worden, bis schließlich nur noch ein stationäres, begrenzt stabiles System übriggeblieben ist. Solcherart ist für gewöhnlich das Schicksal aller sich selbst überlassenen, geschlossenen mechanischen Systeme. Aber käme irgendwann einmal ein fremder Stern von der Größe des Jupiter oder der Sonne durch unser Sonnensystem hindurch, dann müßte man unbedingt mit einer gewaltigen Störung der Bewegung aller Planeten rechnen, deren Resultat eine Umordnung, wenn nicht gar das Aufbrechen der Planetenbahnen sein könnte. Aber das ist ein hypothetischer Fall; denn in der Nähe unseres Sonnensystems gibt es keinen Stern mit einer derartigen Bewegung, und die mit der Wiederkehr Halleys verbundenen Gerüchte waren alles nur dummes Gerede von orakelnden Halbgebildeten: Halley ist ein zum Sonnensystem gehörender, sozusagen »eingeplanter« Himmelkörper, wie man weiß, ein sehr leichter Eisklumpen mit so geringer Masse, daß eine von ihm verursachte Störung des Gleichgewichts unseres Planetensystems auf dem Wege um die Sonne stets gedämpft sein wird, also negative Abklingraten hat. Aber in der Natur ist die Mehrzahl der realen Systeme nicht geschlossen wie unser Planetensystem, das gegenwärtig kaum äußeren Störungen ausgesetzt ist; sie unterliegen äußeren, unvorhersehbaren Einflüssen, von denen sie aus dem Gleichgewicht gebracht werden, und wenn sie gegenüber solchen Störungen empfindlich sind, verhalten sie sich chaotisch.

8. Entstehung von Struktur und Form

Chaotisches Verhalten betrifft nicht nur Unvorhersagbarkeit; wäre es nur das, so würden wir eine gewisse Befriedigung empfinden, endlich wenigstens in einer Andeutung zu verstehen, warum solche Erscheinungen wie das Wetter, von denen wir wissen, daß sie aus deterministischen Grundgesetzen abgeleitet werden können, willkürlichen und nicht prognostizierbaren Änderungen unterliegen: Chaotische Systeme sind offene. Trotz ihrer Determiniertheit reagieren sie allergisch auf Änderungen der äußeren Verhältnisse. Chaotisches Verhalten zeigt *Struktur.*

Es läßt sich kaum ermessen, was diese Erkenntnis für Aussagewert besitzt. Strukturen der kompliziertesten Art begegnen wir überall; und es war über Jahrhunderte hinweg ganz unverständlich, wie diese Strukturen entstanden sein könnten, warum sie gerade so und nicht anders strukturiert sind und warum es überhaupt so etwas wie eine Entwicklung von Strukturen gibt. Nun, die Chaostheorie kann auch heute diese Fragen noch nicht beantworten und wird es vielleicht niemals in einer befriedigenden Weise tun; sicher wird sie es nicht vollständig tun können, denn das widerspräche ihrem eigenen Selbstverständnis. Sie zeigt allerdings als erste und einzige Theorie der Naturwissenschaften, *daß* die Entstehung von Strukturen, Formen in komplizierten nichtlinearen Systemen, die sich chaotisch verhalten, die reguläre Reaktion ist.

Eine erste Andeutung für die Möglichkeit von Strukturentstehung fand bereits der belgische Chemiker Ilya Prigogine[5] auf Grund von thermodynamischen Überlegungen, als er sie auf – bezeichnenderweise – Zustände fernab vom Gleichgewicht anwendete. Er stieß dabei auf die Notwendigkeit, instabile Prozesse betrachten zu müssen, und diese führten ihn zu Auswahl- und Ordnungsvorgängen; denn das Aussterben der gedämpften und das Überleben nur weniger ausgewählter instabiler Lösungen kann als Entstehung von Ordnung verstanden werden, weil nach langen Zeiten nur noch diese überlebenden Lösungen übrigbleiben. Einen ganz anderen Zugang gewann eine Gruppe von reinen und experimentellen Mathematikern, die mit bestimmten Bildungsgesetzen von Zahlenmengen herumspielten.

Gaston Julia, der Lehrer des Mathematikers Benoît Mandelbrot in Paris, der inzwischen mit seinen bunten Apfelmännchenbildern berühmt geworden ist, hatte zwischen 1906 und 1920 Interesse an Zahlenmengen gefunden, die selbstähnliche Strukturgesetze besitzen, bei denen also ein Element sich nach einer und immer der gleichen simplen Formel aus dem vorhergehenden errechnet. Solche Mengen zeigten eine Art von unbestimmtem, aber wiederkehrendem Verhalten in der Anordnung ihrer Elemente. Mandelbrot griff sie in den siebziger Jahren auf und verfolgte die von ihnen gebildeten Strukturen graphisch am Computer. Was er dabei fand, war erstaunlich: Die von den Zahlenmengen angenommenen graphischen, immer noch abstrakten Formen erinnerten ihn an Strukturen, die in der Natur vorkommen. Mandelbrots Phantasie tat den entscheidenden Schritt und stellte die Frage, ob nicht vielleicht die natürlichen Strukturen ganz ähnlichen, simplen rekursiven Entstehungsgesetzen gehorchten. Er begann nach anderen rekursiven

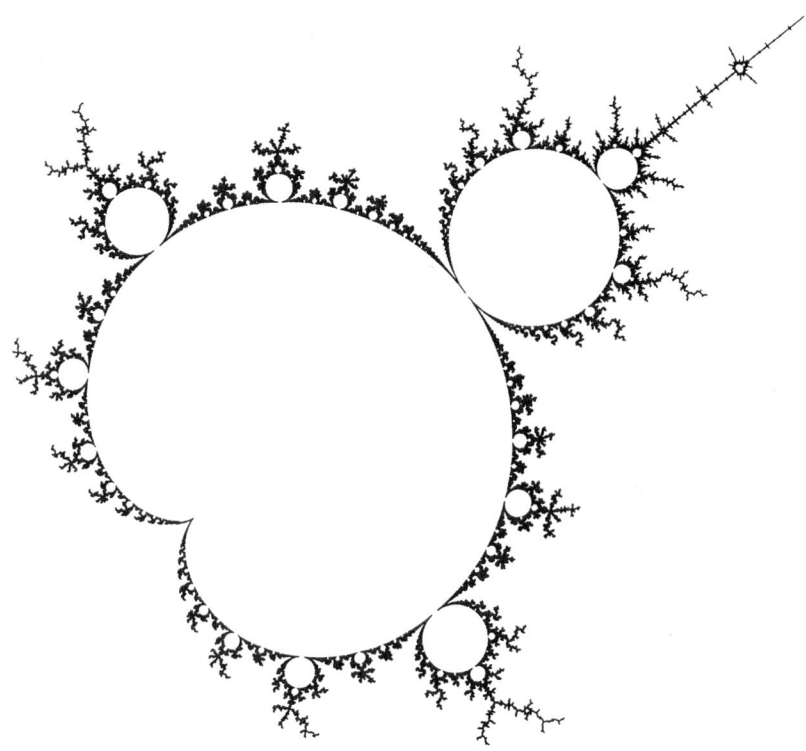

Abb. 18: Mandelbrots sogenanntes »Apfelmännchen«, das aus einer mathematischen Spielerei mit rekursiven komplexen Zahlenmengen entsteht. Aus der »Haut« des großen »Männchens« sieht man andere kleine, ebenso geformte »Männchen« herauswachsen usw. Man kann die Auflösung mathematisch bis ins unendliche treiben, immer wieder entsteht auch im kleinsten die gleiche Figur als Ausdruck der »Selbstreferenz« der mathematischen Abbildung.

Formeln zu suchen und kam auf die Idee, solche Gesetze auch auf komplexe Zahlen auszudehnen. Der Erfolg war durchschlagend.

Komplexe Zahlen füllen, wenn man sie graphisch darstellt, eine Ebene aus. Wenn Mandelbrot nun, der selbstbezüglichen Formel von Julia folgend, die rekursiv enstehenden Zahlen vom Computer in dieser Ebene zeichnen ließ und sie womöglich noch bestimmten einschränkenden Bedingungen unterwarf, etwa, daß die entstehenden Kurven nur unter bestimmten Winkeln aneinanderstoßen dürfen, entstanden komplizierte und ästhetische Gebilde, Ornamente, Mosaiken, aber auch Gebilde, die wie natürliche biologische oder geographische Strukturen aussahen. Sie hatten die Form von Früchten wie das erwähnte Mandelbrotsche Apfelmännchen oder von Blättern, Farnen, Eisblumen am Fenster, der Küstenlinie von England usw. Griff man aber ein kleines Element einer solchen Struktur heraus und »legte es unter das Mikroskop«, das heißt, vergrößerte man es, indem man die Rechenschritte verfeinerte, so ergab sich eine der großen zum Verwechseln ähnliche Form. Das konnte bis an die Grenze der Rechengenauigkeit des Computers getrieben werden. Die gefundenen Strukturen waren *selbstähnlich*, eine Eigenschaft, die man allerorten in der Physik wiederfindet, in der Turbulenz von Flüssigkeiten, bei der Ausbildung von Stoßwellen und an vielen anderen Stellen. Diese Selbstähnlichkeit bildet den Verbindungsstrang zwischen der mathematischen Struktur der rekursiven Mengen und der Chaostheorie. Niemand hatte das oder Ähnliches erwartet.

Mandelbrot nannte die gefundenen Strukturen Fraktale; denn wenn er die Dimensionen der Grenzkurven ausrechnete, stellten sie sich als fraktale Dimensionen heraus: Die Punktbelegung der Kurven und Flächen war nicht dicht und kontinuierlich, sondern diskontinuierlich, die Punkte folgten nicht direkt aufeinander, sprangen scheinbar chaotisch in der Ebene umher, ehe nach langer Rechenzeit Strukturen sichtbar zu werden begannen. Auch dieses Verhalten ähnelte dem der chaotischen seltsamen Attraktoren. Selbstähnlichkeit, soviel wußte man bereits aus der Physik der Stoßwellen, die zur Zeit der theoretischen Untersuchung der Explosion einer Wasserstoffbombe in der Atmosphäre ihre Blüte hatte, das war Mitte der fünfziger Jahre, bedeutete Unabhängigkeit von der Vergangenheit; aber damals wußte man mit dieser Aussage wenig anzufangen, außer sie zur einfachen Ähnlichkeitsberechnung von Stoßwellenformen zu verwenden.

Die Gemeinsamkeiten von Fraktalen und seltsamen Attraktoren gaben Anlaß zu Vergleichen; es dauerte nicht lange, bis sich herausstellte, daß seltsame Attraktoren und diese fraktalen Gebilde verwandt sind. Beide entstehen aus nichtlinearen Entwicklungsgleichungen. Diese enthalten einen die Größe des nichtlinearen Einflusses charakterisierenden »Ordnungsparameter« r; wenn dieser einen bestimmten sogenannten kritischen Wert überschreitet, geht das System in den chaotischen Zustand über. Das geschieht in vielen Fällen über eine sogenannte Periodenverdopplung. Das Anwachsen von r hat direkt mit der Existenz einer instabilen Komponente im System zu tun. Beispielsweise läßt sich der Lorenzsche Attraktor für das Verhalten des Wetters als ein Hin- und Herschaukeln zwischen drei Komponenten verstehen. Solange r klein ist, ist diese Schaukel periodisch. Wenn aber r anwächst, tritt plötzlich eine zweite, vorher nicht dagewesene Periode auf, und das System muß sich für eine der beiden Perioden entscheiden. Der Punkt, an dem das geschieht, ist der »Bifurkationspunkt«. Die Wahl, die das System trifft, hängt einzig und allein von der Ungenauigkeit der Anfangsbedingungen ab und ist unvorhersagbar. Wächst r nun noch weiter an, so tritt wieder eine neue Bifurkation auf, wenn ein zweiter kritischer Wert erreicht wird. Dann sind bereits vier Möglichkeiten für das Verhalten des Systems vorhanden. Das geht in immer kleineren Abständen so weiter, bis das System ununterbrochen neue Zustände erzeugt und sich unablässig neu entscheiden muß.

Für verschiedene rekursive Abbildungen ist das Verhältnis der r-Intervalle, nach denen eine neue Periodenverdopplung auftritt, eine universelle, das Fraktal charakterisierende Konstante, eine Invariante, in der sich die Determiniertheit des Systems selbst im Chaos noch erhält: Ihretwegen ist das Chaos – und nur dieses – zur Strukturbildung fähig. Es *erzeugt* ständig Struktur, die vorher nicht dagewesen ist; die *Art* dieser Struktur kennt man, wenn die für das entsprechende System verantwortliche rekursive Abbildung angegeben werden kann. Es ist eine Aufgabe der experimentellen Mathematik und der Chaostheorie, nach solchen Abbildungen zu suchen, Bifurkationsdiagramme in Abhängigkeit vom Ordnungsparameter r zu erstellen, die Gebiete einzugrenzen, in denen chaotisches Verhalten für die verschiedensten rekursiven Abbildungen erwartet werden kann, und ihre Invarianten aufzusuchen. Kennt man alle diese Größen, so hat man die das Chaos beschreibenden Formeln gefunden, kann die zu erwartenden Strukturen benennen und verstehen, woher sie kommen; nur eines kann und wird man nicht können: ob und wann sie eintreten, vorherzusagen, denn diese Vorhersage ist prinzipiell unmöglich. Allerdings gibt es Bereiche des Ordnungsparameters, in denen die Bifurkationen so dicht liegen, daß es für das System ein leichtes ist, von einer zur nächsten zu springen; in diesen Bereichen, die jeweils zu einem begrenzten Parameterintervall gehören, verhält sich das System genauso wie ein stochastisches und kann deshalb mit den Methoden der stochastischen Vorhersage behandelt werden. Man redet auch von der Diffusion des Systems in diesen Bereichen. Hier sind begrenzte Wahrscheinlichkeitsvoraussagen möglich und von großem Wert. Die Grenzen zu diesen Bereichen zu finden, ist darum von praktischer Bedeutung.

Grenzen lassen sich nur angeben, wenn die rekursiven fraktalen Abbildungen bekannt sind. In der Natur steht man eher vor dem Problem, deren Auswirkungen zu sehen; beispielsweise mißt man den scheinbar völlig chaotischen Zeitverlauf einer bestimmten Größe, ohne irgendeine Ahnung von der hinter diesem verborgenen Dynamik zu haben. Warum zum Beispiel hat die Küstenlinie von England gerade diese und keine andere Form? Warum sieht ein Farnkraut so aus, wie wir es kennen? Solchen Fragen kann man auf zweierlei Weise zu Leibe rücken.

Man kann versuchen, eine fraktale Rekursion zu erraten, die gerade diese und keine andere Struktur ergibt; diesen Weg ist Mandelbrot bei der Rekonstruktion des Farnblattes, der Eisblumen, der englischen Küstenlinie gegangen. Später stellt sich dann die Frage, aus welchem Entwicklungsgesetz sich gerade diese spezielle Rekursion ergibt. Dabei kommt es im übrigen nicht darauf an, die natürliche Struktur bis in jede Einzelheit nachzubilden, sondern nur auf eine globale und ungefähre Genauigkeit; denn in der Natur wird es von dieser immer Abweichungen geben, und was sich mathematisch bis zur Rechengenauigkeit des Computers in der Mikrostruktur selbstähnlich reproduzieren läßt, ist natürlich in der Wirklichkeit durch auf den mikroskopischen Skalen auftretende Abweichungen begrenzt. Die Rekursion entspricht aber sehr genau dem, was von einem physikalischen Modell erwartet und verlangt wird, und da sich die Entwicklung der uns umgebenden makroskopischen Strukturen auf den natürlichen makroskopischen Längenskalen abspielt, genügen die Modelle den an sie gestellten Anforderungen.

Die andere Möglichkeit besteht in dem Versuch einer Rekonstruktion der beobachteten chaotischen Zeitreihe, indem deren verborgene chaotische, fraktale Dimension ermittelt wird. Das ist mit den neuesten Methoden möglich geworden. Weil zu der fraktalen Dimension die Dimension des Phasenraums gehört, in den der seltsame Attraktor eingebettet ist, liefert sie die *Anzahl* der zur Beschreibung des Systems erforderlichen dynamischen unabhängigen Komponenten des Systems. Bis zu diesem Punkt kann alles schematisiert werden; es ist ein großer, inzwischen zur Verfügung stehender Apparat, der ablaufen gelassen werden kann und am Ende die gesuchte Dimension ausspuckt. Dann muß das Modelldenken einsetzen, das ein Szenarium erfindet, in dem der Vorgang reproduziert wird, und am Ende wird dieses Modell zur Simulation einer Zeitreihe benutzt, die mit der ursprünglichen verglichen wird, indem der Apparat auf sie angewendet und ihre Dimension bestimmt wird. Sind beide im Rahmen gewisser Grenzen miteinander vergleichbar, so darf man hoffen, das richtige Entwicklungsmodell gefunden zu haben.

Es ist äußerst interessant, daß diese beiden Methoden keineswegs auf die Physik allein beschränkt sind; sie können auf alle chaotischen Prozesse angewendet werden und haben deshalb einen hohen Grad an Universalität, den die landläufige Physik vermissen ließ. Sie war ja auch nur auf die Vorgänge in der unbelebten Natur zugeschnitten und hatte in anderen Bereichen, auf die sie zuweilen ausgedehnt wurde, nichts verloren. Die Methoden der Chaostheorie sind allgemeiner. Sie sind zwar ebenfalls bis zu einem gewissen Grade auf die Systeme der Newtonschen Physik beschränkt gewesen, haben diese Grenzen aber ins Allgemeine transzendiert. Die zahlentheoretischen Untersuchungen gelten unabhängig von der Physik und sind auf andere Probleme als rein physikalische übertragbar; ein gleiches gilt für die Anwendbarkeit der Dimensionsanalyse im Phasenraum. Denn obwohl der Begriff des Phasenraums aus der Physik stammt, kann man sich hypothetische Phasenräume denken, deren Koordinaten keine physikalischen sind. Eine beliebige andere, zeitlich variable Größe wie etwa der Dollarkurs oder die Folge von Wörtern in einer Sprache läßt sich ebenso den Untersuchungen ihrer Dimension unterwerfen wie die Ortsveränderungen eines Pendels. Was die für solche Größen gewonnenen Dimensionen und Fraktale für eine theoretische Bedeutung haben, bleibt ungelöste Aufgabe einer zukünftigen Theorie, ist aber nicht von vornherein als Unsinn zu verwerfen, insbesondere dann nicht, wenn sie die natürliche Struktur charakterisiert oder in dem jeweiligen quasi-stochastischen Bereich eine Vorhersage über die Wahrscheinlichkeit der Entwicklung erlaubt.

9. Entropie und Information

In diesem Sinne ist die Theorie des deterministischen Chaos etwas sehr Allgemeines, das über die Physik hinausgeht und diese gleichzeitig revolutioniert, viel tiefer, als es die Relativitätstheorie und die Quantentheorie getan haben. Es ist bezeichnend, daß diese Revolution von keiner der genannten modernen physikalischen Theorien ausgegangen ist, obwohl sie auch in ihnen eine Rolle spielt und spielen wird. Sie kommt erstaunlicherweise direkt aus der klassischen, Newtonschen Physik und geht eigentlich aus dem ewigen Unbehagen hervor, das aus dem Nebeneinander der klassischen Physik und der Thermodynamik erwuchs. Dieses Nebeneinander beginnt sich in der Theorie des deterministischen Chaos aufzulösen, nicht nur auf eine unerwartete, sondern auch auf befriedigende Weise. Sie zeigt den Weg von den einfachen, unrealistischen Modellen der klassischen Physik zur komplizierten, komplex zusammenhängenden Wirklichkeit, die sich dynamisch entwickelt, und sie verleiht die Hoffnung, diese Entwicklungsgesetze einmal besser verstehen zu lernen. Entwicklung ist nichts Unverständliches, außerhalb der Welt Angesiedeltes mehr, sondern ist aus der Welt heraus verständlich als das ihr innewohnende Strukturgesetz der Komplexität. Die Thermodynamik hat bereits etwas von dieser Entwicklung erahnen lassen, als sie den Begriff der Entropie einführte, die in einem abgeschlossenen System nur zunehmen kann. Entropie hängt eng mit physikalischer Information zusammen.

In einem abgeschlossenen System nimmt die verfügbare Information ab, bestenfalls bleibt sie konstant. Ein Pendel, eine Uhr zum Beispiel, die einzig und allein durch ihre Periode beschrieben werden können, sind tote Gebilde. Sie enthalten keine Information und geben keine Information ab. In einem chaotischen System hingegen wird ständig neue Information auf unvorhersagbare Weise erzeugt. Solche Systeme entsprechen den wirklichen, natürlichen, physikalischen wie biologischen und sogar kognitiven. Sie alle erzeugen Information. Als das physikalische Maß für die Produktion von Information hat sich die oben bereits erwähnte Kolmogorow-Entropierate K herausgestellt, die die Summe aller positiven Anwachsraten des Systems ist. In einem chaotischen System wächst die Information mit der Zeit linear mit der Kolmogorow-Entropierate an.[6] Die Dynamik des Systems hat unmittelbar etwas mit der in ihm entstehenden Information und mit seiner wachsenden Struktur zu tun. Die Größe K kann, wie wir gesehen haben, mit Hilfe anderer Methoden direkt aus der Kenntnis der Zeitabhängigkeit des Systems abgeleitet werden. Dies ist eine wichtige Erkenntnis, denn sie ermöglicht die Bestimmung des Informationsgehalts eines beliebigen Systems, das nicht notwendig ein physikalisches zu sein braucht, aus der Kenntnis seiner Zeitabhängigkeit, also aus der Beobachtung seiner zeitlichen Veränderung.

Einige Forscher haben sich diese Möglichkeit zunutze gemacht, um etwa den Informationsgehalt einer Rede, eines Schriftstücks zu ermitteln, ebenso wie die Struktur der Reaktionen von psychisch Kranken zu bestimmen oder Herzrhythmusstörungen von Patienten als letal oder harmlos zu diagnostizieren. Nicht alle diese Anwendungsversuche haben sinnvolle Ergebnisse gebracht. Während es zum Beispiel medizinisch hilfreich ist, das Risiko der Herzbeschwerden eines Patienten zu kennen, um den Gefährdeten behandeln zu können, den Gesunden aber nicht unnötig mit Medikamenten vollpumpen zu müssen, während die fraktale Untersuchung der Krankheitsbilder von Schizophrenen und Epileptikern zur Erkenntnis der Ursachen und zur Therapie dieser Krankheiten beiträgt, sind die Erfolge der Übertragung der Analysemethoden auf die Sprache fragwürdig geblieben. Bislang hat sich stets die Qualität eines Schriftstücks oder einer Rede auf herkömmliche kompetente Weise besser ermitteln lassen als durch den Einsatz einer abstrakten Maschinerie, die die interne Struktur aufspürt und doch nur Silbenlängen und Vokalhäufigkeiten aufzählt, aber kein Qualitätsmaß liefert. Die Feststellung, daß Mozarts Musik viele Bifurkationen aufweist und fraktal strukturiert ist, während der fraktale Charakter von Clementis Sonaten um einen geringen Grad schwächer ausgeprägt ist, bringt kaum eine neue Erkenntnis und hilft der Rezeption der Musik nicht im mindesten.

10. Transzendenz

Diese sporadischen Versuche schöpfen die Deutungs- und Anwendungspotentiale der Theorie des deterministischen Chaos nicht aus. Allen voran kommt gleich nach den physikalischen Anwendungen die biologische. Mehr als ein Jahrhundert lang haben wir uns mit den Befürwortern und Gegnern einer Theorie oder Entwicklung des Lebens herumgeschlagen, ja noch vor kurzem, so anachronistisch es klingt, wurde in amerikanischen Schulen und Gerichten um die Erlaubnis zur

Lehre der Evolutionstheorie gekämpft, wurden Lehrer, die das taten, verunglimpft, entlassen, physisch bedroht. Man kann zwar nicht hoffen, mit einer schlüssigeren, einsichtigen Theorie dem Irrglauben der Fundamentalisten beizukommen; jede Gesellschaft hat mit ihren Außenseitern gleich welcher Couleur zu leben; die Theorie des deterministischen Chaos gibt aber (endlich) der Evolutionstheorie eine relativ sichere Grundlage, ohne die physikalischen Gesetze abschaffen und ohne eine äußere, unerklärliche schöpferische Kraft bemühen zu müssen. Gleichzeitig korrigiert sie die bisherigen stochastischen, rein auf dem Zufall beruhenden Ansätze einer Rechtfertigung der Evolutionslehre; denn diese konnten in keinem Falle die kurze, für die Entwicklung des höheren Lebens benötigte Zeitspanne erklären. Der reine Zufall hätte nicht so erfolgreich sein können, wie es die Natur war.

Die Theorie des deterministischen Chaos deutet den Weg an, auf dem die Entwicklung gelaufen sein dürfte: über das Chaos in der Dynamik sehr komplizierter Systeme wie der lebenden und die in diesen mögliche Entstehung von Information und Struktur. Es wird noch ein weiter Weg sein, die Entwicklung selbst in einfachen Modellen nachzubilden, die entsprechenden rekursiven Strukturformeln aufzuspüren, doch ist dieser Weg bereits vorgezeichnet. Und bereits geht ein großes Aufatmen durch die Biologie.

Wie die Biologie hoffen auch andere Wissenschaften. Die Ökologie, die Ökonomie, die Soziologie, die Psychologie, die Medizin, die Psychiatrie – sie alle träumen von der hilfreichen Unterstützung des Chaos; sie alle haben mit unvorhersagbaren und doch nicht zufälligen Vorgängen zu tun; sie alle erwarten vom Chaos die Aufklärung ihrer Strukturgesetze; sie alle stehen ja höchst komplexen, höchst komplizierten Systemen gegenüber, die ihnen bisher nur einen simplizistischen Zugang und lineare Trends, in den seltensten Fällen eintreffende Vorhersagen erlaubten. Das Chaos als Allheilmittel ist ihre große Hoffnung: Wenn sich nur eine lange Strukturkette in einer solchen Wissenschaft konstruieren ließe, so hoffen sie, dann könne sich mit Hilfe von zu erratenden Fraktalen ein Strukturgesetz für diese Kette ableiten und eine bedingte Vorhersagbarkeit erreichen lassen.

Prinzipiell scheint die Theorie des Chaos eine derartige Möglichkeit nicht auszuschließen. Sie hat ja gerade gezeigt, daß man aus scheinbar willkürlichen Strukturen Strukturgesetze erschließen kann auch in Fällen, wenn die Strukturen unmittelbar nichts mit physikalischen Gesetzen zu tun haben, wie etwa die Form eines Farnblattes oder die Küstenlinie einer Insel oder die Grenzen zwischen Staaten; sie hat ferner gezeigt, daß sich gerade in chaotischen, unvorhersagbaren Systemen komplizierte Strukturen ausbilden und Entwicklung ermöglichen; sie hat schließlich gezeigt, daß komplizierte Systeme sich auf verschiedenen Ebenen entwickeln und die Gesetze der unteren, konstitutiv für sie notwendigen Ebenen

»vergessen«, während sie auf den oberen makroskopischen Ebenen Gesetze von ganz anderer, der dort vorherrschenden Struktur adäquaten Art ausbilden – und genau dieser Zustand ist es, dem wir in der Welt überall begegnen; denn was haben beispielsweise die Regeln des sozialen und familiären Zusammenlebens oder die der Psychologie unmittelbar mit denen der Physik zu tun? Und doch sind gerade dies Regeln, die in sehr komplizierten Systemen herrschen und aus deren im einzelnen unerforschter Struktur herausgewachsen sind. Wie man allerdings solche rekursiven Strukturgesetze in nichtphysikalischen Systemen findet, dafür gibt es und kann es wahrscheinlich auch kein allgemeines Rezept geben. Die erwähnte Analyse von Zeitreihen, falls sie verfügbar sind, bietet eine Möglichkeit; ihr Resultat ist die Angabe der fraktalen Dimension.

Ein anderer Weg ist die Suche nach einfachen mathematischen Strukturelementen, sogenannten *zellularen Automaten*, aus denen bestimmte Formen oder Prozesse aufgebaut werden können. Der Grundgedanke hinter dieser Suche beruht auf der Beobachtung, daß fraktale Abbildungen bekannte Formen nachzubilden vermögen: Blätter, Landschaften usw. Wenn es gelingt, eine einfache fraktale Abbildung zu finden, mit deren Hilfe komplizierte Prozesse nachgestellt, durch langes, automatisches Rechnen aufgebaut werden können, dann beherrscht man, selbst ohne ein genaues Verständnis der Vorgänge, diesen Prozeß und kann seine Erklärung auf später verschieben; denn dem Pragmatiker geht es in erster Linie nicht um Verständnis, sondern um Beherrschung und Simulation. Zellulare Automaten müssen erraten werden. Sie selbst sind einfachst zu handhabende Mathematik, die einem Computer einprogrammiert werden kann. Der Nachbau der realen Struktur wird dann zur automatisierten Aufgabe, und es bleibt einem weit späteren Stadium der Theorie überlassen, sich nach den Gründen für die Existenz des zellularen Automaten zu fragen. Ihre Aufhellung allerdings sollte der wesentliche Schritt nicht nur zu einer Beschreibung, sondern auch zu einer Erklärung, einer Theorie der Erscheinungen werden.

Ist dieses Übergreifen der Theorie des deterministischen Chaos auf andere, weniger exakte Wissenschaften als die Physik noch durchaus naheliegend, so gibt die Entdeckung der Möglichkeit der Entstehung von Struktur und Form und Erzeugung von Information Anlaß zu viel weitergehender Transzendierung. Information ist, will sie lesbar, kommunizierbar sein, stets, wie das Wort schon sagt, an Form gebunden. Daß mit der Erzeugung von Information in einem deterministisch chaotischen System zwangsläufig Entstehung von Struktur und Form verknüpft sein muß, ist darum nicht verwunderlich. Sie wirft vielmehr die Frage nach der Bedeutung von Form in anderen Bereichen, der Kunst, der Sprache, der Musik auf und macht diese Bereiche in einer ganz ähnlichen Weise wie den der Naturwissenschaft einer Untersuchung zugänglich. Warum zum Beispiel soll ein Musikstück, das als Zeitabfolge einer Anzahl von Tönen, Harmonien, Rhythmen,

Lautstärken aufgefaßt werden kann, nicht auf seine in allen diesen Reizbereichen geltenden fraktalen Dimensionen, seine »Entropie«, seine physikalische Information untersucht und vielleicht nach seinem rekursiven Strukturgesetz befragt werden? Warum soll nicht dasselbe mit einem Werk der Sprache geschehen, mit einem Bild? Wie erwähnt, liefern die Ergebnisse solcher Untersuchungen kein Kunstwerk; sie geben nur Auskunft über die Struktur, die mit dem »Informationsgehalt« zusammenhängt. Weil Information nur von erkennbaren Strukturen, Formen getragen werden kann, verstehen wir ohnehin die früher stets verkannte Bedeutung der Form in der Kunst; ihr »Inhalt«, was immer das sein soll, kann sich nur in einer Form halten, und diese *ist* selbst Information insofern sie Struktur ist, Information, die sich nicht in Worte fassen läßt oder fassen lassen muß, weil man sie dann besser gleich mit Worten sagte.

Von hieraus ergibt sich ein eigener Sinn für Kunst als eine Art von menschlicher Äußerung, deren Informationsträger die Struktur ist und die eventuell elementarer, deshalb auch ursprünglicher ist als jede andere Art kognitiver Informationsvermittlung, vielleicht sogar in der Evolution als strukturbildendes Element notwendig und erforderlich ist, um begriffliche Information überhaupt vorzubereiten. Kunst ginge danach allem begrifflichen Denken voraus als ursprüngliche Form eines impliziten Denkens und Erkennens. Andererseits gäbe die Menge an in einem Kunstwerk enthaltener Information, falls sie sich mit den Methoden der chaotischen Analyse bestimmen ließe, ein unbestechliches Maß für dessen Wert.

Man kann die Spekulation weiter treiben, sie auf das Denken, auf die Erkenntnis selbst und die von ihr benutzten Symbole anwenden. Damit Denken Information erzeugt, muß es chaotisch sein. Der nicht chaotische kognitive Prozeß ist ein malader; er hat sich in einem Zirkel festgerannt, kehrt periodisch immer wieder zu den gleichen Ergebnissen zurück oder rührt sich nicht von der Stelle und verunmöglicht jede Erkenntnis; es ist der Weg, den die Fanatiker, die Fundamentalisten, die Schizophrenen in ihrem Denken beschreiten. Aus diesem Zirkel, diesem Attraktor hinauszuspringen, ist nur dem chaotischen Denken möglich. Seine Untersuchung dürfte die interessanteste Aufgabe der Theorie des Chaos bilden: wenn das Denken sich selbst zu bedenken beginnt; das aber ist die vornehmste Aufgabe der Philosophie.

Somit leitet das deterministische Chaos in letzter Konsequenz hinüber in das philosophische Denken, in die Frage, ob das Denken sich eigentlich selbst erkennen kann, was dieses Erkennen dann noch ist und wohin es führt. Seine Entdeckung ist mithin der vielleicht bedeutendste Schritt, den die neuzeitliche Naturwissenschaft gegangen ist, nachdem sie uns fast drei Jahrhunderte lang zum Narren gehalten hat mit der Behauptung, alles erklären zu können, an der Nase herumgeführt, unterjocht, sich als die große Alleswisserin und Alleserklärerin aufgespielt und uns ihren Alleinanspruch auf die Wahrheit aufgezwungen hat.

Hat sie nicht das Imponiergehabe eines brünstigen Gorillas an den Tag gelegt, sich die Brust getrommelt vor Überheblichkeit und Angeberei und dazu beständig geschrien, wie bescheiden sie sei und wie tolerant, während sie doch nur eine andere Art von geistiger Inquisition aufzog in kontinuierlicher Ablösung der vorigen, einer Inquisition, die das Bekennen von der Ebene des Glaubens, der Schuld, der Sühne auf die des Wissens, des deterministischen Dogmas der Naturgesetze erhob? War sie nicht intolerant wie nur jemand; hat sie nicht ihre Diktatur über diejenigen ausgeübt, die diesen ganzen technischen Fortschritt, den sie ihnen aufzwang, der die Konsequenz ihrer Rechthaberei war, eigentlich gar nicht wollten und brauchten, und hat sie nicht uns damit in eine Zeit der Nachaufklärung geführt, die ihre einzigen Ziele im Verkauf und Konsum materieller wie geistiger Waren zu sehen glaubt, die so überflüssig sind wie nur etwas, die Raubbau treibt an den Gütern dieses Planeten, ohne sich im geringsten um die Generationen nach uns zu kümmern im unbekümmerten Vertrauen auf die ständige Innovationsfähigkeit des menschlichen Denkens (denen wird schon etwas einfallen!), und die im gleichen Atemzug diese Innovationsfähigkeit durch eine Gleichschaltung des Denkens unterminiert? Sollte sich nicht die gesamte Wissenschaft, nun, da sie in ihren Voraussetzungen blamiert ist, in die Ecke verkriechen, ihr Mandat abgeben?

Mit dieser Forderung schössen wir über das Ziel hinaus. Alle Kritik anerkannt – aber es ist kein anderer als die Wissenschaft, von der die Erneuerung ausgeht; sie selbst hat sich zu dieser Art neuen, revolutionierenden Denkens durchgerungen, sie hat erhebliche Wehen durchlitten, ehe sie den Gedanken des Chaos gebären und als ihr Kind annehmen konnte. Wir müssen das anerkennen; was anderes sollte die Stelle von Wissenschaft einnehmen; was könnte es geben, das Wissenschaft vollwertig ersetzte? Etwa eine der obskuren, angeblich menschenfreundlichen, weil verschiedenen in der westlichen Welt nicht genügend befriedigten Bedürfnissen entgegenkommenden, im Effekt aber menschenverachtenden Weltbilder Asiens oder des Nahen Ostens?

Es ist der Fehler der Revolutionen, daß sie mit den Fesseln des Alten gleichzeitig auch seine Werte auf das Schafott zerren, um dann vor einem Nichts zu stehen. Nur die Wissenschaft, weil sie inhärent kritisch ist, vermeidet diesen Fehler. Mit der Entdeckung des Chaos wächst sie über sich hinaus; und obwohl sie in viele Einzelwissenschaften aufgesplittert ist, die sich gegenseitig fast nicht mehr verstehen, hat sie in der Theorie des deterministischen Chaos einen Rahmen entdeckt, der sie alle wieder vereinigt, ja sogar mit den nicht exakten Wissenschaften vereinigt und am Ende noch mit der Philosophie aussöhnt. Wissenschaft erkennt, daß sie selbst auf ungesichertem Boden steht; aber das Schwanken des Bodens schenkt ihr die Gewißheit, der Wirklichkeit näher zu sein denn je, sich endlich der allgemein interessanten Probleme anzunehmen, das Werden in der Welt als deren

Grundzustand zu begreifen und sich in einer einheitlichen, wenn auch auf viele Einzelzweige aufgeteilten Komplexität des Denkens mit allen anderen Wissenschaften und Künsten vereint am Verständnis der Welt und am Aufbau einer vom Menschen denkbaren Realität beteiligt zu sehen. Dies ist der erträumte ideale Entwurf von Wissenschaft. Niemand zuvor hätte seine Wurzeln so tief im Chaos verankert vermutet.

11. Zweifel

Aber, möchte man einwenden, die Wiederkehr des Chaos kann nicht die des Ur-Chaos sein. Die Zeit ist fortgeschritten; das Chaos erkennt sich selbst nicht wieder. Es ist sozusagen zivilisiert worden: in Begriffe gefaßt, ins Korsett mathematischer Formeln gezwängt, in fraktale Dimensionen zerstückelt, in die Dienstleistung zellularer Automaten versklavt. Es kann nicht mehr tun, was es will. Es muß sich den Ansprüchen moderner Computerprogramme stellen, sich farbig präsentieren und – was es nie für möglich gehalten hätte – es findet sich wieder in Galerien, eingerahmt, als Kunstwerk angepriesen.

»Bin ich das noch?« fragte das Chaos sich verstört: »Bin ich das denn wirklich? – Nein,« sagt es sich, »ich bin es nicht: Es ist das, was von mir übriggeblieben ist, nachdem ich durch die Hände der Mathematiker gegangen bin, nachdem ich mich darauf eingelassen habe, mich ihnen anzuvertrauen. Nun gehen sie herum und erzählen der ganzen Welt, sie hätten mich eingefangen, gezähmt, wüßten Bescheid über mich. Es sei nur noch eine Frage der Zeit, bis sie auch Kunst und Geist erklären könnten.«

»O gewiß,« sagt das Chaos grimmig und doch auch fröhlich, »ganz gewiß. Alles ist eine Frage der Zeit; aber was ist Zeit? Wenn sie das wüßten, dann, dann nähme ich ihnen ihre Versprechungen ab. Aber es kann eine Frage der Unendlichkeit sein. Ich würde ihnen ja gar keinen Vorwurf machen, griffen sie nicht gerade jetzt nach mir wie nach dem letzten Strohhalm, der ihnen bleibt, die Welt zu erklären, alles, was ist, zu deuten: voran die Philosophen, die, was sie von der Mathematik nicht verstanden haben, auf ihre ungelösten Probleme übertragen und Antworten geben, für die es keine Begründung gibt. Ich habe das Gefühl, einer Ideologie aufzusitzen. Sie reden von einer neuen, ›evolutionären‹ Philosophie, sie reden von einem neuen Weg der Wissenschaft. Was soll ich mir darunter vorstellen? Wenn sich die Philosophie der naturwissenschaftlichen Begriffe bemächtigt, dann regt sich der Zweifel. Sie zerlegt die Sprache in ihre Elemente und glaubt,

aus ihnen den Sinn zusammensetzen zu können. Weil ein paar simple Formeln Strukturen erzeugen, glaubt sie, die Welt sei nach solchen Formeln konstruiert. Wie immer, wenn die Philosophen etwas haben, woran sie glauben können, schießen sie über das Ziel hinaus. Ja, sie glauben auch, die Kunst zu beherrschen: die ästhetischen Gründe aufgedeckt zu haben. Was nur ist aus der Philosophie geworden? Wie sehne ich mich zurück in die alte Zeit, als sie noch ehrfürchtig mit ihrem Wortschatz umging! Heute untersuchen sie die Symbole auf meine Gegenwart und mein Wirken. Als gäben Stückwerk und Reden über Stückwerk ein Bild der Welt.«

»Ich werde mich zurückziehen«, sagt das Chaos und schüttelt seine Mähne angesichts eines zellularen Automaten; dann hält es vor einem fraktalen Gemälde inne: »Zurück in mein altes Reich des Chaotischen und Unbewußten. Hier gehöre ich nicht hin. Man hat mich verdrängt. Man hat die Ehrfurcht vor mir verloren, die mir im Altertum gezollt worden ist. Wohin soll das führen? Sie sehnen sich nach Diktaturen; die meine war ihnen zu sanft. Ich habe im Hintergrund agiert. Der Bastard, der an meine Stelle getreten ist, spielt sich als Alleswisser auf. Sollen sie glücklich werden mit ihm.«

Und es tritt, leicht grollend, aber ohne großes Getöse in die Kulisse, während von der anderen Seite, prunkvoll gekleidet und von einer unübersehbaren Schar ihn umschwärmender Lakaien umgeben, die Bildschirme und Computergraphiken mit sich schleppen, wohlgenährt, mit feistem, rotem Gesicht das deterministische Chaos die Bühne betritt und auf der Leinwand unter allgemeinem Ah und Oh die Projektion einer fraktalen Abbildung, bunt und flimmernd, aufscheint.

VIII. Schluß

Keine auf den Begriff gebrachte Kultur kommt am Elementaren vorbei. Es bleibt die letzte, unerschütterliche Bastion, auf die sich das kompakte Sein vor dem unermüdlichen Ansturm der Vernunft zurückgezogen hat. Topologisch besehen aber ist das Elementare eine Mannigfaltigkeit, ein Vielfältiges: Eines, das für Vieles steht. Das unterscheidet es vom ursprünglichen Sein, das auch physisch nur ein Einziges sein sollte. Das Elementare vereinigt alle die vielen einzelnen Elementarereignisse, die Elemente, auf die jeder lineare Rekurs der Begrifflichkeit am Ende verfällt: das Unterste, am tiefsten Gelegene, nicht weiter Explizierbare, das gesetzt werden muß, damit überhaupt Begriffliches definiert und Erklärung gegeben werden kann. Das Elementare ist eine Form der Sprache, während die natürlichen Elemente, auf die alles physische Geschehen reduziert wird, auch heute noch körperlich gedacht werden: als Teilchen, Felder. Dieser Grundzug der alten Elemente, die sich in Objekte der Wissenschaft aufgelöst haben, hat sich auf sie vererbt.

Eine Philosophie der alten Elemente kann nichts anderes sein als Kritik von Mißverständnissen.[1] Die alten Elemente haben ihren Nimbus als letzte Grundsubstanzen der Welt, des Daseins, eingebüßt. Alles, was unter sie zu rechnen war, baut sich auf aus tiefer liegenden Elementarsubstanzen. Von diesen neuen Entitäten gibt es keine Philosophie; denn was die Philosophie dazu zu sagen haben könnte, fällt in den Bereich der Naturwissenschaft selbst. Es ist müßig, über die Philosophie der Quarks, der Hadronen oder Leptonen nachzudenken, ob sie nun wirkliche Teilchen sind oder mathematische Ausdrücke. Die Philosophie hat denn auch vor ihnen kapituliert und sich dazu erniedrigt, die Tatsachen, die sich dort angesammelt haben, zu nennen oder wiederzukäuen.[2] Die Physik tendiert dazu, diese neuartigen Elementardinge als wirklich anzusehen: In Experimenten treten sie mit allen Insignien physikalischer Realität auf.

Das philosophische Problem liegt in der Frage nach der Bedeutung der physikalischen Realität. Realität und Bedeutung sind keine zeitlos zu definierenden Größen. Sie verstehen sich aus dem Kontext der Geschichte. Die Realität von Wasser, Feuer, Luft, Erde wird heute weniger denn je bestritten. Ihr Aufbau, ihre Struktur und Eigenschaften lassen sich auf der Grundlage eines umfangreichen Wissens über den Aufbau der Materie erklären, wie die Kapitel dieses Buches gezeigt haben. Nicht nur das: Sie lassen sich manipulieren, verändern nach Wunsch. Der Mensch verfügt über sie. Die alten Elemente sind auf das Reale reduziert, von allem Brimborium entkleidet, das der *Wille zum Nichtwissen* um sie herum gebaut hatte. Nichts ist von den magischen Spekulationen geblieben als ein ausgedehnter Wortschatz, in dem die alten Bedeutungen nachklingen. Es sind Metaphern, in denen die Sprache redet, weil Metaphern das einzige sind, was wir verstehen. In der Bilderwelt der Vorstellungen benötigen wir die Metapher als Hilfe, Vehikel zu einem tiefen Verständnis. Nur sie ist in der Lage, uns eine gewisse Evidenz mitzuteilen von dem, das wir zu erkennen glauben, das sich uns, jedesmal, wenn wir genauer nachfragen, entzieht, aalglatt durch die Finger schlüpft. Sprechen in logischen Formeln sagt nichts, löst keine Einsicht aus, verbindet sich mit keinem Bild, bleibt tautologisch, hermetisch; es dient dazu, den bereits verstandenen Sachverhalt in strenger Form auf Widerspruchsfreiheit zu prüfen, wie Aristoteles verlangte: es ist von Bildern befreite Form. Bilder sind Formen, logische Struktur hingegen ist formfreie Form: nichts als die Formalität der Form, Metastruktur, ein Konstrukt, das den Bildern übergestülpt wird. Bevor eine logische Form auf etwas angewandt werden kann, muß es bereits verstanden sein, sein sachlicher Kern als Metapher vorliegen.

Die Beobachtungen und Experiment betreffende Ignoranz der Griechen hat sie von der frühzeitigen Entwicklung einer experimentellen Naturwissenschaft ferngehalten, an deren Pforte sie bereits standen. Ihre intellektuelle Kapazität hätte sie in wenigen Jahrhunderten auf einen dem heutigen vergleichbaren Gipfel der Wissenschaft befördert, demgegenüber die übrige Welt einschließlich Europas im schwärzesten Dunkel des Nichtwissens gelegen haben würde. Man darf sich, da es nicht so gekommen ist, die Konsequenzen nicht ausmalen. Der Phantasie des Menschen allein zu trauen, selbst wenn sie von der Kontrollinstanz einer weit entwickelten Logik geleitet wird, genügt nicht. Immer wieder muß die überschäumende Phantasie, damit sie sich nicht verrennt, durch Experiment und Beobachtung in die Realität zurückgebracht werden. Realität ist nüchtern, trocken, für den phantasievollen Geist, der abschweifen möchte, enttäuschend; an ihr erfreuen und begeistern sich die einfallslosen, sich vom vorhandenen Wissen, den festgelegten Forschungsmethoden leiten lassenden Gemüter. Dem künstlerisch Veranlagten, der Phantasie Ergebenen sind sie Enttäuschung, wenn nicht gar Greuel. Die Realität liegt dort, wo die Natur nicht der Schwärmerei entspricht, sondern konstruiert ist oder (wen dies Wort verletzt) sich entwickelt; da Entwicklung, einen Ausspruch von Heraklit bestätigend, kein Zuckerlecken, sondern Auseinandersetzung ums Überleben ist, darf vom Aufbau der Natur nicht Sentimentalität erwartet werden, sondern Sachlichkeit, Gleichgültigkeit oder Tricks. Entwicklung verläuft auf dem Wege solcher Tricks, des Überlistens, Hintergehens oder, um einen menschlichen Terminus zu gebrauchen: des Betrugs. Die Natur betrügt. In der Retrospektive ist sie aber grundehrlich: denn ihr Betrug konstruiert und deduziert, was wirklich ist, aus seinen Elementen.

Das Bedürfnis nach Beherrschung der Elemente hat auf beklemmende Weise in die Falle geführt. Wenn die Elemente, untereinander unlösbar verknüpft, für Materie im allgemeinen stehen, bedeutet das Geheiß ihrer Vereinnahmung, jenes berühmte, in seinem Anspruch ungehemmte, ursprünglich von der Notwendigkeit des Überlebens eingegebene, später vom grenzenlosen Machtanspruch eingeflüsterte, vom Menschen selbst formulierte, in Abweisung der Verantwortung einem imaginären Gott in die Schuhe geschobene *Machet-sie-euch-untertan!* (das niemand so gründlich und bis zum Exzeß befolgt wie der ungläubige, moderne Mensch, dem nur der Glaube an die eigene Allmacht zählt) den Anspruch auf totale Verfügungsgewalt über die Materie, auf Beherrschung und Umformung der Natur nach dem Gustus des Menschen. Er läßt sich nicht vom Gesetzgeber diktieren, einer Exekutive durchsetzen, militärisch erobern. Mit ihm hat der Mensch der Natur den Kampf angesagt, der über das Wissen ausgefochten wird. Die Waffe, die in diesem Kampf eingesetzt wird, ist das Wissen, und es ist die Wissenschaft, die als Waffenschmied in die Auseinandersetzung hineingeschlittert ist, als sie sich aus dem Elfenbeinturm der exakten Erkenntnis der Natur plötzlich in der technischen Anwendung des katalogisierten Wissens wiederfand. Die aus dem Machtanspruch abgeleitete Stoßrichtung gegen die Natur verleiht auch dem belanglosesten Resultat seine Funktion. Vom Wissen, das die Natur überlistet, um sie gefügig zu machen, ist aber noch nicht erwiesen, ob es sich nicht selbst hintergeht: Schließlich ist auch der Mensch Glied der Natur.

Alle Wirklichkeit ist Natur. Selbst dem künstlichst erscheinenden Ding, der abstrusesten, gegen die Natur gerichteten Kreation haftet Natur an. Nichts kann sich aus der Natur heraus-, von ihr ablösen, sich über sie erheben. Der menschliche Geist, dem seit Anaxagoras Eigenständigkeit zugeschrieben wird, befindet sich gleichfalls *in* der Natur, im Universum, dem er zugehörig ist. Es sei denn, er wäre die Indikation eines anderen, unser Universum durchdringenden Universums, in welchem Falle, da er jenem angehörte, der Mensch in beiden Universen zu Hause wäre, *unseres* das des Geistes einschlösse. Die Natur bestünde dann aus der Gesamtheit beider Universen, des physischen wie desjenigen des Geistes, und beide müßten ein materielles Bindeglied besitzen, da der Geist sein Heim in der Materie des Menschen, genauer der des Hirns, gefunden haben würde.

Diese Verbindung, gibt es sie, kann der Physik auf Dauer nicht verborgen bleiben. Man kann sich also zwar den Geist aus dem Universum wegdenken, ohne daß es etwas verlöre, man kann ihn sich aber nicht außerhalb desselben angesiedelt denken, denn sein Träger, der Mensch, befindet sich unverrückbar *in* der Natur, und alles, was er oder der Geist schaffen oder erdenken, bleibt Natur und nichts anderes, wie schwer oder unmöglich auch die Beschreibung zum Beispiel eines Musikstücks in unserer wissenschaftlichen Sprache fallen mag.

Man darf von der Natur kein Verständnis für die Interessen und Erkenntnisnöte des Menschen erwarten. Man darf von ihr überhaupt kein Verständnis erwarten. Sie interessiert sich für nichts. Was uns an ihr fasziniert, legen wir selber in sie hinein. Die gesamte Faszination der Erkenntnis ihr gegenüber schwindet augenblicks, wenn es um Ausarbeitung geht, die nichts anderes ist als Fron, durchsetzt von Enttäuschungen, weil die Natur sich den Vorstellungen des Menschen nur widerwillig und unter härtestem Zwang unterwirft. Die Naturvorgänge sind inhärent langweilig. Warum auch sollten sie interessant sein? Sie sind nicht für das Interesse des Menschen gemacht. Findet die Natur einmal ein Prinzip, das sich anwenden läßt, so wendet sie es ununterbrochen an. Es ist immer dasselbe; doch paßt es nicht, dann vollzieht sie eine willkürliche Wendung und führt eine weitere Komplikation ein. Sie bastelt sich ebenso kompliziert zurecht wie wir, wenn wir in einer Sache nicht weiterwissen. Die Natur weiß meistens nicht weiter, doch das kümmert sie nicht. Sie improvisiert. Das macht sie kompliziert. Aber es macht sie nicht interessant. Es ist kein Vergnügen, ihr auf die – scheinbaren – Schliche zu kommen. Es ist härteste Arbeit, zu der der Mensch, weil er mit der Natur zurechtkommen muß, nicht sie mit ihm, verurteilt ist sein Leben lang. Hierauf bezieht sich der Fluch des »im Schweiße deines Angesichts«. Die Faszination, die von ihr ausgeht, ist die Anregung der Phantasie, das Spekulieren, das den Menschen wachhält; doch wenn es an die Verifikation der Phantasie geht, hört die Faszination auf. Genau das ist die Schwelle, vor der die Antike stehenblieb und die erst von der Neuzeit mit ihrer Fortschrittssicht überschritten wurde: weil in ihrer Weltanschauung Neues geschaffen werden muß, nicht Altes repetiert werden darf. Darum auch hat die Neuzeit die alten Elemente in ihrer Funktion als Elemente entthront.[3]

Glaubte das Mittelalter noch, mit den Mitteln der Alchimie die Natur zwingen zu können, es mit dem Gold zu versorgen, nach dem es strebte, mit dem Stein der Weisen, nach dem die Wissenschaft suchte, waren das die Grenzen, die es mit seinen unzureichenden Mitteln einer phantastischen Wissenschaft zu überschreiten versuchte, so hat die heutige Wissenschaft an verschiedenen Stellen diese Grenzen überquert. Sie ist in die Struktur der Materie eingedrungen, hat ihre letzten neutralen Bausteine zerschlagen: die Atome gespalten und ihren Aufbau studiert. Sie hat darüber hinaus den Code der genetischen Information geknackt. Sie hat den Weltraum erobert und den ersten Schritt hinaus in die Weiten des Universums getan. Sie hat die Maschine aufgestöbert, die das gesamte Universum antreibt, und hat dabei die in ihrer Bedeutung noch unbekannte Entdeckung einer Art von Materie gemacht, die die Natur uns auf Erden verschwiegen hatte: die dunkle Materie, von der niemand weiß, ob sie mit einer Form der uns bekannten übereinstimmt oder nicht. Sie hat viele Zusammenhänge erkannt, zuletzt den, daß alles miteinander zusammenhängt und nicht unabhängig ist, daß Unabhängigkeit eine menschliche (verzeihliche) Konstruktion ist, daß die Natur in »Wahrheit« kompliziert und komplex ist und nicht »einfach«, wie wir bislang geglaubt haben, und daß diese Kompliziertheit und Komplexität unvorhersagbare Entwicklungen und Wirkungen nach sich zieht, ja daß sie für die Entwicklungen, die wir überall beobachten, verantwortlich ist, einschließlich unserer eigenen Existenz.

Die Wirklichkeit ist komplex, verwickelt, undurchsichtig und unheroisch, und so kommen am Ende nicht diejenigen unter den Philosophen zum Zuge, die uns am meisten imponiert haben, die großen Heroen, die einen einzigen fundamentalen Gedanken äußern, auf den alles zurückgeführt wird, ein Weltprinzip, das der Wirklichkeit unterliegt, sondern die anderen, die fleißigen Arbeiter, die zusammentragen, was sie allerorten erhascht und erfahren haben, und daraus ein Bild konstruieren, das eine komplizierte Mischung aus allen ursprünglichen Ideen ergibt. Die Epigonen ohne eigenen Mut und großes Wagnis: sie sind der Wirklichkeit am nächsten. Sie haben ein Bild, das der Kompliziertheit der Wirklichkeit am ehesten entspricht. Es ist ein häßliches Bild; es ärgert uns, daß es so ist: Wir lieben sie nicht, wir wollen sie nicht am Ruhm teilhaben lassen, aber wir haben keine Chance; denn wo die einfachen, beeindruckenden, großen archaischen Bilder und Theorien versagen, da haben sie den Vorteil des Machbaren vor ihnen voraus und bleiben die stärkeren. Es sind immer die Ameisen, die gewinnen, niemals die Löwen.

Hat die Philosophie im Mittelalter ihren Anspruch auf Deutung der Natur verspielt, ihn gegen einen religiösen Kreislauf innerhalb der Welt der Wörter eingetauscht, der von seiner Verwurzelung in den realen Phänomenen der Natur losgelöst war und in die ideologischen Sphären unkontrollierter Vorurteile abhob, so fragt sich, worin ihr eigentlicher Sinn noch besteht. In der Antike besaß sie tiefe Bedeutung als Führerin der Suche nach dem Letzten in der Erkenntnis, nach der Basis, dem Urgrund. Der leichtfertige Verlust dieses Sinnes an die Wissenschaft hat sie fragwürdig gemacht und in die Defensive gedrängt. Sie liegt vor den Methoden der Naturwissenschaft auf den Knien und tritt als deren Anbeterin auf, der nichts anderes bleibt, als sich rechtzeitig an die naturwissenschaftlichen Ergebnisse anzuhängen, deren Prioritätskampf mitzukämpfen, um – vielleicht – auf irgendeinem Gebiet noch schneller zu sein, als die Preußen schießen, und vor den Naturwissenschaftlern mit ihren Experimenten und langwierigen Berechnungen eine Hypothese aufzustellen, um diese, sollte sie sich als wissenschaftlich haltbar erweisen, für sich in Anspruch nehmen zu können. Dieser Art Anstrengung begegnet man allerorten in der neuen biologischen Philosophie, der »Evolutionären Erkenntnistheorie«, wo mit pseudophilosophischer Verallgemeinerung Spekulation betrieben wird, aber auch in anderen Sparten der Philosophie wie der Sprachphilosophie, die zu seriösen technischen Spezialdisziplinen entarten, sich wie einst die Naturwissenschaft längst aus der Philosophie ausgekoppelt und mit dieser wenig mehr gemein haben, doch sich unter ihrem Dache drängen und so tun, als betrieben sie das, was *echte* Philosophie heißt.

Zum anderen hat sich die Philosophie mehr und mehr darauf verlegt, der Naturwissenschaft die Deutung ihrer Resultate abzunehmen – eine ehrenwerte Anstrengung; sie setzt die tiefer fundierte Kenntnis der Naturwissenschaft und ihres geistesgeschichtlichen Kontextes voraus, als sie der in den Forschungsprozeß verwickelte Naturwissenschaftler besitzt. In der Sinngebung für die Wissenschaft liegt eine vornehme, schwierige Aufgabe der Philosophie, bei der sie dicht an die Wurzeln des menschlichen Erkennens kommt; allerdings bleibt es eine bescheidene Aufgabe: die meisten wissenschaftlichen Erkenntnisse können nicht die philosophische Tiefe der Grunderkenntnis beanspruchen. Ihr haben sich Philosophen wie Whitehead, Russell, Popper, Fromm und Elias mit mehr oder weniger Erfolg gestellt. In ihrer besten Form tritt Philosophie als Klärer, Erklärer, Interpretator und wegweisend als Kritiker wissenschaftlicher Konzepte und Weltbilder, gegebenenfalls auch als deren Konstrukteur auf. Gewöhnlich nehmen die Wissenschaftler diese Aufgabe selbst wahr, wenn sie sich der Popularisierung ihrer Spezialgebiete widmen; diese Versuche scheitern aber unübersehbar an der dilettantischen Behandlung des historischen und geistesgeschichtlichen Kontextes der Wissenschaft wie an der gewöhnlich mangelhaften sprachlichen Darstellungskraft. Wissenschaft lebt von präzisem Ausdruck, nicht von letzterer. In einer kontextualen Welt aber hängt und hing stets der Fortschritt der Wissenschaft in unkontrollierter, doch nicht unterschätzbarer Weise, weil eines das andere bedingt, von der Formierung des jeweiligen Weltbildes ab. Dieses Weltbild adäquat zu gewinnen und ebenso adäquat in allen seinen Nuancen, einschließlich der sozialen und ethischen, kritisch zu vermitteln, dürfte eine der wichtigsten Aufgaben und Sinngebungen der Philosophie des Elementaren sein.

In einem zeitlosen Universum, in dem wir am Ende der Entwicklung stehen, gibt es keine Metaphysik, weil *alles* Physik ist. Die Physik erklärt in diesem Falle nicht nur die unbelebte Natur und deren Verhalten; über ihre Teilwissenschaft Biologie, die sich auf Physik reduzieren läßt, erklärt sie auch das belebte Universum einschließlich des Menschen; weil der menschliche Geist als zugehörig zur Natur keine Ausnahme macht, erklärt sie auch diesen, soweit sie sich selbst als Produkt desselben erklären kann. Dort liegt ihre absolute Grenze. Sie kann nicht mehr aussagen, als das, wozu sie auszusagen in der Lage ist. Dieses Potential ist noch nicht erreicht, und niemand weiß, ob es ausgeschöpft werden kann. In einem zeitlosen, ewigen Universum mit dem Menschen unbegrenzt zur Verfügung stehender Zeit und entsprechenden Ressourcen könnte es dahin kommen.

Nun ist aber die Welt weder zeitlos noch ewig, sondern historisch. In der historischen Welt – und nur in einer solchen – hat Metaphysik einen Sinn, kann es Metaphysik geben. Metaphysik muß sich darüber klar sein, daß sie in den meisten

Fällen eine Vorreiterrolle für die Physik spielen wird, und jedesmal, wenn die Physik sie eingeholt haben wird, wird sie aus ihrer Position verdrängt und vergessen, weil überholt sein. Das hat uns die Geschichte der alten Elemente eindringlich gelehrt. Alles Festhalten an alten Kategorien ist hoffnungslos. Als Ideengeber und Weltbildvermittler ist Metaphysik notwendig, und nicht nur als das: Ihre Bedeutung liegt in ihrer integrativen Funktion, die die Physik mit all ihrer Zerfaserung in Spezialgebiete nicht leisten kann. Vielleicht ist die Physik in absehbarer Zeit am Ende. So wie sie einmal vor zweieinhalbtausend Jahren in Griechenland plötzlich wie ein Lichtblitz auftrat und das Denken erhellte, damals noch im Gewand einer allumfassenden Philosophie, die sich auf die Suche nach den Elementen machte, den letzten Bausteinen, die die Welt konstituieren, so steht sie heute nach einer stürmischen Phase ihrer Entwicklung vielleicht unmittelbar vor ihrem Ende. Das bedeutet nicht, es wäre ein Ende aller physikalischen Erscheinungen abzusehen. Es heißt vielmehr, daß eines vielleicht nicht zu fernen Tages alle uns zugänglichen physikalischen Prinzipien und Gesetze erkannt sein werden, nach denen dieses Universum, diese Welt aufgebaut sind: die Handvoll Grundsätze, Formeln, aus denen die Welt mit ihren unendlichen Vielfältigkeiten und Möglichkeiten »ausgerechnet« werden könnte. Wissenschaft, Physik, würde dann nurmehr angewandte Wissenschaft geworden sein. Auf der Jagd nach den Elementen hat sie sich aufgesplittert, die Philosophie verlassen, sich von ihr unabhängig gemacht im Glauben, sie könnte die Welt selbst bewältigen, ohne Hilfe, ohne geistige Leitung, allein aus dem Experiment und aus der Mathematik heraus. Die Entwicklung gab ihr lange Zeit recht. Nichts, kein System, keine Methode ist jemals so effektiv gewesen wie ihre mathematische, die sich auf nichts weiter stützt als auf einen Satz anscheinend in sich konsistenter logischer Sätze. Auf sie hat die Physik mit Erfolg gebaut: Sie hat ein Bild der Welt konstruiert, das dort, wo es sich mit den Mesoskalen befaßt, die mit den Dimensionen des Menschen zu tun haben, so viel leistet wie sonst nichts. Auf ihrer Beherrschung basiert die gesamte Kunst des Menschen, sich aus der Natur heraus seine eigene Natur zurechtzuzimmern, die ihm angenehm ist, wo er sich eingerichtet hat mit seinen Ansprüchen und Bedürfnissen, die mit denen der ihn umgebenden Natur nichts gemein haben. Von der Weltraumfahrt bis hin zur Kernresonanzspektroskopie hat er sich die Mesoskalen unterworfen in Anwendung seines Wissens. Er beherrscht sie, über sie hat er Macht und übt sie ungehindert aus. Was darüber hinaus geht ins Große und ins Kleine, dort stößt die Physik an ihre Grenzen. Dort bleibt ihr nichts anderes, als sich zu einem Glauben an ihre eigenen mathematischen Sätze zu bequemen. Dort schwimmt sie davon in die Spekulation, und nicht einmal die Zuflucht zur Mathematik, von der Gödel 1931 bereits gezeigt hat, daß sie sich selbst nicht erklärt, erlöst sie. Auf dieser Ebene werden die Modelle gleichwertig, weil unüberprüfbar, werden zu Glaubenssätzen, denen jeder (fast) nach eigenem Gutdünken anhängen kann, soweit er die mathematischen Schwierigkeiten überhaupt noch bewältigt.[4]

Bis hierher ist alles in Ordnung, ist alles verzeihlich. Wissen ist Allgemeingut und allen verfügbar. Es ist die Verfügbarkeit, der einfache Zugriff auf Wissen, die seinen Gebrauch ermöglichen. Der Gebrauch von Wissen, wenn es da ist, ist unvermeidlich. Die Weise, in der es gebraucht wird, läßt sich stets erst im nachhinein an den Folgen ablesen. Das eklatanteste Beispiel ihres Fehlgebrauchs haben wir in diesem Jahrhundert mit der Kernspaltung erlebt. Es ist nicht die Bombe, die hier gemeint ist, die Bombe, die von den am humansten denkenden und skrupulösesten unter allen Naturwissenschaftlern der politischen Macht an die Hand gegeben wurde, denen wir dankbar sein müssen für diese Tat und uns gleichzeitig vor den unnötigen und doch wieder nötigen Opfern der Bombe verneigen; sie haben uns die Bewußtwerdung der Furchtbarkeit der modernen Waffen und der Kriegführung gelehrt. Seit der Bombe wissen wir, daß Krieg kein Spiel ist, kein Mittel zum Austragen von Konflikten, und wir haben die Hoffnung, daß dies auch die Infantilen noch in endlicher Zeit begreifen werden, die sich allerorten um nichts schlagen. Was gemeint ist, betrifft die friedliche Nutzung der Kernenergie, die uns von einer gutgläubigen und optimistischen unkritischen Wissenschaftlergemeinde untergejubelt worden ist und von deren Geistern wir uns kaum mehr befreien können. Die Wissenschaft hat, was die Kernenergie betrifft, unverantwortlich gehandelt; im nachhinein hat sie wie Pilatus ihre Hände in Unschuld gewaschen. Gewiß war sie im rechtschaffenen Glauben, Kernenergie wäre unvermeidlich, um die energetische Zukunft der Menschheit zu sichern. Sie hat die Risiken in Simplifizierung und Zweckoptimismus einfach auf grobe Statistiken reduziert, die jeder versteht und mit denen sich jeder zufriedengibt. Aber die treibende Kraft hinter der industriellen Ausnutzung der Kerntechnik war ihr unbezähmbarer Ehrgeiz, gemischt mit der Möglichkeit, zum ersten Mal in der Geschichte der Menschheit den totalen Einfluß der Wissenschaft auf die Gesellschaft zu erleben. Es ist der Kitzel der Macht, der zur Blindheit verleitet. Ihm ist ein gesamtes Zeitalter und eine ganze Industrie gefolgt.

Was die Kernenergietragödie uns vorspielt, ist nur ein Fall. Mit dem Ende der alten Elemente hat sich die Wissenschaft dem Erfolg verschrieben, der sie in die Arme der Bedenkenlosigkeit treiben könnte. Sie selbst sieht es kritisch, aber sie ist machtlos gegen ihre eigene Dynamik unter dem Druck ökonomischer und politischer Anforderungen, unter dem Druck des Willens, sich beweisen, ihre Unverzichtbarkeit deutlich machen zu wollen, in einer Situation des wachsenden Ansturms in und auf die Wissenschaft, den sie nicht verkraften kann. Ihre ältere Schwester, die Philosophie, könnte ihr mit Rat zur Seite stehen und sie vor Abwegen bewahren. Das Weltbild, das die neuen Elemente beschert haben, hat offensichtlich versagt. Es ist an der Philosophie, ihr zu einem neuen zu verhelfen, das nicht nur die wissenschaftlichen Probleme sieht wie dasjenige, unter dem die Wissenschaft heute noch lebt, sondern sich auch der von ihr nur gestreiften, nicht in ihr Metier fallenden annimmt. Dies, nicht ein Anhängen an die Wissenschaft, bleibt ihre vornehmste Aufgabe.

Coda

Zeus hatte sich erhoben und sah in die Runde. Die Götter und Halbgötter umstanden ihn im Halbkreis. Mit Ausnahme Herakles' überragte er sie alle um Haupteslänge. Etwas abseits drängte sich die große Gruppe der neuen Mitglieder des Olymp: die Heiligen aller Arten mit ihren bläßlichen Scheinen hinter dem Kopf. Gegen die alten Götter wirkten sie fahl und verängstigt.
Zeus schenkte ihnen keinen Blick. Er hob die Hand und gebot Schweigen.
»Unsterbliche«, sagte er, »ich will Ihnen keine lange Rede halten. Die Zeit ist gekommen, sich zurückzuziehen. Ich habe beschlossen, keine Ausnahme von der Regel zu erlauben. Alles soll auf natürliche Weise ablaufen, wie wir es vorhergesehen und wie die Sterblichen es inzwischen auch errechnet haben. Mit der Erde geht es zu Ende. Für meinen Geschmack hat es zu lange gedauert. Aber ich weiß, einigen unter Ihnen hat es gefallen. Sie haben sich amüsiert auf Kosten der Sterblichen, wie sich versteht. Sie wissen, daß Sie meine Mißbilligung haben. Trotzdem, alles in allem war es ein interessantes Experiment, einen anderen als nur den göttlichen Geist zuzulassen. Mit ihren Mitteln haben es die Sterblichen erstaunlich weit gebracht, obwohl wir uns verpflichtet hatten, ihnen beim Verständnis der Welt weder zu helfen, noch einen Hinweis zu geben. Bis heute wissen sie nicht, ob sie die Wirklichkeit erkennen oder nicht. Immerhin haben sie das, was sie als Erkenntnis bezeichnen, zu etwas Praktikablem umfunktioniert: Sie haben gelernt, es anzuwenden, damit zu arbeiten, die Natur umzugestalten. Ich gebe hier keine Wertung ab. Ich sage nur: Sie haben etwas geleistet, immerhin! Wenn auch nicht ganz aus eigener Kraft« – Zeus hielt inne, warf einen Blick auf Prometheus –, »hätten sie nicht den Tip mit den Elementen erhalten, wären sie vielleicht nicht so weit gekommen. Nun gut, bei allen Experimenten muß nachgeholfen werden. Belassen wir es dabei. Da wir die Natur nicht stören wollen, habe ich festgelegt, daß wir uns jetzt wieder ins Chaos zurückziehen, aus dem wir damals aufgebrochen waren. Für uns hat sich nichts weiter geändert. Wir können dort darüber befinden, ob, an welchem Ort und zu welcher Zeit wir das Experiment wiederholen und welchen Anfangsbedingungen wir es dann unterwerfen wollen. Es geht nichts über Statistik: einmal ist keinmal. Die Sterblichen glauben zwar, wir führten ähnliche Experimente an verschiedenen Orten im Universum durch. Wie Sie wissen, versuchen sie seit Jahrtausenden, mit anderen Zivilisationen in Kontakt zu kommen. Das hat uns stets sehr belustigt. Wir haben sie in ihrem Glauben belassen und erlösen sie

auch heute nicht davon. Die wenigen Jahrmillionen, die sie noch vor sich haben,
schenken wir uns.

Bevor wir uns zurückbegeben und diesen erheiternden Ort quittieren, frage ich
Sie noch, was wir mit denen dort machen sollen, die sie uns heraufgeschickt ha-
ben?« Zeus wies mit der Linken, doch ohne sie anzusehen, auf die Gruppe der Hei-
ligen. »Mitnehmen will ich sie nicht. Sie haben sich uns nicht angepaßt. Immer
haben sie sich an ihre Vorschriften der Heiligkeit geklammert. Von unserem Wis-
sen wollten sie nichts annehmen. Sie sind die einzigen, die nichts hinzugelernt
haben. Es hat mich stets angewidert, wie sie sich über die gefreut haben, die von
denen da unten in die Verdammung geschickt worden sind. Und wenn ich sehe,
wie viele Würdenträger sich unter ihnen befinden, dann möchte ich am liebsten
ausspucken. Wenn sie um Fürbitte rücksprachen, dann nur für die, die aus unse-
rer göttlichen Sicht keine Fürsprache verdienten. Ich weiß, ich rühre hier einen
wunden Punkt an: Unser Experiment ist, was das Soziale, das Ethische und das
Religiöse betrifft, fehlgeschlagen.

Überhaupt die Religion. Haben Sie bemerkt, wie die Sterblichen über die Zei-
ten hinweg ihre Religionen gewechselt haben wie die Hemden? Mit welchen Na-
men sie uns nicht belegten! Ich habe mich nie beklagt, mal Gott, Allah, Buddha
oder sonstwie genannt zu werden. Auch mit der Bezeichnung Natur konnte ich
mich abfinden; aber es widerstrebt mir, mich süßlich als Lieber Gott oder im
Gegensatz dazu eigenschaftslos Materie, bei anderen Gelegenheiten gar gesell-
schaftliche Notwendigkeit genannt zu hören. Ich weiß nicht, welche Gefühle Sie
bei derartiger Mißachtung entwickeln. Es ist nicht unsere Art, auf solchen Unsinn
überhaupt auch nur zu reagieren. Religion hat den Sterblichen stets zu einem
bestimmten Zweck gedient, oft genug zu einem nicht erkennbaren, leeren, gar
modischen. Sie glauben an das, was ihnen glaubhaft erscheint, niemals an das
wahrhaft Göttliche: Vaterländer, Nationalitäten, Rassen, Prinzipien, ja selbst an
Börsenkurse. Gelegentlich verspürte ich Lust einzugreifen, es dürfte Ihnen nicht
entgangen sein.«

Zeus stockte und sah nachdenklich auf seine Füße hinunter, die in den altmodi-
schen groben Sandalen steckten, wie sie noch die Griechen getragen hatten. Wir
haben uns nicht groß geändert inzwischen, dachte er, wir sind das einzige, was
sich treu geblieben ist, die einzigen Invarianten im Universum. Wenn sie uns we-
nigstens als das erkannt hätten. Er hob die Schulter an und ließ sie mit einem
Seufzer wieder fallen:

»In einem zukünftigen Experiment«, sagte er laut und schaute über die Köpfe
der ihn schweigend umringenden Götter hinweg in die Ferne, »gilt es, dieses Ver-
sagen zu berücksichtigen und falls möglich zu korrigieren. Aber im konkreten vor-
liegenden Fall beauftrage ich Sie, Hades, die Korrektur vorzunehmen. Sie können
Ihre Datei der zur zeitweiligen Unsterblichkeit zugelassenen Sterblichen elimi-

nieren. *Aber vergessen Sie nicht, die Diskette mit den gesammelten Kunstwerken und Kompositionen der Sterblichen an sich zu nehmen. Es ist das einzig Erhaltenswerte, das von diesem Experiment bleibt. Ich nehme an, Sie alle sind einverstanden?«*

Die Gruppe der Heiligen erhob ein Geheul. Zeus scherte sich nicht darum. Er beugte sich vor: »Noch Fragen irgendwelcher Art?«

Prometheus hob die Hand, aber Zeus winkte ab: »Deine Gedanken kenne ich«, *sagte er,* »du denkst zu kurz, wenn du dir auch einbildest, alles vorzudenken. Die Sterblichen werden an die Naturgesetze glauben, die sie gefunden haben, und alles wird nach diesen Gesetzen zu Ende gehen. Nachdem Hades seine Datei gelöscht haben wird, können sie künftighin so viele Heilige benennen, wie sie wollen, der Olymp wird leer bleiben. Sie werden es nie erfahren. Wir können sie getrost sich selbst überlassen – wie wir es schon immer getan haben. Es ändert nichts. Der Einspruch ist überflüssig. Niemand wird jemals wieder auf den Olymp kommen, ihn zu bewohnen.«*

Auch Metis wollte etwas sagen, doch Zeus warf ihr einen Blick zu, der sie zum Schweigen brachte. »Listen und Betrug sind nicht am Platz. Sparen Sie sich die für das nächste Experiment auf«, *sagte er.*

»Erledigt«, *kam Hades' Stimme aus dem Hintergrund. Die Göttergesellschaft wendete sich in Richtung der großen Gruppe der Heiligen; aber die hatten sich in Nichts aufgelöst.*

Prometheus neigte sich hinüber zu Aphrodite, die ihm abweisend die Schulter zukehrte: »Wie immer zu spät. Ich hätte gern ein oder zwei zum Zeitvertreib mitgenommen, am liebsten einen der Innozenze, die waren so schön scheinheilig, findest du nicht auch?« *sagte er anzüglich.*

»Schluß jetzt! Ich löse die Gesellschaft auf,« *rief Zeus:* »Ab ins Chaos und auf ein nächstes Mal.«

Dank

Dieses Buch verdankt seine Existenz der unermüdlichen Ermunterung durch Michael Krüger und Eginhard Hora. Ohne ihre Unterstützung und Geduld wäre es wahrscheinlich nie geschrieben worden. Es ist mir ein Anliegen, mich bei ihnen dafür und für die enge Zusammenarbeit zu bedanken. Alles was darin unbesonnen und unrichtig ist, geht zu meinen Lasten. Sie sind dafür nicht verantwortlich.

Ganz besonderen Dank schulde ich Hartmut Schickert, der als erster, unvoreingenommener Leser sich der schwierigen Lektorenaufgabe gestellt hat und mit Anregungen und Verbesserungen der verschiedensten Art am Buche beteiligt ist. Ebenso danke ich Martha Strobel für alle erwiesene Hilfe und die Nachsicht angesichts drückender Termine, die sie mir gegenüber aufbrachte. Geschrieben wurde das Buch teilweise am Max-Planck-Institut für extraterrestrische Physik, teilweise am Dartmouth College in Hanover, New Hampshire, wo es von der Harris-German-Dartmouth Distinguished Visiting Professorship Foundation unterstützt wurde. Für die erfahrene Gastfreundschaft bedanke ich mich auf diesem Wege herzlich bei Mrs. Margret P. Robinson sowie bei meinen dortigen Kollegen Joseph Harris, Mary Hudson, Jim LaBelle und Ralph Lewis. Ingrid Karsunke und Karl-Markus Michel gebührt gleichfalls dankbare Nennung.

Schließlich sei auch dem geduldigen Leser für sein Interesse gedankt. Wenn dieses Buch ihm eine kleine Hilfe sein sollte, sich in der technisierten Welt besser zurechtzufinden, wäre seine Aufgabe in aller Bescheidenheit erfüllt.

Anmerkungen und Bibliographie

I. Geschichte des Elementaren

1 C. Geertz, »Person, Zeit und Umgangsformen auf Bali«, in: *Dichte Beschreibung* (Frankfurt a. M. 1987), S. 174 ff.

2 V. Clube and B. Napier, *The Cosmic Winter* (Oxford 1990).

3 dto., Clube und Napier bringen die Urgötter und Urelemente mit Kometeneinfällen in die Erdatmosphäre in Verbindung, die anderwärtig belegbar sind. Sie spiegeln sich in den großen Mythen wider, vor allem in der dort immer wieder auftretenden großen Schlange, deren Schwanz ein Kometenschweif ist, im Aufbrechen von Himmelsgöttern, das dem Zerbersten von Kometen in Erdnähe entspricht usw. Man kann sich vorstellen, daß die Erzählungen von diesen Ereignissen, den Göttern, die am Himmel streiten und zur Erde fallen, während diesem Zeitraum kein Ende genommen haben; aber an seinem Ausgang stand doch schon wie eine hochgewachsene Hecke ein solch großer Abstand zwischen ihnen und den die Menschen bewegenden Ereignissen, daß der überwältigende Eindruck erlahmte und sich dementsprechend ein gelockerter Ton in die Erzählung einschlich. Trotzdem enthält das nun schriftlich Niedergelegte noch die wesentlichen Züge der Urelemente. Hesiod, der böotische Bauerndichter, berichtet es um 800 v. Chr. in seiner *Theogonie*, die die Entstehung der Götter und der Erde beschreibt. Hesiod bringt das mündlich Überlieferte in Verse, dichtet, aus seiner Sicht interpretierend, hinzu. Aber der Kern ist allgemeines Gut, Wissen, wie es die Zeit vorstellt und schon in eine gewisse erklärende Abfolge gebracht hat, daß alles, was da ist, aus Vorhergehendem und Vorhandenem entstanden sei. Vielleicht wird Hesiod zuviel Ehre getan; sein Wunsch, nicht nur zu überliefern, sondern zu dichten, hat ihn oft zu allegorischen, vom Mythus entfernten Darstellungen verführt, während spätere Schreiber und Dichter wie der Römer Ovid offensichtlich zu authentischeren Quellen Zugang hatten und sich weniger vom Pathos verführen ließen. Aber davon entkleidet, ist das Grundgerüst der Urmythen bei Hesiod unbestritten erkennbar.

4 Erscheint uns nicht diese Art der Betrachtung allen Geschehens trotz den uns primitiv anmutenden Mythen, auf denen sie ruht und die sie zeitgebunden machen, weitgehend realistisch? Entspricht sie nicht in großen Zügen dem, was geschichtlich vor sich ging, und damit der Wirklichkeit? Wenn dem aber so ist, dann können wir die Mythen zwar belächeln, weil wir über sie hinaus sind, aber im Kontext der geschichtlichen Situation müssen wir ihnen den Stellenwert gültiger Wissenschaft zuweisen, der es oblag, Fragen zu stellen, Probleme des phänomenalen äußeren und inneren Geschehens aufzuwerfen, doch auch, konsistente Antworten auf diese Fragen zu geben, die Probleme aufzulösen. Die Mythen vollziehen den Schritt heraus aus der protomythischen Traumwelt der Vorzeit, heraus aus dem Zyklus des gleichzeitigen, sich selbst aufhebenden Vor- und Zurückschreitens in der Zeit, heraus aus der Trance der Magie und ihrer erklärungslosen, der Sicht der Mythen bereits fragwürdigen Fraglosigkeit und hinein in die noch begrenzte Wachheit des protowissenschaftlichen Fragens und Antwortens. Der Traum wird dabei zurückgelassen. Zwar behält er Bedeutung als Hinweis auf die Wirklichkeit, zwar wird er noch ernst genommen, aber er ist nicht mehr alleinige Wirklichkeit, mischt sich nicht mehr mit ihr. Man lebt nicht mehr im Traum; wenn der Traum kommt, sind seine Deuter bemüht, ihn auszulegen, seine Bilder und Aussagen auf die Elemente, aus denen sich die Welt erklärt, zu beziehen und so seinen, sprechen

wir es ruhig aus, Wahrheitsgehalt freizugeben. Immer noch, und das ist bei der Kürze des Abstandes von der protomythischen Epoche auch nicht verwunderlich, wird der Traum als von außen kommend, äußere Information, die dem Menschen zugespielt wird, begriffen, und es wird lange so bleiben. Aber der Traum ist ein Ereignis unter vielen, das sich gelegentlich einstellt: er ist nicht die permanente Form des Daseins. Sein okkasioneller Charakter grenzt sich deutlich ab von dem, was in der Welt geschieht. Man denke nur an die überlieferten Träume etwa der Pharaonen und deren Deutungen, unter denen Josephs Erklärung (1. Mose 41) der sieben fetten und der sieben mageren Kühe die berühmteste ist. Obwohl das Innerliche bewußt zu werden beginnt, wird der Traum nicht mit ihm in Zusammenhang gebracht. Diese Entdeckung bleibt einer viel späteren Zeit und der Psychoanalyse vorbehalten. Das Innerliche erscheint höchstens als Gegengewicht zur äußeren Wirklichkeit, die den Menschen erdrückt, ihm seine Geringfügigkeit zu Bewußtsein bringt und ihn mit der Schuldfrage belastet, der er nur durch die Religion und die strenge Befolgung der Gesetzesvorschriften Genüge tun, aber nicht entrinnen kann.

5 R. v. Ranke-Graves, *Griechische Mythologie. Quellen und Deutung* (Reinbek bei Hamburg 1986), S. 18.

6 dto., S. 30.

7 dto., S. 22–28.

8 Diese (Quarks genannten) Teilchen wechselwirken so stark, daß sie nur in den Kernteilchen (den Hadronen: Proton, Neutron, Kaon, Pion usw.) existieren können. Sie sind deren Bestandteile, und ihre beständige Wechselwirkung erhält alle Kernteilchen aufrecht. Nach bestimmten einfachen Regeln lassen sich die Kernteilchen in zwei Gruppen aus diesen Quarks aufbauen; die eine Gruppe (das Oktett von acht Mesonen: Kaon, Pion und anderen) besteht aus Kombinationen von jeweils zwei der drei Quarks, die andere (das Oktett der Baryonen: Proton, Neutron und anderen) setzt sich aus jeweils drei Quarks zusammen. Mit Hilfe der Quarks läßt sich für die gesamte Gruppe der Hadronen so etwas wie ein periodisches System der Kernteilchen aufbauen, das zuerst von Gell-Mann und Ne'eman aufgestellt wurde und die gleiche Rolle für die Hadronen spielt wie einstmals Mendelejews System für die chemischen Elemente. Die Gruppe der drei Quarks (und Antiquarks) gemeinsam mit den nicht zu ihnen gehörigen leichten Elementarteilchen ohne Innenleben, den Leptonen (Elektron, Neutrino, Muon und ihren Antiteilchen), sind nach heutigen Vorstellungen die Elementarbausteine der materiellen Natur. Das ist immerhin noch eine erkleckliche Zahl von kleinsten Elementen, die noch durch ihre verschiedenen Austauschteilchen ergänzt werden müssen, um Vollständigkeit zu erreichen: die Bosonen, unter denen das Photon (das Element des gemeinen Lichts) das bekannteste ist, welche die Wechselwirkungskräfte zwischen den kleinsten Elementen transportieren und selbst teilweise erhebliche Massen und komplizierte Eigenschaften haben.

9 Die innere Struktur aller dieser Teilchen bleibt weiterhin unbekannt, obwohl bereits ein Vorschlag existiert, die Vereinfachung noch soweit voranzutreiben, die Quarks selbst aus zwei allerelementarsten Teilchen bestehen zu lassen, den beiden Rishonen (Hebr. die Ersten) Tohu und Wabohu (von Hebr. Tohu-wabohu = Chaos) mit unbekannter innerer Struktur. Teilchen dieser Art könnten prinzipiell nicht einzeln beobachtet werden, weil die dazu erforderlichen Energien im Labor nicht aufzubringen sind. Hier gelangt die Physik an die Grenze des Machbaren, wenn sie in ihrem Wunsch nach Vereinheitlichung bis ins Allerelementarste vorstößt. Vielleicht kann sie bei der Astrophysik des frühesten Universums eine Anleihe machen. Man vermutet ja, daß im sehr frühen Universum alle diese elementarsten Teilchen frei waren, weil sie im damaligen Zustand kurz nach dem Big Bang, dem hypothetischen Beginn des Universums, über fast unbegrenzte Mengen an freier Energie verfügten und noch nicht zu Elementarteilchen zusammengesetzt waren. Im Rückblick ins früheste Universum bietet sich vielleicht die Möglichkeit eines Nachweises solcher freier Teilchen.

10 J. Gebser, *Ursprung und Gegenwart*[2] (Stuttgart 1966), S. 112.

11 dto., S. 88.

12 W. Capelle, *Die Vorsokratiker* (Stuttgart 1968), S. 195.

13 dto., S. 192.

14 Euklid war nicht der erste, der eine Darstellung der Mathematik verfaßte. Um 320 v. Chr. hatte bereits Eudemus von Rhodos, der vielleicht bedeutendste Mathematiker der Antike, ein ähnliches Werk geschrieben. Von ihm sind jedoch nur Fragmente erhalten. Er faßte das Wissen seit Thales und Pythagoras zusammen. Es ist nicht klar, wieviel Euklid selbst beitrug. Unter extensiver Verwendung des logischen Schließens gelang ihm aber eine glänzende Grundlegung der Geometrie, die auf wenigen Axiomen und einigen zu seiner Zeit selbstverständlichen, einsichtigen Annahmen über die Natur des Raumes basierte und über zwei Jahrtausende hinweg das Paradigma der perfekten, vorbildlichen mathematischen Darstellung blieb.

15 W. Capelle, loc. cit., S. 27., »Zuerst von allem entstand (!) das Chaos, dann (!) aber die breitbrüstige Gaia, der ewig feste Halt für alle Dinge, und der dunkle Tartaros im Inneren der breitstraßigen Erde, und Eros, der schönste unter den unsterblichen Göttern, er, der, gliederlösend, in allen Göttern und Menschen den klaren Verstand und vernünftigen Willen in der Brust überwältigt. Aus dem Chaos aber wurde Erebos und die schwarze Nacht geboren, von der Nacht dann Äther und Hemère, die sie gebar, nachdem sie sich dem Erebos in Liebe vermählt hatte. Gaia aber gebar zuerst, gleich ihr selber, den gestirnten Uranos, damit er sie ganz umhüllte, auf daß er für immer den seligen Göttern ein sicherer Wohnsitz wäre ... Und endlich gebar sie, nachdem sie sich mit Uranos vermählt hatte, den tiefstrudeligen Okeanos ...«

16 R. v. Ranke-Graves, loc. cit., S. 22–36, vor allem die dortigen erläuternden Anmerkungen S. 23, 1–4; S. 25, 2; S. 26–27, 1–2; S. 30, 2; S. 31, 1–4; S. 34–36, 1–9.

17 W. Capelle, loc. cit., S. 132, Fragm. 49a.

18 dto., S. 135, Fragm. 53.

19 dto., S. 136, Fragm. 2.

20 dto., S. 149, Fragm. 113.

21 dto., S. 142, Fragm. 90.

22 G. Bachelard, *Psychoanalyse des Feuers* (Frankfurt a. M. 1990).

23 dto., S. 96, Bachelard zählt eine Anzahl Verirrungen auf.

24 dto.

25 W. Capelle, loc. cit., S. 71, Fußnote 3.

26 Vgl. z. B. F. Capra, *Das Tao der Physik*.

27 W. Capelle, loc. cit., S. 192, Fragm. 6, S. 193, Fußnote 1. In eigenartiger Verdrehung ist bei Empedokles Zeus das Feuer, Hera die Luft, Hades die Erde.

28 dto., S. 193: Aristoteles, Metaphysik I 4. 985a 21 ff.

29 dto., S. 398: Aristoteles, Vom Werden und Vergehen VII 9. 327a 16 ff.

30 Allein schon eine solche simple Beobachtung wie die Wahrnehmung von Luft in der Geschichte der menschlichen Erkenntnis läßt schwerwiegende Zweifel aufkommen an jeder Art von Erkenntnistheorie, die wie die sogenannte historische von Stephen Toulmin [Für eine Zusammenfassung der Toulminschen Theorie vgl. Stephen Toulmin und June Goodfield, *Entdeckung der Zeit* (Frankfurt a. M. 1985)] die langsame und kontinuierliche Entwicklung der Erkenntnis von primitiven Erkenntnisstufen aufwärts über elementare Erkenntnisformen zum hochentwickelten Stand der modernen zivilisierten Gesellschaft behauptet. Der Fehler solcher Theorien liegt in der einfachen Übernahme der Analogie zur jeweils geltenden biologischen Entwicklungstheorie in die philosophische Erkenntnistheorie. Erstere hat in den vergangenen Jahrzehnten eine grundlegende Wandlung erfahren, die sie zur Anerkennung komplizierter, rückgekoppelter und sprunghafter Entwicklungsmechanismen gezwungen hat, während die Toulminsche Theorie der Erkenntnis

noch auf der adiabatischen Annahme des kontinuierlichen Erkenntniszuwachses und dem stetig wachsenden Wissen basiert. In verschiedenen simplistischen Formen hat die neuere Erkenntnistheorie die Fortschritte der biologischen Entwicklungstheorie kopiert und sich einzuverleiben versucht. Diese neuen Theorien treten gemeinsam unter der Modebezeichnung *Evolutionäre Erkenntnistheorie* auf, die in leicht schwammiger Form die neueren biologischen Theorien auf den Erkenntnisgewinn (in der modernen Theorie ist, ohne den abschätzigen Ton der Terminologie zu vermerken, stumpf von *Erkenntnisproduktion* die Rede) verallgemeinern. Die Philosophiegeschichte hat an vielen Beispielen gezeigt, wie derartige philosophische Verallgemeinerungen spezialwissenschaftlicher Einsichten gewöhnlich über das Ziel hinausschießen. Sie sind deshalb mit allem Vorbehalt zu nehmen, selbst dann, wenn sie große Publizität erfahren. Philosophie ist eine inexakte Wissenschaft. Bislang sind alle Versuche, sie auf exakte Grundlagen zu stellen, fehlgeschlagen und haben sie nicht vorangebracht, sondern stets hinter der Naturwissenschaft hinterherhinken lassen; man darf aus dieser Tatsache folgern, daß derartige Versuche prinzipiell zum Mißerfolg verurteilt sind. Entweder ist Philosophie nicht exakt machbar, gar mathematisierbar, oder sie ist prinzipiell unmöglich. Festgehalten kann werden, daß jeglicher Erkenntnisgewinn ein diskontinuierlicher Vorgang ist, der zwar auf und aus vorherigen Kenntnissen aufbaut, dem aber das Moment des Unerwarteten anhaftet: der Unvorhersagbarkeit. Mathematische Lösungen einer Gleichung auszurechnen ist ein ingenieurstechnisches Unternehmen und bedeutet einen Erkenntniszuwachs nur dann, wenn diese Lösung einen qualitativen Sprung im Verständnis induziert, der ohne sie nicht hätte erreicht werden können. In allen anderen Fällen bringt die Lösung keinen Erkenntniszuwachs, sondern ist nur die Extrapolation bekannten Wissens, Ingenieurs*applikation.* Für Diskontinuität gibt es in Ermangelung eines analytisch formulierbaren Entwicklungsgesetzes keine Theorie.

31 W. Capelle, loc. cit. S. 206 (nach Theophrast).

32 dto., S. 258 (laut Plutarch).

33 dto.

34 dto., S. 269 (laut Cicero).

35 Angeregt durch von Galilei kolportierte Beobachtungen, daß eine Wasserpumpe Wasser nur auf die Höhe von wenigen Metern pumpen könnte, hatte Torricelli 1643, kurz nach Galileis Tod, das erste Quecksilberbarometer konstruiert, mit dem er nachwies, daß das atmosphärische Gewicht der Luft einer Quecksilbersäule von etwa 750 Millimeter Höhe das Gleichgewicht hält. Blaise Pascal, der große Philosoph, Mathematiker und Naturwissenschaftler, Entdecker der binomischen Reihe, der Wahrscheinlichkeitsrechnung und Konstrukteur der ersten mechanischen Rechenmaschine, benutzte sofort Torricellis Barometer, um damit auf den Puy de Dôme zu steigen und nachzuweisen, daß die Höhe der Säule mit der Höhe über der Erdoberfläche abnimmt. Damit war die Abnahme des Luftdrucks mit der Höhe erwiesen und der »horror vacui« zu den Akten gelegt. Robert Boyle verwendete eine verbesserte Version der Guerickeschen Luftpumpe, um die Eigenschaften von Luft eingehend zu studieren. Seine Arbeiten stehen als die ersten echten chemischen Untersuchungen von Gasen richtungweisend in der Wissenschaftsgeschichte. Boyle bewies, daß Luft ein Gas, eine materielle Substanz mit einem bestimmten Gewicht ist, daß das Volumen einer bestimmten Menge von Luft umgekehrt proportional zu dem auf dieses Volumen ausgeübten Druck ist, der Luftdruck den Siedepunkt von Wasser beeinflußt; in einem Kessel über kochendem Wasser sammelte er gasförmigen Wasserstoff an, den er in Unkenntnis des Wasserstoffs als »neu erzeugte Luft« bezeichnete. Sein Druck-Volumen-Gesetz wurde im folgenden Jahrhundert von Mariotte neuentdeckt und ist eines der fundamentalen Gesetze der Thermodynamik von Gasen.

36 Seit die sogenannte Weltraumfahrt (die diesen hochtrabenden Namen zu Unrecht trägt, da sie kaum mehr ist als ein Unternehmen in die unmittelbarste Umgebung der Erde) eine Handvoll

Kosmonauten ein paar hundert Kilometer hoch über die Erdoberfläche befördert hat, haben, als die Mondlandung anstand, Geschäftemacher aus einer der parasitärsten Branchen humaner Betätigung, der Immobilienmaklerei, damit begonnen, Mondboden zu verkaufen; auch Mars und Venus waren als Immobilien bereits im Gespräch. Die professionelle wissenschaftliche Astronomie hatte schon vorher einen unschönen, quasikommerziellen Brauch eingeführt: Astronomen von Rang mit dem »Geschenk« eines Stücks Boden, eines der vielen bekannten, aber unbenannten Kleinstplaneten zu beehren, die dann mit den Namen der Betreffenden versehen werden; wie einer von ihnen sich brüstete, bestünde der seine zum überwiegenden Teil aus Gold. Wie gering ist das Zutrauen in die Bedeutung der wissenschaftlichen Arbeit, wenn die Unsterblichkeit, in Form eines in unbekannten Tabellen verzeichneten Kleinstplaneten zu überleben, den außer den spezialisiertesten Spezialisten ohnehin niemand kennt, solche Anziehungskraft besitzt. Wieviel Befriedigung muß darin liegen, ein unbekannter, unbedeutender kleiner Meier, Müller, Schmidt, am Himmel unter den großen ehemaligen Göttern Merkur, Venus, Mars, Jupiter, Saturn, Neptun, ja selbst Ganymed, Hermes, Io oder Pluto zu sein, die jeder kennt? Die Verirrungen des menschlichen Geltungsbedürfnisses nehmen mitunter bizarre Formen an. Dabei gibt es außer dem Menschen selbst niemanden, der diese Ehrungen registriert; auch die größten menschlichen Ehrungen verlieren sich nicht nur in den langen Epochen der Geschichte, sie verlieren sich bereits in der Menge der vom Menschen täglich verteilten großen und kleinen Ehrungen seiner selbst.

37 Diese reale Bedeutungslosigkeit spiegelt sich in der Wissenschaft in der Geringschätzung wider, mit der etwa die wissenschaftlichen Astronomen den Geowissenschaftlern, ja auch den Raumwissenschaftlern begegnen, deren Aufgabenbereich sich auf die Erforschung der Erde und ihre unmittelbare Umgebung im interplanetaren Raum einschränkt. Für den Menschen hat die Erforschung, Beobachtung und Untersuchung der Erde auch heute immense praktische Bedeutung. Es ist nicht nur die oft zitierte Suche nach weiteren Ressourcen, die in einer Wirtschaftsordnung, die sich, anders als die unsrige, mehr der *Re*produktion und Aufbereitung als der reinen Produktion, dem Konsum und der Abfallerzeugung zuwenden würde, in ihrer Bedeutung zurückträte, wenn sie auch nicht obsolet würde. Von Bedeutung ist vielmehr die Verfolgung der Prozesse in Atmosphäre und Erdkruste zur besseren Kenntnis, zum verantwortungsbewußteren Umgang mit ihnen, zur Abwendung von Gefahren in einer Umgebung, die der Existenz des Menschen nicht bedingungslos wohlgesonnen ist. Ganz nebenbei bringt diese Erforschung auch Nutzen für andere Wissenszweige wie die Astronomie, die von der Auskundschaftung von idealen Beobachtungsorten in arriden Gebieten wie dem chilenischen Hochgebirge oder weitgehend störungsfreien Zonen wie dem antarktischen Polgebiet, nicht zuletzt aber auch von Entwicklungen wie der Raketenphysik profitiert, deren Hauptanwendung im konstruktiven Bereich neben der kommerziellen Nutzung in der Erforschung des erdnahen Raumes liegt und die zunehmend für astronomische Zwecke in der Röntgen-, Gamma- und Infrarotastronomie und sogar der optischen Astronomie genutzt wird. Überheblichkeit ist nicht am Platz.

38 R. v. Ranke-Graves, loc. cit., S. 42.

39 P. Weiss, *Ästhetik des Widerstands* (Frankfurt a. M. 1980).

40 W. Capelle, loc. cit., S. 80 (aus Erastostehenes).

41 dto., S. 133, Fragm. 76.

42 dto., S. 189 (laut Aristoteles Kritik); vgl. auch das erwähnte Fragm. 6.

43 dto., S. 212, Fragm. 48, 45 und 43.

1 Clube and Napier, loc. cit.. Ein Zeitalter, das gehäuften Kometeneinfällen ausgesetzt ist, ist notwendigerweise ein Zeitalter, in dem sich die Aufmerksamkeit von den irdischen Dingen auf den
Himmel richtet,»von dem alles Geschehen herkommt«. Es ist das Zeitalter der Geburt der Götter,
wie sie in den alten Mythen von den Götterkämpfen beschrieben wird. Die Erde wird durch den
Kometenbeschuß oberflächlich verwüstet. Überall entstehen kleine Einfallskrater, Flutwellen sind
an der Tagesordnung ebenso wie Landbrände und glutheiße Stürme, die den Stoßwellen folgen, die
jeder Einschlag verursacht. Der Himmel ist Tag wie Nacht hell von Kometen mit langen Schwän-
zen, die als himmlische Schlangen gedeutet werden. Man kann nicht mehr zwischen Sonne und
Mond unterscheiden, weiß nicht mehr, welcher der leuchtenden Himmelskörper die Sonne ist,
denn ein sehr erdnaher Komet hat eine ähnliche Oberflächenhelligkeit wie die entfernte Sonne.
Das Leben wird durch die Katastrophenbedrohung verunsichert. Festgefügte Stammesgemein-
schaften werden zerstört, auseinandergerissen. Heimatlose und besitzlose Nomaden irren über die
brennenden Steppen und versorgen sich durch Überfälle, Raub und Mord, die vornehmlich von beweglichen Männernhorden auf noch intakte Siedlungen verübt werden. Die alte, protomythische
Kultur der matriarchalischen Siedlungsstruktur gerät ins Wanken und kann sich, da sie weder darauf vorbereitet noch dem gewachsen ist, der Bedrohung durch die »moderne« rücksichtslose, vom
elementaren Überlebensbedürfnis getriebene, vom Gesetz des Stärkeren geleitete Nomadenge-
sellschaft nicht erwehren und bricht zusammen. In der dem Umbruch und der eventuellen coelaren Beruhigung nach Jahrzehnten oder Jahrhunderten folgenden neuen Ära herrscht ein anderes,
neuartiges Klima. Die Nomaden haben die Erinnerung an früher verloren oder nur Legenden
daran bewahrt. Sie sind auf ewiger Wanderschaft. Wenn sie in Landstriche vordringen, die nicht
betroffen waren, verhalten sie sich wie Eroberer: sie zerstören, vernichten. In einer Hochkultur
wie derjenigen des Zweistromlandes oder der vorhellenistischen in Kleinasien und Griechenland
werden sie seßhaft, ersetzen die bestehende Herrschaft, werden deren Nachfolger und übernehmen teilweise deren Kultur. Aber da die Nomaden eine Männergesellschaft sind, wird die neue
Mischkultur eine patriarchalische sein. Diese Kulturstufe ist die mythische, in der die Erinnerung
an die großen Götterkämpfe am Himmel gepflegt wird, die die erlebte Geschichte verkörpern. Solcherart ist das kurzgefaßte Szenenbild der großen kulturellen Revolution, die, ausgelöst durch die
kleinen coelaren Katastrophen, den Übergang von der paradiesischen protomythischen Kultur in
die mythische vollzieht, der die Menschwerdung ermöglicht. Die Wahrscheinlichkeit, daß es so gewesen ist, ist hoch. Clube and Napier haben die für sie sprechenden Argumente zusammengestellt.

2 Vgl. Kapitel IV. Die Diskussion dieses Falles scheint glücklicherweise nicht mehr akut zu sein, seit
die Konfrontation zwischen dem kommunistischen Block und der westlichen Welt mit dem friedlichen Absterben der kommunistischen Diktaturen dahingeschmolzen ist und keine unmittelbare
Gefahr für Kernwaffenmißbrauch mehr besteht. Kernkraftwerke jedoch stellen immer noch einen
potentiellen Bedrohungsfaktor dar und könnten bei akzidentiellem oder durch einen GAU in Nähe
anderer Kraftwerke getriggertem Zusammentreffen von mehreren GAUs eine ebensolche Wirkung hervorrufen wie ein nuklearer Krieg.

3 Mohorovičić nahm sich der europäischen seismischen Registrierungen des großen Erdbebens vom
8. Oktober 1909 im Kulpatal, 40 Kilometer südlich seines Observatoriums an. Er beobachtete, daß
die Meßstationen, die zwischen 300 und 720 Kilometer vom Erdbebenort entfernt lagen, zwei Ein-
trittssignale verzeichnet hatten, daß es also zwei Wellenzüge gegeben haben mußte, die gleichzeitig im Erdbebenzentrum emittiert, aber zu unterschiedlichen Zeiten am Empfangsort angekommen waren. Der erste entsprach der direkten Welle, die auf gerader Linie vom Zentrum zur Station
gelaufen war, der zweite gehörte zu einer Welle, die ins Erdinnere gelaufen, an einer bestimmten
Schicht reflektiert worden war und von dort als reflektierte Welle die Station erreicht hatte. Es war

nicht schwer abzuschätzen, in welcher Tiefe sich die Reflexionszone befand. Dazu genügte die Kenntnis des Laufzeitunterschiedes der beiden Wellen und der Entfernung der Observatorien. Die Reflexionsschicht lag in 54 Kilometer Tiefe. Sie wird heute nach ihm benannt.

4 Eine solche Kraft übt auch die Erde auf jeden in ihrer Nähe befindlichen Körper aus. Weil aber die Masse der Erde um vieles größer ist als jede andere irdische, uns bekannte Masse, darf man die Anziehung der Erde durch den anderen Körper vergessen und nur die Bewegung des Körpers im Anziehungsbereich der Erde, in ihrem *Gravitationsfeld*, betrachten. Dann also fällt der Körper *nach unten*. Dies zu erkennen, war schwierig, denn da die verschiedenen Massen der Körper keine Rolle spielen, fallen alle Körper gleich schnell. Es bedurfte einer enormen Vorstellungskraft, auf die Existenz der Gravitation aus dem Fallen – oder dem Nichtfallen, hier speziell des Mondes, den Newton am Himmel »stehen« sah und sich fragte, warum er wohl nicht herunterfiele wie alle anderen Körper auch, wenn er massiv wäre – zu schließen. Weder Galilei noch Kepler hatten das vor Newton getan; sie hatten nur die Bewegung beschrieben, beziehungsweise die Bahngesetze der Bewegung gefunden. Newton fand heraus, warum sich die Körper bewegten: weil sie der Gravitationskraft unterliegen und selbst gravitieren.

5 Es war Alfred Wegener 1915, der zu Anfang dieses Jahrhunderts aus der Ähnlichkeit der Küstenlinien von Afrika und Südamerika die Hypothese ableitete, die Kontinente hätten in einer erdgeschichtlich frühen Epoche einen einzigen zusammenhängenden Kontinent gebildet, der auseinandergebrochen sei, und dessen einzelne Teile später in unterschiedliche Richtungen »gedriftet« wären. Wegener nannte diesen Superkontinent *Pangaea* und gab ihm das Alter von 250 Millionen Jahren. Seine Theorie wurde über mehrere Jahrzehnte hinweg als absurd verschrien, geächtet und bekämpft, aber in den fünfziger Jahren hat man sie in der Plattentektonik wieder aufgegriffen und durch eingehende Untersuchungen des Krustenaufbaus bestätigt gefunden und untermauert. Die *Kontinentaldrift* ist eine seriöse und erwiesene Theorie, für die Wegener heute hoch geehrt werden würde. Ihre physikalische Grundlage bildet die Erkenntnis vom Aufbau der Erdkruste aus einer Vielzahl von kleinen und großen tektonischen Platten.

6 Vgl. E. N. Parker, *Cosmic Magnetic Fields* (Oxford 1979).

7 Der massive Erdkörper hat derartig viel Energie in seiner Rotationsbewegung gespeichert, daß der an das Magnetfeld abgegebene Verlust verschwindend klein ist und es nicht zu einer merklichen Abbremsung der Erdrotation kommt.

8 Rekonstruktionen dieser Art sind sehr schwierig, weil, wie wir gesehen haben, tektonische Vorgänge die Art und Lage der magnetisierten Gesteine verändert haben und Verwitterung das Gestein in andere Zustände überführt, so daß die Magnetisierung verschwunden sein kann.

9 B. Murray, M. C. Malin, R. Greeley, *Earthlike Planets* (San Francisco 1981).

10 R. O. Fimmel, C. Lawrence, E. Burgess, Pioneer Venus, NASA SP-461, National Aeronautics and Space Administration, Washington, D. C. 1983.

11 Das wird sich erweisen, wenn wir im Kapitel IV die Atmosphäre beschreiben werden. Siehe auch B. Murray, M. C. Malin, R. Greeley, loc. cit.

12 dto.

13 M. G. Kivelson, *The Solar System, Observations and Interpretations* (Englewood Cliffs, New Jersey 1986).

14 B. Murray, M. C. Malin, R. Greeley, loc. cit.

15 M. G. Kivelson, loc. cit.

16 Siehe Kapitel V.

1 Bemühen wir, auch wenn wir dessen überdrüssig sein mögen, die elementare Physik noch ein wenig: weil das Sauerstoffatom acht Hüllenelektronen besitzt, die seine acht positiven Kernladungen, die aus ihm den Sauerstoff machen, nach außen kompensieren. Auch diese acht Elektronen bewegen sich in einer Wolke, doch nicht ungeordnet um den Sauerstoffkern. Aus jenen seltsamen Gründen, die die Natur strukturieren, die man zwar mit Hilfe von Gleichungen nachkonstruieren und berechnen kann, deren Ursache aber in der Natur der Dinge selbst, in der Art der grundlegenden Kräfte der Natur liegt und uns nicht, vielleicht noch nicht verständlich ist, aus jenen Gründen also verteilt der Sauerstoff seine acht Elektronen normalerweise zu zweien auf der innersten Schale, die restlichen sechs auf der nächsten. Während also seine innerste Schale gefüllt ist, enthält seine äußere Schale Löcher. Ebenso fehlt den beiden Wasserstoffatomen jeweils ein Elektron. Jeder sieht, wie die drei sich helfen können, ihre Schalen aufzufüllen, ohne dadurch nach außen hin elektrisch aufgeladen zu werden und überschüssige negative Ladungen in ihren Hüllen zu transportieren. Sie verabreden sich zu einem »charge sharing«, der gemeinsamen Benutzung ihrer Elektronen. Die beiden Wasserstoffatome spenden dem Sauerstoffatom ihre beiden Hüllenelektronen; dieses schließt mit ihnen seine Schale ab; umgekehrt stellt das Sauerstoffatom den Wasserstoffatomen gemeinsam seine sechs äußeren Hüllenelektronen zur Verfügung, so daß diese mit den beiden Wasserstoffkernen ebenfalls eine abgeschlossene Schale mit acht Elektronen haben. Allerdings fehlt diesem Gebilde die innere Schale: diese ist leer; die beiden Wasserstoffatome im Wassermolekül werden den freien Wasserstoffatomen unähnlich. Sie nehmen eine Art *angeregten* Zustand an, in dem die Hüllenelektronen auf eine höhere Schale gesprungen sind. Nur existiert ein derartiger Zustand im isolierten Wasserstoffatom nicht. So sind alle drei Atome »zufriedengestellt« in ihrer Dreiersymbiose. Das ist das ganze Geheimnis der chemischen Valenzbindung. Sie wird getrieben von dem »Bestreben«, die Atomhülle abzuschließen. Die Edelgase, deren Hüllen von Natur aus abgeschlossen sind, kennen dieses Bestreben nicht; darum verhalten sie sich »chemisch edel« (nicht aggressiv), geduldig und träge und gehen unter normalen Umständen keine Bindungen ein. Zu Molekülen gebundene Atome wie das Wasser verhalten sich auch angenähert stabil und träge, solange sie nicht durch andere Atome oder Moleküle in höhere stabile Zustände versetzt werden können und ihren bereits erreichten Zustand aufgeben. Nebenbei bemerkt, gibt es noch mindestens eine weitere Art von chemischer Bindung, die man als homöopolare Bindung bezeichnet. Sie wird zum Beispiel von zwei Wasserstoffatomen eingegangen, die ihre beiden Valenzelektronen in einer gemeinsamen abgeschlossenen innersten Hülle zusammentun und ein neutrales Wasserstoffmolekül formen, das äußerst stabil ist. Hierzu brauchen sie dann keinen Sauerstoff, doch muß an die beiden Elektronen eine bestimmte quantenmechanische Bedingung geknüpft werden, damit die Bindung funktioniert: sie müssen entgegengesetzte Spins (Eigendrehimpulse) haben. Diese entstammen der relativistischen Natur der Elektronen. Jedes Wasserstoffatom, das eine homöopolare Bindung eingeht, sucht sich seinen Partner hierfür in der Menge der Wasserstoffatome aus. Man verstehe nicht falsch: Ebenso wie die heterogene kovalente Bindung nicht auf Wasser beschränkt ist, ist die homöopolare Bindungsfähigkeit eine allgemeine Eigenschaft der in Atome zerlegten Materie und wird von allen möglichen chemischen Elementen, vorwiegend von den Gasen eingegangen, und man findet sie gleichfalls als eine der wichtigsten Formen der Bindung in organischen Substanzen wieder.

2 Der energetische Aspekt des Wassers ist der erste, der uns mit den eigenartigen Eigenschaften des Wassers in Berührung bringt. Natürlich kann man Energie aus der Verbrennung vieler anderer Stoffe gewinnen, vornehmlich organischer Verbindungen, da sie es sind, die die meiste Energie für ihren Aufbau benötigt haben und darum auch die meiste Energie speichern. Solche Stoffe sind Kohle und Erdöl, Erdgas, Holz, Torf, getrockneter Mist, organische Abfälle, große Mengen ge-

trocknete Pflanzen usw. Von all diesen Energievorräten hat die Menschheit seit ihrem Bestehen zur Energiegewinnung Gebrauch gemacht. Doch sind die Vorräte an organischen Substanzen beschränkt, ihre Gewinnung unter Umständen teuer. Die auf ihrer Basis betriebene Energieerzeugung belastet die Umwelt im allgemeinen um ein Vielfaches. Wichtige Gesichtspunkte anderer Art betreffen die unrentable und unverantwortliche Vergeudung von organischen Materialien zur Energieerzeugung. Einige davon werden für pharmazeutische Zwecke viel dringender benötigt. Seit langem geht daher die Überlegung dahin, Energie aus anorganischen Substanzen zu gewinnen: aus Wasser, Wind, Erdwärme, solarer Strahlung, Kernspaltung und Kernverschmelzung, nicht zuletzt aus der Spaltung von Wasser. Wenn diese mit der Ausnutzung solarer Strahlung gekoppelt werden kann, stellt sie die eigentliche Alternative zu allen anderen Energiequellen dar. Die Struktur des Wassers und seine physikalischen Eigenschaften ermöglichen es, die gratis gelieferte Sonnenenergie relativ billig, nicht umweltbelastend, gefahrenfrei und ohne größere Vergeudung anderweitig lebenswichtiger Rohstoffe in Nutzenergie umzuwandeln.

3 Momente sind physikalische Vehikel, um auszudrücken, daß ein elektrisch neutrales Molekül doch noch so etwas wie ein nach außen wirkendes elektrisches Feld besitzt, ein Streufeld sozusagen, das von den Ladungen im Molekül nicht vollständig und ideal kompensiert wird, was bei einer derartig verzerrten Molekülgestalt wie der des Wassers leicht einzusehen ist. Streufelder dringen bei nicht idealer Kugelsymmetrie immer nach außen und beeinflussen die Umgebung. Momente sind ein Maß für Streufelder, die zum Beispiel dadurch entstehen, daß die um den Sauerstoffkern herumrasenden Hüllenelektronen in den kleinen Keulen eine viel höhere»Bahngeschwindigkeit« haben – dürfte man von einer solchen reden, was quantenmechanisch nicht gestattet ist, da sich ein Elektron nicht lokalisieren läßt – als auf der übrigen Bahn. In diesem Bilde halten sich die gemeinsamen Elektronen am Sauerstoffkern kürzer auf als in den langen Keulen; andererseits konzentriert der stark positive Sauerstoffkern die negativen Ladungen mehr auf sich. Dieser Effekt überwiegt: die Wasserstoffkerne sind entkleidet; dort herrscht die meiste Zeit eine positive Ladung vor, der am anderen Ende, dem Sauerstoffkern, eine negative Ladung entspricht.

4 Die»Koagulationszahl« N der beteiligten Wassermoleküle hängt von der Temperatur ab; sie ist höher bei niedrigen Temperaturen, wo die Wassermoleküle langsame Bewegungen ausführen und viel Zeit haben, zu koagulieren, niedriger mit steigender Temperatur, weil die Eigenbewegung der Wassermoleküle so rasch aneinander vorübertreibt. Im Dampf sind die Geschwindigkeiten der Wassermoleküle schließlich zu hoch, um irgendeine spürbare Koagulation zu erlauben. Die Molekülkräfte verschwinden, und Dampf nimmt ein viel größeres, nur noch von seinem Druck bestimmtes Volumen ein als die entsprechende Menge Wasser. Die Erinnerung an elementare Kenntnisse unserer Schulzeit sagt uns, daß ein Mol Wasser (also 18 g flüssiges Wasser, das sind 18 ml bzw. cm³) Wasser im Dampfzustand etwa 23 l Volumen einnimmt. Die Molekularkräfte im flüssigen Zustand halten die Wassermoleküle außerordentlich dicht zusammen. Die Zahl N schwankt ständig; sie ist keine feste Größe. Bei Normaltemperatur liegt sie irgendwo zwischen 20 und 50 Grad Celsius. Sie ändert sich außerdem, wenn man sich aus dem Inneren der Flüssigkeit auf ihren Rand zu bewegt.

5 Ich erinnere mich einer Bootsfahrt auf der Angara in Sibirien, bei der mir der Unterschied zwischen verunreinigtem und reinem Wasser drastisch vor Augen geführt wurde, als wir, eine kleine Gruppe von Wissenschaftlern, die sich zu einem Tagungsbesuch in Irkutsk befand, von unseren Gastgebern zu einem Bootsausflug zum Baikalsee eingeladen wurden. Sibirien war als solches schon ein Erlebnis gewesen. Dieser Ausflug setzte allem die Krone auf. Schon allein die etwas länger als einstündige Fahrt im Flugboot die zwei Kilometer breite junge Angara hinauf zu ihrer Quelle im Baikalsee war in verschiedener Hinsicht einmalig. Das Flugboot, mit seinem Schwanz im Wasser hängend und mit 80 Stundenkilometern Geschwindigkeit knapp über den Wellen dahinrasend, ratterte wie ein Maschinengewehr. Man konnte sein eigenes Wort nicht verstehen. In der

schlecht belüfteten Großkabine stank es nach Wodka. Japanische Touristen hingen fotografierend an den Fenstern, sich Taschentücher vor die Nase haltend. Russische Urlauber sangen, schunkelten und tranken, bis sie unter den Bänken lagen. Hinter sich wühlte das Flugboot eine schäumende gelbe Welle auf, die den Fluß hinunter in das lehmige Wasser eine lange dreieckige Spur zeichnete. Die hügeligen, taigabewaldeten Ufer des Flusses stiegen langsam an, je näher wir dem Baikal kamen, um plötzlich, als das Boot den See erreichte, als schroffe Felsen steil in den See abzufallen. Die Angara war hier an ihrem Ausfluß aus dem Baikal nur noch etwa einen Kilometer breit. Das Flugboot verlangsamte das Tempo und sank in den Fluß zurück. Das lärmende Rattern, von dem wir Kopfschmerzen bekommen hatten, hatte aufgehört. Wir gingen nach vorn hinaus auf die kleine Plattform hinter dem Bug, auf der sich während der Fahrt aus Sicherheitsgründen niemand aufhalten durfte. Wenige hundert Meter vor uns öffnete sich der See mit seinem sich im Dunst verlierenden 40 Kilometer entfernten gegenseitigen Ufer, von dem sich nur die Gipfel der bis 3000 Metern hohen, sich mit ihren grauen Rücken aneinander lehnenden Berge über den Horizont erhoben. Der tiefste und wasserreichste See der Erde bot sich uns als breite, glatte, thurmalingrüne Fläche dar, von der das gelbe Wasser der Angara kraß abstach. Das Flugboot trudelte langsam auf diese Fläche zu, die näher und näher kam, und überquerte die messerscharfe Grenze zwischen Fluß und See – ein staunenswert schmaler Übergang von der mit kleinen Wellenbewegungen rasch auf und nieder schwankenden, unruhigen lehmigen Flußoberfläche zum glatten, grünen, reinen Wasser des Baikalsees, das mit langsamen, gleichmäßigen Bewegungen und langen Wellen ruhig schwingend den Bootskörper aufnahm. Fast schlagartig hörte das plätschernde Geräusch an der Bordwand auf und ging in ein hartes Zischen über, wenn der Bootskörper, ohne den geringsten Schaum zu werfen, in die runden, von ihrer eigenen Oberflächenspannung zusammengehaltenen Wellen hineinschnitt.»Enorm, nicht wahr«, sagte der russische Begleiter,»es ist jedesmal wieder ein Erlebnis«. Er meinte vielleicht etwas anderes: den Blick über den See, die Felsen. Das war es zweifellos, und es entschädigte durchaus dafür, in der dicken Luft des Flugboots ausgeharrt zu haben.

6 Dissoziation beruht auf der Polarisationsfähigkeit des Wassers. Wasser polarisiert Moleküle, trennt sie auf und hydriert die aufgetrennten Bestandteile im Anschluß an die Dissoziation. Bei der Hydration wird das positive Kation von selbst nicht dissoziierten, aber polarisierbaren Wassermolekülen umlagert und stabil in Lösung gehalten, während das Anion die Selbstdissoziation des Wassers stimuliert, bis wieder Gleichgewicht erreicht wird. Nun steigt dabei der Anteil an Wasserstoffionen im Wasser an. Dieser ist es, der den sogenannten Säuregrad einer Lösung bestimmt. Saure Lösungen enthalten viele Wasserstoffionen, basische wenige. Darum läßt sich in der Chemie der Säuregrad einer Lösung, ihre *Azidität* (im entgegengesetzten Fall ihre Basizität) durch Messung der Konzentration von Wasserstoffionen quantifizieren. Den negativen Exponenten dieser Konzentration nennt man den *pH-Wert*. Für Wasser, also die *neutrale* Lösung, gilt ph = 7, entsprechend dem Verhältnis von 1 : 10 000 000. Niedrigere pH-Werte zeigen darum saures, höhere basisches Verhalten an. Man erinnert sich vielleicht, daß die Kosmetikindustrie mit Angaben von pH-Werten von 5 und kleiner wirbt, die den Säureschutzmantel der Haut, den unser Umgang mit den Gütern der Zivilisation, vor allem mit Waschmitteln, empfindlich stört, wiederherstellen sollen.

7 Sie verbraucht die Energie zuerst zur Änderung der Gruppierung der Wassermoleküle in der Flüssigkeit, erst später zur Herstellung größerer Unordnung in der Bewegung und Erwärmung.

8 Was heute nach Archimedes benannt wird als sein *Prinzip*, ist der erwähnte Auftrieb, den ein Körper im Wasser erfährt: Er ist gleich dem Gewicht des vom Körpervolumen verdrängten Wassers. Archimedes sollte angeblich feststellen, ob die Krone von König Hieron II. aus purem Gold oder aus einer Gold-Silber-Legierung bestand. Dazu brauchte er das Volumen der Krone, das er aus der Menge des verdrängten Wassers ermittelte. Ihr Gewicht, durch das Volumen geteilt, ergab die gesuchte Dichte. Er machte es anders. Er nutzte den Auftrieb aus und wog die Krone in Luft und in

einer bekannten Menge Wasser. Im letzten Fall ist wegen des Auftriebs die Krone leichter! Das Verhältnis der beiden Gewichte gibt dann gerade das Verhältnis der Dichte des Kronenmaterials zu der von Wasser. Letztere ist Eins, so daß Archimedes direkt die gesuchte Dichte fand. Wonach der anekdotisch Interessierte fragt, ist das Ergebnis der Archimedesschen Untersuchung: War die Krone nun aus Gold oder war sie es nicht? Wir wissen es nicht. Man hat es nicht kolportiert; weder für Archimedes' Entdeckung seines Prinzips noch für die Wissenschaft ist es von Interesse. Die tatsächliche Aufgabe, wenn sie ihm nicht nur angedichtet worden ist, um seine Denkweise zu illustrieren, tritt hinter dem Prinzip ganz in den Hintergrund. Körper mit geringerer Dichte als Wasser, sinken nicht unter, und das Gewichtsverhältnis wird negativ. Auf sie wirkt eine Kraft, die sie in eine bestimmte Lage dreht. Dieses Wissen ist wichtig für Schiffsbauer, die an der Stabilität ihres Erzeugnisses interessiert sind. Diese Kraft ist auch der Grund für das Torkeln und Umkippen von abtauenden Eisklumpen im Wasser. Da der Tauvorgang nicht symmetrisch erfolgt, verliert ein Eisklumpen oder Eisberg einseitig Volumen und kippt nach einiger Zeit in eine neue Gleichgewichtslage.

9 Glücklicherweise kann man viele dieser Besonderheiten der Flüssigkeitsbewegung erfassen, indem man nicht die auf sie wirkenden Kräfte, sondern die auf ein Volumenelement wirkenden Kraftdichten bestimmt und die Gesamtkraft in jedem Augenblick und an jeder Stelle bilanziert. Dann entspricht der trägen Fortbewegungstendenz, der Trägheitskraftdichte der Flüssigkeit, die Summe aus der Schwerkraft, der Druckkraft, die auf sie wirkt, und aus den Scherungskräften und eventuellen äußeren Kräften.

10 Die Geschwindigkeit der Welle ist gegeben als die Wurzel aus dem Produkt der Schwerebeschleunigung an der Erdoberfläche mit der Wassertiefe und ist eine konstante Größe, die für Wellen mit allen Wellenlängen gleich ist. Man redet daher von nichtdispersiven Wellen im flachen Wasser. Natürlich müssen sie die Annahme erfüllen, nur eine kleine Störung zu sein. Das aber bedeutet, daß ihre Amplitude, die Höhe der Wellenberge und die Tiefe der Wellentäler, klein gegen die Wassertiefe ist, daß aber andererseits, damit die Welle selbst auch an der Oberfläche nur eine kleine Auslenkung bleibt, die Wellenlänge, das heißt der Abstand zwischen zwei aufeinanderfolgenden Wellenbergen viel größer als die Tiefe des Wassers sein muß. Diese beiden Bedingungen schränken den zulässigen Wellenlängenbereich für Flachwasserwellen ein.

11 Im tiefen Wasser wird dieser Überschlag kaum beobachtet. Dort erreichen die Wellen große Höhen, ohne überzukippen. Der Grund dafür ist in der großen Wassertiefe zu suchen. Nun können nur noch extrem lange Wellen die Bedingung erfüllen, daß ihre Wellenlänge größer ist als die Wassertiefe. Daher wird die ursprüngliche Annahme der linearen Theorie ungültig, und die Theorie muß korrigiert werden. Es genügt zu erwähnen, daß die Korrektur den linearen Charakter der Theorie noch erhält. Das ist wichtig, weil die Linearität gestattet, alle Wellen einfach zu addieren, um das entstehende integrale Wellenbild zu konstruieren: Man darf in der linearen Theorie also zum Beispiel Wellen von einem und zehn Metern Länge, aber auch von 20 Kilometern Länge einfach übereinander legen und an jedem Punkt ihre Auslenkungen addieren, um die Form der Wasseroberfläche in ihrer Anwesenheit zu konstruieren. Aber die Korrektur ergibt für die Geschwindigkeit nun keine Konstanz mehr; vielmehr wird die Geschwindigkeit von Wellen mit unterschiedlichen Wellenlängen im tiefen Wasser verschieden sein. Die Geschwindigkeit hängt nun von der Wellenlänge ab; man redet in diesem Falle davon, daß die Wellen *dispersiv* sind. Wenn aber nicht mehr alle Wellen gleich schnell laufen, stellen sie sich auch nicht mehr auf und kippen nicht mehr über, sondern laufen allmählich auseinander: sie erscheinen und verschwinden. Der Wind oder irgendeine andere Strömung hat sie angeregt, aber nach einer bestimmten Strecke, die sie gelaufen sind, sind sie abgeklungen.

12 Weil die Rückwirkung den Vorgang steuert, haben Solitonen nicht beliebige Geschwindigkeiten und Amplituden. Im oben erwähnten dispersiven Fall der auseinanderfließenden Wellen im tie-

fen Wasser wurde die Ausbreitungsgeschwindigkeit der Wellen von der Wellenlänge abhängig. In unserem nichtlinear wechselwirkenden Gegenstück wird die Geschwindigkeit, wie man leicht errät, nun zusätzlich von der Höhe der Welle abhängig werden, von ihrer Amplitude; denn die Nichtlinearität kommt nur bei großen Amplituden ins Spiel. Das wiederum bedeutet eine gravierende Einschränkung. Solitonen als Realisationen von großamplitudigen Wellen in Wasser müssen einen bestimmten Zusammenhang zwischen Amplitude und Wellenlänge einhalten; denn es ist das Gleichgewicht zwischen Nichtlinearität (also Amplitudenabhängigkeit) und Dispersivität (also Wellenlängenabhängigkeit), das ihre Existenz ermöglicht. Tatsächlich diktiert dieser Zusammenhang den möglichen Solitonen, daß sie umso schmaler sein müssen, je höher ihre Amplitude ist, und gleichzeitig umso schneller laufen, je schmaler sie sind. Hohe solitäre Wellen sind kurz und laufen schnell. Beliebig schnell können sie aber nicht laufen. Im Wasser gibt es eine obere Grenzgeschwindigkeit, die Schallgeschwindigkeit, die von Solitonen nicht überschritten werden kann. Man sagt im Fachjargon, daß Solitonen im Wasser nur Machzahlen kleiner als Eins haben können, wo die Machzahl der Quotient aus Geschwindigkeit des Solitons und Schallgeschwindigkeit ist. In anderen Medien sind größere Machzahlen wohl möglich.

13 Druckschwankungen sind Schallwellen und breiten sich mit Schallgeschwindigkeit aus.

14 Die mittlere Höhe aller übrigen Kontinente macht nur wenige hundert Meter aus.

15 Man rechnet mit einer geothermischen Erwärmung von einem Grad Celsius je 30 bis 60 Meter Tiefenzuwachs. Bei Oberflächentemperaturen um minus 50 Grad kommt man so auf eine Tiefe der Nullisotherme von eineinhalb Kilometern und mehr. Es dauert Tausende von Jahren, ehe der Boden so tief gefriert, und es würde sehr lange dauern, ehe er sich bei äußeren Normaltemperaturen auf normale Temperatur einstellen würde.

16 Die einfachste Weise, an Wasser zu gelangen, war stets, sich in wasserreichen Flußniederungen anzusiedeln. Diese Notwendigkeit bestimmte die Anlage der Städte. Die Regulierung der Wasserverteilung erforderte den Bau von Dämmen, Kanälen und Wasserleitungen *(aquaeductae)*, die zu den größten Bauwerken zählen, die der Mensch errichtet hat.

17 14000 Kubikkilometer Wasser stehen dem Menschen pro Jahr zur Verfügung. Der Rest verschwindet in Grundwasserströmungen, Fluten, Sümpfen, unbekannten Brunnen. 5000 Kubikkilometer der verfügbaren Menge finden sich in unbewohnten oder unbewohnbaren Zonen. Die effektive Wassermenge, die alle menschlichen Bedürfnisse befriedigen muß, umfaßt demnach nur 9000 Kubikkilometer Wasser im Jahr. Man kann sich ein Bild von der Menge dieses Wassers machen, wenn man etwa ansetzt, daß in einer Gesellschaft mit westlichem Standard eine Person 30 Kubikmeter Wasser im Jahr zum Verbrauch im Haushalt benötigt. Nur ein Kubikmeter davon ist Trinkwasser. In ärmeren Ländern werden immer noch 20 Kubikmeter je Person je Jahr verbraucht. 300 bis 400 Kubikmeter gehen im Jahr je Person in die Landwirtschaft, um deren Ernährung zu sichern. Daß von dieser Menge in gut mit Regen versorgten Gebieten ein großer Teil direkt aus dem Regen stammt, soll nicht berücksichtigt werden. Mit der verfügbaren Wassermenge könnten darum 20 bis 30 Milliarden Menschen versorgt werden.

18 Vgl. Kapitel IV.

19 L. A. Frank, *The Big Splash* (New York 1990).

20 Vgl. F. Francks, *Polywater* (Cambridge, Mass. 1981).

21 Kurt Vonnegut, *Cat's Cradle* (London 1952). Ins Deutsche übertragen lautet die betreffende Passage des Buches folgendermaßen: »›Ich entsinne mich einer Episode, als ein General der Marineinfanterie Felix kurz vor seinem Tode mit dem Anliegen bestürmte, doch auf irgendeine wissenschaftliche Weise den Schlamm zu beseitigen.‹
›Was wollte er denn?‹
›Den Schlamm loswerden, keinen Schlamm mehr haben. Felix ging spaßeshalber darauf ein und deutete an, es könne ein Körnchen einer Substanz existieren, die ganze Landstriche aus Schlamm,

Morast, Sumpf, Wasserläufen, Pfützen und Treibsand verfestigen würde wie diesen Tisch. Wir kennen eine ganze Menge Flüssigkeiten, deren Atome sich, wenn die Flüssigkeit gefriert, zu einem geordneten Festkörper zusammenfinden – oder anders gesagt: diese Flüssigkeiten kristallisieren beim Gefrieren in verschiedenen festen Zuständen (Phasen) aus. Nehmen wir an, die Sorte Eis, auf der wir Schlittschuh laufen und die wir in den Whisky geben, sei nur eine von verschiedenen möglichen Arten von Eis – wir nennen sie Eis – I. Nehmen wir ferner an, das Wasser auf der Erde gefror nur deshalb zu Eis – I, weil es niemals einen Keim gab, der es lehrte, Eis – II, Eis – III usw. zu bilden. Vielleicht gibt es eine Art Eis, wir wollen sie Eis – IX nennen, ein Kristall, hart wie dieser Tisch und mit einem Schmelzpunkt von 60 Grad Celsius. Stellen Sie sich vor, ein Marineinfanterist trüge eine winzige Kapsel mit Eis – IX bei sich, der Möglichkeit für Wasseratome, sich neu anzuordnen, zu verfestigen und zu gefrieren. Was geschähe, wenn jener Marinesoldat diesen Keim in die nächste Pfütze würfe?‹

›Die Pfütze würde gefrieren, vermute ich.‹

›Und der ganze Dreck?‹

›Ebenfalls.‹

›Und die Wasserlachen im gefrorenen Dreck, würden auch sie einfrieren?‹

›Gewiß, und die Marineinfanteristen könnten über den Sumpf hinwegmarschieren.‹

›Gibt es diesen Stoff?‹

›Nein, wo denken Sie hin! – Hätten Sie mir genau zugehört, als ich Ihnen von den reinen Forschern sprach, dann würden Sie diese Frage nicht stellen. Der reine Forscher arbeitet an dem, was ihn und nicht was andere Leute fasziniert!‹

›Ich muß immer noch an den Sumpf denken ...‹

›Hören Sie auf damit.‹

›Warten Sie, wenn aber die Wasserströmungen durch den Sumpf zu Eis – IX gefrieren, was geschieht dann mit den Flüssen und Seen, von denen sie gespeist werden?‹

›Sie würden gleichfalls gefrieren. Aber es gibt kein Eis – IX!‹

›Und was ist mit den Ozeanen, in die die gefrorenen Ströme münden?‹

›Auch sie würden einfrieren. Ich fürchte, Sie wollen nun mit einer Sensationsgeschichte über Eis – IX das große Geld machen. Aber ich sage Ihnen noch einmal nachdrücklich: Eis – IX existiert nicht!‹

›Und die Quellen, die die gefrorenen Seen speisen und in denen die Flüsse entspringen, und das gesamte Grundwasser?‹

›Alles würde einfrieren, verdammt nochmal! Hätte ich geahnt, daß sie einer von der Sensationspresse sind, ich hätte keine Minute Zeit mit Ihnen vertan.‹

›Und der Regen?‹

›Er verwandelt sich, wenn er fällt, in kleine harte Schusternägel aus Eis – IX. Das wird das Ende der Welt sein – und das Ende des Interviews! Auf Wiedersehen!‹«

IV. Atmosphäre: Der Schleier der Hera

1 R. v. Ranke-Graves, loc. cit. S. 282 ff. Die mythische Deutung spricht Daedalus und Ikarus jede Realität ab. Daedalus (Glänzender), Talos (Leidender) und Ikarus (der Mondgöttin Kar geweiht) sind wahrscheinlich drei verbale Seiten ein und derselben mythischen Figur, die in sich mehrere Riten verbindet. Ikarus' Sturz symbolisiert den rituellen Sturz und Feuertod des Stellvertreters des Adlerflügel tragenden Sonnenkönigs zur Zeit des Neujahrsfestes. In moderner Deutung, die in gewisser Weise schon der späteren griechischen entspricht, ist Daedalus der Wissenschaftler: bezeichnenderweise eine ambivalente Figur, Betrüger und doch bewundert.

2 Als Kind träumte ich fast jede Nacht vom Fliegen, diesem wunderbaren, schwerelosen Schweben hoch über der Erde in der seichten, tragenden Luft, über Berge und Schluchten, über Wälder, Dörfer und Städte und die Behausungen all der Märchenfiguren hinweg, die mir aus den vorgelesenen Sagen und erzählten Geschichten bekannt waren. Ich träumte vom aufschlaglosen, von mir selbst steuerbaren Fallen und Landen hoch aus den unter den Bombardements der Kriegszeit zusammenstürzenden Häusern, vom Balancieren auf schwindelnden Graten und dem Sich-davon-Ablösen und Hinausstoßen in den freien weiten Luftraum, gefahrlos, berauschend, während unter mir der Erdboden hinwegglitt. Später träumte ich nur noch vom mühelosen Springen, das mehr einem kurzen Gleiten glich, zum Staunen der Schulkameraden und des Sportlehrers viele Meter weit hinaus über die Sprunggrube, den sausenden Wind der vorbeistreichenden Luft in den Ohren. Dann verlor sich dieses Gefühl. Die Kinderpsychologie kennt die Ursachen für solche Träume sehr gut; aber das ändert nichts an dem Glücksgefühl des ungegängelten Fliegens mit den leichten Flügelschlägen der Arme, das die Vorstellung des Schwimmens in Luft ohne Hilfsmittel und ohne komplizierte Maschinerie suggeriert.

3 Beispielsweise ist der Erdboden, die Erdoberfläche für alle dem Menschen zugänglichen Gewichte tragfähig. Er erträgt sie, er gleicht die auf sie wirkende Gravitationskraft aus. Vielleicht verbiegt er sich dabei ein wenig; aber er verhindert ihr Einsinken in den Untergrund, ihr Durchstoßen der Lithosphäre und ihr Versinken im Erdmantel. Wasser zum Beispiel oder Moore sind weniger tragfähig als die feste Erde. Man erkennt leicht, daß Tragfähigkeit etwas mit Festigkeit, mit dem Aggregatzustand zu tun hat.

4 Nur jene moderne Art des Fliegens – die kein Fliegen im herkömmlichen Sinne ist – kümmert sich nicht um die Anwesenheit von Luft. Sie nimmt die Hilfe der Luft zum Fliegen nicht, wie die Vögel es tun, in Anspruch. Diese Hilfe ist ihr zu wenig und zu unsicher. Sie basiert auf dem Schub, dem Impuls, dem Rückstoß, der die Schwerkraft überwindet und ausschaltet. Es ist die Art, mit Raketen zu fliegen. Ihr könnte die Luft ruhig fehlen. In gewissem Sinne wäre sie sogar froh darum, fehlte die Luft; denn für sie ist Luft als reibendes Medium hinderlich: sie bremst. Zum Fliegen brauchen Raketen sie nicht, und gäbe es keine Luft, ließen sich die Bahnen der Raketen genauer berechnen. Glücklich darüber wäre vor allem das Militär.

5 Vielleicht auch war er nicht so begeistert von Leonardos Erfindungskunst, wie es dargestellt wird, sondern nahm die Gelegenheit wahr, sich in unsicherer Zeit durch Selbstverstümmelung eine Lebensversicherung zu verschaffen.

6 Tatsächlich weist seine gesamte Körperstruktur den Menschen als zweidimensional aus; vor allem die Sinnesorgane, die ihm Information über die Umgebung vermitteln, sind nur zweifach ausgelegt. Fokussieren ist ihm auf die Ebene beschränkt. Um die dritte Dimension wenigstens wahrnehmen zu können, hat er sich auf zwei Beine erhoben, den aufrechten Gang gelernt und hilft sich mit Vehikeln wie dem Neigen und Hinundherbewegen des Kopfes, dem Drehen und Bücken, dem Sichern nach allen Seiten hin, der unsteten Zitterbewegung der Pupillen beim Betrachten irgendeines Gegenstandes. Die Höhe erscheint ihm stets übertrieben hoch, verglichen mit horizontalen Entfernungen.

7 Siehe Kapitel V.

8 Das erwähnte Gesetz ist unter zwei Namen bekannt: als Maxwellsche Geschwindigkeitsverteilung oder als Boltzmannsche Energieverteilung. Es besagt, daß die Geschwindigkeiten von Teilchen eines Gases, das sich im thermodynamischen Gleichgewicht befindet, wenn dieses durch direkte Stöße hergestellt wird, sich in der Größe um die mittlere Geschwindigkeit herum ebenso wie die Häufigkeit der Würfe in einem Würfelspiel verteilen, nämlich zufällig. Die Streuung der Geschwindigkeit um die mittlere Geschwindigkeit ist die Breite der Verteilung und ein direktes Maß für die ungeordnete, zufällige Bewegung der Teilchen, das heißt für die Temperatur des Gases.

9 Die exakte sphärische Form dieser Schalen ist eine Modellvorstellung, die nur angenähert stimmt.

Mit solchen Modellen arbeitet die Naturwissenschaft stets, wenn es darum geht, einen Sachverhalt anschaulich klar zu machen. Richtig an ihr ist, daß die ordnende Wirkung der Schwerkraft in erster Linie die vertikale Schichtung beeinflußt und die Atmosphäre in der Horizontalen oder, wie man sagt,»lateral« unverändert läßt. Tatsächlich verantwortet sie die geringe vertikale Ausdehnung der Atmosphäre von wenigen zehn Kilometern, während die charakteristische laterale Ausdehnung gleich der Distanz von Pol zu Pol ist, also 20000 Kilometer beträgt. Die Sphärizität der atmosphärischen Schichtung wird durch die Topologie der Erdoberfläche, die globalen und lokalen klimatischen Verhältnisse, durch die Vegetation sowie anthropogene Einflüsse gestört; Störungen dieses Ausmaßes dürfen aber in einer Beschreibung der globalen Struktur der Atmosphäre als vorerst vernachlässigbare kleine Abweichungen angesehen werden.

10 Das Elektronenvolt (eV) ist eine gebräuchliche Energieeinheit, die aus der Multiplikation der Elementarladung $e = 1,602 \times 10^{-19}$ As (Ampère $\times$ Sekunde oder Coulomb) mit der Spannung von 1 V (Volt) entsteht. Also ist 1 eV = $1,602 \times 10^{-19}$ VAs (oder Ws = Wattsekunden).

11 Siehe Kapitel V.

12 Das Intensitätsmaximum ist nicht dasselbe wie das Energiemaximum. Die Intensität einer Strahlung ist proportional zur Gesamtzahl der Photonen im betreffenden Wellenlängenbereich bzw. zur Feldstärke der Wellen, während die Energie gleich ist der Energie der Photonen. Da die Photonenenergie mit der Wellenlänge des Lichtes abnimmt, wächst die Strahlungsenergie kontinuierlich mit abnehmender Wellenlänge; sie ist also im Radiobereich am niedrigsten, während sie über das Sichtbare ins Ultraviolette zu Röntgen- und Gammastrahlung und darüber hinaus stetig zunimmt.

13 Aerosole werden in zwei Gruppen eingeteilt: soweit sie aus Teilchen, Tröpfchen mit Durchmessern kleiner als 0,1 μm bestehen, heißen sie Aitken-Teilchen; zwischen 0,1 und 1 μm (Mikrometer) redet man einfach von Teilchen, bei noch größeren Durchmessern von Riesenteilchen. Teilchen und Riesenteilchen verantworten atmosphärische Trübungen. Die wichtigeren Aitken-Teilchen beteiligen sich an der Streuung und Absorption der Strahlung. Beide können wichtige klimatische Auswirkungen haben, wenn sie als Kondensationskerne dienen. Die relative Aerosolverteilung auf der Erde mit etwa 150000 cm^{-3} in der Atmosphäre über Städten und 400 cm^{-3} über den Ozeanen zeigt, daß Aerosole meist anthropogenen Ursprungs sind.

14 Die Atmosphäre heizt sich in Wirklichkeit sehr langsam auf, etwas, worauf wir am Ende dieses Kapitels Bezug nehmen.

15 Lord Rayleigh entdeckte das im vergangenen Jahrhundert. Die gestreute Lichtintensität geht umgekehrt zur vierten Potenz der Wellenlänge des Lichts, wenn die Streuzentren, die kleinen Teilchen, mikroskopisch groß sind. Kurzwelliges, blaues Licht wird bedeutend stärker gestreut als langwelliges rotes. Es wird demnach stärker in den Weltraum zurückgestreut als dieses und stärker gleichmäßig diffus verteilt. Darum die blaue Farbe, oder in Anlehnung an Bernhard Shaws unvergeßlichen Vers aus seinem *Pygmalion*, wenn auch weniger poetisch als dort:»Es blaut und bläut, wenn Licht an Luft sich streut«. Morgen- und Abendröte hingegen treten auf, weil das Licht der Sonne die Lufthülle horizontal trifft und das der Streuung stärker unterliegende blaue Licht nach außen ausgeblendet wird. Bereits in der Antike wurde dieser Unterschied bemerkt und zur Wettervorhersage benutzt:»Ist der Himmel am Abend rot, so wird am kommenden Tag schönes Wetter sein; ist er am Morgen rot, so gibt es Sturm.« Wird die Luft mit großen Staubteilchen oder Eiskristallen angereichert, so ändert sich das Streuverhalten; die Proportionalität geht nur mit der ersten Potenz, infolgedessen wird das Licht in aerosolhaltiger oder dunstiger Luft diffus gestreut: wir reden in solchen Wetterlagen selbst bei wolkenfreiem Himmel von trübem, diesigem Wetter.

16 Die Energiebilanz der Atmosphäre, das heißt die Aufschlüsselung der Energieverteilung auf die verschiedenen Formen von Absorption und Emission sieht ungefähr wie folgt aus: Von den 100

Prozent eingestrahlter Sonnenenergie werden durch Rückstreuung an den Luftmolekülen sofort 6 Prozent in den Weltraum zurückreflektiert; weitere 20 Prozent reflektiert insgesamt die ständig über gewissen Teilen der Erde liegende Wolkendecke, 4 Prozent die Erdoberfläche selbst. Von den restlichen absorbierten 70 Prozent entfallen 50 Prozent auf Absorption durch die Erde, vor allem durch den Ozean und die grüne Flora. Weitere 4 Prozent absorbieren die Wolken; die restlichen 16 Prozent bilden die atmosphärische Absorption in Wasserdampf, Staub und Ozon. Umgekehrt wird die Erde ihre 50 Prozent los, indem sie mit Oberfläche und Pflanzen 20 Prozent der Infrarotstrahlung emittiert; davon werden aber 14 Prozent wieder absorbiert in Wasserdampf und Kohlendioxid, und nur 6 Prozent gelangen direkt in den Weltraum. Weitere 6 Prozent gibt sie als Wärmezufluß von der Erdoberfläche und 24 Prozent in Form von latentem Wärmezufluß durch Niederschlagskühlung ab. Atmosphärischer Wasserdampf und Kohlendioxid halten die absorbierte Strahlung nur eine begrenzte Zeitlang, bevor sie 38 Prozent zur entweichenden Infrarotstrahlung beitragen. Die restlichen 26 Prozent an Infrarotstrahlung tragen Wolken bei. Auf diese Weise wiegen sich Energieeinstrom und Energieabgabe auf.

17 Das Albedo, das stets in Prozent angegeben wird und das Verhältnis von reflektierter zu einfallender Strahlungsenergie angibt, ist ein wichtiger klimatischer Faktor. Nicht nur Schnee und Eis verfügen über ein Albedo, sondern auch andere Substanzen. Sand (Siliziumdioxid), wie wir ihn in Wüstengegenden und an Küstenstreifen vorfinden, hat ein ähnlich hohes Albedo von 18 bis 28 Prozent, Steppen und Grasland ein Albedo von 16 bis 20 Prozent, feuchte Wiesen 15 bis 25 Prozent, lichter Wald 15 bis 20 Prozent, dichter Wald weniger als 10 Prozent. Frischer Schnee und Eis aber haben ein Albedo von 75 bis 95 Prozent, älterer Schnee 40 bis 60 Prozent, und nicht zu vergessen Stadtgebiete je nach Art der Bebauung und je nach Anteil der Garten-, Park- und Grünflächen in den Städten zwischen 15 und 20 Prozent.

18 In größeren Höhen entfallen Bodeneinflüsse (Topologie, Seen, Flüsse, Wälder, Küstenlinien, Verteilung von Kontinent und Ozean). Man erwartet einheitlicheres Verhalten der Zirkulation über beiden Hemisphären und findet es auch. Auf dem 200-Millibar-Niveau verschwinden die Unterschiede bereits. Weder im Sommer noch im Winter entstehen Wirbel. Das Strömungsbild zeigt kontinuierliche Westwinde in allen Breiten, die nur in den Tropen um den Äquator herum instabil werden und die Tendenz haben, in einen Ostwindgürtel mit niedrigeren Geschwindigkeiten umzuschlagen, als sie der Westpassat in höheren Breiten besitzt. Diese Tendenz ist nicht unabhängig von lokalen Einflüssen; davon also, ob man sich über Ozean oder Kontinent befindet.

19 Die Geschichte machende meteorologische Arbeit wurde von Edward Lorenz veröffentlicht unter dem bescheidenen Titel *Deterministic nonperiodic flow* (J. Atmos. Sci. *20*, 130–141, 1963). Im Kapitel VI über das Chaos werden wir auf die Bedeutung des Chaos für Wissenschaft und Weltbild unserer Epoche eingehen.

20 Die Klimatologie ist ein vorwiegend beobachtender Zweig der Meteorologie, der erheblich vom Fortschritt der meteorologischen Forschung abhängt, von den verbesserten Methoden zur atmosphärischen Beobachtung, Vermessung der Hydrosphäre, aber auch der »inneren Meteorologie« der Erde: des Vulkanismus und der Tektonik. Diese Beobachtungen greifen auf ein ausgedehntes Netzwerk von Observatorien zurück und nutzen moderne Techniken wie Radar, Laser, Lidar, Infrarotradiometer, Scatterometer, Akustotomographen und anderes mehr aus.

21 Das Ignorieren der Lithosphäre ist nicht immer gerechtfertigt. Man denke nur an die Einflüsse der Kontinentaloberflächen auf die Luftbewegungen oder der Struktur der Ozeanböden auf die Meeresströmungen und den durch sie vermittelten Temperaturaustausch. Ferner reagieren Atmosphäre und Ozean empfindlich auf Temperatur und Wassergehalt der obersten Schicht der Lithosphäre. Es ist nur die darunter liegende tiefe Schicht der Lithosphäre, die die klimatisch unbedeutenden, weil sehr langen Reaktionszeiten hat und als konstant angesehen werden kann. Die oberste Schicht, der Erdboden, wechselwirkt über den Austausch von Wärme, Masse in Form von

Wasserdampf, Gasevaporation, Prezipitation wie Regen und Schnee, Staub und anderen Teilchen, über Dissipation von kinetischer Windenergie durch atmosphärische Reibung an der rauhen Oberfläche, ebensolche Dissipation von kinetischer ozeanischer Energie durch Bremsung von ozeanischen Strömungen, über vulkanische Tätigkeit, bei der Materie und Energie an die Atmosphäre abgegeben wird, die atmosphärische Turbulenz angeheizt und Verunreinigungen als Asche, Staub oder schwefelhaltige Gase in die Atmosphäre eingespeist werden, die Aerosole bilden, kondensieren und die Strahlungsbalance ändern, über das Drehmoment bei der Torsion und Bewegung der Lithosphäre unter Einwirkung tektonischer Bewegungen und der Gezeiten, die sich auf die Bewegungen des Ozeans auswirken. Alle diese Kopplungen der Lithosphäre wirken sich im Klima sowohl lokal als auch global aus.

22 D. Lubin et al., *Geophys. Res. Lett. 16*, 783, 1989.

23 J. Fishman et al., *Science 252*, 1693 ff, 1991.

24 Dazu sind Moleküle mit ungerader Anzahl Hüllenelektronen erforderlich. Jedes dieser Moleküle nimmt an der Reduktion von Ozon im Gleichgewicht in einer anderen Höhe teil. Stickstoffmonoxid wird zum Beispiel von Ozon zu Stickstoffdioxid und molekularem Sauerstoff oxidiert, von dem ersteres anschließend wieder zu Stickstoffmonoxid und molekularem Sauerstoff zerfällt, so daß das Monoxid wieder frei wird, um Ozon abzubauen.

25 R. E. Newell, »Transfer through the tropopause and within the stratosphere«, *Q. J. R. Meteorol. Soc. 89*, 167, 1963.

26 S. Solomon, »The mystery of the Antarctic ozone hole«, *Rev. Geophys. 26*, 131, 1988.

27 R. S. Stolarski et al., »Total ozon trends deduced from Nimbus 7 TOMS data«, *Geophys. Res. Lett. 18*, 1015, 1991.

28 Der Grund für diese zuerst in der Polregion auftretende Abnahme liegt im verstärkten Transport von FCKW und Stickoxiden aus den niedrigen Breiten in die Polargebiete. Die schweren und trägen Gase steigen nach ihrer Freisetzung in der unteren Atmosphäre nahezu ungestört in die mittlere Stratosphäre auf, werden dort durch solare ultraviolette Strahlung in Chloratome und andere Komponenten aufgetrennt. Das freie Chlor reagiert ebenso wie der Stickstoff mit dem Ozon, indem es das Ozon zerlegt und oxidiert, danach aber wieder in freies Chlor zerfällt. Da die nicht genau bekannte atmosphärische Lebensdauer von FCKW nach neuesten Messungen auf mindestens einige hundert Jahre geschätzt wird, vielleicht aber sogar auf über 2000 Jahre veranschlagt werden muß, kann das über sie in die Stratosphäre eingespeiste Chlor praktisch auf unendliche Zeiten Ozon abbauen, selbst wenn sein Ausstoß sofort reduziert würde. Es stellt somit eine gefährliche Verunreinigung der Luft dar. Die Polargebiete, vor allem unter den speziellen Bedingungen über dem riesigen antarktischen Kontinent, der die Atmosphäre im Winter stabilisiert, eignen sich offenbar bevorzugt für den Ozonabbau. Im Winter fällt dort die Temperatur der Stratosphäre unter 190 Grad Kelvin ($-83\,°C$). Die Stratosphäre unterliegt einer stabilen Wirbelbewegung um den unbeleuchteten Pol herum und bildet so ein nahezu geschlossenes System (M. R. Schoeberl, D. L. Hartmann, *Science 251*, 46 ff, 1991), in dem kein neues Ozon durch Sonneneinstrahlung produziert wird und der Abbau ungestört vonstatten gehen kann. Erst im späten Frühling bricht der Wirbel auf und ermöglicht den Ausgleich des Ozondefizits durch in höhere Breiten einströmende stratosphärische Luftmassen. Stratosphärische Flüge von Forschungsflugzeugen im Gebiet des Ozonlochs haben inzwischen zweifelsfrei nachgewiesen, daß zur Zeit der Bildung des Lochs im Südfrühling die Chloroxidkonzentration hundertmal höher ist als normal, während gleichzeitig das Ozon verschwindet (J. G. Anderson, D. W. Toohey, W. H. Brune, *Science 251*, 39 ff, 1991). Es gibt einen gewissen Wettbewerb zwischen abbauendem Chlor und unterstützendem Stickstoff, aber Eiswolken über dem Pol sorgen für die Stickstoffabsorption und setzen zusätzliches Chlor frei, wodurch sich das Ozon rascher vernichtet und das Loch die ganze Größe des polaren Wirbels einnehmen kann.

29 W. H. Brune et al., *Science 252*, 1260 ff, 1991.

30 – neben der Ozonzunahme in der Troposphäre und Ozonabnahme in der Stratosphäre, zwei sich gleichzeitig in die gleiche Richtung bewegenden negativen Auswirkungen der industriellen Produktion –

31 Die mit der Konzentrationszunahme von Kohlendioxid einhergehende schleichende Temperaturerhöhung der Atmosphäre stellt die große Unbekannte dar. Neue, auf Fehler korrigierte Messungen weisen auf einen vorläufig ungefährlichen Anstieg von einem halben Grad Celsius in den vergangenen 100 Jahren hin (P. D. Jones, T. M. L. Wigley, *Scientific American*, 66 ff, August 1990). Die Extrapolation dieses Anstiegs könnte im ungünstigsten Fall um die Jahrhundertwende bereits in die Nähe von kritischen zwei Grad kommen, könnte sich aber auch bei etwa einem Grad höherer Temperatur als heute einspielen.

32 F. Pearce, »A plague on global warming«, *New Scientist 19*, 12 f, 26. Dez. 1992. Die mit der Erwärmung einhergehende Ausbreitung der tropischen Feucht- und der subtropischen Trockenzonen in die mittleren Breiten dehnt natürlich auch das Einflußgebiet tropischer Parasiten und Krankheiten wie Bilharziose, Leishmannia, Malaria, Lepra, eventuell sogar der Pest und vieler anderer aus. England und die Gebiete nördlich der Alpen, wo sich *Anophilis*, jene Mücke, die Malaria überträgt, zu Hause fühlte, dürften zum Beispiel Hochburgen der Malaria werden. Ebenso macht sich im Falle eines solchen Klimaumschlags die *Tsetse*fliege, die Übertragerin der Schlafkrankheit, nach Norden auf den Weg.

33 Insbesondere die Schule um Richard Lindzen vom Masachussetts Institute of Technology in Cambridge, USA, proklamiert diese These, die von Lobbyisten der Öl- und Energieindustrie ebenso wie von rechten Gruppierungen, denen die Kontrolle und Einschränkung der auf der Verbrennung fossiler Energieträger beruhenden Energieerzeugung nicht genehm ist, gern übernommen und verbreitet wird (vgl. die Kommentare von R. A. Kerr, *Science 246*, 118 ff, 1 Dez. 1989 und F. Pearce, *New Scientist 19*, 6, 26. Dez. 1992). Ihr Argument basiert auf der Behauptung der bisherigen mangelhaften Berücksichtigung der durch die Hydrosphäre bereitgestellten *negativen* Rückkopplung auf die Erwärmung. Danach ist der Ozean in den Simulationen bislang nicht genügend berücksichtigt worden. Die Wolkendecke der Erde soll einen stärkeren Beitrag zum Albedo liefern als zur Aufheizung durch Abdeckung der Erdoberfläche; sie würde dann nicht als warme Decke, sondern als kühlender Fächer wirken. Der Gedanke ist ausgesprochen primitiv: Ein sich erwärmender, weil Wärme absorbierender Ozean verdampft eine größere Menge Wasserdampf. Dadurch steigt die Luftfeuchtigkeit. Wasserdampf wird mit der warmen Luft in große Höhen transportiert, wo er zu stratosphärischen Zirruswolken kondensiert, eine dichte Wolkendecke bildet, die solare Strahlung reflektiert und die weitere Aufheizung von Atmosphäre und Ozean verhindert. Auf diese Weise und mit Hilfe der Wärmekapazität des Ozeans könnte die Temperatur über lange Zeiten konstant gehalten werden. Man beruft sich auf die bislang tatsächlich weit überschätzte Erwärmungsrate der Atmosphäre, die allein aus der permanenten Injektion von Kohlendioxid und Methan ermittelt wurde, auf die die Atmosphäre mit einer permanenten Temperatursteigerung reagieren sollte, höher, als beobachtet wird. Die Gegner dieser Schule und Warner vor dem Treibhauseffekt werfen ihr vor, die bereits dramatische Situation zu banalisieren. Sie räumen ein, daß die Computermodelle und Simulationen die ozeanische und hydrosphärische Rückkopplung besser einbeziehen müssen, weisen aber darauf hin, daß das gesamte klimatische System niemals unmittelbar reagiert, sondern stets Verzögerungszeiten einzuplanen sind, wie es bei jedem rückgekoppelten nichtlinearen und komplexen System der Fall ist. Man versteht die geringeren Erwärmungsraten inzwischen sehr gut; sie resultieren aus der Berücksichtigung aller verschiedenen, miteinander verkoppelten Wechselwirkungen der atmosphärischen Konstituenten und Verunreinigungen, der Absorptionen, Anregungen, Emissionen. Die neueren Simulationen ziehen die gegenseitigen Störungen und Austauschvorgänge aller dieser Konstituenten und nicht

nur des Kohlendioxid in Betracht. Ferner spielt die klimatische Zirkulation und Mischung eine wichtige Rolle, und schließlich muß die Rückwirkung des Ozeans Eingang in die Rechnungen finden. Alle diese Effekte werden, so behaupten die Befürworter des Treibhauseffekts, das Einsetzen des Treibhauseffekts bestenfalls hinausschieben, ihn aber nicht verhindern können. Man kann außerdem das Argument der ungenügenden Berücksichtigung der Rückkopplung ebenso gegen die Vertreter der Thermostatentheorie wenden; denn diese vernachlässigen bei ihren Überlegungen die atmosphärische und hydrosphärische Zirkulation, die die erwärmten Luftschichten und Wasserschichten abtransportiert. So haben neueste Satellitenmessungen nachgewiesen (R. Fu et al., *Nature 358*, 394 ff, 1992), daß die Thermostatenwirkung in der untersten Luftschicht über dem erwärmten Ozean stattfindet, daß aber die hohen Luftschichten eine Treibhauserwärmung erfahren. Verantwortlich zeichnen Winde, die die feuchte Luft abtransportieren, Oberflächenströmungen im Ozean, sinkende Salinität durch bevorzugtes Abregnen der Feuchtigkeit aus der warmen Luft, das neue Wärme freisetzt. Wenn sie sich bestätigen, deuten neue Satellitenbeobachtungen (D. Rind et al., *Nature 349*, 500 ff, 1991) des Einflusses von Wasserdampf auf den atmosphärischen Treibhauseffekt an, daß die Rückwirkung des atmosphärischen Wasserdampfs nicht in einer Abkühlung besteht, sondern sich positiv auf den Treibhauseffekt auswirkt.

34 P. M. Kelly, T. M. L. Wigley, *Nature 360*, 328 ff, 1992; M. E. Schlesinger, N. Ramankutty, *ibid.*, 330 ff.

35 D. G. Victor, *Nature 349*, 451 ff, 1991.

36 Die klimatisch bedeutsamste untersuchte Eruption der Geschichte war die Explosion vom 27. August 1883. Krakatau, eine kleine Insel in der Sundastraße wurde dabei auseinandergerissen und verschwand. Auf Java und Sumatra ertranken in den Flutwellen mehr als 30 000 Menschen. Man konnte die Eruption in Zentralaustralien, auf den Philippinen, in Sri Lanka und 5000 Kilometer entfernt auf den Rodriguez-Inseln im Pazifik hören. Noch die Barometer in Tokyo registrierten den Druckanstieg. Die von der Explosion erzeugte Gezeitenwelle ließ sich in der Höhe der Flut im Golf von Biskaya auf der anderen Seite des Globus nachweisen. Außer dem lokalen Effekt der Explosion, deren Ursache in einer turbulenten Ansammlung von Magma und magmatischen Gasen unter der Insel lag, wirkte sich die Krakatauexplosion vor allem auf den globalen Zustand der Atmosphäre aus. 20 Kubikkilometer (!) Staub, Asche und Gas wurden bis in die Stratosphäre katapultiert und lösten weltweit über Monate spektakuläre Sonnenuntergänge aus. Im betreffenden Jahr lagen die mittleren Temperaturen der Nordhalbkugel um 0,5 bis 0,8 Grad Celsius niedriger als gewöhnlich. Drei Monate nach dem Ereignis hatten sich Asche und Aerosole über die gesamten Tropen und mittleren Breiten, die USA, Europa einschließlich Südskandinavien sowie Australien und ganz Südamerika verteilt. Sie zeichneten für die Temperaturabnahmen verantwortlich (vgl. auch P. Francis, S. Self »The eruption of Krakatau«, *Sci. American*, 146 ff, August 1983).

37 Tunguska war klein genug, keine globale Katastrophe zu verursachen; die Katastrophe beschränkte sich auf die sibirische Umgebung. Außer dem Krater und der Vernichtung allen Lebens in einem Umkreis von einigen hundert Kilometern durch die Druckwelle, die Hitze und anschließende Brände, blieb es einige Nächte lang nach der Explosion dämmerig hell über Eurasien. Diese Helligkeit war eine Folge von getriggerten Stickoxidreaktionen, injiziertem Staub und Wasserdampf, der bis zu Höhen über 50 Kilometern injiziert worden war und von den herrschenden Ostwinden über Eurasien verteilt wurde (vgl. C. F. Chyba, P. J. Thomas, K. J. Zahnle, *Nature 361*, 40 ff, 1993).

38 C. F. Chyba u. a., *loc. cit.*

39 B. G. Marsden, *Sky & Telescope*, 16 ff, January 1993.

40 Siehe Kapitel II.

41 Wenn eine 5000 Megatonnen schwere Auseinandersetzung stattfände, das heißt ein mittlerer

Atomkrieg, hat man geschätzt, daß die Bodentemperaturen infolge Abdunkelung, Streuung und Albedo um 20 bis 40 Grad Celsius (!) abfallen könnten und sich erst nach Monaten oder Jahren wieder erholten. Bessere Rechnungen haben kürzlich diesen enormen Abfall auf etwa vier bis fünf Grad reduziert; sie berücksichtigen die jahreszeitlichen Abhängigkeiten und die Strömungsverhältnisse. Doch bleibt auch in diesem Fall, wie das Beispiel der Tambora-Explosion von 1815 belegt, die Gefahr eines Nuklearen Winters nicht gebannt (R. P. Turco et al., »The Climatic Effect of Nuclear War«, Sci. American, August 1984; S. H. Schneider, »Climate Modeling«, Sci. American, 72 ff, 1988.

42 Das heißt, die im Planetengestein enthaltenen Gaskomponenten separierten sich noch im Zustand eines thermisch noch nicht bis zum Gleichgewicht abgekühlten Planetenkörpers, drangen an die Oberfläche, wo sie die sekundäre Atmosphäre bildeten und wurden dort von der Schwerkraft an den Planeten gebunden. Wesentlich beteiligt daran war der Vulkanismus der Planeten. Der Ausgasungsvorgang nahm einige Millionen Jahre in Anspruch; während dieser Epoche beschleunigten ihn die hohen inneren Temperaturen der Planeten und die enormen tektonischen Bewegungen seiner Kruste.

43 Vgl. z. B. J. C. G. Walker, Evolution of the Atmosphere (New York 1977).

44 Vgl. Kapitel VI.

45 M. A. Slade et al., Science 258, 635 ff, 1992.

46 B. Murray, M. C. Malin, R. Greeley, loc. cit.

47 E. W. Maunder, Royal Observatory Publications, Greenwich 1908.

48 R. O. Fimmel, L. Colin, E. Burgess, Pioneer Venus, National Aeronautics and Space Administration, Washington, D.C. 1983, NASA-SP461, S. 125 ff.

49 In 70 bis 90 Kilometern Höhe schwebt eine solche Schicht, die sich aus sehr kleinen Staubteilchen zusammensetzt. Die Hauptwolkendecke besteht aus drei mehr oder weniger gut voneinander abgesetzten Schichten: der oberen zwischen 56 und 70 Kilometern, der mittleren zwischen 51 und 56 Kilometern, der unteren zwischen 47 und 50 Kilometern Höhe. Jede dieser Schichten hat eine andere Korpukelzusammensetzung. Unter dieser Hauptwolkendecke befindet sich eine Dunstschicht von größerer Ausdehnung zwischen 31 und 47 Kilometern, in der Staub suspendiert ist. Alle Arten von Wolken lassen sich als Schichtwolken klassifizieren, flache, in sich homogene Scheibenstücke, die sich vertikal von Schicht zu Schicht nicht zu vermischen scheinen. Daher liegt in der Venusatmosphäre eine stabile atmosphärische Schichtung vor, die nicht von kumulusartigen Wolkentürmen unterbrochen wird, in denen vertikale Aufwinde für die Destabilisierung der atmosphärischen Schichtung und ihre Durchmischung sorgen. Die Tropopause in etwa 40 (!) Kilometern Höhe wird praktisch nicht durchbrochen. Die Homogenität wird nur insoweit gestört, als sich im Ultravioletten eine Dreiteilung der Atmosphäre nach der Breite abzeichnet: eine »Polarzone« oberhalb 50 Grad Breite, eine »tropische« oder äquatoriale Zone unterhalb 20 Grad Breite, dazwischen die mittleren Breiten.

50 Die Säurekonzentration in den Tropfen erreicht den sehr hohen Wert von 90 Prozent in 60 Kilometern Höhe. Neben Schwefelsäure enthält die Atmosphäre auch chlorhaltige Aerosole, von denen bisher aber nur das Chlorion in seinen Absorptionslinien nachgewiesen werden konnte.

51 Vgl. z. B. F. W. Taylor, »The dynamics of the atmosphere of Venus«, in The Physics of the Planets, Ed. by S. K. Runcorn (New York 1988), S. 143.

52 Belegt ist dieser Transport bis zur Höhe des Niveaus, wo der Druck 100 Millibar erreicht. Hier liegt das Temperaturminimum. Oberhalb desselben steigt die Temperatur der Atmosphäre erneut an. Dafür ist zusätzliche Heizung erforderlich, die die Sonneneinstrahlung nicht liefert. Man vermutet, daß photochemisch erzeugter fein verteilter schwarzer Staub, der den Messungen bislang entgangen ist, zusätzlich Energie absorbiert, die diesen Temperaturanstieg hervorruft. Die Heizung könnte aber auch von geladenen Teilchen kommen, die in der äußeren Atmosphäre ihre

Energie durch Stöße abgeben. Auf Jupiter kennt man mit dem Mond Io eine intensive Quelle solcher Teilchen. Auf Saturn sind ähnliche Quellen unbekannt.

53 G. P. Williams, »Planetary circulations – 1. Barotropic representation of Jovian and terrestrial turbulence«, *J. Atmos. Sci. 35*, 1399, 1978.

54 A. Sohus, E. Miner, »The Voyager Mission to Neptune«, *Mercury, 130*, September/October 1989.

55 K. Caldeira, J. F. Casting, *Nature 360*, 721 ff, 1992.

56 B. Carter, *Phil. Trans. R. Soc. A310*, 347 ff, 1983.

V. Feuer: Das Innere der Hölle

1 Vgl. R. v. Ranke-Graves, loc. cit., S. 127 ff.

2 Vgl. hierzu z. B. P. Kafka, H. Maier-Leibnitz, *Streitbriefe über Kernenergie* (München 1982).

3 Die Reaktionsgleichung für den einfachsten, in Sternen wie unserer Sonne ablaufenden Vorgang des Heliumkochens lautet $4^1H \longrightarrow {}^4He$: vier Wasserstoffatome werden zu einem Heliumatom verschmolzen. (Der wirkliche Prozeß benutzt Tritium und ist etwas komplizierter.) Bei dieser Art Kernfusion werden je Gramm Wasserstoff 0,007 Gramm in Energie verwandelt. Um die von der Sonne konstant abgestrahlte Energiemenge von 4×10^{23} kW zu liefern, müssen darum 5 Millionen Tonnen Wasserstoff pro Sekunde abgebrannt werden.

4 Der naiven Vorstellung ist es fremd, Strahlung so langsam sich ausbreiten zu sehen. Wir sind gewöhnt, von einem Ort ausgesandte Radiowellen oder Licht in einem Augenblick an einem anderen Ort zu empfangen; aber das liegt an der Durchlässigkeit der Atmosphäre für Licht und Radiowellen. Doch bereits das ultraviolette Licht wird von der Atmosphäre absorbiert, ebenso Röntgen- und Gammastrahlung. Die Atmosphäre ist opaque für Strahlung dieser Energie. Ebenso steht es mit der dichten Sonnenmaterie im Inneren der Sonne. Sie absorbiert die Strahlung und leitet sie nur in dem Maße weiter, wie die einzelnen Atomkerne sie wieder neu emittieren. Der Teil, den die Atomkerne dabei zurückbehalten, wird als Rückstoß verbraucht und setzt die Kerne in Bewegung; diese Bewegung ist ungeordnet und darum simple Wärmebewegung. Erst in der Photosphäre, der die stark verdünnte Sonnenatmosphäre aufliegt, wird die Dichte gering genug; die Strahlung, die nun zu Licht geworden ist, kann von hier aus nahezu ungehindert und mit der ihr eigenen Vakuumslichtgeschwindigkeit von 300 000 Kilometer pro Sekunde in den Raum zwischen den Planeten und der Sonne entweichen.

5 Galileis Irrtum war ganz natürlich, wenn man bedenkt, daß man zwar seit den Griechen Magnete kannte, sie aber erst viel später mit der Existenz eines erdmagnetischen Feldes in Verbindung brachte, sich im Mittelalter noch das Schwanken einer Magnetfeldnadel, die im Zentrum unterstützt oder frei aufgehängt war, als Einwirkung und Anzeige von Geistern erklärte. Aber man muß sich die Ungeheuerlichkeit der Behauptung vorstellen, die Sonne hätte Flecken, in einer Zeit, in der die Sonne ein göttliches, makelloses Gestirn sein sollte. Eine derartige Behauptung mußte notwendigerweise an das herrschende naturwissenschaftlich-theologische Dogma rühren und durfte nicht richtig sein.

6 Um eine Vorstellung von den Temperaturen zu haben, geben wir nur an, welche Temperatur etwa ein kühles Plasma, das Ultraviolett strahlt, hat: Seine Temperatur beträgt ungefähr Hunderttausend bis zu einer Million Grad Kelvin. Warme Plasmen haben zehn- bis hundertmal höhere Temperaturen. In heißen Plasmen geht es, was die Temperatur anbelangt, mit noch weit höheren Zahlen zu.

7 L. Tonks und I. Langmuir, »Oscillations in ionized gases«, *Phys. Rev. 33*, 195, 1929.

8 Die mittlere Energie der strahlenden Teilchen ist gleich der Temperatur des Plasmas (gemessen in

Energieeinheiten). Diese Energie muß höher sein als die Energie in der Atomhülle gebundener, unfreier Elektronen, da sonst die Elektronen die Atomhülle nicht verlassen könnten. Da die ausgesendete Strahlung der Energie der Elektronen entspricht, hat Bremsstrahlung eine höhere, gewöhnlich viel höhere Energie als Licht. Energie ist aber der Frequenz proportional, also ist die Frequenz von Bremsstrahlung viel höher als die von Licht und damit die Wellenlänge bedeutend kürzer.

9 Weil Widerstand immer mit irreversibler Erzeugung von Wärme verknüpft ist, tendieren Plasmen mit hohem Widerstand zu einem raschen Ausgleich von Nichtgleichgewichtszuständen: sie *relaxieren* rasch, so sagt man. Die Relaxation mißt man in Zeiten. In Plasmen mit hohem Widerstand sind die Relaxationszeiten sehr kurz, in Plasmen mit kleinem Widerstand sehr lang. Rechnet man zum Beispiel aus, wie lange die Relaxationszeit im »normalem« Feuer einer Flamme ist, so kommt man auf Zeiten vom Bruchteil einer Sekunde; an der leuchtenden Oberfläche der Sonne betragen die Relaxationszeiten etwa eine Hundertstel Sekunde. Demgegenüber beläuft sich die Relaxationszeit im Plasma zwischen den Galaxien in einem Galaxienhaufen auf eine halbe Million Jahre. Lokale Inhomogenitäten in der Temperatur gleichen sich in ihnen langsam in beobachtbaren Zeiträumen aus. Aber natürlich haben sich anfängliche lokale Temperaturunterschiede in ihnen längst ausgeglichen, denn Plasmen in Galaxienhaufen sind viel älter als eine halbe Million Jahre; sie sind nur wenig jünger als das Universum. Wenn also in ihnen solche Ungleichgewichte beobachtet werden, müssen für deren Entstehung Ursachen jüngeren Datums verantwortlich sein.

10 R. v. Ranke-Graves, loc. cit., S. 330 ff.

11 Vgl. D. Holloway, »Soviet Scientists Speak Out«, Bull. Atomic Scientist, May 18, 1993; Y. Khariton, Y. Smirnov, dto., 20; R. Sagdeev, dto., 32; S. Leskov, dto., 37.

VI. Äther: Die Leichtigkeit des Daseins

1 Vgl. die brillante und unsentimentale Darstellung von Einsteins Leben und Leistung, die Abraham Pais in seinem Buch *Subtle is the Lord ...*, *The Science and Life of Albert Einstein* (Oxford 1982) gegeben hat, insbesondere die Kapitel III und IV.

2 dto., Kapitel IV.

3 In einer vielzitierten und oft gewürdigten Rede 1908 auf dem Kongreß der Gesellschaft Deutscher Naturforscher und Ärzte, wo er seine vereinfachende vierdimensionale Schreibweise von Einsteins spezieller Relativität einem breiten Publikum vorstellte und damit zur Verbreitung der Theorie beitrug, verstieg er sich zu dem Ausspruch: »Henceforth space by itself, and time by itself, are doomed to fade away into mere shadows, and only a kind of union of the two will preserve an independent reality. (Von nun an werden Raum und Zeit als selbständige Größen aufgehört haben zu existieren und zu Schatten verdammt sein, und nur ihre Vereinigung wird eine Art unabhängige Realität bewahren.)« (A. Pais, loc. cit., Kapitel 7c, S. 152).

4 dto., Kapitel V.

5 S. Weinberg, *Dreams of a final theory* (New York 1993).

6 C. F. v. Weizsäcker, *Die Einheit der Natur* (München 1971).

7 Entropie ist eine physikalische Größe, über die auch in den Physik Unklarheit besteht. Sie entstammt der Thermodynamik, wurde im 19. Jahrhundert von Clausius eingeführt als Maß der thermodynamischen Unordnung und hat in der Zwischenzeit viele Umdeutungen erfahren. Eine derselben bringt sie mit der Zeitrichtung in Zusammenhang. Da ohne Zufuhr von Arbeit oder Energie Unordnung nicht rückgängig gemacht werden kann, wie auch Zeit nicht zurückgedreht werden kann, haben Zeit und Entropie etwas gemeinsam: die Ausrichtung nach vorn. Zeit wächst

in einem abgeschlossenen System, Entropie wächst ebenfalls. Die Identifikation ist darum naheliegend. Dieses Problem wird im folgenden Kapitel VII über das Chaos noch einmal angeschnitten.

8 Der physikalische Begriff des Wertes ist einfach der einer Zahl. Sie wird festgelegt durch die Reaktion des Vakuums, wie wir sie beschrieben haben, durch die Bereitstellung eines Maßstabes als Länge, Geschwindigkeit, Zeit, Energieeinheit, Ladung usw. Der Raum und die Zeit geben solche Einheiten vor, während die Dynamik des Vakuums die physikalischen Größen, die gemessen am Nichts alle unendlich groß wären, *renormalisiert* und damit endlich und meßbar macht, in wirkliche Einheiten verwandelt. Das Vakuum reagiert auf Materie und ihre Eigenschaften wie beschrieben, und das Ergebnis dieser Reaktion ist deren Realisierung, denn Unendliches ist wie das Nichts nicht real. Es ist interessant anzumerken, daß in einem natürlichen Einheitensystem alle physikalischen Einheiten auf die der Länge reduziert werden können. Mit solchen Maßsystemen arbeitet die theoretische Physik. Der tiefere Sinn dieser Möglichkeit der Reduktion ist die dahinter aufscheinende enorme Bedeutung von Raum als der *wirkliche* physikalische Hintergrund aller Phänomene.

VII. Tohuwabohu: Das alte und das neue Chaos

1 Epicurus, *The Menoecus*, in: Epicurus, *The Extant Remains* (Oxford 1926), Fragm. 134. In: John Passmore, *Science and Its Critics* (New Brunswick, N. J., 1978), S. 29.

2 Alfred North Whitehead, *Wissenschaft und moderne Welt* (Frankfurt a. M. 1984), S. 23.

3 James Gleick, *Chaos: Making a New Science* (New York 1987). Dies ist die journalistisch aufgezogene dramatische Geschichte der Entdeckung des deterministischen Chaos.

4 Ich muß gestehen, daß mir als Student die strengen Lösungen der deterministischen Gleichungen der Physik ein Greuel waren; sie langweilten mich, denn die Schwierigkeit lag nicht in der Mathematik, die zu ihrer Konstruktion erforderlich war, das war lediglich ein technisches Problem (nicht etwa ein künstlerisches, wie manche Wissenschaftler in übersteigerter Selbstbewunderung glauben); sie lag in meinem Unverständnis für die Behauptung der Professoren, sie könnten die Anfangsbedingungen vorgeben, und auf meine Frage, woher sie sie eigentlich nähmen, blieben sie die Antwort schuldig. Offenbar kannten sie die moderne Literatur schlecht, und mir als Student fiel nur die schwierig zu lösende Aufgabe ein, die Bestimmung der Anfangsbedingungen mit dem Meßproblem in Zusammenhang zu bringen. Messung erfordert Zeit, Messung der Anfangsbedingungen vieler miteinander wechselwirkender Teilchen erfordert viel Zeit und rasche Bewegung, und ab einer bestimmten Zahl mußte man in Schwierigkeiten mit der Speziellen Relativitätstheorie kommen, denn die Synchronisation aller Anfangsbedingungen aller Teilchen würde schließlich unmöglich werden. Glücklicherweise gab es einige klügere Wissenschaftler auf der Welt als meine Professoren und mich, die sich dieses Problems von einer anderen Seite her annahmen.

5 Ilya Prigogine, *Vom Sein zum Werden* (München 1985); Ilya Prigogine und Isabelle Stengers, *Dialog mit der Natur* (München 1986); Grégoire Nicolis und Ilya Prigogine, *Die Erforschung des Komplexen* (München 1987).

6 Hans Georg Schuster, *Deterministic Chaos* (Weinheim 1984); Benoît Mandelbrot, *The Fractal Geometry of Nature* (San Francisco 1982); Heinz-Otto Peitgen and Peter H. Richter, *The Beauty of Fractals* (Berlin, New York 1986); Michael Barnsley, *Fractals Everywhere* (Boston 1988); David Ruelle, *Chance and Chaos* (Princeton 1991).

VIII. Schluß

1 Eine Philosophie des Elementaren kann nicht mehr zwischen den einzelnen Elementen trennen. Philosophisch können sie nur gemeinsam Bedeutung haben, wie Empedokles es richtig gesehen und Aristoteles es benutzt hat. Es kann nicht viele gleich Grundlegende geben, von denen eines dominiert; denn dann ist nur dies eine das Grundlegende, die anderen aber sind Zusammengesetzte, Ableitbare. Wenn also Anaximenes alles aus Luft aufbaut, so ist seine Vorstellung im Rahmen seines Wissens konsistent. Wenn aber dieser Aufbau aus einem Einzigen nicht anerkannt und die Verschiedenheit der Elemente als grundsätzlich behauptet wird, dann gelten alle Elemente gleichzeitig als die Ureigenschaften und Urstoffe, aus denen alles übrige aufgebaut ist. Die gleiche Schwierigkeit trifft auf die Behauptungen der Atomisten zu. In ihrer undefinierten Atomskala kann weder den runden noch den hakenförmigen Atomen grundsätzlicher Elementarcharakter zuerkannt werden. Sie müssen alle den gleichen Grad der Elementarität haben. Die prinzipielle und unbeantwortete Frage ist dann aber, was bewirkt, daß es runde oder hakenförmige Atome gibt; was macht diesen Unterschied aus? Oder die alten Elemente betreffend: was macht den Unterschied zwischen Wasser, Luft, Erde und Feuer aus? Was ist für die Differenz verantwortlich? Fragen dieser Art bleiben in der alten Philosophie unbeantwortet. Sie werden, erstaunlicherweise, auch später im Mittelalter in der Scholastik nicht gestellt, wo Aristoteles' Schriften die gesamte Weisheit verkörpern. Und noch die modernen Atomisten des periodischen Systems, längst aus der Philosophie ausgeschieden, fragen wohl nach den Eigenschaften, nicht aber nach dem Grund für die so unterschiedlichen Eigenschaften der verschiedenen chemischen Elemente. Aus gutem Grunde diesmal: Sie haben keine Handhabe für eine Antwort und keine Hypothese zur Verfügung, die mit ihrem Wissen irgendeine Begründung finden könnte. Mendelejew zwar sagt auf Fehlplätzen in seinem System unbekannte Elemente und deren Eigenschaften aus den Eigenschaften der Gruppen voraus, kann aber keinerlei Grund für die Anordnung der Elemente angeben.

2 Vgl. etwa W. Stegmüller, *Hauptströmungen der Gegenwartsphilosophie*, Band III[6] (Stuttgart 1978). Dieses philosophisch ideenlose Hinter-der-Naturwissenschaft-Herhinken hat wohl mit Carnap und dem Wiener Kreis der Positivisten eingesetzt und in der Philosophie zu einer interessanten Entwicklung geführt, die man fast als Selbstverleugnung der Philosophie bezeichnen könnte: eine dauernde Entschuldigung für ihre Fortexistenz, ihr noch nicht Ausgestorbensein. (Diese Art Philosophie hat Steven Weinberg kürzlich in seinem Buch *Dreams of a Final Theory* [1993] als für die Wissenschaft hinderlich kritisiert.) Es scheint, als habe die Philosophie gegenüber der Naturwissenschaft ein schlechtes Gewissen, und allenthalben überläßt sie das Philosophieren mehr und mehr den dilettierenden Naturwissenschaftlern selbst, die in der Gegenwart vor allem, aber längst nicht mehr nur in der angelsächsischen Philosophie das Feld abzudecken beginnen. Die Philosophie hat sich dafür in einer Art Vorpreschen darauf gestürzt, mit Methoden, die bei der Naturwissenschaft ausgeborgt sind bzw. diese kopieren, um ihr eigentliches Arbeitsmittel: die Sprache zu analysieren. Daraus sind Forschungsgebiete erwachsen, die eine gewisse Eigenständigkeit zeigen, sich aber als Philosophie gebärden und die eigentliche, ihnen gegenüber hilflose Philosophie allenthalben an die Wand und an den Rand der Existenz drängen. Man sollte bedenken, daß es sich bei ihnen um Wissenschaften handelt, nicht aber um Philosophie und daß es an der Zeit wäre, sie als solche zu behandeln und der Philosophie ihren angestammten Platz als integrierendes Denken zurückzugeben. Solange es keine umfassende Naturwissenschaft des integrierenden Denkens gibt, ist die Praxis des integrierenden Denkens der der Philosophie eigene Ort, den keine noch so feine und ausgefeilte Spezialwissenschaft, gleichgültig welchen Anstrichs, beanspruchen kann.

3 Die Geschichte der verschiedenen alten Elemente ist, wie wir gesehen haben, unterschiedlich verlaufen. Aber ihr gemeinsames Ende kann mit dem Zeitpunkt angesetzt werden, als Robert Boyle (1627–1691) in seinem 1661 veröffentlichten *The Sceptical Chymist* die scholastisch-aristotelische

Anschauung vom Aufbau der Welt und aller Stoffe aus den vier Grundelementen widerlegte und durch die moderne chemische Hypothese ersetzte, daß die Stoffe sich aus chemischen Elementen mit unterschiedlichen chemischen Eigenschaften aufbauen.

4 Man vergleiche auch das schöne, aber deprimierende Buch *Nachtgedanken eines klassischen Physikers* von B. MacCormmack (Cambridge, Mass., 1987).

Bildnachweis

Die Abbildungen 1–3 und 5–17 wurden von Fritz E. Urich (München) nach Vorlagen des Autors neu gezeichnet.
Abbildung 18: Computer-Illustration von Mark R. Laff und V. Alan Norton, in: Benoît B. Mandelbrot, *Die fraktale Geometrie der Natur,* Basel, Boston, Berlin 1991, Taf. 200.

Namenregister

Sachregister

Zeit ist in den Worten von Albert
Einstein »eine wenn auch hartnäk-
kige Illusion«. Aus dieser Erkenntnis
hat sich eine Flut von Paradoxien,
Rätseln und neuen Problemen ergossen,
in die sich die moderne Naturwissenschaft mit immer größerer Intensität
vertieft. In seinem neuen Buch stellt

Ein neuer Blick
auf die Interpretationen fundamentaler
Theorien der Physik

Henning Genz dieses Forschungsprojekt
dar. Er antwortet auf die Fragen, ob die
Zeit mit dem Urknall erst begonnen
oder ob dieser bereits in einer zuvor
schon gegebenen Zeit stattgefunden
hat. Höchst komplexe Zusammenhänge
von Zeit, Ordnung, Entropie, Strukturbildung werden klar dargelegt und münden schließlich in die Frage, ob die
fundamentalen Naturgesetze einen von
den Geschehnissen unabhängigen
Zeitparameter enthalten müssen.

344 Seiten mit ca. 40 Abbildungen. Gebunden.

Henning Genz
*Wie die Zeit
in die Welt kam*
Die Entstehung einer Illusion
aus Ordnung und Chaos

Hanser